BIOLOGIE HEUTE S II

Lösungen

Herausgegeben von
Dr. Harald Kähler

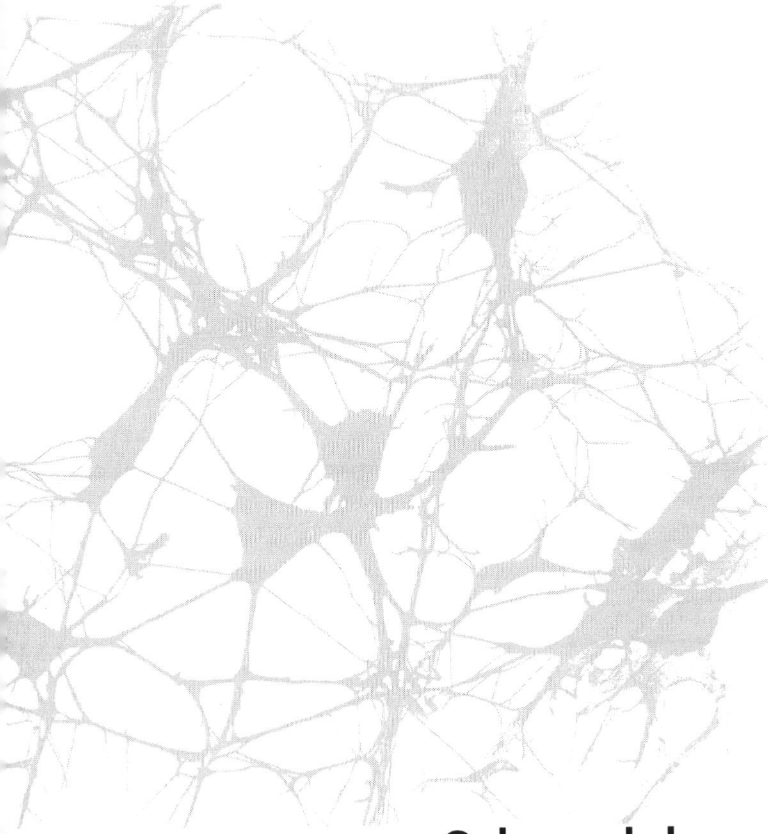

Schroedel
westermann

BIOLOGIE
HEUTE SII

Herausgeber:
Dr. Harald Kähler

Autoren:
Prof. Dr. Diethard Baron, Penzberg
Dr. Jürgen Braun, Neulingen
Saskia Entelmann, Achim
Uwe Hector, Bielefeld
Dr. Ingeborg Heil, Aachen
Werner Hielen-Knabe, Frechen
Petra Hildebrand-Hofmann, Otterberg
Heinrich Joußen, Nideggen-Wollersheim
Dr. Jürgen Nieder, Bonn †
Dr. Andreas Paul, Hamburg †
Dr. Eckhard Philipp, Berlin †
Bernhard Sieve, Hannover
Prof. Dr. Frank Thomas, Trier
Michael Walory, Münster
Rolf Wellinghorst, Quakenbrück
Christian Wendel, Vechta
Elsbeth Westendorf-Bröring, Vechta

westermann GRUPPE

Druck A[7] / Jahr 2021
Alle Drucke der Serie A sind im Unterricht parallel verwendbar.

Redaktion: Ulrike Wallek
Illustrationen: Brigitte Karnath
Umschlaggestaltung: Janssen Kahlert Design & Kommunikation GmbH
Layout: Jesse Konzept & Text GmbH
Druck und Bindung: Westermann Druck GmbH,
Georg-Westermann-Allee 66, 38104 Braunschweig

ISBN 978-3-507-**10981**-0

Inhalt

Anforderungsbereiche aus den „Einheitlichen Prüfungsanforderungen in der Abiturprüfung“ im Fach Biologie (S. 14 und 15)

Anforderungsbereiche	Fachwissen	Erkenntnisgewinnung
I	• die Reproduktion von Basiswissen (Kenntnisse von Fakten, Zusammenhängen und Methoden)	• die Nutzung bekannter Methoden und Modellvorstellungen in vergleichbaren Beispielen • die Beschreibung makroskopischer und mikroskopischer Beobachtungen • die Beschreibung und Protokollierung von Experimenten • das Experimentieren nach Anleitung und die Erstellung mikroskopischer Präparate • die sachgerechte Benutzung bekannter Software
II	• die Anwendung der Basiskonzepte in neuartigen Zusammenhängen • die sachgerechte, eigenständig strukturierte und Aufgaben bezogene Darstellung komplexer biologischer Abläufe im Zusammenhang einer Aufgabenstellung	• die Auswahl bekannter Daten, Fakten und Methoden zur Herstellung neuer Zusammenhänge • die gezielte Entnahme von Informationen aus vielschichtigen Materialien oder einer wissenschaftlichen Veröffentlichung unter einem vorgegebenen Aspekt • die Übertragung und Anpassung von Modellvorstellungen • die Anwendung bekannter Experimente und Untersuchungsmethoden in neuartigen Zusammenhängen • die Auswertung von unbekannten Untersuchungsergebnissen unter bekannten Aspekten
III	• die Entwicklung eines eigenständigen Zugangs zu einem biologischen Phänomen, z. B. die Planung eines geeigneten Experimentes oder Gedankenexperimentes	• die selbstständige, zusammenhängende Verarbeitung verschiedener Materialien unter einer selbstständig entwickelten Fragestellung • die Entwicklung eines komplexen gedanklichen Modells bzw. eigenständige Modifizierung einer bestehenden Modellvorstellung • die Entwicklung fundierter Hypothesen auf der Basis verschiedener Fakten, experimenteller Ergebnisse, Materialien und Modelle

Kommunikation	Bewertung		
• die Entnahme von Informationen aus Fachtexten und Umsetzen der Informationen in einfache Schemata (Stammbäume, Flussdiagramme o. ä.) • die schriftliche Darstellung von Daten, Tabellen, Diagrammen, Abbildungen mit Hilfe der Fachsprache	• die Reproduktion von Basiswissen (Kenntnisse von Fakten, Zusammenhängen und Methoden)	I	Anforderungsbereiche
• die abstrahierende Darstellung biologischer Phänomene wie die zeichnerische Darstellung und Interpretation eines nicht bekannten mikroskopischen Präparats • die Unterscheidung von Alltagsvorstellungen und wissenschaftlichen Erkenntnissen	• die Beurteilung und Bewertung eines bekannten biologischen Sachverhalts	II	
• die Argumentation auf der Basis nicht eindeutiger Rohdaten: Aufbereitung der Daten, Fehleranalyse und Herstellung von Zusammenhängen • die kritische Reflexion biologischer Fachbegriffe vor dem Hintergrund komplexer und widersprüchlicher Informationen und Beobachtungen	• die Reflexion biologischer Sachverhalte in Bezug auf das Menschenbild • die materialbezogene und differenzierte Beurteilung und Bewertung biologischer Anwendungen	III	

Was ist Biologie?

Seite 10

(1) Prüfen Sie, ob es sich bei den folgenden Aussagen um eine naturwissenschaftliche Beobachtung, eine Hypothese, Wissen oder Theorie handelt: F/I

- „Orang-Utans sind Vegetarier." (Wissen)
- „Sie sind nahe mit Menschen verwandt." (Theorie)
- „Sie sind fähig zum Werkzeuggebrauch." (Beobachtung)
- „Sie sind sehr intelligente Tiere." (Hypothese)
- „Sie sind sehr edle Tiere." (subjektive Bewertung)

Die Basiskonzepte der Biologie

Seite 11

(1) Erklären Sie die Basiskonzepte am Beispiel des Orang-Utans. F/II

Struktur und Funktion: Ausgewachsene Orang-Utans besitzen bis zu 2 m lange Arme sowie kräftige Hände mit langen, beweglichen Fingern. Durch ihren Körperbau sind sie hervorragend für das Hangeln im Geäst geeignet. Sie finden in den hohen Baumwipfeln guten Halt und können sich problemlos auf Nahrungssuche z. B. nach Früchten begeben. So verbringen Orang-Utans oft den ganzen Tag in einem fruchttragenden Baum.
Männliche Orang-Utans entwickeln mit zunehmendem Alter neben den breiten Backenwülsten einen großen Kehlsack, der bei ihren Rufen die Vibrationen verstärkt, sodass die Männchen noch in einer Entfernung von ca. 2 km zu hören sind. Der Borneo-Orang-Utan besitzt einen größeren Kehlsack als der Sumatra-Orang-Utan, sodass die Schreie des ersteren lauter und langgezogener sind.

Reproduktion: Die Geschlechtsreife der Weibchen setzt zwischen dem 7. und 10. Lebensjahr ein und endet ungefähr mit 30 Jahren. Im Schnitt treten Schwangerschaften alle 3 bis 6 Jahre auf und nach einer Tragzeit von ca. 235 bis 270 Tagen kommt in der Regel ein einzelnes Jungtier zur Welt. Da Orang-Utans keine festen Paarungszeiten haben, kann die Fortpflanzung während des ganzen Jahres erfolgen. Sie kann jedoch durch das Nahrungsangebot beeinflusst werden. Daher kommt es vor, dass mehrere Weibchen einer Region bei günstigen Nahrungsverhältnissen nahezu zeitgleich Jungtiere gebären. Die Neugeborenen haben ein Gewicht von rund 1,5 bis 2 kg. Die Mutter stillt ihr Junges ca. 3 Jahre lang, bevor es ab dem 7. bis 10. Lebensjahr vollkommen selbstständig wird. Männchen sind nicht an der Aufzucht des Nachwuchses beteiligt. Sie erreichen ihre Geschlechtsreife zwischen dem 8. und 15. Lebensjahr. Sobald die Männchen geschlechtsreif sind, leben sie meist über längere Zeit als „Wanderer". In dieser Phase sind sie noch zeugungsunfähig, erzwingen jedoch Kopulationen. Äußerlich sind sie noch nicht von einem weiblichen Orang-Utan zu unterscheiden. Ungefähr zwischen dem 15. und 20. Lebensjahr bilden sich die typischen sekundären Geschlechtsmerkmale wie Wangenwülste und Kehlsack aus.

Kompartimentierung: Der Körper des Orang-Utans lässt sich in voneinander abgegrenzte Reaktionsräume unterteilen. In diesen voneinander abgegrenzten, auch Kompartimente genannten, Reaktionsräumen laufen unterschiedliche Vorgänge ab. So pumpt z. B. das Herz durch rhythmische Kontraktionen Blut durch den Körper und sichert somit die Durchblutung der anderen Organe, die Lunge dient der Atmung des Orang-Utans, die Leber ist u. a. für den Abbau und die Ausscheidung von Stoffwechselprodukten und Giftstoffen verantwortlich und im Magen finden Verdauungsvorgänge statt.

Steuerung und Regelung: Im Körper des Orang-Utans werden Entwicklungsvorgänge, Stoffwechselprozesse und Reaktionen auf verschiedene Umwelteinflüsse durch Hormone und Nervenzellen gesteuert und reguliert. Dadurch stellt sich ein inneres Milieu ein, das alle Lebensvorgänge so beeinflusst, dass optimale Bedingungen für Lebensvorgänge erreicht werden. So wird z. B. die Körpertemperatur eines Orang-Utans auf einem artspezifischen Wert konstant gehalten.

Stoff- und Energieumwandlung: Orang-Utans ernähren sich hauptsächlich von Pflanzen. Früchte machen mit 60 % den Großteil ihrer Nahrung aus, wobei sie oft Früchte mit harten Schalen und Samen fressen. Sie bevorzugen Obst mit hohem

Zucker- oder Fettgehalt. Die Samen der gefressenen Früchte werden z. T. wieder ausgeschieden und verbreitet, sodass der Orang-Utan auch für die Vermehrung der heimischen Pflanzen wichtig ist. Zum Nahrungsspektrum gehören außerdem junge Schösslinge, Baumrinden, Blätter und holzige Lianen. Gelegentlich fressen Orang-Utans auch Insekten, Vogeleier und kleine Wirbeltiere, wobei diese Nahrungsbestandteile nur eine sehr untergeordnete Rolle spielen. Ihren Flüssigkeitsbedarf decken Orang-Utans durch das in Früchten enthaltene Wasser und durch sich in Ast- und Baumhöhlen angesammeltes Regenwasser. Dazu tauchen sie ihre Hände in das Wasser, heben diese über den Kopf und lassen sich das herabfließende Wasser in den Mund tropfen.

Information und Kommunikation: Im Allgemeinen verhalten sich die Orang-Utans ruhiger als andere Menschenaffen. Die langgezogenen, lauten Rufe der Männchen, die durch den großen Kehlsack verstärkt werden, sind besonders auffällig. Mithilfe dieser Laute sollen untergeordnete Männchen aus ihrem Revier ferngehalten werden. Treffen erwachsene Orang-Utan Männchen aufeinander, kann es zu aggressivem Imponiergehabe, Verfolgungsjagden und Kämpfen am Boden kommen. Gelegentlich duldet jedoch ein ausgewachsenes Männchen ein jüngeres in seiner Nähe, solange dieses Männchen genügend Abstand hält. Die Rufe dienen in der Paarungszeit zusätzlich dem Anlocken von Weibchen. Der Borneo-Orang-Utan lebt als Einzelgänger, während der Sumatra-Orang-Utan kleinere Gruppierungen akzeptiert. Außer den rangniedrigen Männchen, die allein bleiben, ziehen die Tiere auf Sumatra gemeinsam umher. So finden sich z. B. befreundete Weibchen oft in Gruppen zusammen und bilden soziale Beziehungen aus.

Variabilität und Angepasstheit: Individuen, die einer bestimmten Art angehören, zeigen im Phänotyp sehr große Ähnlichkeiten. So können alle Orang-Utans eindeutig als solche identifiziert werden. Sie weisen arttypische Merkmale auf, die eine Angepasstheit an das Leben im Regenwald darstellen. Die langen Arme und Finger ermöglichen z. B. die Fortbewegung in den Wipfeln der Bäume. Dennoch ist jedes Individuum zugleich einzigartig und zeichnet sich durch spezielle Merkmale aus, die auf eine genetische Vielfalt innerhalb der Population zurückzuführen sind. Eine hohe Variabilität ist sehr vorteilhaft für die Arterhaltung und Anpassungsfähigkeit an Umweltveränderungen. Bei den beiden Orang-Utan-Arten, die getrennt voneinander auf den Inseln Borneo und Sumatra leben, konnte festgestellt werden, dass der Genpool der 50 000 Borneo-Orang-Utans eine sehr niedrige genetische Vielfalt aufweist. Die Sumatra-Orang-Utans, die über ein recht ausgedehntes Habitat verfügen und deren Anzahl mit 7000 sehr Tieren gering ist, unterscheiden sich genetisch viel stärker voneinander.

Geschichte und Verwandtschaft: Zusammen mit dem Gorilla, dem Schimpansen (Gemeiner Schimpanse und Bonobo) und dem Menschen gehört der Orang-Utan zur Familie der großen Menschenaffen (Hominidae). Evolutionär betrachtet haben sich die Orang-Utans vor ca. 15 bis 14 Millionen Jahren von der Entwicklungslinie getrennt, die letztendlich zu den afrikanischen Menschenaffen einschließlich des Menschen führte. Der südasiatische *Sivapithecus* aus dem späten Miozän von vor 12 bis 9 Millionen Jahren gilt als Vorfahr des Orang-Utans, da es große anatomische Übereinstimmungen gibt. Außerdem sind aus dem Pleistozän von vor etwa einer Million Jahren riesige Exemplare des Orang-Utans bekannt. Der *Gigantopithecus* aus China scheint ein naher Verwandter zu sein.

Zusatzinformation: Eine große internationale Arbeitsgemeinschaft hat am 27.01.2011 in der britischen Wissenschaftszeitschrift „Nature" die vollständige Sequenz des Genoms eines weiblichen Sumatra-Orang-Utans veröffentlicht. Analysen zeigen, dass das Genom von Orang-Utans erstaunlich stabil ist. Während der Evolution traten beim Orang-Utan scheinbar sogenannte Genome Rearrangements und Genduplikationen deutlich seltener auf als beim Schimpansen oder Menschen. Damit stehen Orang-Utans einem vermuteten gemeinsamen Vorfahren der verschiedenen großen Menschenaffen genetisch am nächsten.
Molekulargenetische Untersuchungen zeigen, dass rund 97 % des Erbguts des Orang-Utans mit dem des Menschen übereinstimmen. Dennoch, sie sind uns unter den Menschenaffen am unähnlichsten. Währenddessen weichen die Gene des Gorillas nur um etwa 1,7 % und die des Schimpansen nur um etwa 1,2 % von unseren Genen ab.

Biologische Systeme und ihre Ebenen

Seite 13

(1) Nennen Sie für das Biosystem „Zelle“ wesentliche Systemelemente und erklären Sie daran, dass Zellen offene und dynamische Systeme sind. F/II

Wesentliche Systemelemente des Biosystems „Zelle“ sind z. B.: Zellkern (Nucleus), Mitochondrien, Ribosomen, Endoplasmatisches Retikulum (glattes und raues ER), Cytoplasma, GOLGI-Apparat, Zellmembran, Lysosomen; zusätzlich bei pflanzlichen Zellen: Plastiden (Chloroplasten, Leukoplasten, Chromoplasten), Vakuole, Zellwand.

Zellen sind offene und dynamische Systeme. Offenheit zeigt sich darin, dass sie sowohl Stoffe als auch Energie aus ihrer Umgebung aufnehmen. Zugleich sind sie befähigt, Stoffe und Energie an ihre Umgebung abzugeben. Ihnen stehen für diesen Stoff- und Energieaustausch effektive Mechanismen zur Verfügung. Mithilfe der Endocytose können sie Partikel aufnehmen, durch die Exocytose werden Partikel nach außen abgegeben. Statt fester Partikel können auch Flüssigkeitstropfen transportiert werden. Ionen oder Moleküle finden ebenfalls Durchlass durch die umgebende Zellmembran.

Die Dynamik zellulärer Systeme zeigt sich zum einen, wenn Plasmabewegungen die Ausbildung von Scheinfüßchen oder das vollständige Umfließen von Partikeln ermöglichen. Auch die Plasmaströmung bei vielen Pflanzenzellen und die Kontraktion muskulärer Strukturen sind ein Zeichen für die Dynamik zellulärer Systeme.

(2) Verdeutlichen Sie am Beispiel eines Ihnen bekannten Ökosystems, dass ein Biosystem seine Systemeigenschaften verliert, wenn relevante Systemelemente zerstört werden. F/II

Mögliches Beispiel:

Ein Ökosystem ist ein Biosystem aus Biotop und Biozönosen. Es ist gekennzeichnet durch Stoffkreisläufe, durch die Auf-, Ab- und Umbau der organischen Stoffe einer Biozönose miteinander verbunden sind.

Relevante Systemelemente sind zum Beispiel Sonneneinstrahlung von z. B. 100 000 kJ/m^2 Tag, großblättrige Schattenpflanzen, eine 70 m hohe obere Kronschicht und eine starke Spezialisierung von Tieren auf einzelne Pflanzenarten. Durch Fällung von Bäumen zwecks Holzentnahme fehlen die Systemelemente schattenspendende Baumriesen. Als Folge davon gehen z. B. die Systemeigenschaften „stark beschattete Bodenzone“, „hohe Luftfeuchtigkeit“ verloren. Das Ökosystem wird zerstört. Der Orang-Utan z. B. verliert seinen artspezifischen Lebensraum und stirbt aus.

Weitere mögliche Beispiele: Abwassereinleitung in ein Fließgewässer oder Eutrophierung des Sees.

1 Der Bau von Zellen

Seite 18

(1) Erläutern Sie, warum im Elektronenmikroskop keine lebenden Zellen untersucht werden können. F/II

Präparate für die Elektronenmikroskopie müssen extrem wasserfrei sein. Andernfalls würden auch geringe Spuren von Wasser im Hochvakuum verdampfen und den Elektronenstrahl ablenken. Wasserfreie Zellen wiederum sind nicht lebensfähig. Folglich kann man lebende Zellen nicht unter dem Elektronenmikroskop betrachten.

Seite 20

(1) Vergleichen Sie prokaryotische und eukaryotische Zellen in Form einer Tabelle. F/I

Prokaryoten	Eukaryoten
Bakterienchromosom frei im Cytoplasma	Chromosomen im Zellkern
haploid	diploid (Ausnahme: Keimzellen)
verfügen häufig über Plasmide	entfällt
keine von Membranen umgebenen Zellorganellen	verschiedene Zellorganellen, die durch Membranen vom Cytoplasma abgegrenzt sind
kleine Ribosomen	größere Ribosomen
kleine Zellen	Zellen etwa zehnmal größer als prokaryotische Zellen
Zellwand	Zellwand (pflanzliche Zellen)

(2) Bereiten Sie ein kurzes Referat zum Thema Archaeen vor. K/I

Schülerlösung

Seite 21

(1) Erläutern Sie die Vorteile der Endosymbiose für die beiden Partner.
F/II

Die Bezeichnung Endosymbiont steht für eine Zelle, die innerhalb einer anderen, größeren Zelle lebt. Letztere wird als Wirtszelle bezeichnet. Die prokaryotischen Vorgänger der Mitochondrien und Chloroplasten entwickelten sich vermutlich aus Bakterien, die durch Endocytose als Endosymbionten oder unverdauliche Beute in den Ureukaryoten gelangt sind. Die Symbiose zwischen dem Ureukaryot und dem Prokaryot wurde zunehmend nützlich, sodass beide Seiten von dieser Beziehung profitierten. Die Ahnen der Mitochondrien waren höchstwahrscheinlich aerob und heterotroph, d. h. sie gewannen Stoffwechselenergie, indem sie unter Verbrauch von Sauerstoff Nährstoffe abbauten. Der Ureukaryot gewann Energie durch den Abbau von Nährstoffen ohne Sauerstoff. Die auf diesem Wege entstehenden, noch sehr energiereichen Endprodukte bauten Prokaryoten weiter ab und gewannen so zusätzlich Energie, die auch der Wirtszelle zugute kam. Gleichzeitig vernichteten die Prokaryoten hierbei den für den Eukaryoten schädlichen Sauerstoff. Im Laufe der Zeit stieg auch der Sauerstoffgehalt der Atmosphäre zunehmend an. Die anaerobe Wirtszelle profitierte von dieser Tatsache durch ihren aeroben Endosymbionten, der den Sauerstoff zur Energiegewinnung nutzen konnte und somit zum Energielieferanten der Zelle, den Mitochondrien, wurde. Diese stellen viel Energie in Form von ATP aus der Zellatmung bereit.

Die Vorgänger der Chloroplasten waren photoautotrophe Prokaryoten, die so wie die Mitochondrien ebenfalls vermutlich durch Endocytose in den Ureukaryoten gelangt sind. Der heterotrophe Wirt erhielt Nahrung vom photoautotrophen Endosymbionten, indem sich dieser die Lichtenergie für den Stoffaufbau nutzbar machte.

Die Wirtszelle bot den verschiedenen aufgenommenen Prokaryoten Schutz vor anderen räuberisch lebenden Zellen.

Seite 23

1 Erklären Sie am Beispiel des Darms die Differenzierung in Gewebe, Organ und Organsystem. F/I
Der Darm setzt sich aus verschiedenen Gewebetypen zusammen: Epithel-, Binde-, Muskel- und Nervengewebe. Sie bilden in ihrer Gesamtheit das Organ Darm. Der Darm ist ein Teil des Organsystems, das der Verdauung aufgenommener Nährstoffe dient.

2 Erklären Sie am Beispiel eines Laubblattes das Basiskonzept „Struktur und Funktion". F/II
Das Organ Blatt verfügt über mehrere unterschiedlich strukturierte Gewebe, die im Blatt unterschiedliche Funktionen einnehmen. So dient die Epidermis überwiegend der Abgrenzung des Organs gegen die Umgebung. Das Palisadenparenchym erbringt den größten Teil der Fotosyntheseleistung des Blattes, das locker strukturierte Schwammparenchym dient der Durchlüftung des Grundgewebes. Das Leitgewebe übernimmt den Wasser- und Nährstofftransport.

Seite 24

1 Skizzieren und erläutern Sie die Anordnung von Phospholipiden auf einer Öloberfläche. E/II
Anordnung von Phospholipiden auf einer Öloberfläche:

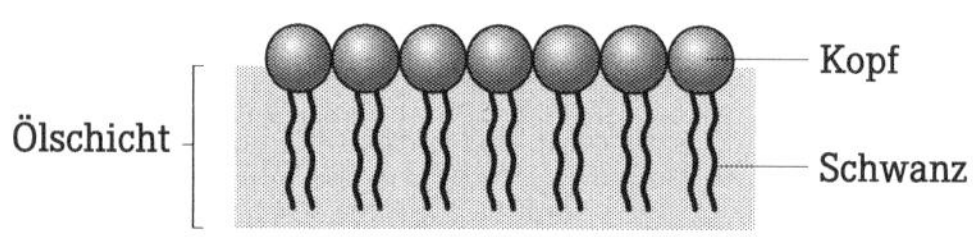

Auf einer Öloberfläche tauchen die hydrophoben, wasserabstoßenden Bereiche der Phospholipide in die Ölschicht und die hydrophilen Bereiche ragen aus der Ölschicht heraus, denn zwischen den hydrophoben Bereichen der Phospholipide und den hydrophoben Ölmolekülen bilden sich anziehende Wechselwirkungen aus. Im Gegensatz dazu bilden sich zwischen den hydrophilen Bereichen der Phospholipide und den hydrophoben Ölmolekülen keine anziehenden Wechselwirkungen aus.

2 Sticht man mit einer dünnen Nadel in eine Zelle, so bleibt an der Einstichstelle nach dem Herausziehen der Nadel kein Loch. Erklären Sie diese Beobachtung. F/II
In der Membran bildet die Phospholipid-Doppelschicht eine flüssige Grundphase, in der Eiweißmoleküle als integrale oder periphere Proteine ein- bzw. aufgelagert sind. Die Phospholipide und die meisten Proteine sind frei beweglich. Beim Einstich mit der Nadel in die Zelle werden die Moleküle der Zellmembran auseinandergeschoben. Da sich die Phospholipid-Moleküle gegenseitig anziehen, wird das Loch nach dem Herausziehen der Nadel sofort wieder geschlossen. Zwischen den polaren Köpfen der Phospholipide wirken polare Wechselwirkungen wie Dipol-Dipol-Wechselwirkungen, zwischen den unpolaren Schwänzen wirken unpolare Wechselwirkungen wie VAN-DER-WAALS-Kräfte.

Seite 28

AUFGABEN Plasmolyse und Deplasmolyse bei Ligusterbeerenzellen

1 Plasmolyse und Deplasmolyse bei Ligusterbeerenzellen

a) Benennen Sie die gekennzeichneten Zellstrukturen in den Schemata A und B. F/I
Zellstrukturen:
a) Zellwand
b) Zellmembran
c) Cytoplasma
d) Tonoplast
e) Vakuole mit Zellsaft
f) Chloroplasten
g) konzentrierte Zucker- oder Salzlösung

b) Deuten Sie die Beobachtungen bei der Plasmolyse und Deplasmolyse. F/II, E/II
Legt man die Zellen in konzentrierte Zucker- oder Salzlösungen, ist die Konzentration von Wassermolekülen in der Zelle größer als außerhalb der Zelle. Die Zellwand ist für Zucker- und Wassermoleküle frei permeabel. Die Zellmembran dagegen ist semipermeabel. Wassermoleküle können durch die Zellmembran diffundieren, große Zuckermoleküle aber nicht. Die Wassermoleküle verteilen sich aufgrund ihrer thermischen Bewegung gleichmäßig in dem ihnen zur Verfügung stehenden Raum. Sie diffundieren in Bereiche,

in denen ihre Konzentration geringer ist, also aus dem Zellplasma durch die Zellmembran nach außen in die Zucker-Lösung. Das hat zur Folge, dass das Zellplasma Wasser verliert. Im Zellsaft der Vakuole ist dadurch die Konzentration von Wassermolekülen größer als im Zellplasma. Wassermoleküle diffundieren folglich durch den semipermeablen Tonoplasten ins Zellplasma. So verlieren sowohl die Vakuole als auch das Zellplasma Wasser. Deshalb beobachtet man, dass der Protoplast schrumpft und sich von der Zellwand ablöst. Da durch den Wasserverlust der Vakuole die im Zellsaft gelösten Farbstoffmoleküle in höherer Konzentration vorliegen, vertieft sich die Farbe des Vakuoleninhalts.
Legt man plasmolysierte Zellen in Wasser, ist die Konzentration von Wassermolekülen außerhalb der Zelle größer als im Zellplasma. Also diffundieren die Wassermoleküle aus der Umgebung durch die semipermeable Zellmembran ins Zellplasma. Das hat zur Folge, dass die Konzentration an Wassermolekülen im Zellplasma größer wird als im Zellsaft der Vakuole. Wassermoleküle diffundieren folglich durch den semipermeablen Tonoplasten in die Vakuole. So nehmen sowohl die Vakuole als auch das Zellplasma Wasser auf. Deshalb beobachtet man bei der Deplasmolyse, dass das Volumen der Vakuole und des Protoplasten zunimmt, die Zellmembran schließt wieder eng an der Zellwand an und die Farbe des Zellsaftes ist weniger intensiv.

c) Betrachten Sie die Animation zur Plasmolyse bei Zwiebelzellen und vergleichen Sie diese mit der Plasmolyse bei den Ligusterbeerenzellen. F/II, E/II
In der Animation wird die Plasmolyse an Zwiebelzellen dargestellt, deren Zellsaft mit Neutralrot angefärbt wird. Zwiebelzellen aus dem Gewebeverband der Epidermis sind regelmäßiger aufgebaut als Zellen der Ligusterbeeren. In der schematischen Abbildung der Animation sind der Zellkern und Plasmaschlauch gut zu erkennen. Die Zellen sind relativ rechteckig dargestellt. Man erkennt daher in der Animation gut, dass die Ablösung des Protoplasten von der Zellwand in den Ecken der Zelle beginnt. Die Schrumpfung des Protoplasten ist weniger ausgeprägt dargestellt als in der Aufgabenabbildung bei der Zelle der Ligusterbeere. Die erste Ausschnittvergrößerung zeigt die Teilchenbewegung durch die Zellwand und Zellmembran. Die zweite Ausschnittvergrößerung stellt den Wassertransport durch die Aquaporine am Tonoplasten dar. Es wird deutlich, dass Wassermoleküle durch die Aquaporine sowohl in die Vakuole hinein- als auch aus der Vakuole hinausdiffundieren können. Befindet sich die Zelle in der Glucoselösung, diffundieren pro Zeiteinheit mehr Wassermoleküle aus der Vakuole ins Zellplasma als umgekehrt. Es stellt sich im Lauf der Zeit ein Gleichgewichtszustand ein, indem in beide Richtungen gleich viele Wassermoleküle durch die Aquaporine diffundieren.

2 Osmose-Modell

Erklären Sie mithilfe des abgebildeten Modells die Vorgänge an der Zellmembran und an der Membran der Vakuole sowohl bei der Plasmolyse als auch bei der Deplasmolyse. E/II
In dem Modell entsprechen die roten Kugeln den Zuckermolekülen, die grünen Kugeln sind die Wassermoleküle, die durchlöcherte Platte stellt die semipermeable Membran dar. Nur die grünen Kugeln passen durch die Löcher der Platte.
Befindet sich eine Zelle in einer konzentrierten Zuckerlösung, ist die Konzentration von Wassermolekülen in der Zelle größer als außerhalb der Zelle. Die Wassermoleküle diffundieren aus dem Zellplasma in Bereiche, in denen ihre Konzentration geringer ist, also nach außen zwischen die Zuckermoleküle. Das hat zur Folge, dass das Zellplasma bzw. die Zelle Wasser verliert.
In der Modelldarstellung befinden sich im Ausgangszustand auf einer Seite der durchlöcherten Platte mehr grüne Kugeln als auf der anderen Seite. Beim Schütteln werden die grünen Kugeln durch die Löcher der Platte transportiert. Zuerst gelangen von der Seite, in der die Zahl der grünen Kugeln größer ist, pro Zeiteinheit mehr Kugeln durch die Plattenlöcher zu der Seite, in der die Zahl der grünen Kugeln kleiner ist. Dies geschieht solange, bis auf beiden Seiten der Platte die Zahl der grünen Kugeln gleich ist. Dann ist ein Gleichgewichtszustand erreicht, in dem beim Schütteln pro Zeiteinheit gleich viele grüne Kugeln durch die Löcher der Platte von links nach rechts, wie von rechts nach links gelangen.
Dieser Gleichgewichtszustand wird sowohl bei der Plasmolyse als auch bei der Deplasmolyse an der Zellmembran und am Tonoplasten erreicht. Plasmolyse und Deplasmolyse unterscheiden sich dadurch, dass bei der Plasmolyse die Wassermoleküle aus dem Zellplasma und Zellsaft ins Außenmedium diffundieren. Bei der Deplasmolyse diffundieren sie aus dem Außenmedium ins Zellplasma und in den Zellsaft der Vakuole.

3 Grenzplasmolyse

Planen Sie ein Experiment, mit dem festgestellt werden kann, wie hoch die Glucosekonzentration in den Zellen der Ligusterbeeren ist. E/II

Anleitung für einen Versuch, mit dem festgestellt werden kann, wie hoch die Glucosekonzentration in den Zellen der Ligusterbeeren ist:

Materialien: Ligusterbeeren; Glucoselösungen folgender Konzentrationen: 0,1; 0,15; 0,2; 0,25; 0,3; 0,4; 0,45; 0,5; 0,55 und 0,6 mol/l; 10 Schälchen mit Deckel; Lichtmikroskop; Objektträger; Deckgläschen; Mikroskopierbesteck

Versuchsaufbau und -durchführung:

Geben Sie die Glucoselösungen in je ein Schälchen und fügen Sie eine kleine Menge Fruchtfleisch aus Ligusterbeeren hinzu. Decken Sie die Schälchen ab, um zu verhindern, dass Wasser verdunstet und auf diese Weise die Konzentrationen der Zuckerlösungen ansteigen.

Entnehmen Sie nach 20 Minuten das Fruchtfleisch und fertigen Sie jeweils von einigen Zellen aus jedem Schälchen mikroskopische Präparate an. Betrachten Sie die Präparate unter dem Mikroskop.

Vergleichen Sie die Präparate und ermitteln Sie, bei welcher Glucosekonzentration sich in den Zellen die Zellmembran nur minimal von der Zellwand abgelöst hat. Es liegt kein Gewebeverband vor, sonst müsste man bestimmen, bei welcher Glucosekonzentration 50 % der Zellen im plasmolysierten Zustand vorliegen. Führen Sie diesen Versuch mehrfach parallel durch und ermitteln Sie den Durchschnittswert Ihrer Ergebnisse hinsichtlich der Glucosekonzentration, bei der eine Grenzplasmolyse bei den Ligusterbeerenzellen zu erkennen ist.

4 Aufbau der Biomembran

Deuten Sie diese Beobachtung und skizzieren Sie in diesem Zusammenhang den Aufbau einer Biomembran. F/II, E/II

Aceton und Alkohol sind Lösungsmittel für Fette. Sie lösen Phospholipide aus den Membranen. Dadurch werden unter anderem die Zellmembranen und Tonoplasten der Ligusterbeerenzellen zerstört, sodass die Liguline aus den Vakuolen und Zellen ins umgebende Medium auslaufen. (Skizze einer Biomembran entsprechend der Abbildung 3 auf Seite 24).

5 Aquaporine

a) Erklären Sie die Funktion von Aquaporinen in Biomembranen. Vergleichen Sie in diesem Zusammenhang die kanalvermittelte mit der carriervermittelten Diffusion. F/II

Aquaporine sind Membranproteine mit einem zentralen Kanal, durch den Wassermoleküle ungehindert durchtreten können und so von einer zur anderen Membranseite diffundieren können. Den Transportprozess bezeichnet man als kanalvermittelte Diffusion. Bei der carriervermittelten Diffusion haben die Transportproteine charakteristische Bindungsstellen für bestimmte Moleküle. Ähnlich wie ein Schlüssel zum Schloss passen muss, können nur genau passende Moleküle daran binden. Dadurch verändert sich die räumliche Struktur des Transportproteins so, dass dabei das gebundene Molekül durch die Membran transportiert wird.

b) Beschreiben und erklären Sie, welches Ergebnis Sie bei einem Plasmolyse- und Deplasmolyseversuch erwarten, wenn die Zellen der Ligusterbeere kurz vor dem Versuch in eine Quecksilberchlorid-Lösung getaucht werden. F/II, E/II

Wenn die Zellen der Ligusterbeere kurz vor einem Plasmolyse- und Deplasmolyseversuch in eine Quecksilberchlorid-Lösung getaucht werden, kann man weder eine Plasmolyse noch eine Deplasmolyse beobachten. Da Quecksilberionen die Aquaporine verstopfen, ist der Wassertransport durch die Membran unterbunden. Somit kann es zu keinem Konzentrationsausgleich zwischen unterschiedlich konzentrierten Lösungen kommen, die durch semipermeable Membranen getrennt sind.

6 Stofftransport durch Biomembranen

a) Vergleichen Sie den Stofftransport in Schema A und B und erklären Sie die Unterschiede. E/II

Die Abbildung A zeigt modellhaft den Stofftransport an der Biomembran eines Kompartiments. Die Teilchen können ungehindert durch die Membran diffundieren. Zu Beginn ist die Teilchenkonzentration im Kompartiment geringer als im umgebenden Medium. Die Teilchen diffundieren von Bereichen, in denen sie in hohen Konzentrationen vorliegen, dahin, wo ihre Konzentration gering ist, also ins Kompartiment. Dies geschieht solange, bis die Konzentration an Teilchen auf beiden Seiten der Membran gleich ist. Dann ist ein Gleichgewichtzustand erreicht, in dem pro Zeiteinheit gleich viele Teilchen in das Kompartiment hineindiffundieren wie hinausdiffundieren.

Im Schema B befindet sich ein Enzym im Kompartiment, welches die hineindiffundierenden Teilchen umwandelt. Die Teilchen bewegen sich aufgrund des Konzentrationsunterschiedes in das Kompartiment hinein. Da sie dort zu einem anderen Stoff umgewandelt werden, kann kein Gleichgewichtszustand erreicht werden. Es bleibt stets ein Konzentrationsunterschied zwischen außen und innen bestehen, sodass nur ein Einströmen, kein Ausströmen der betreffenden Teilchen erfolgt.

b) Betrachten Sie die Animation zum Ionenfallen-Experiment und schreiben Sie dazu ein Versuchsprotokoll. E/II

Versuchsprotokoll zum Ionenfallen-Experiment:
Information zu Neutralrot: Neutralrot ist ein Farbstoff, der in Abhängigkeit vom pH-Wert der Lösung seine Farbe verändert. Im sauren Milieu (ab pH 7,4) wird der Farbstoff protoniert und nimmt eine kirschrote Farbe an.
Durchführung: Zu Epidermiszellen der Zwiebel, deren Zellsaft ungefärbt ist, wird braune Neutralrot-Lösung gegeben.
Beobachtung: Der Zellsaft in der Vakuole färbt sich kirschrot. Die Farbintensität der Vakuole nimmt im Lauf des Versuches immer stärker zu, während das Außenmedium entfärbt wird.
Deutung: Die braunen Neutralrotmoleküle können durch die Membranen diffundieren und bewegen sich aufgrund des Konzentrationsunterschiedes in die Vakuole hinein. Neutralrot wird in der Vakuole der Zwiebelzelle kirschrot. Das Farbstoffmolekül wird also protoniert. Der Zellsaft muss sauer sein.
Als Kation kann Neutralrot die Membranen nicht mehr durchdringen. Somit reichern sich die positiv geladenen Farbstoffmoleküle in der Vakuole der Zwiebelzelle an. Da Neutralrot in der Zelle zu einem Kation umgewandelt wird, bleibt ein Konzentrationsunterschied zwischen Zellsaft, Zellplasma und Außenmedium bestehen, also diffundieren alle ungeladenen Neutralrotmoleküle in die Vakuole. Es stellt sich kein Gleichgewichtszustand ein. Daher ist das Außenmedium am Ende des Versuchs entfärbt.

c) Vergleichen Sie das Ionenfallen-Experiment mit dieser modellhaften Darstellung des Stofftransports. E/II

	Modelldarstellung der Aufgabe	**Ionenfallen-Experiment der CD**
Gemeinsamkeiten	Der Membrantransport erfolgt durch Diffusion.	
	Der aufgenommene Stoff wird nach dem Transport verändert. Er kann vor der Veränderung durch die Membran diffundieren, nach der Veränderung jedoch nicht mehr.	
	Es stellt sich kein Gleichgewichtszustand ein.	
Unterschiede	Kompartiment	Vakuole
	Inneres des Kompartiments	Zellsaft
	Enzym wandelt den Stoff um.	Protonen lagern sich an Neutralrot. Es entstehen Kationen.
	Formveränderung	Farbveränderung

d) Betrachten und vergleichen Sie die Funktionsweise verschiedener Transportproteine. E/II

	gesteuerter Ionenkanal	**Carrier: passiver Transport**	**Carrier: aktiver Transport**	**Carrier: sekundär aktiver Transport**
GEMEINSAMKEITEN	Die verschiedenen Transportproteine sind für bestimmte Moleküle/Ionen spezifisch.			
UNTERSCHIEDE				
Transportart	passiv (ohne Energieaufwand)	passiv (ohne Energieaufwand)	aktiv (mit Energieaufwand)	aktiv (mit Energieaufwand)

	gesteuerter Ionenkanal	Carrier: passiver Transport	Carrier: aktiver Transport	Carrier: sekundär aktiver Transport
Konzentrationsgradient	Transport entlang des Konzentrationsgradienten	Transport entlang des Konzentrationsgradienten	Transport jeweils entgegen des Konzentrationsgradienten	Transport von Na^+-Ionen entlang ihres Konzentrationsgradienten und von Glucose-Molekülen entgegen ihres Gradienten
transportierte Stoffe	K^+-Ionen	Glucose-Molekül	K^+-Ionen, Na^+-Ionen	jeweils zwei Na^+-Ionen und ein Glucose-Molekül
Transportrichtung	K^+-Ionen werden aus den Darmepithelzellen in die extrazelluläre Flüssigkeit transportiert.	Glucose-Moleküle werden aus den Darmepithelzellen in die extrazelluläre Flüssigkeit transportiert.	K^+-Ionen werden aus der extrazellulären Flüssigkeit in die Darmepithelzellen transportiert, während die Na^+-Ionen umgekehrt aus den Darmepithelzellen in die extrazelluläre Flüssigkeit transportiert werden.	Na^+-Ionen und Glucose-Moleküle werden aus dem Darmlumen in die Darmepithelzellen transportiert.
Formveränderung des Transportproteins	nein (Kanal ist hier immer offen)	ja	ja	ja
Transportvorgang	kanalvermittelte Diffusion: Die K^+-Ionen haben aufgrund ihrer Eigenbewegung das Bestreben sich im Laufe der Zeit gleichmäßig in dem ihnen zur Verfügung stehenden Raum zu verteilen.	carriervermittelte Diffusion: An das Transportprotein kann stets nur ein Glucose-Molekül binden. Der Carrier verändert daraufhin seine Form, wodurch das Glucose-Molekül in die extrazelluläre Flüssigkeit gelangt.	Natrium-Kalium-Ionenpumpe: Drei Na^+-Ionen binden an spezifische Bindungsstellen des Carriers, an den daraufhin auch ein ATP-Molekül bindet. Das ATP-Molekül wird in ADP und einen Phosphatrest gespalten. Letzterer bleibt mit dem Carrier verbunden. Die bei der ATP-Spaltung freiwerdende Energie führt zur Formveränderung des Carriers, sodass die Na^+-Ionen in die extrazelluläre Flüssigkeit gelangen. Jetzt binden zwei K^+-Ionen an den Carrier. Der Phosphatrest wird abgespalten und nach einer erneuten Formveränderung des Carriers gelangen die K^+-Ionen ins Innere der Darmepithelzellen.	Cotransport, hier Symport: Das Transportprotein besitzt spezifische Bindungsstellen für zwei Na^+-Ionen und ein Glucose-Molekül. Erst wenn diese drei Bindungsstellen entsprechend besetzt sind, kommt es zur Formveränderung des Transportproteins, so dass die Stoffe ins Innere der Darmepithelzellen transportiert werden.
Transportgeschwindigkeit	sehr schnell	vergleichsweise langsam	vergleichsweise langsam	vergleichsweise langsam

Seite 29

PRAKTIKUM **Plasmolyse bei Pflanzenzellen**

1 Plasmolyse und Deplasmolyse bei Epidermiszellen

a) Zeichnen Sie eine Zelle aus dem Zellverband, die sich in Wasser befindet, und eine Zelle, die sich in Kaliumnitrat-Lösung befindet. Beschriften Sie die erkennbaren Strukturen. Berücksichtigen Sie dabei auch Abbildung 4 auf Seite 31. F/II, E/II

Erkennbare Strukturen der Zwiebelzellen in Wasser:

- Das Zellinnere ist fast vollständig mit Vakuole ausgefüllt.
- extrem dünner Plasmaschlauch
- extrem dünne Zellwände (zwischen Zellwand und Plasmaschlauch ist kaum zu unterscheiden)
- manchmal (je nach Lage) Zellkern

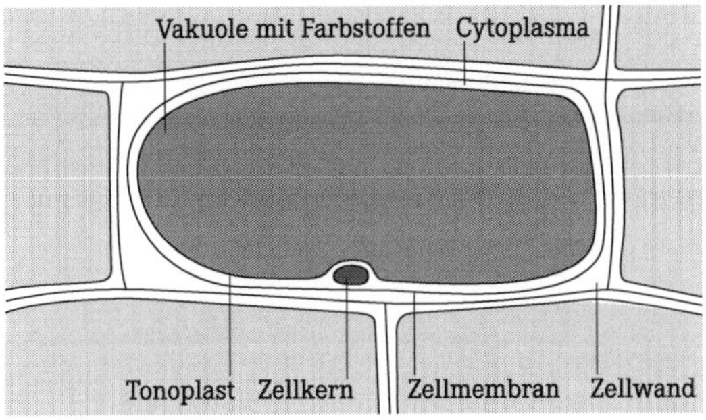

Im Vergleich dazu erkennt man bei der Zwiebelzelle in Kaliumnitrat-Lösung:

- Der Protoplast hat sich zusammengezogen.
- Der Plasmaschlauch hat sich stellenweise von der Zellwand abgelöst, er liegt als dünner Schlauch um die Vakuole und ist als heller Saum im Kontrast zur Vakuole zu erkennen.
- In der Vakuole ist der Zellsaft intensiver gefärbt.

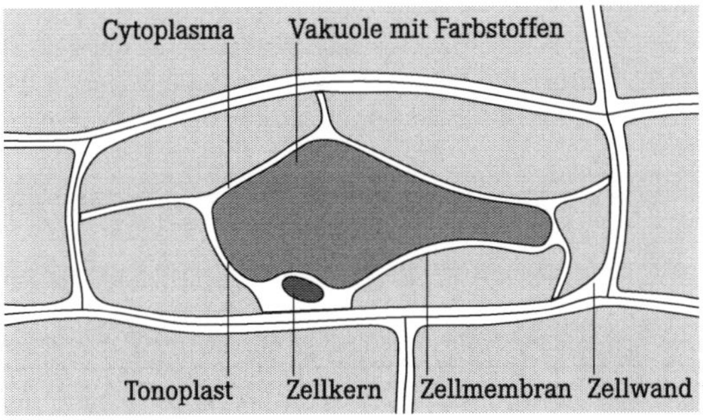

Zusatzinformation: Mit Kaliumnitrat als Plasmolytikum erhält man zunächst das Bild einer Konkavplasmolyse. Nach längerer Einwirkzeit (etwa 15 Minuten) entsteht das Bild einer Konvexplasmolyse. Eine bleibende Konkavplasmolyse erhält man bei der Verwendung von Calciumnitrat-Lösung als Plasmolytikum. Der Grund für die unterschiedlichen Plasmolyseformen liegt in der unterschiedlichen Wirkung der beiden Ionen auf die Quellung des Cytoplasmas. Während die entquellend wirkenden Calcium-Ionen das Cytoplasma verfestigen, verstärken Kalium-Ionen den Quellungsgrad. Der Protoplast rundet sich dabei ab, um eine möglichst kleine Oberfläche einzunehmen.

b) Erklären Sie auf der Grundlage der Osmose, wie die Unterschiede zwischen den Zellen in Wasser und in der Kaliumnitrat-Lösung entstehen. F/II

Legt man die Zwiebelzellen in 1,0 molare Kaliumnitrat-Lösung, ist die Konzentration von Wassermolekülen in der Zelle größer als außerhalb der Zelle. Die Zellwand ist für Ionen und Wassermoleküle frei permeabel. Die Zellmembran dagegen ist semipermeabel. Wassermoleküle können durch die Zellmembran diffundieren, große Ionen aber nicht. Die Wassermoleküle verteilen sich aufgrund ihrer thermischen Bewegung gleichmäßig in dem ihnen zur Verfügung stehenden Raum. Sie diffundieren in Bereiche, in denen ihre Konzentration geringer ist, also aus dem Zellplasma durch die Zellmembran nach außen in die Salzlösung. Das hat zur Folge, dass das Zellplasma Wasser verliert. Im Zellsaft der Vakuole ist dadurch die Konzentration an Wassermolekülen größer als im Zellplasma. Wassermoleküle diffundieren folglich durch den semipermeablen Tonoplasten ins Zellplasma und von dort durch die Zellmembran in die Kaliumnitrat-Lösung. So verlieren sowohl die Vakuole als auch das Zellplasma Wasser. Deshalb beobachtet man, dass der Protoplast schrumpft und sich von der Zellwand ablöst. Da durch den Wasserverlust der Vakuole die im Zellsaft gelösten Farbstoffmoleküle in höherer Konzentration vorliegen, intensiviert sich die Farbe der Vakuole.

Legt man dagegen Zwiebelzellen in Wasser, diffundieren Wassermoleküle aufgrund des Konzentrationsunterschiedes aus der Umgebung durch die semipermeable Zellmembran ins Zellplasma und durch den Tonoplasten in die Vakuole. Deshalb beobachtet man, dass die Zellmembran eng an der Zellwand anschließt, die Vakuole sehr groß und die Farbe des Zellsaftes weniger intensiv ist.

c) Informieren Sie sich anhand der Animationen zur Plasmolyse und Deplasmolyse über diese Vorgänge und erklären Sie, welche Vorgänge im Endstadium einer Plasmolyse an der Vakuolenmembran ablaufen. F/II, E/II

Es stellt sich im Lauf der Zeit ein Gleichgewichtszustand ein, in dem in beide Richtungen gleich viele Wassermoleküle durch die Aquaporine in den Tonoplasten hinein- wie hinausdiffundieren.

2 Turgordruck im Modell

a) Vergleichen Sie eine Pflanzenzelle mit dem Modell. Geben Sie an, welche Bestandteile des Modells und einer Pflanzenzelle sich entsprechen. E/II

Modell	Pflanzenzelle
Wand der Plastikflasche	Zellwand
Löcher in der Plastikflasche	Zwischenräume in der Zellwand
Luftballon	Zellmembran

b) Erklären Sie anhand des Modells, was man in den Naturwissenschaften unter einem Modell versteht. E/III

Ein Modell ist keine Kopie des Originals. Es zeichnet sich durch Abstraktion aus, bestimmte Merkmale des Originals werden bewusst vernachlässigt, andere hervorgehoben, um Sachverhalte zu veranschaulichen und zu vereinfachen. In diesem Modell einer Pflanzenzelle werden bis auf die Zellwand und die Zellmembran alle Bestandteile einer Pflanzenzelle vernachlässigt. Da mit dem Modell der Turgordruck verständlich gemacht werden soll, werden Zellwand und Zellmembran, die dafür zentrale Bedeutung haben, als Modellelemente hervorgehoben.

c) Erklären Sie mit dem Modell den Turgordruck, die Plasmolyse und die Deplasmolyse. E/II

Wie ein Luftballon beim Einblasen von Luft an Volumen zunimmt, nimmt der Protoplast einer Pflanzenzelle beim Einströmen von Wasser an Volumen zu. Wie der Luftballon dabei auf die Wand der Plastikflasche drückt, drückt der Protoplast auf die Zellwand. Wie die Wand der Plastikflasche verhindert, dass der Ballon weiter aufgeblasen werden kann, verhindert der Gegendruck durch die Zellwand, dass der Protoplast weiter Wasser aufnehmen und sich ausdehnen kann.

Bei der Plasmolyse löst sich der Protoplast aufgrund des Wasserverlustes von der Zellwand. Mit dem Modell kann dieser Zustand dargestellt werden, indem Luft aus dem Ballon gelassen wird, sodass dieser nicht mehr die Wand der Plastikflasche berührt. Bei der Deplasmolyse diffundiert Wasser in eine plasmolysierte Zelle hinein. Modellhaft bläst man wieder Luft in den schlappen Luftballon, sodass er wieder gegen die Wand der Plastikflasche gepresst wird.

d) Beschreiben Sie, welche Transportvorgänge an der Zellmembran ablaufen, wenn der Turgordruck und der Gegendruck durch die Zellwand gleich groß sind. F/II

Wenn der Turgordruck und der Gegendruck durch die Zellwand gleich groß sind, ist ein Gleichgewichtszustand erreicht. In diesem Zustand diffundieren in beide Richtungen gleich viele Wassermoleküle durch die Aquaporine der Zellmembran in die Zelle hinein wie hinaus.

3 Turgorverlust

Beschreiben und erklären Sie das Versuchsergebnis, das nach etwa 24 Stunden zu beobachten ist. F/II, E/II

Versuchsergebnis: Der in der Salzlösung stehende Spross ist nach 24 Stunden welk. Im Kontrollansatz zeigt der im Wasser stehende Spross keine Veränderungen im Vergleich zum Beginn des Versuches.

Deutung: In der Salzlösung verliert der Spross über die Schnittstelle Wasser auf osmotischem Weg. Gleichzeitig verliert die Pflanze Wasser über die Transpiration. Der Wassermangel bewirkt, dass die Protoplasten der Zelle wenig Volumen haben und keinen Druck auf die Zellwände ausüben. Der Spross verliert die Steifheit. Er wird welk.

Der im Wasser stehende Spross verliert kein Wasser über die Schnittstelle. Er kann Wasser aufnehmen. Der durch die Verdunstung hervorgerufene Wasserverlust erzeugt innerhalb der Pflanze einen Sog, der Wasser aus den Blattzellen sowie aus den Leitungsbahnen der Blätter und der Sprossachse nach oben zieht.

Seite 33

1 Rote Blutkörperchen besitzen keinen Zellkern. Erklären Sie, welche Zellvorgänge in diesen Zellen deshalb nicht ablaufen können. F/I

Der Zellkern enthält die Erbinformationen, die für die Zellteilung und für die Steuerung der Stoffwechselvorgänge verantwortlich sind. Zellteilungen und Proteinbiosynthese können in roten Blutkörperchen nicht ablaufen, da sie keinen Zellkern besitzen.

(2) Vergleichen Sie den Aufbau von Mitochondrien und Chloroplasten. E/II

Mitochondrien (Größe: 1 bis 10 µm) sind stäbchenförmige Zellorganellen in pflanzlichen und tierischen Zellen. Plastiden sind typische Bestandteile von Pflanzenzellen. Zu ihnen gehören die grünen Chloroplasten, die gelbroten Chromoplasten und die farblosen Leukoplasten. Plastiden variieren stark in Größe und Form. Sie gehen aus gemeinsamen Vorstufen, den Proplastiden, hervor.

Mitochondrien und Plastiden sind von zwei Membranen umgeben, enthalten DNA sowie Ribosomen und vermehren sich durch Zweiteilung.

Die Grundsubstanz eines Mitochondriums wird Matrix genannt, sie wird durchzogen von Falten, die von der inneren Membran des Mitochondriums gebildet werden.

Chloroplasten, die Plastiden aus grünen Pflanzenzellen, in denen die Fotosynthese stattfindet, sind ebenfalls von flachen Membransäckchen durchzogen. Diese sogenannten Thylakoide sind an manchen Stellen kreisrund und geldrollenartig übereinander gestapelt. Man nennt diese Stapel Grana. Die Grundsubstanz der Chloroplasten wird Stroma genannt.

(3) Ribosomen können radioaktiv markierte Aminosäuren in Polypeptidketten einbauen. Dann lässt sich anhand der Radioaktivität verfolgen, wohin die Polypeptidketten transportiert werden. Zum Beispiel findet man anschließend Radioaktivität in sekundären Lysosomen. Beschreiben und erklären Sie den Weg der radioaktiven Aminosäuren vom Ribosom bis in das sekundäre Lysosom. F/II

Ribosomen, die sich auf der Oberfläche des Endoplasmatischen Retikulums befinden, bauen bei der Proteinbiosynthese radioaktive Aminosäuren in die Polypeptidketten ein. Diese gelangen in den Innenraum des ERs und werden dort in mehreren Schritten verändert und gefaltet. So entstehen daraus Proteine mit ihrer typischen Raumstruktur. Sie werden an der Oberfläche des ERs in kleine Membranaussackungen gegeben, die als Vesikel abgeschnürt werden. Die ER-Vesikel können zum GOLGI-Apparat transportiert werden und dort mit Zisternen verschmelzen. Dabei gelangen die Proteine mit den eingebauten radioaktiv markierten Aminosäuren aus den ER-Vesikeln in den Innenraum der Zisternen.

Dort können Proteine noch weiter verändert werden. Vor allem werden Proteine dort sortiert und konzentriert. Danach werden sie in GOLGI-Vesikel verpackt. Einige GOLGI-Vesikel enthalten Verdauungsenzyme. Sie werden als primäre Lysosomen bezeichnet. Wurden diese Verdauungsenzyme aus den Proteinen mit den radioaktiv markierten Aminosäuren gebildet, so befindet sich die Radioaktivität danach in den primären Lysosomen.

Zellen können durch Einstülpungen ihrer Zellmembran Stoffe aufnehmen. Gelangt etwa ein nährstoffreiches Partikel von außen an die Zelloberfläche, so senkt sich die Zellmembran zu einem Grübchen ein. Das Membrangrübchen vertieft sich und wird als Vesikel abgeschnürt. Dieser Vorgang wird als Endocytose, der nährstoffhaltige Vesikel als Endosom bezeichnet. Das Endosom wird ins Innere der Zelle bewegt. Endosomen und primäre Lysosomen verschmelzen zu sekundären Lysosomen, in denen der Stoffabbau erfolgt. Bei dieser Verschmelzung gelangen die Verdauungsenzyme mit den radioaktiv markierten Aminosäuren ins Innere von sekundären Lysosomen.

Seite 34

(1) Colchicin, das Gift der Herbstzeitlosen, verhindert die Zusammenlagerung von freien Tubulin-Molekülen. Bestimmte Giftstoffe von Pilzen verhindern die Zusammenlagerung von Actin-Molekülen. Erläutern Sie, welche Wirkungen diese Gifte auf Zellen haben könnten. F/II

Colchicin verhindert das Zusammenlagern von Tubulinmolekülen. Als Folge davon ist der intrazelluläre Transport gestört. Außerdem kann die Kernteilungsspindel bei der Mitose nicht aufgebaut werden. Somit können die Zwei-Chromatiden-Chromosomen in der Anaphase nicht auf die unterschiedlichen Zellpole verteilt werden. Bei der Zellteilung wird so eine Tochterzelle gebildet, die keinen Zellkern besitzt und nicht lebensfähig ist. In der anderen Zelle werden in der Interphase die Chromatiden verdoppelt, was zur Polyploidisierung führt.

Giftstoffe von Pilzen, die die Zusammenlagerung von Actin-Molekülen verhindern, wirken sich auf die Zellform aus und hemmen die Fortbewegung und Endocytose von Einzellern. Die Kontraktion von Muskelzellen wird nicht beeinflusst, da bei diesem Vorgang keine Zusammenlagerung von Actin-Molekülen erfolgt.

Seite 36

AUFGABEN vernetzt Erythrocyten

1 Zellorganellen

a) Vergleichen Sie Erythrocyten mit anderen tierischen Zellen hinsichtlich der Zellbestandteile und den damit verbundenen Funktionen. E/II

Tierische Zellen besitzen normalerweise verschiedene Zellorganellen, etwa den Zellkern, der als Steuerungszentrale gilt, Ribosomen, die Orte der Proteinbiosynthese, Mitochondrien, in denen Stoff- und Energieumwandlungen stattfinden und den GOLGI-Apparat, die Schaltstelle des Stofftransports. Außerdem besitzen sie Endoplasmatisches Retikulum, das als glattes ER am Abbau von Giften oder auch Medikamenten beteiligt ist oder in bestimmten Zelltypen die Aufgabe hat, Lipide und Hormone zu synthetisieren. Das raue ER dagegen sondert Proteine vom Cytoplasma ab und transportiert sie zu den Bestimmungsorten. Auch in normalen tierischen Zellen wird das Cytoplasma von einem Cytoskelett aus Mikro-, Makro- und Intermediärfilamenten durchzogen und die Zellmembran durch Mikrofilamente gestützt. Es ist aber nicht so ausgeprägt wie in Erythrocyten.

b) Erklären Sie am Beispiel der Erythrocyten das Basiskonzept „Struktur und Funktion". F/II

Durch die Besonderheiten der Erythrocyten werden sie ihrer biologischen Funktion „Transport der Atemgase im Blut" gerecht. Durch ihre Linsenform ist die Diffusionsstrecke für die Atemgase sehr kurz, sodass sie schnell an Hämoglobin gebunden oder davon abgelöst werden können. Die Einbuchtung in der Mitte der Erythrocyten dient der Oberflächenvergrößerung, sodass pro Zeiteinheit mehr Sauerstoff aufgenommen werden kann. Die fehlenden Organellen bedeuten mehr Platz für die hohe Hämoglobinkonzentration.

Das ausgeprägte Cytoskelett mit den Verknüpfungen zur Zellmembran ist die Grundlage für die elastische Verformbarkeit der Erythrocyten. So können diese sich auch durch kleinste Kapillaren zwängen und den Gasaustausch mit allen Zellen des Körpers ermöglichen.

2 Erythrocytenmembran

a) Skizzieren und beschriften Sie den Bau einer Erythrocytenmembran unter Berücksichtigung ihrer Verknüpfung mit dem Cytoskelett. F/II, E/II

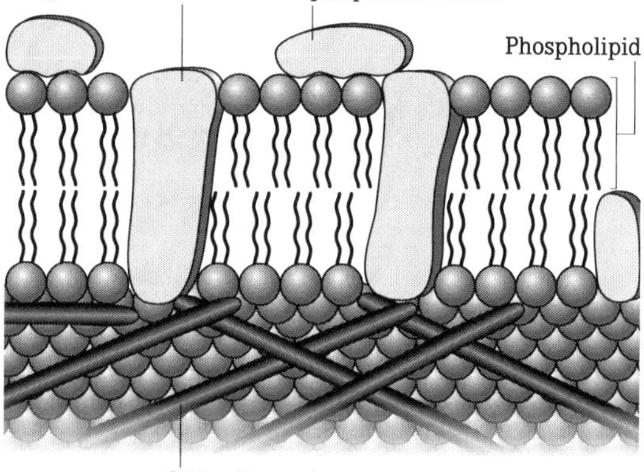

b) Erklären Sie das Schema zur Verträglichkeit von Spender- und Empfängerblut. F/II, E/II

Empfänger mit der Blutgruppe A haben Antikörper gegen Antigene B. Deshalb verklumpt ihr Blut mit dem Blut der Spender mit den Blutgruppen AB und B. Blut der Spender mit den Blutgruppen A und 0 können sie vertragen.

Empfänger mit der Blutgruppe B haben Antikörper gegen Antigene A. Deshalb verklumpt ihr Blut mit dem Blut der Spender mit den Blutgruppen AB und A. Blut der Spender mit den Blutgruppen B und 0 können sie vertragen.

Empfänger mit der Blutgruppe AB haben keine Antikörper gegen Antigene A und B. Deshalb können sie Blut aller Blutgruppen vertragen.

Empfänger mit der Blutgruppe 0 haben Antikörper gegen Antigene A und B. Deshalb verklumpt ihr Blut mit dem Blut des Spenders mit den Blutgruppen A, AB und B. Nur Blut eines Spenders mit der Blutgruppe 0 können sie vertragen.

3 Erythrocytenresistenz

Deuten Sie die Beobachtungen in den drei Reagenzgläsern unter Berücksichtigung der EM-Aufnahmen. Ordnen Sie dazu die EM-Aufnahmen D bis F den Reagenzgläsern mit den entsprechenden Salzkonzentrationen A bis C zu. E/II

Als wesentliche Beobachtungen der Versuchsreihe kann man festhalten: einheitliche hellrote Flüssigkeit in Reagenzglas A, roter Niederschlag am Boden des Reagenzglases B und kleinerer roter Niederschlag am Boden des Reagenzglases C.

Die mikroskopischen Untersuchungen zeigen in Abbildung D die Reste eines geplatzten Erythrocyten, in Abbildung E einen Erythrocyten, der sich zusammengezogen und die Form eines Stechapfels angenommen hat

und in Abbildung F einen Erythrocyten in seiner normalen Linsenform.
Zuordnung und Erklärung: Erythrocyten platzen in einem Außenmedium, das Wasser oder eine Salzlösung enthält, deren Konzentration wesentlich unter der des Zellinnern liegt. Die Wassermoleküle verteilen sich aufgrund ihrer thermischen Bewegung gleichmäßig in dem ihnen zur Verfügung stehenden Raum. Sie diffundieren in Bereiche, in denen ihre Konzentration geringer ist, also ins Innere der Erythrocyten. Der dadurch zunehmende Druck im Innern der Erythrocyten führt zum Platzen der Erythrocyten. Das Hämoglobin, der rote Blutfarbstoff, tritt aus und löst sich im umgebenden Medium. Man erhält eine relativ gleichmäßig gefärbte Lösung mit einigen Zelltrümmern, die sich am Boden des Reagenzglases absetzen. Demzufolge sind Abbildung A und D einander zuzuordnen.
Befinden sich Erythrocyten in einer Salzlösung, deren Konzentration genau so groß ist wie die im Inneren der Erythrocyten, diffundieren gleich viele Wassermoleküle in die Erythrocyten hinein wie aus ihnen hinaus. Aufgrund des Gewichtes setzen sich die roten Blutkörperchen am Boden eines Reagenzglases ab. Demzufolge lassen sich Abbildung B und F einander zuordnen.
Befinden sich Erythrocyten in einer Salzlösung, die stärker konzentriert ist als das Innere der Erythrocyten, diffundieren Wassermoleküle aus den Erythrocyten in die Salzlösung. Dadurch verlieren die Erythrocyten Wasser und schrumpfen. Sie nehmen die Form eines Stechapfels an. Aufgrund des Gewichtes setzen sich die geschrumpften Erythrocyten am Boden des Reagenzglases ab. Demzufolge kann man Abbildung C und E einander zuordnen.

4 Transportprozesse

a) Beschreiben Sie anhand der Abbildung die Funktion der Natrium-Kalium-Ionenpumpe. F/I
Die Natrium-Kalium-Pumpe befördert mithilfe von Energie im Antiport drei Natrium-Ionen nach außen und zwei Kalium-Ionen nach innen. So wird die Ionenkonzentration in den Erythrocyten niedrig gehalten.

b) Erläutern Sie, warum Erythrocyten platzen, wenn man ihre Natrium-Kalium-Ionenpumpen hemmt. F/II
Hemmt man die Natrium-Kalium-Pumpen der Erythrocyten, so entsteht im Innern eine hohe Ionenkonzentration. Infolgedessen diffundieren vermehrt Wassermoleküle in die roten Blutkörperchen hinein. Der dadurch zunehmende Druck im Innern führt zum Zerreißen der Zellmembran und Platzen der Erythrocyten (Hämolyse).

5 Glucoseaufnahme

a) Erstellen Sie eine Anleitung für die Durchführung des Versuches. E/II
Durchführung (theoretisch): Füllen Sie in zehn Reagenzgläser jeweils Glucose-Lösungen mit Konzentrationen von 0,5 bis 50 mmol/l. Geben Sie jeweils eine bestimmte Menge von Erythrocyten in die Glucose-Lösungen hinein und messen Sie nach einer Minute die Glucosekonzentrationen in den Erythrocyten aus den jeweiligen Lösungen.

b) Deuten Sie das Versuchsergebnis. E/II
Kurvenbeschreibung: Schon bei niedrigen Glucosekonzentrationen im Aufnahmemedium ist die Glucoseaufnahme sehr hoch. Bei einer Konzentration von etwa 20 mmol/l erreicht die Geschwindigkeit des Glucosetransports einen Sättigungswert. Trotz steigender Glucosekonzentration im Aufnahmemedium erhöht sich die Geschwindigkeit der Glucoseaufnahme nicht.
Deutung: Der Transport erfolgt nicht gegen ein Konzentrationsgefälle. Daher handelt es sich um einen passiven Transport. Der Kurvenverlauf ist typisch für einen Carriertransport. Carrier transportieren ihre spezifischen Stoffe schon bei geringer Konzentration mit hoher Geschwindigkeit in die Zellen hinein. Die Transportgeschwindigkeit erreicht mit zunehmender Stoffkonzentration einen Sättigungswert, bei dem alle Carrier ausgelastet sind und mit maximaler Geschwindigkeit Stoffe in die Zellen transportieren.

2 Inhaltsstoffe von Zellen

Seite 37

(1) Geben Sie an, welche Unterschiede und Gemeinsamkeiten Aminosäuren und Fettsäuren haben.
F/I, E/II
Gemeinsamkeiten:
- Fettsäuren und Aminosäuren besitzen jeweils zwei chemisch deutlich unterscheidbare Regionen.
- Fettsäuren und Aminosäuren besitzen beide jeweils eine COOH-Gruppe (Carboxylgruppe). Diese verhält sich wie eine Säure (Carbonsäure). In Lösung ist die Carboxylgruppe ionisiert (COO^-), extrem hydrophil und chemisch sehr reaktionsfreudig.

- Sowohl Fettsäuremoleküle als auch die Aminosäuremoleküle sind in der Zelle über die Carboxylgruppe kovalent mit anderen Molekülen verknüpft.
- Fettsäuren und Aminosäuren sind Bestandteile von Biomembranen (Phospolipide/Proteine).

Unterschiede:

- Aminosäuren sind die Bausteine der Proteine und Fettsäuren die der Lipide.
- Aminosäuren verfügen über eine Aminogruppe (NH_2-Gruppe).
- Fettsäuren können Doppelbindungen im Kohlenwasserstoffschwanz enthalten (ungesättigte Fettsäuren).
- Aminosäuren bilden untereinander Peptidbindungen und damit lange Ketten aus (Polypeptide).
- Drei Fettsäuren und Glycerol bauen Fette auf.
- Alle Aminosäuren (mit Ausnahme von Glycin) liegen als optische Isomere in der D- oder L-Form vor. In Proteinen werden ausschließlich die L-Formen verwendet.

Seite 39

1 Beschreiben Sie die Strukturen eines Proteins anhand der Abbildung 4. F/II

A Primärstruktur: Die Reihenfolge oder Sequenz der einzelnen Aminosäuren, die zu einer Polypeptidkette miteinander verbunden sind, wird als Primärstruktur eines Proteins bezeichnet.

B Sekundärstruktur: Innerhalb einer Polypeptidkette kommt es zwischen den Peptidbindungen zur Ausbildung von Wasserstoffbrücken. Wird die Peptidkette dadurch schraubenförmig aufgedreht, bezeichnet man dies als alpha (α)-Helixstruktur. Kommt es hingegen zu einer ziehharmonikaartigen Faltung, ist die Rede von der sogenannten beta (β)-Faltblattstruktur.

C Tertiärstruktur: Zwischen den spezifischen Resten der in der Polypeptidkette miteinander verbundenen Aminosäuren kann es ebenfalls zu Wechselwirkungen kommen, sodass das Protein eine spezifische Raumstruktur ausbildet.

D Quartärstruktur: Große Proteine sind meistens aus mehreren Polypeptidketten zusammengesetzt, die ebenfalls über Wechselwirkungen miteinander verknüpft sind. Unter der Quartärstruktur versteht man daher die räumliche Struktur eines Proteins, das aus mehreren Untereineinheiten besteht. Jedes Protein hat eine spezifische Aufgabe im Organismus. Bei dem hier dargestellten Protein handelt es sich um ein Transportprotein, das eine kanalartige Struktur aufweist und als Ionenkanal in einer Membran fungiert. Erst wenn alle Untereinheiten des Proteins zusammentreten, kann dieses seine Funktion im Organismus fehlerfrei ausüben.

2 Erklären Sie, warum bereits in der Primärstruktur auch die Tertiärstruktur eines Proteins festgelegt ist. F/II

Jede Aminosäure besteht aus einer Aminogruppe (NH_2-Gruppe), einer Carboxylgruppe (COOH-Gruppe), einem Wasserstoffatom und einer für die jeweilige Aminosäure charakteristischen Seitengruppe, die auch als Rest bezeichnet wird und der Aminosäure charakteristische Eigenschaften verleiht. Alle Bestandteile sind um ein Kohlenstoffatom gruppiert. Der spezifische Rest der Aminosäure kann polar oder unpolar sowie sauer oder basisch sein. Schon die Primärstruktur des Proteins, mit seiner charakteristischen Abfolge unterschiedlicher Aminosäuren, legt daher fest, welche Tertiärstruktur das Protein ausbildet, da es zu spezifischen Wechselwirkungen zwischen den Seitengruppen der Aminosäuren kommt. Außerdem verlagern sich hydrophobe Restgruppen nach innen, während sich hydrophile Reste nach außen drehen, sodass sie mit dem wässrigen Milieu der Umgebung in Berührung kommen.

3 Erklären Sie, warum Proteine in der Regel denaturieren, wenn man Säuren, Basen oder Salzlösungen hinzufügt. F/II

Die Protonen (H^+-Ionen) von Säuren, die Hydroxidionen (OH^--Ionen) von Basen sowie die Anionen und Kationen von Salzlösungen lagern sich an die entsprechend gegensätzlich geladenen Bereiche innerhalb des Proteins an, sodass die ursprünglichen Wechselwirkungen im Protein verändert oder zerstört werden. Dadurch geht die spezifische Raumstruktur des Proteins verloren, es denaturiert.

Seite 41

(1) Vergleichen Sie den Aufbau von Amylose, Amylopektin, Cellulose und Glykogen in Form einer Tabelle. E/II

<table>
<tr><th></th><th>Amylose</th><th>Amylopektin</th><th>Cellulose</th><th>Glykogen</th></tr>
<tr><td rowspan="4">Gemeinsamkeiten und Unterschiede</td><td colspan="4">Es handelt sich jeweils um Polysaccharide, d. h. um langkettige Polymere aus Monosacchariden (hier Glucose).</td></tr>
<tr><td>Kette besteht aus mehreren hundert Glucose-Molekülen.</td><td>Kette besteht aus mehreren tausend Glucose-Molekülen.</td><td>Kette besteht aus etwa 10 000 Glucose-Molekülen.</td><td>Kette besteht aus bis zu 100 000 Glucose-Molekülen.</td></tr>
<tr><td colspan="2">Kette ist schraubenartig gewunden.</td><td colspan="2">Ketten sind linear angeordnet.</td></tr>
<tr><td>Kette ist unverzweigt.</td><td>Kette ist verzweigt.</td><td>Ketten sind unverzweigt.</td><td>Ketten sind stark verzweigt.</td></tr>
</table>

(2) Erklären Sie, warum Amylose im Gegensatz zu Amylopektin wasserlöslich ist. F/II

Amylopektin ist im Gegensatz zu Amylose nicht wasserlöslich, da es sehr komplex ist und einen hohen Verzweigungsgrad aufweist mit weniger freien OH-Gruppen, an die sich Wassermoleküle anlagern könnten.

(3) Kohlenhydrate haben die allgemeine Summenformel $C_n(H_2O)_n$. Ermitteln Sie die Summenformel für ein Kohlenhydrat mit fünf beziehungsweise sechs Kohlenstoffatomen. F/I

Allgemeine Summenformel: $C_n(H_2O)_n$

Summenformel für ein Kohlenhydrat mit fünf Kohlenstoffatomen: $C_5(H_2O)_5$

Summenformel für ein Kohlenhydrat mit sechs Kohlenstoffatomen: $C_6(H_2O)_6$ (z. B. Glucose)

Seite 42

(1) Erklären Sie, warum Öle im Vergleich zu Fetten bei Zimmertemperatur flüssig sind. F/II

Öle sind im Gegensatz zu Fetten bei Zimmertemperatur flüssig, weil sie aus deutlich mehr kurzen und ungesättigten Fettsäuren bestehen als Fette. Dadurch können zwischen den Molekülen weniger Wechselwirkungen ausgebildet werden, sodass der Schmelzpunkt von Öl deutlich niedriger ist als der von Fetten.

Seite 45

METHODE Chromatografie

1 Vergleichen Sie die Dünnschicht- und Säulenchromatografie. E/II

	Dünnschichtchromatografie	Säulenchromatografie
Gemeinsamkeiten	Das zu trennende Stoffgemisch wird von einer mobilen Phase (Lauf- oder Fließmittel) durch eine stationäre Phase transportiert.	
	Die mobile Phase ist flüssig und die stationäre Phase ist fest.	
Unterschiede	stationäre Phase: DC-Platten, die aus Kunststofffolien bestehen und mit einer stark adsorbierenden Substanz, wie z. B. Aluminium- oder Siliciumdioxid beschichtet sind.	stationäre Phase: befindet sich in einer Säule (Röhre)
	mobile Phase: verschiedene Lösungsmittel und Lösungsmittelgemische; steigt in der stationären Phase von unten nach oben	mobile Phase: Laufmittel fließt von oben nach unten durch die Säule (stationäre Phase) und muss kontinuierlich nachgefüllt werden.
	Die aufgetrennten Substanzen des Stoffgemischs verlassen die stationäre Phase nicht, sondern werden dort detektiert. Dies wird als inneres Chromatogramm bezeichnet.	Die aufgetrennten Substanzen des Stoffgemisches verlassen nacheinander die stationäre Phase und werden so in einzelne Fraktionen separiert. Erst nach dem Verlassen der stationären Phase werden die einzelnen Bestandteile detektiert. Dies wird als äußeres Chromatogramm bezeichnet.
	Ergebnis: Chromatogramm, das aus mehreren Flecken oder Banden auf der DC-Platte besteht. Diese Bereiche müssen durch ein Nachweisreagenz sichtbar gemacht werden. Die Stoffe werden dann anhand des sogenannten R_f-Werts identifiziert.	Ergebnis: Die einzelnen Bestandteile des zu trennenden Gemisches treten je nach Fließgeschwindigkeit zusammen mit dem Laufmittel unten aus der Säule aus und können so in einzelnen Fraktionen aufgefangen werden.

2 Erklären Sie die Bedeutung des R_f-Wertes. F/I

Um die einzelnen Bestandteile des untersuchten Stoffgemisches identifizieren zu können, muss der R_f-Wert berechnet werden. Jeder Stoff besitzt bei gleichen Versuchsbedingungen (gleiches Plattenmaterial und gleiche Laufmittelzusammensetzung) eine charakteristische Fließgeschwindigkeit und damit einen spezifischen R_f-Wert. Mithilfe der einzelnen R_f-Werte können somit auch verschiedene Dünnschichtchromatogramme miteinander verglichen und die Stoffe identifiziert werden.

Seite 46

METHODE Gelelektrophorese

1 Nennen Sie Gemeinsamkeiten von einer Dünnschichtchromatografie und einer Gelelektrophorese. F/I

- Beide Verfahren dienen der Trennung von Stoffen.
- sehr exakte Trennverfahren
- Es gibt jeweils eine mobile und eine stationäre Phase.

Seite 47

AUFGABEN Inhaltsstoffe von Zellen

1 Bau der Proteine

a) Erklären Sie anhand der Insulinmodelle den Aufbau von Proteinen. F/II, E/II

Proteine sind aus Aminosäuren aufgebaut. Die COOH-Gruppe einer Aminosäure kann mit der NH_2-Gruppe einer anderen Aminosäure unter Wasseraustritt eine Bindung eingehen. Es entstehen Peptidbindungen zwischen den einzelnen Aminosäuren. Diese werden so zu einer langen Kette miteinander verbunden, wobei jedes Protein über eine spezifische Abfolge von Aminosäuren verfügt (siehe Beispiel Insulin). Die Sequenz der Aminosäuren in der Aminosäurekette wird als Primärstruktur des Proteins bezeichnet. Jedes Polypeptid besitzt an einem Ende eine freie COOH-Gruppe und am anderen Ende eine freie NH_2-Gruppe, an die jeweils weitere Aminosäuren binden können. Das Hormon Insulin setzt sich aus zwei Polypeptidketten zusammen, der A-Kette und der B-Kette. Zwischen zwei Aminosäuren Cystein werden jeweils Disulfidbrücken gebildet. Cystein trägt am Ende ihres Restes eine Schwefelwasserstoff-Gruppe. Diese sogenannten SH-Gruppen von zwei Cystein-Molekülen reagieren jeweils miteinander. Eine Disulfidbrücke wird zwischen zwei Cystein-Molekülen in der A-Kette gebildet sowie zwei Disulfidbrücken jeweils zwischen einem Cystein-Molekül in der A-Kette und der B-Kette. Die Disulfidbrücken verändern die räumliche Struktur der Ketten und tragen auch zur Stabilität des Insulins bei. Die Polypeptidketten verändern des Weiteren ihre räumliche Struktur, indem sich die Ketten aufgrund von Wasserstoffbrücken zwischen den Peptidbindungen spezifisch falten. Innerhalb der A-Kette entstehen zwei und innerhalb der B-Kette ein schraubenförmig gedrehter Bereich. Man spricht von der sogenannten alpha (α)-Helixstruktur. In der B-Kette treten zudem zwei ziehharmonikaartige Abschnitte auf, die als beta (β)-Faltblattstruktur bezeichnet werden. Durch die Bildung dieser unterschiedlichen strukturellen Abschnitte innerhalb der Ketten entsteht die charakteristische Sekundärstruktur des Proteins Insulin. Zwischen den Resten der Aminosäuren, die bei der Helixstruktur nach allen Seiten und bei der Faltblattstruktur ober- und unterhalb der Ebene herausragen, entstehen weitere Wechselwirkungen, sodass die räumliche Struktur des Polypeptids zusätzlich verändert wird. Die hierdurch entstehende Raumstruktur wird als Tertiärstruktur des Proteins bezeichnet. Das Insulin-Molekül besteht aus zwei Polypeptiden, die ebenfalls durch Wechselwirkungen miteinander verbunden sind. Man bezeichnet die räumliche Struktur eines Proteins, das aus mehreren Untereinheiten besteht, als Quartärstruktur.

b) Prüfen Sie, welche verschiedenen Aspekte des Proteinaufbaus jeweils durch die beiden Modelle gut verdeutlicht und welche Aspekte vernachlässigt werden. E/III

Sowohl aus dem oberen als auch aus dem unteren Modell geht hervor, dass das Insulin-Molekül aus zwei Peptidketten besteht. Nur beim oberen Modell, das die Primärstruktur des Proteins darstellt, kann die Aminosäuresequenz und die Anzahl der Aminosäuren abgelesen werden. Außerdem ist ersichtlich, dass sich zwischen je zwei Cystein-Molekülen Disulfidbrücken ausbilden. Letztere sind auch im unteren Modell zu erkennen. In beiden Modellen sind die freien NH_2- und COOH-Gruppen an den Enden der Polypeptidketten dargestellt. Lediglich am unteren Modell wird die Sekundär-, Tertiär- und Quartärstruktur des Insulins deutlich.

2 Iodprobe

a) Beim Erwärmen einer Iodstärke-Lösung verschwindet die Blaufärbung, sie tritt jedoch nach dem Abkühlen wieder auf. Ebenso verschwindet die Blaufärbung nach kurzer Zeit, wenn man in eine Iodstärke-Lösung etwas Speichel gibt. Allerdings tritt auch beim erneuten Zutropfen von Iod-Kaliumiodid-Lösung keine Blaufärbung wieder auf. Deuten Sie die Versuchsbeobachtungen. F/II, E/II

Das Amylose-Molekül ist ein Polysaccharid, das aus einer langen Kette von Glucose-Molekülen besteht. Die Kette ist schraubig gedreht und bildet eine Helixstruktur. Wird eine Iodstärke-Lösung erhitzt, verliert diese ihre blaue Farbe, weil die Helixstruktur der Amylose dadurch zerstört wird und die Iod-Moleküle nicht mehr in der Amylosehelix eingelagert werden können. Diese Reaktion ist jedoch reversibel. Wenn die Lösung abgekühlt ist, können sich die glykosidischen Bindungen zwischen den einzelnen Glucose-Molekülen wieder ausbilden.

Die Blaufärbung einer Iodstärke-Lösung verschwindet ebenfalls, wenn dieser Speichel hinzugefügt wird. Im Speichel ist nämlich das Enzym Amylase enthalten, welches Polysaccharide abbaut.

b) Reines Amylopektin ergibt keine Blaufärbung bei der Iodprobe. Erklären Sie die Beobachtung. F/II, E/II

Amylopektin bildet auf molekularer Ebene lediglich Knäuel- oder verzweigte Strukturen. Hier können anders als in den Hohlraum der Helixstruktur von Amylose keine Iod-Moleküle eingeschlossen werden. Es kommt somit zu keiner Blaufärbung.

3 Seifen und Phospholipide

a) Vergleichen Sie den Bau und die Eigenschaften von Seifen- und Phospholipidmolekülen unter Berücksichtigung der dargestellten Modelle. F/II, E/II

Sowohl Seifen- als auch Phospholipidmoleküle besitzen einen polaren, hydrophilen und einen unpolaren, hydrophoben Bereich. Moleküle mit diesen Eigenschaften nennt man amphipathisch (doppelliebend). Im Gegensatz zu den Phospholipiden, die ca. 3 nm lang sind, haben die Seifenmoleküle lediglich eine Länge von ca. 2 nm. Hinzu kommt, dass letztere nur eine Fettsäurekette besitzen anstatt zwei wie die Phospholipide.

b) Erklären Sie die Beobachtung, dass Seifen in Wasser Micellen bilden, die sich gleichmäßig darin verteilen. F/II
Seifen bilden im Wasser Micellen, da sie über einen polaren, hydrophilen und einen unpolaren, hydrophoben Bereich verfügen. Daher orientieren sich die Seifenmoleküle im Wasser so, dass die hydrophilen Bereiche (Phosphatgruppe) alle nach außen zum Wasser weisen, während die hydrophoben Bereiche (Fettsäureketten) vom Wasser abgewandt und damit nach innen gerichtet sind. Auf diese Weise kommen die Fettsäuren nicht mit dem Wasser in Berührung.

c) Die Haut von Seifenblasen lässt sich gut als Modell für den Bau von Biomembranen verwenden. Erklären Sie die Gemeinsamkeiten und Unterschiede anhand der Abbildung. E/II
Gemeinsamkeiten:
- Zwischen den einzelnen Molekülen bestehen Anziehungskräfte, sodass sich jeweils die polaren, hydrophilen Bereiche aneinanderlagern als auch die unpolaren, hydrophoben Fettsäureketten.
- Sowohl in der Biomembran als auch in der Haut von Seifenblasen kommt es zur Ausbildung einer Doppelschicht der Moleküle.

Unterschiede:
- In der Lipiddoppelschicht der Biomembran stoßen die unpolaren, hydrophoben Bereiche aneinander, da diese von beiden Seiten von einem wässrigen Milieu umgeben sind, während sich in der Haut der Seifenblase die polaren, hydrophilen Bereiche aneinanderlagern.

d) Seifenblasen sind wie Biomembranen sehr flexibel. Bei der Teilung schließt sich die Haut zu zwei separaten Seifenblasen, die wieder zu einer Seifenblase miteinander verschmelzen können. Erklären Sie diese Eigenschaften. F/II
Sowohl die Seifenmoleküle als auch die Phospholipide ziehen sich jeweils untereinander an. Zwischen den polaren „Köpfen" herrschen Dipol-Dipol-Wechselwirkungen und zwischen den unpolaren „Schwänzen" die VAN-DER-WAALS-Kräfte. Bei einer Teilung der Seifenblasenhaut und auch der Biomembran kommen die Anziehungskräfte zwischen den Molekülen zum Tragen, sodass die Lücke schnell wieder geschlossen wird.

Seite 48

AUFGABEN vernetzt Naturfasern im Vergleich

1 Aufbau von Wollhaaren

a) Erklären Sie den Aufbau und die Raumstrukturen eines Proteins am Beispiel des α-Keratins. F/II
α-Keratin ist ein Protein und besteht daher aus Aminosäuren. Jedes Protein verfügt über eine spezifische Abfolge von Aminosäuren, die über Peptidbindungen miteinander verknüpft sind. An einem Ende des Polypeptids befindet sich eine freie Aminogruppe und am anderen Ende eine freie Carboxylgruppe. Die Sequenz der Aminosäuren in der Kette wird als Primärstruktur bezeichnet. Die einzelne Polypeptidkette ist schraubenförmig aufgedreht, da sich Wasserstoffbrücken zwischen den einzelnen Peptidbindungen bilden. Diese Struktur wird als alpha (α)-Helixstruktur bezeichnet. Sie bildet die Sekundärstruktur des α-Keratins. Bei der alpha (α)-Helixstruktur ragen die spezifischen Seitengruppen der einzelnen Aminosäuren nach allen Seiten heraus. Das α-Keratin besteht aus zwei Polypeptidketten, in denen die Aminosäure Cystein mehrfach enthalten ist, welche als spezifischen Rest eine Schwefelwasserstoff-Gruppe besitzt. Die SH-Gruppen von zwei Cystein-Molekülen können miteinander reagieren und eine Disulfidbrücke bilden, wie es beim α-Keratin mehrfach der Fall ist. Disulfidbrücken sind sowohl für die räumliche Struktur des Proteins als auch für eine hohe Stabilität von Bedeutung. Aufgrund dieser Wechselwirkungen zwischen den Resten der einzelnen Aminosäuren nimmt das Protein eine bestimmte Raumstruktur ein, die als Tertiärstruktur bezeichnet wird. Große Proteine wie das α-Keratin bestehen aus mehreren Polypeptiden. Beim α-Keratin sind zwei Polypeptidketten schraubenartig umeinander gewunden. Die dabei entstehende räumliche Struktur eines aus mehreren Untereinheiten zusammengesetzten Proteins wird als Quartärstruktur bezeichnet.

b) Die Mikro- und Makrofibrillen der Haarzellen gehören zu den Intermediärfilamenten des Cytoskeletts. Erläutern Sie den Aufbau und die Funktion der unterschiedlichen Bestandteile des Cytoskeletts. F/I

Bestandteile des Cytoskeletts	Aufbau/Struktur	Funktion
Makrofilamente (Mikrotubuli)	gerade, unverzweigte Röhren; Durchmesser beträgt ca. 25 nm und die Länge bis zu 25 mm; Röhrenwände bestehen aus kugelförmigen Proteinmolekülen, dem Tubulin; können rasch aus ihren Bausteinen in der Zelle neu gebildet und auch wieder abgebaut werden	intrazellulärer Transport (Motorproteine können durch die bei der ATP-Spaltung freiwerdende Energie ihre Form verändern und sich dabei entlang der Mikrotubuli bewegen. Die Motorproteine sind mit Zellorganellen verbunden und transportieren diese innerhalb der Zelle.); Aufbau des Spindelapparats, Bauelemente der Centriolen sowie von Geißeln und Wimpern
Mikrofilamente	Durchmesser beträgt ca. 7 nm; bestehen aus dem kugelförmigen Protein Actin; können rasch aus ihren Bausteinen in der Zelle neu gebildet und auch wieder abgebaut werden	bilden ein dichtes Geflecht und stabilisieren die Zellform und bestimmte Aus- und Einstülpungen der Zellmembran (Vesikelbildung); wichtige Bedeutung für die Muskelkontraktion, bei der Actin- und Myosinfilamente aneinander vorbei gleiten, Myosin ist ein Motorprotein
Intermediär-filamente	kommen nur in tierischen Zellen vor; Durchmesser liegt zwischen dem der Mikrotubuli und Mikrofilamente bei ca. 10 nm; sind zu dicken Bündeln oder Netzen zusammengelagert; können je nach Zelltypus aus verschiedenen Proteinen bestehen; sind langlebig	Stabilisierung der Zelle; halten Zellorganellen innerhalb der Zelle an ihrem Platz

c) In Seide liegt das Keratin in einer β-Faltblattstruktur vor. Wolle kann man, insbesondere im feuchten Zustand, auf die doppelte Länge dehnen, bevor sie reißt. Seide ist dagegen kaum dehnbar, aber sehr reißfest. Erklären Sie die unterschiedlichen Eigenschaften der beiden Keratinfasern. F/II

Keratin liegt in Seide als β-Faltblatt-Struktur vor. Es handelt sich um eine hoch geordnete Struktur. Zwischen den Abschnitten des β-Faltblatts kommt es zu starken Wechselwirkungen und es werden zahlreiche Wasserstoffbrücken ausgebildet. Dies macht das Keratin in Seide sehr reißfest und kaum dehnbar.

Keratin in Wolle hingegen liegt als α-Helixstruktur vor. Hier werden aufgrund der Struktur weniger Wasserstoffbrücken ausgebildet und die Bindungen zwischen den einzelnen Bereichen sind lockerer. Daher ist das Keratin in Wolle wesentlich dehnbarer aber nicht sehr reißfest.

2 Aufbau von Baumwollhaaren

a) Erklären Sie die Bedeutung der Zellwand für Pflanzenzellen. F/I

Die Zellwand von Pflanzenzellen umschließt den lebenden Zellkörper (Protoplast) als formgebendes Exoskelett. Sie enthält reißfeste Fibrillen aus Cellulose oder Chitin. Die Zellwand ist von feinen Kanälen, die sogenannten Plasmodesmen, durchsetzt, die plasmatische Verbindungen zu Nachbarzellen darstellen und so den Stoffaustausch ermöglichen.

b) Erläutern Sie den Aufbau von Baumwollhaaren anhand der Abbildung 1B. Benennen Sie dabei die mit Buchstaben gekennzeichneten Zellwandstrukturen. F/II

Die Pflanzenzelle bildet zuerst die Primärwand (a) aus, die aus Makrofibrillen aus Cellulose besteht. Nachdem die Zelle ihre maximale Größe erreicht hat, kommt es zur Ausbildung der Sekundärwand (b), worauf abschließend die Tertiärwand (c) folgt.

c) Vergleichen Sie Schafwolle und Baumwolle hinsichtlich ihres Aufbaus. E/II

	Schafwolle	**Baumwolle**
Gemeinsamkeiten	Sie sind jeweils aus Makro- und Mikrofibrillen aufgebaut.	
Unterschiede	Monomer: Aminosäure	Monomer: Cellulose
	Protein	Kohlenhydrat

d) Erläutern Sie die in Abbildung 2 angegebenen Eigenschaften von Schafwolle und Baumwolle. F/III
Das Keratin in Schafwolle liegt als α-Helixstruktur vor und ist deshalb sehr dehnbar. Nach Entlastung kehrt die Faser in die durch verschiedene Wechselwirkungen stabilisierte Struktur zurück. Dadurch sind aus Schafwolle gefertigte Textilien knitterfrei. An die Proteinfasern können sich im Vergleich zu den Cellulosefasern der Baumwolle nur wenige Wassermoleküle anlagern, da Proteinfasern wesentlich weniger polare Gruppen besitzen als Cellulosefasern. Wolle verfilzt in heißer Lauge, da Proteine bei hohen Temperaturen denaturieren, also ihre spezifische Raumstruktur verlieren.
Baumwolle besteht aus zahlreichen Cellulosemolekülen, die über glykosidische Bindungen fest miteinander verbunden sind und für eine hohe Reißfestigkeit sorgen. Diese Polypeptidketten sind allerdings nicht dehnbar. Sie nehmen nach Beanspruchung des Materials ihre ursprüngliche Form nicht wieder an und knittern somit stark. An die Cellulose in der Polypeptidkette können sich viele Wassermoleküle anlagern, sodass Baumwolltextilien viel Wasser aufnehmen können. Das Material ist jedoch weniger hitzeempfindlich.

Seite 49

1 Beschreiben und erklären Sie, wie aus der Proteinlösung das feste Spinnenseidenprotein entsteht. F/I
Die in den Drüsenkörper der Spinne abgegebenen Seidenproteine werden dort in gelöster Form gespeichert. Beim Spinnvorgang fließt die Spinnlösung mit den Seidenproteinen durch den Spinnkanal, wobei Ionen ausgetauscht werden und der pH-Wert reguliert wird. Außerdem wird der Spinnlösung Wasser entzogen, sodass ein festes Protein entsteht. Dieses kann die Spinne beim Spinnvorgang aus der Spinnwarze mit ihren Beinen als festen Faden herausziehen. Auf diese Weise entsteht im Kanal eine Strömung und die Proteinmoleküle werden ausgerichtet. So wird ein Seidenfaden gebildet, der sowohl α-Helix- als auch β-Faltblattstrukturen aufweist.

2 Beschreiben oder skizzieren Sie die Strukturen im Seidenfaden, wenn er gedehnt ist. F/II
Im ungedehnten Zustand weist der Seidenfaden sowohl α-Helix- als auch β-Faltblattstrukturen auf. Bei der Dehnung des Fadens werden die lockeren Bindungen in den Bereichen der α-Helixstruktur gelöst. Diese gehen dann ebenfalls in die β-Faltblattstruktur über.

3 Stellen Sie in einem Kurzvortrag ein weiteres Beispiel aus der Bionik vor. K/II
Otto LILIENTHAL und die Gebrüder WRIGHT versuchten durch die Konstruktion von Fluggeräten, die Bewegung des Menschen in der Luft zu ermöglichen. Die entscheidenden Lösungen für ihr Problem fanden sie in der Natur, indem sie die Fortbewegungsweise großer Vögel in der Luft beobachteten. Auf diese Weise erhielten sie Anregungen für die Konstruktion erster Flugzeug-Prototypen.

Katzenpfoten fungieren als biologisches Vorbild für die Optimierung der Bodenhaftung von Autoreifen. Rennt die Katze schnell, sind ihre Fußballen schmal und die Auflagefläche somit gering. Die Ballen der Katze werden hingegen beim Bremsen und beim Wechsel der Richtung breiter und übertragen auf diese Weise erheblich mehr Kraft auf den Boden. Autoreifen, die nach diesem Prinzip konstruiert werden, zeichnen sich durch einen geringeren Spritverbrauch auf geraden, trockenen Strecken und durch einen kürzeren Bremsweg aus.

Die Früchte des Wiesenbocksbarts nahm sich 1829 Sir George CAYLEY zum Vorbild für die Konstruktion erster Fallschirme. Er fand heraus, dass die Früchte autostabil fallen. Der Fallschirm, den CAYLEY konstruierte, besitzt genau wie die Früchte der Archänen einen weit unten liegenden Schwerpunkt. Außerdem sind die tragenden Flächen nicht eben, sondern seitlich hochgezogen.

Ein verwittertes Opuntienblatt lieferte dem französischen Gartenangestellten Joseph MONIER die entscheidende Anregung zur Herstellung von Stahlbeton. Der Gärtner ärgerte sich über die hohen Preise für Pflanzkübel, die um 1867 aus Mahagoni oder Metall bestanden. Anhand des Opuntienblattes entdeckte MONIER, dass das Sklerenchym für die Festigkeit des Blattes verantwortlich ist. So entstand die Idee, Pflanztöpfe als Mehrkomponentenprodukt herzustellen. Als Festigungsstruktur, die dem Sklerenchym im Blatt entsprach, wählte MONIER einen Drahtkorb aus, der für Zugfestigkeit sorgte. Dieser wurde mit Zement ausgegossen, der den Draht in Position hielt und dem Parenchym im Blatt entspricht.

Im 19. Jahrhundert umsäumten die Farmer Nordamerikas ihre Viehweiden mit dornigen Osagedorn-Hecken, die über nach allen Seiten abstehende, lange, scharfe Dornen verfügen. Nachteile dieser natürlichen Umzäunung waren das langsame Wachstum der Hecken und die fehlende Möglichkeit die Heckenzäune zu versetzen. Der Texaner Michael KELLY entwickelte 1868 die Idee, zwei Drähte mit Metalldornen so miteinander zu verdrehen, dass die Dornen genau wie bei der Hecke nach verschiedenen Seiten herausragten.

Ein weiteres bekanntes Beispiel ist der „Lotus-Effekt“, den die beiden Botaniker BARTHLOTT und NEINHUIS bekannt machten. Mithilfe der Rasterelektronenmikroskopie entdeckten sie, dass mit feinen Noppen besetzte, hydrophobe Blätter besonders schmutzabweisend sind. Diese Blätter lieferten das Vorbild für die Herstellung von Fassadenfarben wie Lotusan.

Vorbild für die Herstellung von Klebeband, das nie seine Klebkraft verliert und schmerzfrei von der Haut ablösbare Pflaster fanden Bioniker bei der Erforschung der Füße von Insekten, Spinnen und Geckos. Letztere haften aufgrund von VAN-DER-WAALS-Kräften auch an glatten, senkrechten Flächen. Winzige Borsten an den Fußsohlen der Geckos sorgen für die hier wirksam werdende elektrostatische Anziehung. Während der Gecko auf nassen Oberflächen seinen Halt verliert, kann sich der Käfer festhalten mithilfe von kleinen pilzförmigen Strukturen, die unter seinen Fußsohlen sitzen. Beim Ablösen eines solchen Pilzkopfs von einer Oberfläche, kommt es zur Entstehung eines Hohlraumes und eines Unterdrucks. Diese Mikrosaugnäpfe unter den Füßen der Käfer sorgen für einen festen Halt ohne festes Anpressen.

Vorbild für Klettverschlüsse liefern feine Haarschlaufen an den Beinen von männlichen Holzbienen. Zur Paarungszeit klettet sich das Männchen mithilfe dieser Haarschlaufen an den Borsten auf dem Rücken des Weibchens fest.

1 Enzyme bewirken Stoffwechsel

Seite 55

(1) Begründen Sie anhand von Abbildung 2, warum die freigesetzte Energiemenge unabhängig davon ist, ob die Reaktion durch Wärmeenergie oder Enzymkatalyse ermöglicht wurde. F/II
Die freigesetzte Energiemenge ist nur vom Energiegehalt der Ausgangsstoffe und vom Energiehalt der Produkte abhängig. Zugeführte Wärmeenergie oder Katalysatoren beeinflussen die Lage des entsprechenden chemischen Gleichgewichts nicht und führen somit auch zu keiner Änderung der freigesetzten Energiemenge.

(2) Methanolvergiftungen wurden früher behandelt, indem man dem Patienten große Mengen Ethanol (Trinkalkohol) zuführte. Beide Alkohole werden im Körper zunächst durch die Alkohol-Dehydrogenase oxidiert. Aus Ethanol entsteht dabei Ethanal, Methanol reagiert zum giftigen Methanal. Im weiteren Verlauf werden beide Substanzen zu Kohlenstoffdioxid und Wasser abgebaut.
a) Beschreiben Sie die Substrat- und Wirkungsspezifität der Alkohol-Dehydrogenase. F/II
Substrate der Alkoholdehydrogenase sind Alkohole wie Methanol oder Ethanol. Die Wirkung der Alkoholdehydrogenase auf die verschiedenen Alkohole ist stets die gleiche: Sie oxidiert die Alkohole zu den entsprechenden Aldehyden. Die Alkoholdehydrogenase zeigt demnach eine geringe Substratspezifität bei gleichzeitig hoher Wirkungsspezifität.

b) Begründen Sie die Therapie der Methanolvergiftung mit Ethanol. F/III
Durch Zufuhr großer Mengen an Ethanol soll die Oxidation von Methanol zum giftigen Methanal unterbunden werden. Dies ist möglich, da die Alkoholdehydrogenase eine höhere Affinität für Ethanol besitzt als für Methanol.
Bei der Therapie sollte eine Ethanolkonzentration von 1 Promille erreicht werden. Diese Konzentration muss über Tage hinweg aufrechterhalten werden. Das aufgenommene Methanol wird dann überwiegend über die Nieren ausgeschieden.
Methanolvergiftungen werden heute mit Fomepizol behandelt. Dieses besitzt eine 8000-fach höhere Affinität zur Alkoholdehydrogenase und daher eine bessere Wirksamkeit bei deutlich weniger unerwünschten Wirkungen als sie bei Ethanolgabe zu beobachten sind. Durch rechtzeitige Gabe von Fomepizol kann besonders die Nierenschädigung zuverlässig vermieden werden.

(3) Erläutern Sie anhand der Abbildung 5 das Modell der induzierten Passform und vergleichen Sie es mit dem Schlüssel-Schloss-Modell der Abbildung 1. E/II
Bei Annäherung des Substrat-Moleküls an das aktive Zentrum des Enzym-Moleküls führen Wechselwirkungen zwischen beiden Molekülen dazu, dass sich sowohl die räumliche Struktur des Substrates als auch die des aktiven Zentrums ändert. Diese wechselseitig induzierte Anpassung beschreibt das Modell der induzierten Passform. Im Gegensatz dazu besitzen beim Schlüssel-Schloss-Modell sowohl das Enzym als auch das Substrat eine starre Form, die sich nicht ändert.

(4) Erklären Sie, warum der Austausch einer Aminosäure im Enzym-Molekül zum vollständigen Funktionsverlust des Enzyms führen, aber auch ohne Auswirkung bleiben kann. E/II
Der Austausch einer Aminosäure im Enzym-Molekül kann einen Funktionsverlust nach sich ziehen, sofern sich diese Aminosäure im aktiven Zentrum des Enzyms befindet und über einen organischen Rest verfügt, der andere chemische Eigenschaften besitzt als der Rest der ursprünglichen Aminosäure. Die Wechselwirkungen zwischen Substrat und aktivem Zentrum des Enzyms können so gestört werden. Betrifft der Austausch einer Aminosäure einen Enzymbereich, der nicht zum aktiven Zentrum gehört, so kann diese Veränderung ohne Folgen für die Funktion des Enzyms sein.

Seite 56

1 Grünes Gemüse wird beim Lagern allmählich braun, da der grüne Farbstoff Chlorophyll durch ein zelleigenes Enzym abgebaut wird.
Begründen Sie, warum man zum Beispiel Erbsen oder Brokkoli vor dem Einfrieren kurz in kochendes Wasser tauchen sollte. E/II
Das Gemüse wird kurz in kochendes Wasser gegeben, um das chlorophyllabbauende Enzym zu inaktivieren, sodass das Gemüse seine grüne Farbe behält. Ohne dieses Blanchieren würde sich die Farbe des gefrorenen Gemüses verändern, da das Enzym auch bei Minusgraden noch aktiv ist.
Hinweis: Durch das Blanchieren wird nicht nur die enzymatische Bräunung, sondern auch der Abbau von wertvollen Inhaltsstoffen verhindert. Zudem wird so Sauerstoff aus dem Gewebe von Gemüse entfernt, die Zellstruktur durch Abbau der Mittellamellen gelockert und die Keimbelastung reduziert.
Kocht man grünes Gemüse in den früher gebräuchlichen Kupfertöpfen, so bleibt das Gemüse grün, die Farbe wird teilweise sogar noch intensiver. Kupfer-Ionen aus den Kochtöpfen werden anstelle von Magnesium-Ionen in das Chlorophyll-Molekül eingebaut. Der entstehende Kupfer-Komplex ist stabiler als das natürliche Chlorophyll und kann nicht mehr so leicht abgebaut werden.

2 Ordnen Sie die Enzyme aus Abbildung 1 den verschiedenen Abschnitten des menschlichen Verdauungstraktes zu und begründen Sie Ihre Entscheidung. F/II
Anhand der pH-Optima der verschiedenen Enzyme lässt sich auf den jeweiligen Abschnitt des Verdauungstraktes schließen: Trypsin (pH-Optimum = 8,5) findet sich im menschlichen Dünndarm, Pepsin (pH = 2) im Magen. Die Amylase (pH = 6,5) ist unter anderem in der Mundhöhle (Speichel-Amylase) aktiv.

Seite 57

AUFGABEN Das HARDEN-YOUNG-Experiment

a) Beschreiben Sie die Durchführung und die Beobachtungen des HARDEN-YOUNG-Experiments. K/I
In einer ersten Versuchsreihe wurden zunächst Hefezellen in einem Mörser zerrieben. Den entstandenen zellfreien Extrakt filtrierten sie und gaben ihn in einen Schlauch, der als selektiv permeable Membran wirkte. Der Schlauch befand sich in einem mit Wasser gefüllten Becherglas. Aus dem inneren Bereich des Schlauches wurden nach 5 Minuten (Ansatz 1) sowie nach 24 Stunden (Ansatz 2) Proben entnommen. Daneben entnahm man nach 24 Stunden eine Probe aus dem Bereich außerhalb der Membran (Ansatz 3). Zu den drei Ansätzen wurde Glucose gegeben. Nur im Ansatz 1 war anschließend eine CO_2-Entwicklung nachweisbar.
In einer zweiten Versuchsreihe wurden die Ansätze 2 und 3 in unterschiedlicher Weise weiter behandelt: Im Versuch a) wurden beide Ansätze direkt ohne Erhitzung vermischt. Im Versuch b) wurde der Ansatz 3 erhitzt und anschließend zu Ansatz 2 gegeben. Im Versuch c) erhitzten sie Ansatz 2 und gaben ihn zu Ansatz 3. Nur in den Versuchen a) und b) war anschließend eine CO_2-Entwicklung nachweisbar.

b) Deuten Sie die Versuchsergebnisse. F/III
Ansatz 1 der ersten Versuchsreihe dient als Kontrolle: Die CO_2-Entwicklung zeigt, dass Enzyme Glucose umsetzen.
Für den Glucoseabbau werden nicht nur Enzyme, sondern auch Cofaktoren benötigt. Die Cofaktoren können aufgrund ihrer geringen Größe durch die selektiv permeable Membran diffundieren. Nach 24 Stunden befinden sich im Ansatz 3 die Cofaktoren, Ansatz 2 enthält die Enzyme ohne Cofaktoren. Da Enzyme und Cofaktoren nur gemeinsam katalytisch wirksam sind, lässt sich in den getrennten Ansätzen nach Zugabe von Glucose keine CO_2-Entwicklung nachweisen.
Führt man Enzyme und Cofaktoren wieder zusammen, indem die beiden Ansätze vermischt werden (Versuchsreihe 2, Versuch a), entstehen funktionsfähige Enzyme. Dies lässt sich an der CO_2-Entwicklung nach Zugabe von Glucose erkennen.
Die Ergebnisse der Versuche b) und c) bestätigen, dass Ansatz 3 die Cofaktoren und Ansatz 2 die Enzyme enthält: Cofaktoren sind im Gegensatz zu Enzymen thermostabil. Nach dem Erhitzen von Ansatz 3 findet daher bei Versuch b) eine CO_2-Entwicklung statt, die beim Erhitzen von Ansatz 2 in Versuch c) unterbleibt.

c) Begründen Sie, warum man Coenzyme auch als Cosubstrate bezeichnen kann. F/II

Da sich Coenzyme im Verlauf der enzymatischen Reaktion wie Substrate verändern, nennt man sie auch Cosubstrate.

Seite 59

AUFGABEN Enzymhemmung in der Medizin

a) Stellen Sie die Versuchsergebnisse grafisch dar und erläutern Sie diese. E/I

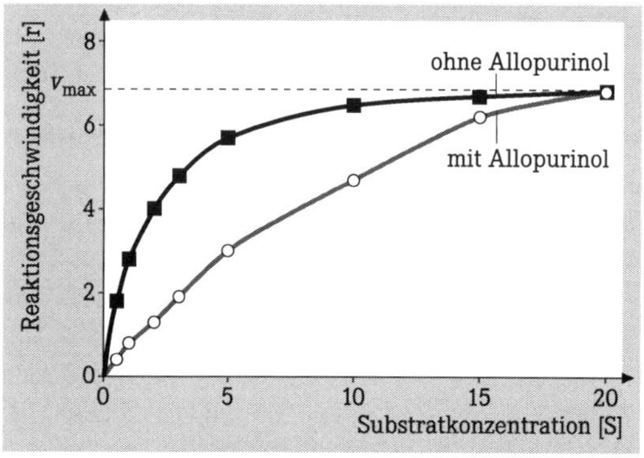

Die Kurve ohne Allopurinol zeigt den typischen Verlauf einer Sättigungskurve: Bei niedrigen Substratkonzentrationen führt eine geringfügige Erhöhung der Substratkonzentration zu einer deutlichen Steigerung der Reaktionsgeschwindigkeit. Eine weitere Erhöhung der Substratkonzentration lässt die Reaktionsgeschwindigkeit nur noch unwesentlich ansteigen. Die Kurve flacht ab und nähert sich asymptotisch der maximalen Reaktionsgeschwindigkeit (v_{max}) an.

Der Kurvenverlauf lässt sich durch die begrenzte Anzahl der Enzym-Moleküle erklären: Bei niedriger Substratkonzentration sind nur wenige Enzym-Moleküle mit Substrat-Molekülen besetzt. Eine Erhöhung der Substratkonzentration führt dazu, dass noch unbesetzte Enzym-Moleküle mit Substrat-Molekülen reagieren. Die Reaktionsgeschwindigkeit wird beträchtlich gesteigert. Eine weitere Erhöhung der Substratkonzentration führt nur zu einer geringfügigen Erhöhung der Reaktionsgeschwindigkeit, da allmählich alle Enzym-Moleküle mit Substrat-Molekülen besetzt sind.

Die Kurve mit Allopurinol ist deutlich flacher, d. h. es wird bei gleicher Substratkonzentration pro Zeiteinheit eine geringere Reaktionsgeschwindigkeit erreicht. Der hemmende Einfluss lässt jedoch mit steigender Substratkonzentration nach, d. h. auch mit Allopurinol wird die maximale Reaktionsgeschwindigkeit erreicht. Dies ist typisch für einen kompetitiven Hemmstoff, der mit dem Substrat um das aktive Zentrum des Enzyms konkurriert.

b) Erklären Sie die Wirkungsweise von Allopurinol bei der Behandlung der Gicht. Berücksichtigen Sie dabei auch die Strukturformeln. E/II

Bei der Substanz Allopurinol handelt es sich um einen kompetitiven Hemmstoff, der aufgrund seines ähnlichen chemischen Aufbaus mit dem Substrat (Xanthin) um das aktive Zentrum der Xanthinoxidase konkurriert. In der Folge wird weniger Xanthin durch die Xanthinoxidase zu Harnsäure umgesetzt. Der Harnsäurespiegel im Blut sinkt, sodass sich keine neuen Harnsäurekristalle bilden. Das leicht lösliche Xanthin wird über die Nieren ausgeschieden.

Seite 60

1. Erklären Sie anhand von Abbildung 1 die Regulation allosterischer Enzyme durch Effektoren. F/II
   Ein allosterisches Enzym besitzt neben dem aktiven Zentrum regulatorische Zentren, an die Effektoren binden können: Ein dort gebundener negativer Effektor ändert die räumliche Struktur des Enzyms und damit die des aktiven Zentrums. Das Substrat kann hier nun schlechter binden. Ein gebundener positiver Effektor verändert die räumliche Gestalt des Enzyms in der Weise, dass das Substrat besser an das aktive Zentrum binden kann als ohne Effektor oder mit negativem Effektor.

2. Begründen Sie, warum allosterische Enzyme gerade den ersten oder den langsamsten Schritt einer Stoffwechselkette katalysieren. E/II
   Der erste und der langsamste Schritt einer Stoffwechselkette sind von besonderer Bedeutung für die Geschwindigkeit der Gesamtreaktion. Durch allosterische Enzyme, die durch Effektoren reguliert werden, können diese zentralen Reaktionsschritte beeinflusst werden.

Seite 61

AUFGABEN Waschmittelenzyme

a) Werten Sie die Ergebnisse dazu aus. E/II
Der Temperaturbereich, in dem Waschmittelenzyme eine gute Reinigungswirkung zeigen, liegt zwischen 40 bis 60 °C. Bei höheren Temperaturen denaturieren die Enzyme und zeigen dann keine Waschaktivität mehr.

b) Leiten Sie daraus Empfehlungen für die Verwendung enzymhaltiger Waschmittel ab. B/II
Waschmittel, die Enzyme enthalten, sollten daher nur bis zu einer Waschtemperatur von 60 °C eingesetzt werden.

Seite 62

AUFGABEN Enzyme

1 Konzentrations-Zeit-Abhängigkeit einer Enzymreaktion

a) Erklären Sie den Verlauf der Kurven und geben Sie an, wie sich die Konzentration des gebildeten Produkts entwickeln wird. Gehen Sie davon aus, dass aus einem Substrat-Molekül ein Produkt-Molekül entsteht. F/II
Die Konzentrationen von freien Substrat-Molekülen und freien Enzym-Molekülen nehmen zu Beginn der Enzymreaktion deutlich ab, da Substrat-Moleküle im aktiven Zentrum von Enzym-Molekülen binden und so Enzym-Substrat-Komplexe bilden. Die Konzentration dieser Komplexe nimmt daher anfangs stark zu. Da aber die Anzahl der Enzym-Moleküle begrenzt ist und diese pro Zeiteinheit nur eine bestimmte Menge an Substrat-Molekülen zu Produkten umwandeln können, bleibt die Konzentration der freien Enzym-Substrat-Komplexe im weiteren Verlauf konstant. Gleiches gilt für die freien Enzym-Moleklüle. Ihre Konzentration liegt unter der der Enzym-Substrat-Komplexe, da sie nach der Enzymkatalyse unmittelbar wieder mit einem Substrat-Molekül zu Enzym-Substrat-Komplexen reagieren.
Die Konzentration freier Substrat-Moleküle sinkt im zeitlichen Verlauf, da sie kontinuierlich von Enzymen zu Produkten umgewandelt werden. Die Produktkonzentration wächst folglich stetig an und erreicht letztlich einen Wert, der deutlich über dem der Substratkonzentration liegt.

b) Erläutern Sie, wie sich die Konzentrationen von Enzym, Enzym-Substrat-Komplex und Substrat bis zum Ende der Reaktion weiter entwickeln werden. E/II
Die Substratkonzentration wird bis zum Ende der Reaktion weiter kontinuierlich sinken, da Substrat-Moleküle weiterhin zu Produkt-Molekülen umgewandelt werden. Solange Substrat-Moleküle in ausreichender Masse vorhanden sind, wird die enzymatisch katalysierte Reaktion weiterhin ablaufen. Die Konzentrationen von Enzym-Molekülen und Enzym-Substrat-Komplexen werden sich daher bis zum Ende der Reaktion nicht verändern.

2 Bestimmung der Reaktionsgeschwindigkeit

a) Definieren Sie den Begriff Reaktionsgeschwindigkeit und erklären Sie, wie man diese mit den gegebenen Materialien experimentell bestimmt. F/I
Unter dem Begriff Reaktionsgeschwindigkeit versteht man die von Enzymen pro Zeiteinheit gebildete Produktmenge bzw. die pro Zeiteinheit verbrauchte Substratmenge.
Um die Geschwindigkeit der Katalase-Reaktion zu ermitteln, stellt man zunächst unterschiedlich konzentrierte Wasserstoffperoxid-Lösungen her. Zu diesen gibt man dann jeweils die gleiche Menge des Enzyms und bestimmt anschließend mithilfe der gezeigten Apparatur das Volumen des entstehenden Sauerstoffgases innerhalb eines bestimmten Zeitraums.

b) Stellen Sie die Versuchsergebnisse grafisch dar und erklären Sie den Kurvenverlauf. E/II

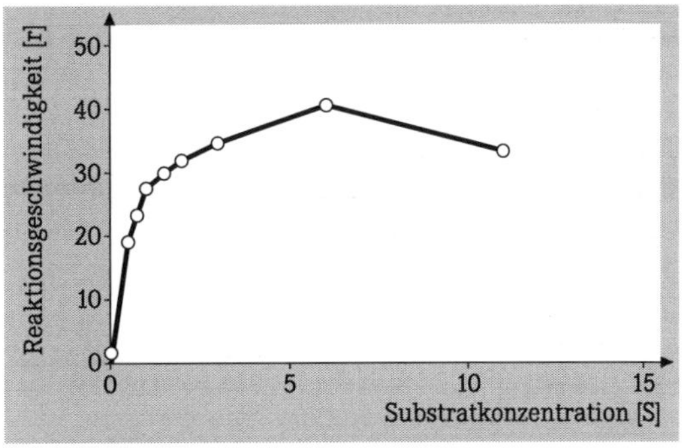

Bei geringer Substratkonzentration liegen zunächst nur wenige Enzym-Substrat-Komplexe vor. Die Reaktionsgeschwindigkeit ist entsprechend niedrig. Mit steigender Substratkonzentration nimmt auch die Wahrscheinlichkeit für das Zusammentreffen von Enzym- und Substrat-Molekülen zu. Es entstehen zunehmend mehr Enzym-Substrat-Komplexe, die Reaktionsgeschwindigkeit ist höher. Ab einer bestimmten Substratkonzentration liegen alle Enzym-Moleküle als Enzym-Substrat-Komplexe vor, die maximale Reaktionsgeschwindigkeit ist erreicht. Durch eine weitere Erhöhung der Substratkonzentration lässt sich die Reaktionsgeschwindigkeit nicht mehr steigern, da Enzyme stets die gleiche Zeit benötigen, um das Substrat zu binden und umzusetzen.

c) Erklären Sie, wie sich die Geschwindigkeit der Reaktion erhöhen ließe. F/II
Da die Reaktionsgeschwindigkeit bei Erreichen von v_{max} durch die Zahl der Enzym-Moleküle bzw. die der Enzym-Substrat-Komplexe begrenzt wird, lässt sich die Geschwindigkeit der Reaktion nur durch eine Erhöhung der Enzymkonzentration steigern.

d) Katalase kann durch Hydroxylamin gehemmt werden. Erläutern Sie, wie man experimentell die Frage beantworten kann, ob der Hemmstoff kompetitiv oder nichtkompetitiv wirkt. E/II
Man gibt eine bestimmte Menge des Hemmstoffes Hydroxylamin zu den Versuchsansätzen aus Aufgabe a) und ermittelt dann die maximale Reaktionsgeschwindigkeit der gehemmten Reaktion. Bei einer kompetitiven Wirkung des Hemmstoffs Hydroxylamin entspricht diese Geschwindigkeit der maximalen Reaktionsgeschwindigkeit der ungehemmten Reaktion, da Hemmstoff und Substrat bei dieser Hemmung um das aktive Zentrum des Enzyms konkurrieren und die hemmende Wirkung bei höheren Substratkonzentrationen an Bedeutung verliert. Ist die ermittelte maximale Reaktionsgeschwindigkeit geringer als die der ungehemmten Reaktion, liegt eine nicht kompetitive Hemmung vor, bei der Substrat und Hemmstoff nicht um das aktive Zentrum des Enzyms konkurrieren.

3 Regulation des Stoffwechsels

a) Erklären Sie die Aktivität der Aspartatkinase bei unterschiedlichen Lysinkonzentrationen ohne und mit dem Zusatz von Threonin. E/II
Im Versuch ohne Threonin bleibt die pro Zeiteinheit gebildete Menge an Produkt auch bei steigender Lysinkonzentration weitgehend unverändert. Wird Threonin hinzugegeben, so sinkt die pro Zeiteinheit gebildete Menge an Produkt mit steigender Konzentration an Lysin. Eine hemmende und damit regulierende Wirkung des Enzyms Aspartatkinase ergibt sich folglich nur bei gleichzeitiger Anwesenheit von Threonin und Lysin.

b) Erklären Sie den Vorteil dieser Enzymregulation durch die beiden Stoffe Lysin und Threonin. E/II
Liegen die Endprodukte Lysin und Threonin gleichzeitig in ausreichender Menge vor, so wirken beide als negative Effektoren, die die Aspartatkinase hemmen. Eine Überproduktion beider Endprodukte wird damit vermieden. Ist lediglich Lysin vorhanden, so unterbleibt die Hemmung der Aspartatkinase. Damit wird gewährleistet, dass Threonin unter diesen Bedingungen weiterhin gebildet werden kann.

Seite 63

PRAKTIKUM Enzyme

1 Enzymeigenschaften

Notieren Sie Ihre Versuchsbeobachtungen und erklären Sie diese. E/I, E/II
Im Reagenzglas 1 zeigt sich keine Verfärbung der Phenolphtalein-Lösung. Harnstoff wird folglich nicht in Ammoniak und Kohlenstoffdioxid gespalten. Der Ansatz dient als Kontrolle.
Im Reagenzglas 2 färbt sich die Flüssigkeit rosa. Durch das Enzym Urease wird Harnstoff in Ammoniak und Kohlenstoffdioxid gespalten. Dabei entstehen OH^--Ionen, die für den Farbumschlag des Indikators verantwortlich sind.
Im 3. Reagenzglas bildet sich beim Erhitzen gasförmiges Ammoniak, das an seinem stechenden Geruch erkannt werden kann. Harnstoff kann folglich auch ohne Enzym gespalten werden. Die Aktivierungsenergie wird durch das Erhitzen zugeführt.
Im 4. Reagenzglas beginnt die Verfärbung nach wenigen Sekunden, im Reagenzglas 5 deutlich später. Bei einer hohen Harnstoffkonzentration wie in Reagenzglas 5 konkurrieren mehrere Harnstoff-Moleküle um das aktive Zentrum des Enzyms und behindern sich gegenseitig. Auf diese Weise kommt es zu einer Hemmung des Enzyms.
Im 6. Reagenzglas zeigt sich keine Verfärbung. Im Unterschied zu einem Harnstoff-Molekül ist im N-Methylharnstoff-Molekül ein H-Atom durch eine viel größere Methyl-Gruppe ersetzt. N-Methylharnstoff passt folglich nicht in das aktive Zentrum der Urease. Der Versuch verdeutlicht damit die Substratspezifität der Urease.

2 Einfluss von Hitze auf die Enzymwirkung

Beschreiben und erklären Sie die Versuchsbeobachtung. E/II

Die Banane färbt sich im eingetauchten Bereich schwarz. Durch die Hitze werden die Pflanzenzellen abgetötet. Dabei werden Phenoloxidasen freigesetzt, die die vorhandenen Phenole zu braunschwarzen Pigmenten oxidieren.

Im zweiten Versuch bildet sich um die erhitzte Zone ein schwarzer Ring. Die Zone selbst bleibt grün-gelb. Durch die sehr hohe Temperatur werden die Phenoloxidasen innerhalb der Zone denaturiert. Daher tritt hier keine Pigmentbildung ein. Im Außenbereich werden die Phenoloxidasen nicht zerstört, sondern freigesetzt. Sie oxidieren die Phenole zu braunschwarzen Pigmenten.

3 Untersuchung der Enzymhemmung

Beschreiben und deuten Sie die Versuchsergebnisse. E/II

Im Reagenzglas 1 reagiert Amylose mit der Iod-Kaliumiodid-Lösung unter Bildung eines tiefblauen Komplexes. Iod-Moleküle und Iod-Ionen lagern sich dabei in die Hohlräume der Amylosehelix.

Im Reagenzglase 2 unterbleibt die Blaufärbung. Amylase spaltet Amylose zu Maltose-Molekülen. Der Amylosenachweis fällt daher negativ aus.

In den Reagenzgläsern 3 bis 6 zeigen die Lösungen eine abgestufte Färbung von hellblau (Reagenzglas 3) bis tiefblau (Reagenzglas 6). Glucobay wirkt als (kompetitiver) Hemmstoff der Amylase. Mit steigender Konzentration des Hemmstoffes nehmen daher der Amylosegehalt und folglich auch die Blaufärbung in den Reagenzgläsern 3 bis 6 zu.

Die Ansätze 1 und 2 fungieren als Kontrolle.

2 Stoffabbau – Zellatmung

Seite 64

(1) Erklären Sie anhand von Abbildung 1, warum hier ein Stoffkreislauf, nicht aber ein Energiekreislauf vorliegt. E/II

Die Produkte der Fotosynthese, Sauerstoff und Glucose, werden im Verlauf der Zellatmung zu Wasser und Kohlenstoffdioxid oxidiert. Diese Produkte sind dann wieder Ausgangsstoffe für die Fotosynthese. Fotosynthese und Zellatmung sind also über einen Stoffkreislauf miteinander verknüpft. Lichtenergie wird im Verlauf der Fotosynthese in chemische Energie umgewandelt. Diese kann dann von Lebewesen genutzt werden, um Arbeit zu leisten. Allerdings wird bei den Energieumwandlungen im Verlauf der Fotosynthese und der Zellatmung auch Wärmeenergie frei. Sie geht den Lebewesen verloren, da sie nicht in der Lage sind, Wärmeenergie in andere Energieformen umzuwandeln. Demzufolge liegt hier kein Energiekreislauf vor. Man kann allenfalls von einem Energiefluss sprechen.

(2) Entwickeln Sie eine Hypothese dazu, dass die beschriebene Tracer-Methode auch bei der Krebsdiagnose Verwendung finden kann. E/III

Krebszellen besitzen eine erhöhte Stoffwechselaktivität im Vergleich zu normalen Zellen. Sie weisen folglich auch einen erhöhten Glucosebedarf und damit eine erhöhte Glucosekonzentration auf. Über die Tracer-Methode lassen sich diese Zellen bzw. die betreffenden Organe dann identifizieren.

Seite 65

AUFGABEN Offene und geschlossene Systeme

a) Vergleichen Sie offene und geschlossene Systeme. F/II

Im Modell des geschlossenen Systems ist der Wasserspiegel im linken wie im rechten Gefäß gleich hoch, das System befindet sich im Gleichgewicht. Die Turbine wird nicht angetrieben, es wird keine Arbeit geleistet. Eine Zelle, in der in vergleichbarer Weise ein Gleichgewicht herrschen würde, in der also $\Delta G = 0$ wäre, könnte keine Arbeit leisten, sie wäre tot.

In dem Modell des offenen Systems verhindert der ständige Fluss von Wasser, dass sich hier ein Gleichgewicht einstellen kann. Im offenen System kann daher ständig Arbeit geleistet werden. Auch bei der Zelle verhindert der ständige Fluss von Material in die Zelle hinein und aus ihr heraus, dass die Stoffwechselwege jemals ein Gleichgewicht erreichen.

b) Geben Sie an, welche Energieumwandlungen in dem Modell des offenen Systems dargestellt sind und erklären Sie daran den Begriff Fließgleichgewicht. F/II

Das Wasser im linken Gefäß des offenen Systems besitzt eine höhere potenzielle Energie als das Wasser im rechten Gefäß. Wasser fließt daher in den rechten Teil des Gefäßes, die potenzielle Energie wird in Bewegungsenergie umgewandelt. Dadurch wird eine Turbi-

ne angetrieben, die Bewegungsenergie in Elektroenergie umwandelt. Die Glühlampe leuchtet auf, sichtbarer Beweis dafür, dass Elektroenergie in Licht- und Wärmenergie umgewandelt wird.
Die ständige Stoff- und Energieaufnahme und -abgabe verhindern, dass sich ein Gleichgewicht einstellt. Die Zwischenprodukte werden kontinuierlich umgesetzt und liegen relativ konstant in der Zelle vor. Man bezeichnet diesen Zustand als Fließgleichgewicht.

c) Begründen Sie anhand der Modelle, warum eine Zelle nur als offenes System Arbeit leisten kann. E/II
In dem Modell wird dargestellt, dass pro Zeiteinheit etwa gleiche Mengen an Wasser aufgenommen und abgegebenen werden. Die ständige Wasseraufnahme und -abgabe verhindert, dass sich in dem System ein Gleichgewicht einstellt. Das Wasser wird kontinuierlich umgesetzt, d. h. aufgenommen und abgegeben, sodass es in relativ konstanter Menge in der Zelle vorliegt. Das System befindet sich in einem Fließgleichgewicht.

d) Erörtern Sie die Grenzen dieser Modelldarstellung. E/III
Im Gegensatz zur Modelldarstellung findet in der Zelle die Energiefreisetzung bei abbauenden Stoffwechselwegen nicht in einem Schritt, sondern in mehreren Schritten statt. Die Energie wird zudem in Form von ATP zwischengespeichert.

Seite 66

1 Erklären Sie die Funktionen von ATP und NAD^+ mithilfe der Abbildungen 1 und 2. E/I
ATP spielt als kurzfristiger Energiespeicher eine zentrale Rolle bei der Energieübertragung zwischen exergonischen und endergonischen Reaktionen. Die bei der exergonischen Reaktion von Y zu X freiwerdende Energie wird genutzt, um aus ADP und P_i ATP zu bilden. Bei der anschließenden Spaltung von ATP wird die hierbei freiwerdende Energie dann genutzt, um die endergonische Reaktion von Glucose und Phosphat zu Glucose-6-Phosphat zu ermöglichen.
NAD^+ dient als Elektronen und Wasserstoff-Transporteur bei Redoxreaktionen. Die bei der Oxidation von XH_2 zu X freiwerdenden Elektronen und Wasserstoff-Atome werden von NAD^+ aufgenommen. Das bei dieser Reduktion gebildete $NADH + H^+$ kann die Elektronen und Wasserstoff-Atome dann auf Y übertragen, wodurch dieses zu YH_2 reduziert wird.

Seite 67

AUFGABEN Umwandlung und Speicherung von Energie

1 Zelle und Kalorimeter im Vergleich

a) Vergleichen Sie die Verbrennung im Kalorimeter mit dem entsprechenden Vorgang im Stoffwechsel einer Zelle. F/II
Auch in der Zelle wird Glucose bei Anwesenheit von Sauerstoff vollständig zu Kohlenstoffdioxid und Wasser oxidiert. Allerdings erfolgt die Oxidation hier nicht in einer einzigen Reaktion, sondern über zahlreiche Teilreaktionen, bei denen die Energie schrittweise freigesetzt und in Form von ATP gespeichert wird. In der Zelle als einem offenen System finden diese Vorgänge zudem laufend statt: Glucose und Sauerstoff werden fortwährend aufgenommen, die Produkte Kohlenstoffdioxid und Wasser kontinuierlich abgegeben. Im Kalorimeter als einem geschlossenen System findet die Oxidation hingegen nur in einem Reaktionsschritt statt.

b) Nennen Sie die Energieformen, in der die freigesetzte Energie nach den jeweiligen Reaktionen vorliegt. F/I
Im Kalorimeter liegt die freigesetzte Energie als Wärmeenergie vor, in der Zelle als Wärme- und als chemische Energie.

2 Energieübertragung

Erklären Sie die Funktion von ATP anhand des Modells und des konkreten Fallbeispiels. E/II
ATP hat die Funktion eines Energiespeichers und die eines Energieüberträgers, mit dessen Hilfe endergonische Reaktionen ermöglicht werden. Im Modell wird ATP durch das Schaufelrad symbolisiert. Es nimmt die Bewegungsenergie der herabfallenden Steine auf und ermöglicht so, dass ein mit Wasser gefüllter Eimer nach oben gezogen wird. Im konkreten Fallbeispiel wirkt ATP als Energieüberträger zwischen der exergonischen Spaltung von Kreatinphosphat und der endergonischen Bildung von Glucose-6-Phosphat: Bei der Spaltung von Kreatinphosphat werden 43,1 kJ/mol frei, $\Delta G = -43{,}1$ kJ/mol. Dieser Energiebetrag ist ausreichend, um die endergonische Bildung von ATP aus ADP und Phosphat zu ermöglichen ($\Delta G = +30{,}5$ kJ/mol). Die bei der anschließenden exergonischen Spaltung von ATP freiwerdende Energiemenge von $\Delta G = -30{,}5$ kJ/mol reicht dann aus, um die endergonische Bildung von Glucose-6-Phosphat aus Glucose und Phosphat ($\Delta G = +13{,}8$ kJ/mol) zu ermöglichen.

3 ATP ermöglicht Arbeit

a) Erläutern Sie anhand der Abbildung, wie in einer Zelle durch ATP Arbeit verrichtet werden kann. E/II

Bei der Spaltung eines ATP-Moleküls wird die endständige Phosphatgruppe auf ein anderes Molekül übertragen. In dem oberen Teil der Abbildung wird so ein Membranprotein phosphoryliert. Gelöste Substanzen können nun gegen einen bestehenden Konzentrationsgradienten transportiert werden. ATP ermöglicht so Transportarbeit. In dem unteren Teil der Abbildung führt die Phosphorylierung eines Membranproteins dazu, dass dieses sich bewegt. ATP ermöglicht also mechanische Arbeit. In beiden Fallbeispielen wird die Phosphatgruppe jeweils nach verrichteter Arbeit freigesetzt.

b) Erklären Sie, warum man ATP auch als universelle Energiewährung der Zelle bezeichnen kann. F/I

ATP ermöglicht Transportarbeit, mechanische Arbeit und auch chemische Arbeit. Wird also in der Zelle für irgendeine Arbeit Energie benötigt, so dient stets ATP als „Zahlungsmittel". ATP dient also als universelle Energiewährung der Zelle.

4 Funktion von NAD^+

a) Erklären Sie die Funktion von NAD^+ mithilfe der Abbildungen. E/II

NAD^+ hat die Funktion eines Elektronenakzeptors. Durch die Aufnahme von zwei Elektronen und eines Protons wird es reduziert. In dem „Taximodell" wird dies durch zwei Fahrgäste symbolisiert, die vom Taxi NAD^+ aufgenommen werden. Das Taxi transportiert die Fahrgäste und entlässt sie dann an anderer Stelle. Damit soll verdeutlicht werden, dass das reduzierte NADH die Elektronen auf andere Stoffe übertragen kann. Im konkreten Fallbeispiel werden Elektronen und Protonen, die aus der Oxidation des Glycerin-3-phophats stammen, von NAD^+ aufgenommen. Das nun reduzierte NADH + H^+ kann anschließend Pyruvat zu Laktat reduzieren, wodurch es selbst zum NAD^+ oxidiert wird.

b) Erörtern Sie die Möglichkeiten und Grenzen des „Taximodells" zur Funktion des NAD^+. E/III

Mithilfe des „Taximodells" kann die Aufnahme und Abgabe von Elektronen und somit deren Transport durch NAD^+ veranschaulicht werden. Dabei bleibt allerdings unberücksichtigt, dass hierbei auch eine Protonenaufnahme und -abgabe stattfindet. Auch kann mithilfe des Modells nicht verdeutlich werden, welchem Zweck der Elektronentransport dient.

Seite 68

AUFGABEN Versuche zur Zellatmung

a) Ermitteln Sie die Fragestellung, die den Versuchen zugrunde lag. E/III

Die Fragestellung bei diesen Versuchen bezog sich auf die Zusammenarbeit der einzelnen Zellorganellen. So wurde untersucht, ob für die Zellatmung der gesamte Zellinhalt mit allen Zellorganellen notwendig ist, oder ob diese auch mit einzelnen Bestandteilen der Zelle möglich ist. So sollte im zweiten und dritten Ansatz untersucht werden, ob die Zellatmung auch dann stattfindet, wenn nur Mitochondrien bzw. nur Cytoplasma vorhanden ist.

b) Beschreiben und erklären Sie die Versuchsergebnisse. E/II

Im ersten Ansatz nimmt der Sauerstoffgehalt der Aufschwemmung nach Zugabe von Glucose kontinuierlich ab. Dies ist auf die beginnende Zellatmung zurückzuführen, die hier indirekt über den Verbrauch von Sauerstoff in der Aufschwemmung gemessen wird. Da in diesem Ansatz sämtliche Zellbestandteile vorhanden sind, kann die Zellatmung beginnen, sobald Glucose als Ausgangstoff vorliegt.

Im zweiten Ansatz ändert sich der Sauerstoffgehalt der Aufschwemmung auch nach Zugabe von Glucose nicht. Es findet folglich hier keine Zellatmung statt. Daraus kann gefolgert werden, dass Mitochondrien allein für die Zellatmung nicht ausreichen.

c) Entwickeln Sie eine Hypothese, welches Ergebnis im dritten Ansatz zu erwarten wäre. E/III

In diesem Ansatz kann sich der Sauerstoffgehalt der Aufschwemmung nicht ändern, da die Mitochondrien als Orte der Atmungskette fehlen.

Aus dem Vergleich der drei Ansätze wird deutlich, dass ein Sauerstoffverbrauch bei der Zellatmung nur zu beobachten ist, wenn sowohl das Cytoplasma als auch die Mitochondrien vorhanden sind.

Seite 69

1 Erläutern Sie die Glykolyse anhand der Animation „Zellatmung". F/I

In der Glykolyse wird der C_6-Körper Glucose in zwei Moleküle Pyruvat zerlegt. Pro Molekül Glucose werden dabei zwei Moleküle ATP und zwei Moleküle NADH + H^+ gebildet. Im ersten Schritt wird Glucose mithilfe des Enzyms Hexokinase durch Übertragung einer Phosphatgruppe von ATP phosphoryliert. Das entstehende Produkt, Glucose-6-phosphat, wird anschließend durch die Glucose-6-phosphat-Isomerase zu Fructose-6-phosphat umgelagert. Ein weiteres Enzym, die Phosphofructokinase, überträgt dann eine zweite Phosphatgruppe von ATP auf Fructose-6-Phosphat. Das Produkt, Frucose-1,6-bisphosphat, wird durch das Enzym Aldolase in zwei C_3-Körper gespalten, nämlich Dihydroxyacetonphosphat und Glycerinaldehyd-3-phosphat. Beide Verbindungen sind isomer und stehen miteinander im chemischen Gleichgewicht. Die Umwandlung dieser Isomere wird durch das Enzym Triosephosphat-Isomerase erleichtert. Zwei C_3-Körper Glycerinaldehyd-3-phosphat werden anschließend zu zwei C_3-Körpern 1,3-Bisphosphoglycerat umgewandelt. Bei dieser durch das Enzym Glycerinaldehyd-3-phosphat-Dehydrogenase katalysierten Reaktion werden pro C_3-Körper zwei Wasserstoffatome abgespalten und deren Elektronen auf NAD^+ übertragen. Außerdem wird eine anorganische Phosphatgruppe aus der Lösung auf das Substratmolekül übertragen. Mithilfe der Phosphoglycerat-Kinase wird anschließend von jedem 1,3-Bisphosphoglycerat-Molekül eine Phosphatgruppe auf ADP übertragen. Im gebildeten 3-Phosphoglycerat findet dann durch die Phosphoglycerat-Mutase eine Umlagerung der Phosphatgruppe statt. Unter Abspaltung eines Moleküls Wasser pro Molekül 2-Phosphoglycerat wird anschließend Phosphoenolpyruvat gebildet. Verantwortlich hierfür ist die Phosphoglycerat-Enolase. Anschließend erfolgt mithilfe des Enzyms Pyruvat-Kinase eine weitere Phosphorylierung unter Bildung von Pyruvat. Pro C_3-Körper wird also ein weiteres Molekül ATP gebildet.

2 Erläutern Sie den biologischen Sinn dieser Regulation des Glucoseabbaus und geben Sie den Enzymtyp an, der bei der Phosphofructokinase vorliegt. E/II

Das Enzym Phosphofructokinase katalysiert einen der ersten Schritte der Glykolyse. Sie stellt damit ein Schlüsselenzym der gesamten Zellatmung dar, deren Ziel die Bereitstellung chemischer Energie in Form von ATP ist. Liegt ausreichend chemische Energie in der Zelle vor, so wirkt ATP als negativer Effektor auf die Phosphofructokinase und hemmt so den weiteren Abbau von Glucose. Durch diese Endprodukthemmung sinkt in der Folge die Konzentration von ATP. In gleichem Maße steigt die Konzentration von ADP in der Zelle an. Dieses wirkt nun als positiver Effektor auf die Phosphofructokinase und beschleunigt so die Umsetzung der Glucose und damit die Bildung von ATP. Das Enzym Phosphofructokinase ist folglich ein allosterisches Enzym.

Seite 71

1 Erläutern Sie die oxidative Decarboxylierung des Pyruvats und den Citratzyklus anhand der Animation „Zellatmung". F/I

Der C_3-Körper Pyruvat gelangt mithilfe eines Transportproteins aus dem Cytoplasma in den Matrix-Raum des Mitochondriums. Vom Pyruvat wird dann ein Molekül Kohlenstoffdioxid abgespalten. Unmittelbar danach wird der verbliebene Rest oxidiert, weshalb man den Gesamtvorgang oxidative Decarboxylierung oder auch Pyruvat-Oxidation nennt. Die freigesetzten Elektronen werden gemeinsam mit Protonen auf NAD^+ übertragen, das dadurch zu NADH + H^+ reduziert wird. Gleichzeitig wird das Molekül aus zwei Kohlenstoff-Atomen an ein Cosubstrat (Coenzym A) gebunden und dadurch aktiviert. Es entsteht Acetyl-Coenzym A.

Der C_2-Körper Acetyl-Coenzym A gelangt nun in den Citratzyklus. Durch Reaktion mit dem C_4-Körper Oxalacetat entsteht der C_6-Körper Citrat. Die anschließende Umlagerung führt zu Isocitrat. Durch Abspaltung eines Moleküls Kohlenstoffdioxid entsteht aus diesem C_6-Körper ein C_5-Körper (α-Ketoglutarat). Die bei dieser Oxidation frei werdenden Elektronen gelangen zusammen mit Protonen auf NAD^+, sodass NADH + H^+ entsteht. Es folgt eine weitere oxidative Decarboxylierung. Das

Produkt dieser Reaktion wird an ein Cosubstrat A geknüpft, sodass schließlich Succinyl-CoA gebildet wird. Das Cosubstrat wird dann von einer Phosphatgruppe ersetzt, die dann auf ADP übertragen wird. Dadurch entstehen Succinat, ein C_4-Körper, und ATP. Unter Reduktion von FAD zu $FADH_2$ wird aus Succinat der C_4-Körper Fumarat, das unter Aufnahme eines Moleküls Wasser zu Malat reagiert. Schließlich wird Malat unter Reduktion von NAD^+ zu NADH + H^+ zu Oxalacetat oxidiert. Anschließend wiederholt sich der Kreisprozess.

2 Entwickeln Sie eine Hypothese, wie sich hohe Konzentrationen von ATP und NADH + H^+ auf die Aktivität des Citratzyklus auswirken könnten. E/III

Hohe Konzentrationen von ATP und NADH + H^+ wirken hemmend auf die Aktivität des Citratzyklus und regulieren damit diesen zentralen Stoffwechselweg. Gerät beispielsweise die Atmungskette infolge Sauerstoffmangels ins Stocken, so wird weniger NADH verbraucht. Die in der Folge steigende Konzentration an NADH wirkt dann hemmend auf den Citratzyklus und verhindert eine weitere Zunahme der Konzentration an NADH. Wird andererseits wenig Energie benötigt, beispielsweise von einem Muskel im Ruhezustand, so steigt die ATP-Konzentration bei sinkender ADP-Konzentration. Hohe ATP-Konzentrationen wirken hemmend auf den Zyklus und verhindern so die weitere Bildung von ATP.

AUFGABEN Untersuchung von Mitochondrienfragmenten

a) Beschreiben und erläutern Sie das dargestellte Isolationsverfahren. F/II

Mitochondrien werden zunächst in eine hypotone Lösung gebracht. In der Folge strömt Wasser in das Mitochondrium ein. Während sich die äußere Membran unmittelbar dehnen muss, kann sich die innere Membran zunächst entfalten. Sie streckt sich, das Maß der Innenfaltung nimmt ab. Bei weiterem Wassereinstrom platzt die äußere Membran schließlich, die innere Membran bleibt intakt. Überführt man das Mitochondrium anschließend in eine hypertone Lösung, so strömt Wasser aus dem Innenraum des Mitochondriums ins umgebende Medium. Das Volumen des verbliebenen Mitochondriums nimmt ab, die Faltung der inneren Membran nimmt deutlich zu. Im folgenden Schritt werden die Bruchstücke der äußeren Membran von dem verbliebenen Mitochondrium durch Zentrifugation getrennt. Es folgt die Homogenisierung des verbliebenen Mitochondriums und erneute Zentrifugation. Auf diese Weise lässt sich die innere Membran von der Matrix trennen.

b) Ermitteln Sie die Fragestellung, die dem Verfahren zugrunde lag. E/III

Durch Fraktionierung des Mitochondriums in die einzelnen Bestandteile kann man die verschiedenen Stoffwechselwege lokalisieren und daraus Schlussfolgerungen zur Funktion der Mitochondrienbestandteile ziehen.

c) Geben Sie an, welche Reaktion Sie erwarten, wenn man zu den drei Fraktionen Pyruvat gibt. E/III

Nur in der Matrix-Fraktion ist eine Freisetzung von Kohlenstoffdioxid zu erwarten, da nur hier die Enzyme für die oxidative Decarboxylierung des Pyruvats zu finden sind.

d) Erläutern Sie, in welcher der drei Fraktionen man Kanalproteine findet, die für Pyruvat, ADP und ATP durchlässig sind. E/III

Pyruvat muss aus dem Cytoplasma durch die äußere und innere Membran in die Matrix gelangen, da hier die oxidative Decarboxylierung und der Citratzyklus stattfinden. ADP wird in der Mitochondrienmatrix für die ATP-Bildung benötigt. ATP muss ins Cytoplasma, wo es gebraucht wird, gelangen können. Daher ist zu erwarten, dass Kanalproteine in der äußeren und inneren Membran zu finden sind.

Seite 73

1 Erklären Sie die Atmungskette anhand der Animation „Zellatmung“. F/I

Alle Zellen nutzen zur Aufrechterhaltung ihrer Lebensfunktionen ATP. Für aerob lebende Zellen ist die Atmungskette der wichtigste Prozess zur Produktion dieses universell einsetzbaren Energieüberträgers. In der Atmungskette werden NADH + H^+ und $FADH_2$ zu NAD^+ und FAD oxidiert. Die dabei abgegebenen Elektronen werden getrennt von den Protonen über eine Reihe von Multienzymkomplexen auf den eingeatmeten Sauerstoff übertragen. Die hier freiwerdende Energie wird genutzt, um Protonen aus der Matrix über die innere Mitochondrienmembran in den Intermembranraum zu pumpen. Diesen Protonengradienten nutzt dann die ATP-Synthase zur Bildung von ATP aus ADP und anorganischem Phosphat. Hierbei werden pro Molekül NADH + H^+ drei Moleküle ATP gebildet. $FADH_2$ liefert hingegen nur zwei Moleküle ATP, da seine Elektronen erst am Multienzymkomplex II in die Atmungskette eingeschleust werden.

AUFGABEN Entkoppler

a) Beschreiben und erklären Sie das Versuchsergebnis. F/II

Zu Beginn des Versuchs beobachtet man eine allmähliche Verringerung der Sauerstoffkonzentration im Medium. Sie ist Folge des Sauerstoffverbrauchs durch die Zellatmung. Nach Zugabe von Thermogenin sinkt die Sauerstoffkonzentration des Mediums drastisch ab. Durch Thermogenin wird schlagartig der Protonengradient abgebaut und die Atmungskette aktiviert. Da aber die in den Intermembranraum gepumpten Protonen sofort wieder in die Matrix zurückfließen, kann kein neuer elektrochemischer Gradient erzeugt werden. Die Atmungskette arbeitet daher mit ungewöhnlich hoher Geschwindigkeit, bis der gesamte Sauerstoff im Medium verbraucht ist.

b) Erklären Sie, wie Thermogenin die ATP-Bildung verhindert. F/II

Durch Thermogenin wird die innere Mitochondrienmembran für Protonen durchlässig. Die Protonen fließen folglich entlang ihres Gradienten in die Matrix. Damit wird der Protonengradient abgebaut, ohne dass es zur ATP-Bildung an der ATP-Synthase kommt.

c) Entwickeln Sie eine Hypothese zum möglichen Kurvenverlauf, wenn anstelle des Thermogenins ein Gift zugesetzt wird, das Ubichinon zerstört. E/III

Durch das Gift wird Ubichinon zerstört und damit der Elektronentransport in der Atmungskette unterbunden. In der Folge können Elektronen nicht mehr auf Sauerstoff übertragen werden. Die Sauerstoffkonzentration in der Suspension bliebe unverändert.

d) Erklären Sie, warum 2,4-Dinitrophenol zu einem Gewichtsverlust führt, aber auch den Tod zur Folge haben kann. E/II

2,4-Dinitrophenol unterbindet als Entkoppler die ATP-Bildung. Damit fehlt den Zellen der zentrale Energiespeicher. Der Körper versucht diesen ATP-Mangel zu kompensieren und greift daher auf andere Energiespeicher wie Fette oder Kohlenhydrate zurück. In der Folge kommt es zum Gewichtsverlust. Auch mit der Nahrung aufgenommene Energie kann nicht zu ATP umgewandelt werden und wird als Wärme abgegeben. Die Folge ist eine bedrohliche Erhöhung der Körpertemperatur, die den Tod zur Folge haben kann.
Die Energiegewinnung kann zudem bei der Entkopplung nur anaerob, also ohne Sauerstoff durch Milchsäuregärung erfolgen. Das wiederum führt zu einer Übersäuerung des Blutes. Das Fachwort dafür heißt „metabolische Azidose“. Der pH-Wert sinkt unter 7,4 und es kommt zu Kreislaufproblemen. Die Versorgung der Gewebe, besonders des Herzmuskels und des Gehirns, mit Sauerstoff sinkt.

Seite 74

AUFGABEN Zellatmung

1 Versuche zur Glykolyse

Erklären Sie die Versuchsergebnisse 1, 2, 3 und 7 unter Berücksichtigung aller Versuchsansätze und Ergebnisse. Geben Sie an, welche Produkte jeweils entstanden sind. E/II

Versuch 1: Unter aeroben Bedingungen wird Glucose von Hefezellen vollständig zu Kohlenstoffdioxid und Wasser abgebaut.
Versuch 2: Da im Hefezellsaft keine Mitochondrien vorhanden sind, kann Glucose trotz des Sauerstoffs nicht oxidiert werden. Der Abbau von Glucose erfolgt nur bis zum Pyruvat. Dabei werden jeweils 2 Moleküle ATP und NADH + H^+ gewonnen. Sind die vorhandenen Coenzyme ADP und NAD^+ zu ATP und NADH + H^+ umgewandelt worden, kommt der Glucoseabbau in der Lösung zum Stillstand, da keine Coenzyme mehr zur Verfügung stehen, die die Elektronen bzw. den Wasserstoff aufnehmen können. NADH + H^+ wird normalerweise in den Mitochondrien zu NAD^+ oxidiert. Da jedoch keine Mitochondrien vorhanden sind, ist die Regeneration von NAD^+ nicht möglich.
Versuch 3: Da der Glucoseabbau nach Zusatz der Stoffwechselmetabolite wieder in Gang kommt und dieser Ansatz ansonsten dem von Versuch 2 entspricht, muss es sich bei den zugesetzten Metaboliten um NAD^+ und ADP handeln. Solange diese vorhanden sind, kann Glucose bis zum Pyruvat abgebaut werden. Eine vollständige Oxidation des Pyruvats zu Kohlenstoffdioxid und Wasser erfolgt trotz des Sauerstoffs nicht, da im Zellsaft die Mitochondrien fehlen und damit die für den Pyruvatabbau notwendigen Enzyme ebenfalls.

Versuch 7: In einer auf 60 °C erhitzten Zellsaftlösung sind die Enzyme denaturiert und haben ihre katalytische Wirksamkeit verloren. Daher wird im Ansatz 4 Glucose nicht abgebaut.
In dem Dialyseschlauch befinden sich die Enzyme, im Dialysat die niedermolekularen Moleküle, also die Coenzyme. Coenzyme wie NAD^+ und ADP sind keine Proteine und werden durch Hitze nicht zerstört.
Gibt man in Versuch 7 die intakten Enzyme aus dem Dialyseschlauch und die intakten Coenzyme aus der erhitzten Zellsaftlösung von Ansatz 4 zusammen, so wird solange Glucose bis zum Pyruvat abgebaut, bis die Coenzyme verbraucht sind.

2 Regulation der Zellatmung

a) Beschreiben und deuten Sie die Versuchsergebnisse. E/II
In dem Ansatz ohne Citrat nimmt die Kohlenstoffdioxid-Produktion mit steigender Glucosekonzentration zunächst stark zu. Bei weiter wachsender Glucosekonzentration stagniert dann die Bildung von Kohlenstoffdioxid. Einen vergleichbaren Kurvenverlauf zeigt auch der Versuchsansatz mit Citrat, allerdings liegt hier die Kurve deutlich unter der ohne Citratzusatz, d. h. die Kohlenstoffdioxidproduktion ist durchweg geringer.
Die Zunahme der Kohlenstoffproduktion mit steigender Glucosekonzentration erklärt sich damit, dass Glucose in beiden Ansätzen von den Hefezellen zu Kohlenstoffdioxid und Wasser abgebaut wird. Ab einer gewissen Konzentration an Glucose kann von den Enzymen des Stoffabbaus keine zusätzliche Glucose mehr abgebaut werden, die Kurven zeigen einen Sättigungsverlauf.
Die durchweg geringere Kohlenstoffdioxidproduktion des Ansatzes mit Citrat erklärt sich damit, dass Citrat als erstes Produkt des Citratzyklus ab einer bestimmten Konzentration hemmend auf die Phosphofructokinase, ein Schlüsselenzym der Glykolyse, wirkt. Dadurch verlangsamt sich die Glykolyse und es wird pro Zeiteinheit weniger Kohlenstoffdioxid gebildet.

b) Erklären Sie vor dem Hintergrund der Versuchsergebnisse das Basiskonzept „Steuerung und Regelung". F/II
Durch Regulation der Phosphofructokinaseaktivität kann die Zelle auf Stoffwechselveränderungen reagieren und ist damit in der Lage, das für die Zellatmung notwendige innere Milieu weitgehend konstant zu halten. So ist beispielsweise eine hohe Citrat-Konzentration in der Zelle ein Signal für eine ausreichende Energieversorgung. Als negativer Effektor bindet Citrat in diesem Fall an das allosterische Enzym Phosphofructokinase. In der Folge wird die Glykolyse gehemmt, sodass die weitere Bildung energiereicher Verbindungen wie ATP unterbunden wird. Es findet also eine negative Rückkopplung statt.

3 Energiestufen-Modell der Zellatmung

a) Erklären Sie die Energiegewinnung bei der Zellatmung mithilfe des abgebildeten Modells. E/II
Bei der Zellatmung wird die Energie der Glucose schrittweise in der Glykolyse, in dem Citratzyklus und in der Atmungskette freigesetzt und in Form von ATP gespeichert. Diese schrittweise Energiefreisetzung wird in dem Modell durch das Wasser symbolisiert, das von einer höher gelegenen Stelle bergab läuft und dabei nacheinander verschiedene Turbinen antreibt. Die Lampen können dabei symbolisch die in Form von ATP gebundene Energie darstellen.

b) Erörtern Sie die Möglichkeiten und Grenzen dieser Modelldarstellung. E/III
Die schrittweise Energiefreisetzung bei der Zellatmung kann durch das Modell anschaulich dargestellt werden. Wesentliche Elemente der Zellatmung bleiben allerdings unberücksichtigt. So wird beispielsweise nicht verdeutlicht, dass Glykolyse, Citratzyklus und Atmungskette in unterschiedlichem Maße zur Energiefreisetzung beitragen und dass diese nicht in einem Schritt, sondern in mehreren Teilschritten erfolgt.

Seite 75

1 Erklären Sie anhand der Animation „Atmung und Gärung" Unterschiede und Gemeinsamkeiten der beiden Prozesse. F/I
Der Energiestoffwechsel hat zum Ziel, durch Abbau energiereicher Stoffe ATP zu gewinnen, das dann universell im Bau- und Betriebsstoffwechsel eingesetzt werden kann. Der effizienteste Weg ist dabei die Zellatmung. Diese benötigt aerobe Bedingungen. Beim Fehlen von Sauerstoff können viele Zellen auf Gärungen ausweichen. Diese sind dadurch charakterisiert, dass die Endprodukte noch relativ energiereich sind. Der Ertrag an ATP ist bei Gärungen dementsprechend geringer als bei der Zellatmung.
Steht Sauerstoff zur Verfügung, wird Glucose in der Glykolyse zu Pyruvat zerlegt, welches dann nach der Umwandlung in Acetyl-CoA in dem Citratzyklus vollständig zu Kohlenstoffdioxid abgebaut

wird. Der größte Teil des bei der Zellatmung entstehenden ATPs wird in der Atmungskette über die oxidative Phosphorylierung gebildet. Beim Fehlen von Sauerstoff entfällt die Möglichkeit, Pyruvat in den Mitochondrien zu oxidieren. Hefepilze können mit der alkoholischen Gärung auf einen alternativen Stoffwechselweg ausweichen: Mithilfe eines speziellen Enzyms spalten sie Pyruvat in Kohlenstoffdioxid und Ethanal, das dann durch ein weiteres Enzym zu Ethanol reduziert wird. Dabei wird NADH zu NAD^+ oxidiert. Somit steht wieder NAD^+ für die Glykolyse zur Verfügung.

2 Erklären Sie, wofür man die alkoholische Gärung beim Brotbacken nutzt und warum Hefebrote weder nach Alkohol schmecken, noch berauschend wirken. E/II
Das bei der alkoholischen Gärung gebildete Kohlenstoffdioxid lässt den Brotteig aufgehen, sodass dieser locker wird. Der ebenfalls gebildete Alkohol verdunstet beim Backen und lässt sich so weder schmecken, noch kann er berauschend wirken.

3 Lässt man Wein offen stehen, entsteht daraus Essig. Mit der Luft eingetragene Essigsäurebakterien setzen den Alkohol des Weins zu Essigsäure um. Begründen Sie, warum dieser Vorgang keine echte Gärung ist. E/II
Bei der sogenannten Essigsäuregärung wird Ethanol unter aeroben Bedingungen zu Essigsäure oxidiert. Da sie bei anaeroben Bedingungen nicht erfolgt, handelt es sich bei dieser Gärung nicht um eine echte Gärung.

4 Recherchieren Sie, warum die Konzentration an Lactat im Blut eines Menschen nach sportlicher Betätigung Auskunft über dessen körperliche Leistungsfähigkeit geben kann. E/III
Lactat ist das Endprodukt des anaeroben Glucose-Stoffwechsels. Diese Form der Energiebereitstellung tritt im sportlichen Training auf, wenn der Energiebedarf größer ist als die Energiebereitstellung. Dieses Energiedefizit kommt besonders zu Beginn sportlicher Belastungen und bei längeren Sprintbelastungen im Schnelligkeitstraining vor.
Zwischen der Belastungsintensität und der Lactatkonzentration im Blut besteht ein direkter Zusammenhang: Je intensiver sich der Sportler belastet, desto höher sind die Lactatkonzentrationen im Blut. Deshalb werden die Lactatwerte zur Beurteilung des Trainingszustandes und der Leistungsbeurteilung eines Menschen herangezogen und die Höhe des Lactatwertes bestimmten Trainingszonen zugeordnet. Diese Trainingszonen sind die Anhaltspunkte für die „richtigen“ Trainingsbelastungen, die zu einer optimalen Leistungssteigerung des Körpers führen.

Seite 76

1 Erklären Sie, warum die Temperatur beim Maischen schrittweise erhöht wird und warum sie nicht höher als 80 °C liegen darf. E/II
Beim schrittweisen Erhöhen der Temperatur durchläuft die Maische nacheinander die Temperaturoptima der verschiedenen Enzyme: Unter 50 °C bauen Glucanasen stärkeähnliche Substanzen ab, bei 50 bis 60 °C zerlegen Proteasen Eiweiße und bei 60 bis 74 °C erfolgt der Abbau der Stärke durch Amylasen. Oberhalb von 80 °C denaturieren sämtliche Enzyme, der enzymatische Abbau der Inhaltsstoffe käme zum Erliegen.

Seite 77

PRAKTIKUM Gärungen

1 Hefezellen im Mikroskop

a) Skizzieren Sie Hefezellen der verschiedenen Ansätze. E/I
Die Hefezellen sind kugelig bis eiförmig bei einer Größe von 5 bis 10 µm. Unmittelbar nach Ansetzen der Suspension kann man noch keine sprossenden Zellen beobachten. Erst nach der Inkubationszeit erkennt man an zahlreichen Zellen Auswüchse und Abschnürungen.

b) Erläutern Sie Ihre Versuchsbeobachtungen. E/II
Die Sprossung und damit die Vermehrung von Hefezellen werden durch die zugesetzte Glucoselösung induziert.

2 Vergärung von Glucose

Protokollieren Sie die Versuchsbeobachtungen und erklären Sie diese. E/I
Nach kurzer Zeit lässt sich eine Bläschenbildung in der Waschflasche beobachten. Die zunächst rosafarbene Lösung entfärbt sich allmählich.
Bei der Vergärung von Glucose entsteht neben Ethanol auch Kohlenstoffdioxid. Dieses Gas ist für die Bläschenbildung in der Waschflasche verantwortlich. In wäss-

riger Lösung bildet es Kohlensäure, die die Natronlauge in der Waschflasche neutralisiert. Dies wird über die Entfärbung des Indikators Phenolphthalein angezeigt.

3 Vergärung verschiedener Zucker

Stellen Sie die Versuchsergebnisse grafisch dar und deuten Sie diese. E/II

Aus den Versuchsergebnissen lässt sich erkennen, dass Bäckerhefe sowohl Monosaccharide wie Glucose und Fructose als auch das Disaccharid Saccharose vergärt. Saccharose muss zuvor jedoch in Glucose und Fructose gespalten werden. Daher ist die Gasentwicklung bei dem Disaccharid Saccharose auch weniger stark ausgeprägt als bei den Monosacchariden. Da Cola Saccharose enthält, ist in dem entsprechenden Versuchsansatz ebenfalls eine Kohlenstoffdioxidbildung zu beobachten. Bei den übrigen Ansätzen findet keine Kohlenstoffdioxidbildung statt, da Bäckerhefe nicht über die entsprechenden Enzyme zum Abbau der verschiedenen Zucker bzw. des Zuckeraustauschstoffes in Cola light verfügt. Bei ihnen erfolgt daher keine Gärung.

4 Praktikum selbstorganisiert: Abhängigkeit der Gärung von verschiedenen Faktoren

a) Erstellen Sie eine Versuchsanleitung, mit der Sie die Abhängigkeit der Gärung von der Temperatur und von der Substratkonzentration bestimmen. Nutzen Sie dazu Kolbenprober und Bäckerhefe. Weiter haben Sie ein temperierbares Wasserbad und Glucoselösungen verschiedener Konzentrationen zur Verfügung.
Führen Sie den Versuch anschließend durch. E/III

Um die Abhängigkeit der Gärung von der Temperatur zu ermitteln, setzt man beispielsweise Glucoselösungen gleicher Konzentration an und bringt diese auf unterschiedliche Temperaturen. Dann fügt man jeweils eine definierte Menge Hefe hinzu und gibt nacheinander die entstehenden Suspensionen in einen Kolbenprober. In den verschiedenen Ansätzen wird dann in bestimmten Zeitabständen das Volumen des entstehenden Kohlenstoffdioxidgases bestimmt. In vergleichbarer Weise lässt sich auch die Abhängigkeit der Gärung von der Substratkonzentration ermitteln. Dabei variiert man nun bei konstanter Temperatur die Konzentration der Glucoselösung in den verschiedenen Ansätzen.

b) Stellen Sie Ihre Ergebnisse grafisch dar. E/I

individuelle Lösung

c) Erklären Sie Ihre Ergebnisse. F/II

Mit steigender Temperatur lässt sich zunächst eine Zunahme des Gasvolumens beobachten, da die enzymkatalysierten Reaktionen der Gärung temperaturabhängig sind. Bei weiter steigender Temperatur setzt dann die Enzymdenaturierung ein und die Kohlenstoffdioxidbildung kommt zum Erliegen.

Mit steigender Substratkonzentration wird in vergleichbarer Weise mehr Kohlenstoffdioxid pro Zeiteinheit gebildet, da zunächst ausreichend Enzym-Moleküle zur Verfügung stehen. Ab einer bestimmten Substratkonzentration sind dann alle Enzym-Moleküle von Substratmolekülen belegt. Es liegt Substratsättigung vor. Eine weitere Steigerung der Substratkonzentration führt daher zu keiner Zunahme der Gasentwicklung.

Seite 78

1 Begründen Sie, warum katabole Reaktionen Energie freisetzen und anabole Reaktionen Energie benötigen. F/II

Komplexe Moleküle enthalten viel potenzielle Energie, die in Form der Anordnung ihrer Atome gespeichert ist. Bei katabolen Reaktionen werden diese komplexen Moleküle zu einfachen abgebaut. Damit wird auch die gespeicherte Energie frei. Bei anabolen Reaktionen muss dagegen Energie aufgewendet werden, um aus einfachen Molekülen komplexe Moleküle zu bilden.

2 Erklären Sie, warum ein Schwein fett werden kann, auch wenn es fast ausschließlich mit Kohlenhydraten gefüttert wird. F/II

Wird ein Schwein ausschließlich mit Kohlenhydraten gefüttert, werden diese über Glucose in die Glykolyse eingeschleust und zu Acetyl-CoA abgebaut. Acetyl-CoA ist wiederum Ausgangspunkt für die Synthese von Fettsäuren, die mit Glycerin zu Fetten verestert werden. Die Verknüpfung von Kohlenhydrat- und Fettstoffwechsel ermöglicht den Ab- und Umbau von aufgenommenen Kohlenhydraten in körpereigene Fette.

Seite 79

AUFGABEN Zellstoffwechsel

1 Glucoseabbau bei Hefezellen

Beschreiben und erklären Sie die Änderungen der Glucosekonzentration in den beiden Ansätzen. E/II

Im Versuchsansatz A ist die Glucosekonzentration innerhalb von drei Stunden kontinuierlich auf Null gesunken. In Ansatz B dauert es sechs Stunden, bis sämtliche Glucosemoleküle umgesetzt wurden.

Hefen verbrauchen unter anaeroben Bedingungen mehr Glucose als unter aeroben. Bei der Gärung werden zwei Moleküle ATP je Glucose-Molekül erzielt, im Vergleich zu 36 ATP beim vollständig aerobem Abbau von Glucose. Demnach muss unter anaeroben Bedingungen achtmal mehr Glucose abgebaut werden als unter aeroben Bedingungen, um den gleichen Energiebetrag zu erhalten. Aus diesem Grund nimmt die Glucosekonzentration im Ansatz A deutlich schneller ab als in Ansatz B.

Hinweis: Dieser sogenannte PASTEUR-Effekt wird nur bei Zellen beobachtet, die ihren Stoffwechsel fakultativ sowohl an aerobe als auch an anaerobe Bedingungen anpassen können, wie z.B. Hefezellen und Muskelzellen.

2 Regulation der Pyruvat-Dehydrogenase

a) Skizzieren Sie eine Übersicht über den katabolen Glucosestoffwechsel und erläutern Sie daran die zentrale Stellung des Pyruvats im Stoffwechsel. F/II

Pyruvat ist Zwischenprodukt im Kohlenhydrat-, Fett- und Aminosäurestoffwechsel und Ausgangsstoff für den Citratzyklus und die Gärung.

b) Erklären Sie die Versuchsergebnisse unter Berücksichtigung des Ausschnitts aus dem Glucosestoffwechsel. F/II

Ohne NADH führt eine steigende Pyruvatkonzentration zunächst zu einer Zunahme der Acetyl-CoA-Konzentration. Ab einem bestimmten Punkt wird dann trotz weiter steigender Pyruvatkonzentration nicht mehr Acetyl-CoA synthetisiert. Die Pyruvatdehydrogenase ist dann ausgelastet.

Mit NADH führt eine steigende Pyruvatkonzentration nicht zu einer Zunahme der Acetyl-CoA-Konzentration. Pyruvatdehydrogenase wird durch NADH allosterisch gehemmt. Hohe NADH-Konzentrationen in der Zelle bedeuten, dass die Zelle nicht ausreichend Sauerstoff zur Verfügung hat, um NADH in der Atmungskette zu oxidieren. Bei solchen hohen NADH-Konzentrationen in der Zelle wird die Umsetzung von Pyruvat zu Acetyl-CoA gehemmt, sodass weniger NADH hergestellt wird. NADH kann dann durch die Milchsäuregärung bzw. durch Lactatdehydrogenase zu NAD^+ oxidiert werden. Hohe Pyruvatkonzentrationen heben die allosterische Hemmung auf, so wird verhindert, dass die Pyruvat- und Lactatkonzentrationen zu stark ansteigen. Hohe Acetyl-CoA-Konzentrationen, die nicht im Citratzyklus verarbeitet werden können, können durch den Aufbau von Ketonen oder Fettsäuren verbraucht werden.

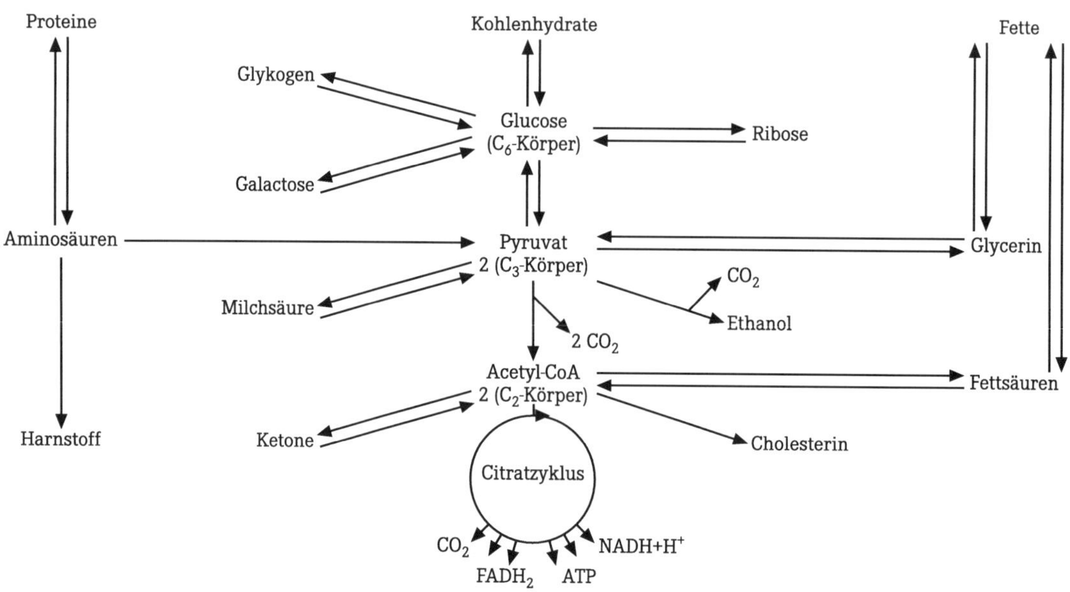

3 Hemmung der ATP-Bildung

a) Erklären Sie die Abnahme der Sauerstoffkonzentration im Reaktionsgefäß vor Zugabe der Hemmstoffe. E/II

Im Verlauf der Atmungskette werden Elektronen und Protonen auf Sauerstoff übertragen, wobei Wasser entsteht. Gleichzeitig ist dieser Elektronentransport über die oxidative Phosphorylierung mit der Bildung von ATP verbunden. Über die Sauerstoffaufnahme lässt sich demzufolge auf die Bildung von ATP schließen. Ein abnehmender Sauerstoffverbrauch zeigt daher eine nachlassende ATP-Synthese an.

b) Ordnen Sie jeder Kurve einen Hemmstoff begründet zu. E/II

FCCP ist ein Entkoppler, der die Membran für Protonen durchlässig macht. Als Folge stellt sich ein schneller Elektronentransport in der Atmungskette ein, ohne dass ein Protonengradient erzeugt wird. Diesem Vorgang entspricht die übermäßig starke Sauerstoffabnahme in Kurve c.

In Anwesenheit von Malonat wird kein NADH + H^+ bereitgestellt. In der Folge kommt die gesamte Atmungskette zum Stillstand, sodass, wie in Kurve a gezeigt, kein Sauerstoff verbraucht wird.

Butylmalonat bewirkt, dass der Elektronendonator im Mitochondrium fehlt. Die Atmungskette kommt zum Stillstand, Sauerstoff wird nicht verbraucht. Dies wird in Kurve a deutlich.

Die Hemmung der ATP-Synthase durch Oligomycin bewirkt, dass Protonen nicht mehr aus dem Intermembranraum in die Mitochondrienmatrix zurückfließen. Der Protonengradient bleibt erhalten, es folgt nur eine geringere Protonenverlagerung gegen das starke Gefälle. Diese Situation wird durch Kurve b verdeutlicht.

Cyanid hemmt die Cytochromoxidase und damit die Übertragung von Elektronen auf Sauerstoff. Der Sauerstoffverbrauch wird beendet, was dem Verlauf von Kurve a entspricht.

c) Erklären Sie anhand der Versuchsergebnisse das Basiskonzept „Steuerung und Regelung". F/I

Durch Regulation kann die Zelle auf Stoffwechselveränderungen reagieren. Sie ist damit in der Lage, das notwendige innere Milieu weitgehend konstant zu halten. So wird etwa die Bildung von ATP unter natürlichen Bedingungen durch verschiedene Faktoren beeinflusst. Im Experiment wird dies durch Zugabe von Entkopplern wie FCCP oder Oligomycin simuliert.

3 Stoffaufbau – Fotosynthese

Seite 80

(1) Erläutern Sie folgende Aussage: „Ohne Pflanzen kein Leben." F/II

Nur Pflanzen und andere fotosynthetisch aktive Organismen können energiereiche organische Stoffe selbst herstellen. Ohne Pflanzen könnten folglich heterotrophe Organismen, die auf diese energiereichen Stoffe angewiesen sind, nicht existieren.

(2) Begründen Sie mithilfe der Reaktionsgleichungen der Fotosynthese und Zellatmung sowie der Abbildung 2, warum der Sauerstoff der Atmosphäre nicht durch die Fotosynthese von Pflanzen entstanden sein kann. F/II

Die Reaktionsgleichung der Fotosynthese

$6\,CO_2 + 6\,H_{12}O \rightarrow C_6H_{12}O_6 + 6\,O_2$

entspricht der Reaktionsgleichung der Zellatmung in umgekehrter Richtung:

$C_6H_{12}O6 + 6\,O_2 \rightarrow 6\,CO_2 + 6\,H_{12}O$

Der durch Fotosynthese gebildete Sauerstoff wird bei der Zellatmung vollständig verbraucht. Diesen Zusammenhang verdeutlicht auch Abbildung 2: Der von autotrophen Organismen produzierte Sauerstoff wird von heterotrophen Organismen aufgenommen. Der Sauerstoff der Atmosphäre kann folglich nicht durch die pflanzliche Fotosynthese gebildet worden sein. Vielmehr ist der Sauerstoff im Verlauf der Erdgeschichte durch Fotosynthese treibende Cyanobakterien gebildet worden.

Seite 81

AUFGABEN Fotosynthese und Zellatmung

Erklären Sie den Verlauf der beiden Kurven. F/II

Die Kohlenstoffdioxid-Konzentration im Versuchsgefäß mit Luft sinkt infolge der Fotosyntheseaktivität zunächst stark ab. Ab einem bestimmten Zeitpunkt wird dann durch Fotosynthese genau soviel Kohlenstoffdioxid aufgenommen, wie durch Zellatmung abgegeben wird. Der CO_2-Kompensationspunkt ist erreicht, die Konzentration an Kohlenstoffdioxid im Versuchsgefäß bleibt konstant.

Im Versuchsgefäß mit CO_2-armer Luft betreibt die Pflanze zunächst nur Zellatmung, aber keine Fotosynthese. Dadurch steigt der CO_2-Gehalt der Luft solange an, bis wieder der CO_2-Kompensationspunkt erreicht ist. Eine weitere Zunahme der CO_2-Konzentration ist nicht möglich, da zusätzlich entstehendes Kohlenstoffdioxid wieder sofort durch Fotosynthese fixiert wird.

Seite 83

1 Erläutern Sie am Beispiel des Blattaufbaus den Zusammenhang zwischen Struktur und Funktion. F/II

Sowohl die äußere Gestalt als auch die innere Struktur eines Blattes stellen Angepasstheiten an die Fotosynthese dar. Die flächenhafte Ausbildung der Blätter und ihre meist mehr oder weniger senkrechte Stellung zum Sonnenlicht ermöglichen eine intensive Ausnutzung der Sonnenstrahlen. Außerdem begünstigt die große Oberfläche des Blattes den Gasaustausch mit der Atmosphäre. Eine ungeregelte Wasserdampfabgabe wird durch die mit einer wachsartigen Schicht überzogene Cuticula verhindert bzw. eingeschränkt. Die dem Licht zugewandten Zellen des Palisadengewebes enthalten zahlreiche Chloroplasten, sodass vor allem hier die Fotosynthese stattfindet. Zwischen den unregelmäßig geformten Zellen des Schwammgewebes befinden sich luftgefüllte Hohlräume. Hier erfolgt der Gasaustausch zwischen den Interzellularen und den Zellen des Schwammgewebes. Die zumeist auf der Blattunterseite gelegenen Spaltöffnungen ermöglichen einen kontrollierten Gaswechsel zwischen dem Interzellularsystem und der Außenluft.

2 Vergleichen Sie die Struktur und Funktion von Chloroplasten und Mitochondrien. F/II

Chloroplasten und Mitochondrien sind Zellorganellen, die von zwei Membranen umgeben sind, wobei die Oberfläche der inneren Membran durch Einstülpungen und Faltungen stark vergrößert ist. Durch diese Kompartimentierung können innerhalb dieser Organellen viele verschiedene Stoffwechselreaktionen auf engstem Raum nebeneinander ablaufen. Beide Organellen enthalten zudem DNA und Ribosomen und vermehren sich durch Zweiteilung.

In den Chloroplasten wird bei der Fotosynthese Lichtenergie in chemische Energie umgewandelt und in Form organischer Moleküle gespeichert. Diese energiereichen Moleküle werden in den Mitochondrien mithilfe von Sauerstoff bei der Zellatmung enzymatisch abgebaut. Die dabei frei werdende Energie wird in Form von ATP gespeichert und wird so für die Zelle verfügbar.

Seite 84

1 Erklären Sie die Unterschiede von Sonnen- und Schattenblättern mithilfe der Abbildung 1 und deuten Sie diese als Angepasstheiten an ihren Standort. F/II

Sonnenblätter besitzen – im Gegensatz zu Schattenblättern – ein mehrschichtiges Palisadengewebe und ein ausgeprägtes Schwammgewebe mit zahlreichen Chloroplasten. Die Blattdicke und auch die Konzentration an Fotosynthese-Enzymen sind daher größer als bei Schattenblättern. Die Blattoberfläche von Sonnenblättern ist kleiner als die von Schattenblättern. All diese Merkmale von Sonnenblättern stehen in direktem Zusammenhang mit ihrem Standort: Sie sind in der Lage viel Licht zu absorbieren und so intensiv Fotosynthese zu betreiben.

2 Erklären Sie, warum Sonnenblätter, die längere Zeit nur schwach belichtet werden, vom Baum abgeworfen werden. F/II

Sonnenblätter erreichen im Gegensatz zu Schattenblättern den Lichtkompensationspunkt erst bei hohen Lichtintensitäten. Erst dann kann eine positive Nettofotosynthese erfolgen. Bei längeren Phasen mit unzureichender Belichtung ist dies nicht möglich, die Zellatmung überwiegt. Derartige Blätter werden daher vom Baum abgeworfen.

3 Begründen Sie, warum die meisten in der Landwirtschaft und in Gärtnereien genutzten Pflanzen Sonnenpflanzen sind. F/II

Die fotosynthetische Stoffproduktion und damit der landwirtschaftliche Ertrag sind bei Sonnenpflanzen vergleichsweise höher als bei Schattenpflanzen. Die meisten landwirtschaftlich genutzten Pflanzen sind daher Sonnenpflanzen.

Seite 85

(1) Erklären Sie die Regulation der Öffnungsweite der Spaltöffnung. F/I

Licht und eine geringe Kohlenstoffdioxid-Konzentration bewirken, dass Kalium-Ionen aus den benachbarten Epidermiszellen von Ionenpumpen in die Schließzellen transportiert werden. Wasser strömt osmotisch nach, sodass sich das Volumen der Schließzellen bzw. der Druck in ihnen erhöht. An der Oberseite und der Unterseite sind die Schließzellen verdickt. Der mittlere Bereich der Bauch- und Rückenwand dagegen ist unverdickt. Bei Druckerhöhung wird die unverdickte Rückenwand gedehnt, die Bauchwand wird hochgezogen. Der Spalt öffnet sich.

Bei Dunkelheit reichert sich infolge der Zellatmung Kohlenstoffdioxid im Blattinnengewebe an. Dies führt zu gegenläufigen Prozessen und die Spalten schließen sich. Auch bei Austrocknung des Bodens sowie hohen Temperaturen schließen sich die Spalten als Folge des Wasserverlustes der Schließzellen.

(2) „Pflanzen haben zwei entgegengesetzte Probleme zu bewältigen: Sie können verhungern oder verdursten." Erläutern Sie diese Aussage. F/III

Bei unzureichender Wasserversorgung kommt es zum Schluss der Stomata. Dadurch wird zwar einerseits die Transpiration eingeschränkt, andererseits aber auch die Aufnahme von Kohlenstoffdioxid für die Fotosynthese. Die Pflanze droht zu „verhungern". Sind die Stomata unter diesen Bedingungen geöffnet, so kann die Pflanze das notwendige Kohlenstoffdioxid aufnehmen. Gleichzeitig verliert die Pflanze aber über die stomatäre Transpiration Wasser und droht zu „verdursten". Die Regulation der Öffnungsweite stellt somit einen Kompromiss zwischen der Intensität der Fotosynthese und der Transpirationsrate dar.

Seite 86

AUFGABEN Außenfaktoren der Fotosynthese

1 Fotosyntheserate und Außenfaktoren

a) Beschreiben und deuten Sie die Ergebnisse. Begründen Sie, warum die Versuche bei konstanter Temperatur durchgeführt wurden. E/II

Beide Kurven steigen mit wachsender Konzentration an Kohlenstoffstoffdioxid zunächst linear an und verlaufen dann parallel zur X-Achse, wobei die Starklichtkurve oberhalb der Schwachlichtkurve liegt. Die Fotosyntheserate wird folglich zunächst nur von der Konzentration an Kohlenstoffdioxid beeinflusst. Die Lichtintensität hat zunächst keinen limitierenden Einfluss auf die Fotosyntheserate. Erst bei höherer Konzentration an Kohlenstoffdioxid wirkt dieses nicht mehr limitierend und eine höhere Lichtintensität hat auch eine höhere Fotosyntheserate zur Folge. Um eindeutig den Einfluss des Faktors Kohlenstoffdioxid auf die Fotosyntheserate erfassen zu können, müssen alle anderen Faktoren konstant bleiben. Aus diesem Grund wurden die Versuche bei konstanter Temperatur durchgeführt.

b) „Die Fotosyntheserate wird im Wesentlichen von der Lichtintensität bestimmt." Nehmen Sie Stellung. B/II

Die Kurvenverläufe machen deutlich, dass die Fotosyntheserate nur dann von der Lichtintensität bestimmt wird, wenn die übrigen Faktoren, wie hier die Kohlenstoffdioxid-Konzentration, nicht limitierend wirken. Allgemein gilt: Sämtliche Faktoren wirken bei der Fotosynthese zusammen, wobei der am weitesten vom Optimum entfernte Faktor die Fotosyntheserate am meisten beeinflusst. So bleibt die Fotosyntheserate trotz optimaler Licht- und Temperaturverhältnissen begrenzt, wenn beispielsweise zu wenig Kohlenstoffdioxid vorhanden ist.

2 Anpassungen an den Standort

a) Beschreiben Sie die anatomischen Besonderheiten der beiden Blätter im Vergleich zum typischen Laubblatt. F/II

Blatt A: Dieses Blatt besitzt im Vergleich zu einem typischen Laubblatt nur eine dünne Cuticula und eine schwach ausgeprägte Epidermis mit lebenden Haaren. Die Stomata sind über die Epidermis hervorgehoben.

Blatt B: Dieses Blatt besitzt eine verdickte Cuticula, die Epidermis und das Palisadengewebe sind mehrschichtig. Die Stomata liegen gruppenweise in Vertiefungen der Epidermis, die mit toten Haaren versehen sind.

b) Entwickeln Sie Hypothesen, an welchen Standorten Pflanzen mit diesen Blättern jeweils zu finden sind. E/III

Die Besonderheiten des Blattes A stellen verdunstungsfördernde Strukturen dar. So wird beispielsweise über die lebenden Haare die transpiratorische Oberfläche erhöht, die hervorgehobenen Stomata erleichtern die Abgabe von Wasserdampf. Blatt A ist daher an immerfeuchten Standorten mit hoher Luftfeuchtigkeit zu finden. Man bezeichnet die entsprechenden Pflanzen als Feuchtpflanzen oder Hygrophyten.

Blatt B weist beispielsweise mit den eingesenkten Stomata und den toten Haaren Strukturen auf, die die Transpiration einschränken. Das Blatt ist folglich an trockenen oder zeitweise trockenen Standorten zu finden. Die entsprechenden Pflanzen nennt man Trockenpflanzen oder Xerophyten.

3 Fotosynthese und Transpiration

a) Beschreiben und erklären Sie die Veränderungen der Fotosyntheserate und Transpiration im Tagesverlauf. F/II

Die Fotosyntheserate und die Transpiration zeigen einen in etwa vergleichbaren Verlauf: Gegen 6.00 Uhr steigen beide Kurven an und erreichen in der Zeit von etwa 8.00 Uhr bis 16.00 Uhr ihr Maximum. Die Kurve der Fotosyntheserate fällt dann bis 18.00 Uhr ab und bleibt bis 6.00 Uhr auf einem Wert unterhalb von Null, d.h. innerhalb dieses Zeitraumes gibt die Pflanze Kohlenstoffdioxid ab. Die Transpiration kommt gegen 19.00 Uhr vollständig zum Erliegen und steigt erst ab 6.00 Uhr wieder an.

Im Zeitraum zwischen 6.00 Uhr und 17.00 Uhr steht ausreichend Licht zur Verfügung, sodass die Pflanze Fotosynthese treiben kann. Gegen 17.00 Uhr, mit Einbruch der Dämmerung, erreicht die Pflanze ihren Lichtkompensationspunkt, bei dem sich die Aufnahme von Kohlenstoffdioxid durch Fotosynthese und die Abgabe durch Zellatmung die Waage halten. In den Abendstunden ab 17.00 Uhr bis zum nächsten Morgen findet dann nur noch Zellatmung statt. Die Transpirationsrate wird, ähnlich wie die Fotosyntheserate, vom Sonnenlicht maßgeblich beeinflusst. Mit der Morgendämmerung gegen 6.00 Uhr steigt auch die Temperatur allmählich an, in gleichem Maße sinkt dann die relative Luftfeuchte. Dies hat zur Folge, dass die Transpirationsrate der Pflanze in gleicher Weise steigt. Mit nachlassender Sonneneinstrahlung gegen Nachmittag fällt dann auch die Temperatur, die Transpirationsrate sinkt und die relative Luftfeuchte steigt allmählich an. Da die Pflanze ausreichend mit Wasser versorgt wird, kann sic auch während der Mittagstemperaturen ihre Stomata geöffnet lassen. Eine hohe Transpirations- und Fotosyntheserate sind die Folge.

b) Leiten Sie aus den angegebenen Klimadaten die relative Fotosyntheserate einer Wüstenpflanze im Tagesverlauf ab. F/III

Während der frühen Morgenstunden steigt die Beleuchtungsstärke ab 6.00 Uhr an und die Wüstenpflanze kann ab diesem Zeitpunkt Fotosynthese betreiben. Mit wachsender Beleuchtungsstärke steigt aber auch die Temperatur der Luft und die relative Luftfeuchtigkeit nimmt ab. Eine Zunahme der Transpirationsrate ist die Folge. Da Wüstenpflanzen nur unzureichend mit Wasser versorgt werden, kommt es unter diesen Bedingungen zum Schluss der Stomata. Die Transpiration wird so wirkungsvoll eingeschränkt, gleichzeitig sinkt aber die Fotosyntheserate. Da die Lufttemperatur im weiteren Tagesverlauf nahezu unverändert hoch bleibt und auch die Luftfeuchtigkeit erst am späten Nachmittag wieder allmählich ansteigt, bleibt die Fotosynthese der Wüstenpflanze auf die frühen Morgenstunden begrenzt.

Seite 87

(1) Erläutern Sie, welches Ergebnis man beim ENGELMANN-Versuch erhält, wenn man die Algen mit einfarbigem Licht von 550 nm bestrahlt. Erklären Sie in dem Zusammenhang die Bedeutung des Begriffes „Grünlücke" der Fotosynthese. F/II

Bestrahlt man Algen mit grünem Licht von 550 nm, so lässt sich keine oder allenfalls eine schwache Sauerstoffbildung nachweisen, da die Fotosyntheserate bei dieser Wellenlänge minimal ist. Auf diese Tatsache nimmt auch der Begriff „Grünlücke" der Fotosynthese Bezug: Licht zwischen Wellenlängen von 490 nm bis 620 nm wird weder von Chlorophyll a noch von Chlorophyll b absorbiert. Folglich kann Licht dieser Wellenlängen auch nicht fotosynthetisch aktiv sein. Beim ENGELMANN-Versuch käme es folglich bei diesen Wellenlängen zu keiner Ansammlung Sauerstoff liebender Bakterien.

Seite 88

EXKURS Licht und Lichtabsorption

Erklären Sie, warum blaues Licht im Vergleich zu rotem Licht für die pflanzliche Fotosynthese nicht von Vorteil ist, obwohl es deutlich energiereicher als rotes Licht ist. F/II
Bei der Absorption von blauem Licht werden Elektronen auf das 2. Energieniveau eines Chlorphyllmoleküls angehoben. Von dort gelangen die Elektronen auf das 1. Energieniveau. Die dabei in Form von Wärme abgegebene Energie kann für die Fotosynthese nicht genutzt werden. Erst wenn die Elektronen anschließend vom 1. Energieniveau, das auch bei Absorption von rotem Licht erreicht wird, auf den Grundzustand zurückfallen, kann die freiwerdende Energie auf ein Nachbarmolekül transferiert und damit für die Fotosynthese genutzt werden. Blaues Licht ist daher im Vergleich zu rotem Licht nicht von Vorteil.

Seite 89

1 Licht mit Wellenlängen zwischen 500 und 620 nm kann von Chlorophyllmolekülen nicht absorbiert werden. Erklären Sie, warum die Fotosyntheserate einer Pflanze in diesem Bereich dennoch recht hoch sein kann. F/II
Im Bereich zwischen 500 und 550 nm absorbieren Carotinoide das Licht. Die von diesen Farbstoffmolekülen absorbierte Energie kann innerhalb des Antennenkomplexes auf benachbarte Farbstoffmoleküle übertragen werden und anschließend zum Reaktionszentrum gelangen. Dadurch wird auch Licht zwischen Wellenlängen von 500 und 550 nm fotosynthetisch nutzbar.

2 Erklären Sie, warum ein Fotosystem als Energiefalle bezeichnet werden kann. F/II
Der Energietransfer innerhalb des Fotosystems erfolgt stets in Richtung des energieärmeren Moleküls. Die absorbierte Energie wird also letztlich zum Chlorophyll-a-Molekül im Reaktionszentrum geleitet, das mit 680 bzw. 700 nm im langwelligsten und damit energieärmsten Strahlungsbereich absorbiert. Da ein Energietransfer in umgekehrter Richtung nicht möglich ist, spricht man in diesem Zusammenhang auch vom Reaktionszentrum als Energiefalle.

Seite 90

PRAKTIKUM Blattfarbstoffe

1 Praktikum selbstorganisiert: Herstellung einer Rohchlorophyll-Lösung
Stellen Sie die Rohchlorophyll-Lösungen aus grünen und roten Blättern her. E/II
Das Pflanzenmaterial wird mit der Schere grob zerkleinert und anschließend zusammen mit dem Quarzsand in den Mörser gegeben. Zusammen mit einer kleinen Menge an Brennspiritus wird das Ganze dann kräftig zerrieben und anschließend in ein Becherglas filtriert. Der Vorgang wird dann mehrmals wiederholt.

2 Lichtabsorption der Chloroplastenfarbstoffe
a) Erklären Sie das Versuchsergebnis. E/II
Beim Durchtritt des Lichtes sind von dem ursprünglich von violett bis dunkelgrün reichenden Spektrum nur noch die Farben Gelb, Orange und Rot zu erkennen. Carotine absorbieren vor allem violette, blaue und blaugrüne Anteile des sichtbaren Spektrums im Bereich zwischen 390 und 500 nm. Alle längerwelligen Anteile des Spektrums werden von der Carotin-Lösung durchgelassen und sind folglich im Spektrum zu beobachten.

b) Wiederholen Sie den Versuch mit den verschiedenen Chlorophyll-Lösungen aus Versuch 1. Vergleichen Sie die Ergebnisse der unterschiedlichen Farbstofflösungen und erklären Sie diese. E/II
Bei der grünen Rohchlorophyll-Lösung sind nur noch die Farben Grün und Dunkelrot zu erkennen, da die Chlorophylle a und b im Bereich der hellroten und blauen Strahlung das Licht absorbieren.
Von der roten Chlorophyll-Lösung wird durch Anthocyane vor allem blaues und grünes Licht absorbiert, sodass im Spektrum nur die Farben Orange-Rot und Violett zu erkennen sind.

3 Dünnschichtchromatografische Trennung von Chloroplastenfarbstoffen
Ermitteln Sie aus Ihren Versuchsergebnissen unter Berücksichtigung der Seite 45 die R_f-Werte und identifizieren Sie die einzelnen Blattfarbstoffe mithilfe der folgenden Tabelle. E/II
individuelle Lösung

Seite 91

AUFGABEN Blackman-Versuche

a) Beschreiben und erläutern Sie die Ergebnisse vor dem Hintergrund, dass die Fotosynthese aus zwei verschiedenen Reaktionsfolgen besteht, die voneinander abhängig sind. F/II

Bei niedriger Lichtintensität bleibt die Fotosyntheserate trotz steigender Temperatur nahezu konstant.
Bei hoher Lichtintensität dagegen, so z. B. im Zustand der Lichtsättigung, ist eine beträchtliche Steigerung der Fotosyntheserate festzustellen, wenn man die Temperatur innerhalb eines bestimmten Bereichs erhöht. Ist die Temperatur suboptimal, kann eine Erhöhung der Lichtintensität keine Steigerung der Fotosyntheserate bewirken. Die Fotosynthese ist folglich kein einheitlicher Vorgang. Sie besteht aus einem lichtabhängigen, fotochemischen Reaktionskomplex und aus einem temperaturabhängigen und zugleich lichtunabhängigen enzymatischen Reaktionskomplex. Beide zusammen ermöglichen eine optimale Ausbeute an Glucose und Sauerstoff, wenn bei guten Lichtverhältnissen und optimalen Temperaturverhältnissen aus der lichtabhängigen Reaktionsfolge hinreichende Mengen von Edukten für die anschließende temperaturabhängige Reaktionsfolge bereitgestellt werden.

b) Erklären Sie das Zusammenwirken der lichtabhängigen und lichtunabhängigen Reaktionen anhand der Animation zur Fotosynthese. F/I

Die Fotosynthese setzt sich aus einer fotochemischen und einer biochemischen Reaktionsfolge zusammen. Die erste Reaktionsfolge ist direkt lichtabhängig, die zweite direkt temperaturabhängig, da sie enzymkatalysierte Reaktionen umfasst. Bei Starklicht können im Verlauf der lichtabhängigen Reaktion ausreichend Stoffe für die lichtunabhängigen Reaktionen gebildet werden. Die Fotosyntheserate wird unter diesen Bedingungen im Wesentlichen von der Temperatur bestimmt. Eine Temperaturerhöhung um 10 °C führt zu einer Verdopplung bis Verdreifachung der Reaktionsgeschwindigkeit (RGT-Regel). Jenseits des Temperaturoptimums erfolgt die allmähliche Denaturierung der beteiligten Enzyme; die Fotosyntheseleistung verringert sich. Bei Schwachlicht können im Verlauf der lichtabhängigen Reaktion nicht ausreichend Stoffe für die lichtunabhängigen Reaktionen gebildet werden. Eine mögliche Steigerung der lichtunabhängigen Reaktionen aufgrund höherer Temperaturen hat daher keinen Einfluss auf die Fotosyntheseleitung.

Seite 93

1 Erläutern Sie die Begriffe Redoxsystem und Elektronentransportkette. F/I

Moleküle, die durch Elektronenaufnahme und -abgabe zwischen einem reduzierten und einem oxidierten Zustand wechseln, nennt man Redoxsysteme. Sind mehrere solcher Redoxsysteme hintereinander geschaltet und fließen Elektronen über diese Redoxsysteme, so spricht man von einer Elektronentransportkette.

2 Erklären Sie die ATP-Bildung in den lichtabhängigen Reaktionen der Fotosynthese. F/I

Im Verlauf der lichtabhängigen Reaktionen gelangen Elektronen über eine Elektronentransportkette vom Wasser zum $NADP^+$. Als Folge dieses Elektronentransports baut sich ein Protonengradient zwischen Thylakoidinnenraum und Stroma auf. So verringert sich die Protonenkonzentration im Stroma durch die Bildung von NADPH + H^+, während sie sich gleichzeitig durch die Fotolyse im Thylakoidinnenraum erhöht. Zudem werden Protonen beim Elektronentransport zwischen Plastochinon und Cytochrom-b/f-Komplex in den Thylakoidinnenraum gepumpt. Der entstandene Protonengradient dient dann der ATP-Bildung: Protonen fließen in Richtung des Konzentrationsgefälles durch die ATP-Synthase nach außen. Die dabei frei werdende Energie kann von der ATP-Synthase zur Synthese von ATP genutzt werden.

3 Erklären Sie die lichtabhängigen Reaktionen der Fotosynthese anhand der Animation.

Im Verlauf der lichtabhängigen Reaktionen werden Elektronen vom Wasser über die Fotosysteme II und I zum Molekül $NADP^+$ transportiert. Am Elektronentransport sind eine Reihe von Membranproteinen beteiligt. Das Fotosystem II, der Cytochrom-Komplex und das Fotosystem I sind Protein-Komplexe, die die Thylakoidmembran durchdringen. Die $NADP^+$-Reduktase liegt als peripheres Protein an der Stromaseite der Thylakoidmembran. Bewegliche Elektronen-Überträger sind das fettlösliche Plastochinon (Pq) und die kleinen, wasserlöslichen Proteinmoleküle Ferredoxin (Fd) und Plastocyanin (Pc).
Beim nichtzyklischen Elektronentransport gelangen Elektronen aus der Fotolyse des Wassers über Fotosystem II, Plastochinon, den Cytochrom-Komplex und Plastocyanin zum Fotosystem I. Von hier

werden die Elektronen mithilfe von Ferredoxin zur $NADP^+$-Reduktase transportiert. Zusammen mit Protonen wird dort NADH + H^+ gebildet. Durch die Wirkung der $NADP^+$-Reduktase, aber auch durch die Fotolyse des Wassers und durch den Elektronentransport entsteht ein Protonengradient. Dieser Gradient wird für die ATP-Bildung genutzt: Protonen fließen in Richtung des Konzentrationsgefälles vom Thylakoidinnenraum durch die ATP-Synthase ins Stroma. Die dabei frei werdende Energie kann genutzt werden, um eine Phosphatgruppe an ADP zu binden, also um ATP zu synthetisieren.
Beim zyklischen Elektronentransport gelangen die Elektronen des Fotosystems I zum Feredoxin und von dort über den Cyotchrom-Komplex, Plastochinon und Plastocyanin zurück zum Fotosystem I. Auch bei diesem Elektronentransport werden Protonen aus dem Stroma gepumpt, sodass ATP gebildet werden kann. Im Gegensatz zum nichtzyklischen Elektronentransport entstehen bei diesem zyklischen Transport aber keine NADPH + H^+-Moleküle.

Seite 94

1 Beschreiben Sie den Ablauf des CALVIN-Zyklus anhand der Abbildung. F/I

Im ersten Schritt des CALVIN-Zyklus, der Fixierung von Kohlenstoffdioxid, werden sechs Moleküle Kohlenstoffdioxid an sechs Moleküle Ribulose-1,5-bisphosphat gebunden. Es entstehen zwölf Moleküle 3-Phosphoglycerat. Sechs C-Atome der Kohlenstoffdioxid-Moleküle reagieren also mit 30 C-Atomen zu 36 C-Atomen in zwölf Molekülen 3-Phosphoglycerat. Im zweiten Abschnitt werden zwölf Moleküle 3-Phosphoglycerat zu zwölf Molekülen Glycerinaldehyd-3-phosphat reduziert. Die Zahl der Kohlenstoffatome pro Molekül ändert sich dabei nicht. Anschließend wird aus zwei Molekülen Glycerinaldehyd-3-phosphat ein Molekül Glucose gebildet. Die Zahl der gesamten Kohlenstoff-Atome reduziert sich also um sechs. Die verbleibenden zehn Moleküle Glycerinaldehyd-3-phosphat reagieren mit insgesamt 30 C-Atomen im dritten Abschnitt des CALVIN-Zyklus zu sechs Molekülen des Akzeptor-Moleküls Ribulose-1,5-bisphosphat, das somit regeneriert wird. Aus zehn C_3-Köpern werden sechs C_5-Körper, die Gesamtzahl der Kohlenstoff-Atome ändert sich dabei nicht.

2 Erläutern Sie, woher die für den CALVIN-Zyklus notwendige Energie stammt und wofür sie verwendet wird. F/I

Die Energie in Form von ATP stammt aus der lichtabhängigen Reaktion, genauer gesagt aus der zyklischen und nichtzyklischen Fotophosphorylierung. Die in ATP gespeicherte Energie wird zum einen für die Reduktion von 3-Phosphoglycerat zu Glycerinaldehyd-3-phosphat und zum anderen in der Regenrationsphase für die Umwandlung von Glycerinaldehyd-3-phosphat zu Ribulose-1,5-bisphosphat benötigt.

Seite 95

AUFGABEN Forschen und Erkennen HILL-Reaktion

a) Beschreiben und deuten Sie das Versuchsergebnis der dargestellten HILL-Reaktion. E/II

Vor der Belichtung: In den drei Reagenzgläsern befinden sich die Chloroplasten-Aufschwemmungen in kohlenstoffdioxidfreiem Wasser. Die Reagenzgläser 1 und 2 enthalten zusätzlich DCPIP im oxidierten Zustand, erkennbar an der blauen Farbe. Die Farbe des Chlorophylls wird dadurch überdeckt. Die grüne Farbe im Reagenzglas 3 ist auf das Chlorophyll der Chloroplasten zurückzuführen.
Nach der Belichtung: Der Inhalt des Reagenzglases 2 erscheint nach der Belichtung grün wie der im Reagenzglas 3, in dem kein DCPIP enthalten ist. Durch die Belichtung veränderte sich die Farbe des Chlorophylls nicht. Im Reagenzglas 1 verändert sich DCPIP im oxidierten Zustand (blaue Farbe) nicht, da die Alufolie verhindert, dass Licht auf die Chloroplasten fällt.
Im Reagenzglas 2 wird DCPIP entfärbt. DCPIP ist also zu farblosem $DCPIPH_2$ reduziert worden. Die grüne Farbe des Chlorophylls wird nicht mehr überdeckt. In den isolierten Chloroplasten findet unter den gegebenen Versuchsbedingungen die lichtabhängige Reaktion der Fotosynthese statt. In Blättern fließen bei der lichtabhängigen Reaktion der Fotosynthese ständig Elektronen über eine Elektronentransportkette vom Wasser zu $NADP^+$. Die treibende Kraft für diesen Elektronenfluss ist die Lichtabsorption der beiden Fotosysteme. In den isolierten Chloroplasten findet bei Belichtung die lichtabhängige Reaktion der Fotosynthese statt, wenn künstliche Elektronenakzeptoren (DCPIP) vorhanden sind. In dem Versuch wurde $NADP^+$ durch den Elektronenakzeptor DCPIP ersetzt. DCPIP übernimmt die Elektronen vom Fotosystem I und wird zu farblosem $DCPIPH_2$.

b) Erklären Sie, warum durch den Versuch die Hypothese, „der bei der Fotosynthese freigesetzte Sauerstoff stammt zum Teil aus dem Wasser und zum anderen Teil aus dem Kohlenstoffdioxid", widerlegt wird. E/III

Da in dem Versuch die Chloroplasten in kohlenstoffdioxidfreiem Wasser aufgeschwemmt wurden, kann der bei der Lichtreaktion der Fotosynthese freigesetzte Sauerstoff nicht aus dem Kohlenstoffdioxid stammen.

c) Prüfen Sie, ob man in dem Versuch auch eine Entfärbung des DCPIPs beobachten könnte, wenn man anstelle der Chloroplasten eine Chlorophyll-Lösung verwenden würde. E/II

Wenn man anstelle der Chloroplasten eine Chlorophyll-Lösung verwenden würde, könnten keine Elektronen vom Wasser über die Elekronentransportkette der Thylakoidmembranen zu dem Elektronenakzeptor DCPIP transportiert werden. Also käme es nicht zur Entfärbung von DCPIP.

d) Skizzieren Sie, ähnlich der Abbildung 2 Seite 92, den Elektronentransport von Wasser nach DCPIP. F/II, E/II

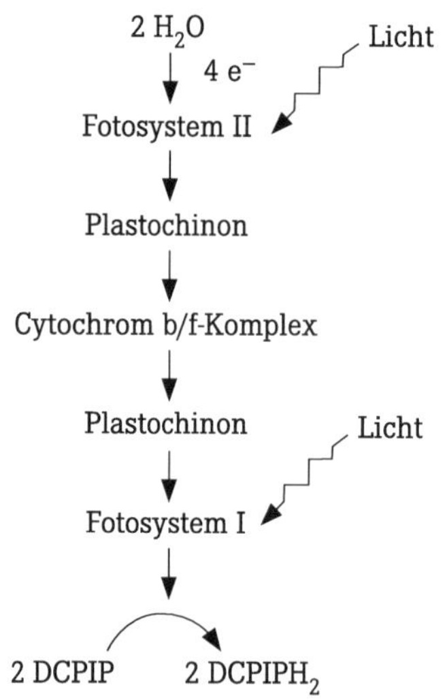

e) Das Herbizid DCMU hemmt den Elektronentransport zwischen dem Fotosystem II und I. Welches Versuchsergebnis erwarten Sie bei der HILL-Reaktion, wenn man in die drei Versuchsansätze DCMU geben würde? Begründen Sie Ihre Vermutung. E/II

Das Herbizid DCMU hemmt den Elektronentransport zwischen dem Fotosystem II und I. Es verhindert also den Elektronenfluss von Wasser auf den Elektronenakzeptor, sodass die Elektronen letztendlich nicht auf $NADP^+$ oder DCPIP übertragen werden können. DCPIP wird bei Belichtung der Chloroplasten nicht reduziert. Im Versuch würde bei Zugabe von DCMU zu den Versuchsansätzen in Reagenzglas 1 und 3 kein Unterschied im Vergleich zum Versuch ohne DCMU zu beobachten sein. Im Reagenzglas 2 dagegen wäre bei Belichtung keine Entfärbung des DCPIPs zu beobachten. Die blaue Farbe des Reagenzglasinhaltes bliebe erhalten.

Seite 96

AUFGABEN Biokraftstoffe im Vergleich

a) Ermitteln Sie die wesentlichen Aussagen der Grafik. E/II

Die pro Hektar Anbaufläche gewonnene Menge an Biokraftstoffen unterscheidet sich deutlich: Beim Biodiesel sind dies 1550 l pro Jahr, beim Bioethanol 2560 l und beim Btl-Diesel 4000 l. 3560 kg Biogas lassen sich zudem pro Hektar und Jahr gewinnen. Zur besseren Vergleichbarkeit der Biokraftstoffe wurden die jeweiligen Jahreserträge in den Brennwert pro Liter des entsprechenden Kraftstoffes umgerechnet. Der Jahresertrag von 1550 l Biodiesel entspricht beispielsweise einem Brennwert von 1411 l herkömmlichem Diesel, 3560 kg Biogas dem von 4984 l Benzin. Dabei wird deutlich, dass die Erträge beim Anbau von Biokraftstoffen der zweiten Generation deutlich über denen von Biodiesel oder Bioethanol liegen.

b) Diskutieren Sie Vor- und Nachteile einer Nutzung von Energiepflanzen und nehmen Sie Stellung zu deren zukünftiger, weltweiter Nutzung. B/III

Vorteile:
- nahezu geschlossener Kohlenstoffdioxid-Kreislauf
- ständige Erneuerbarkeit
- überall verfügbar
- Unabhängigkeit vom Import fossiler Energieträger

Nachteile:
- Flächenkonkurrenz mit dem Nahrungsmittelanbau
- intensiver Pflanzenschutz und Düngemittelverbrauch bei der Nutzung von Energiepflanzen der ersten Generation

Stellungnahme zu deren zukünftiger, weltweiter Nutzung:
Schülerlösung (einige Anregungen: Benachteiligung finanzschwacher Länder, Begünstigung von Monokulturen mit kapitalintensivem Anbau, Zerstörung von Lebensräumen, Gefährdung der Biodiversität, Blockierung anderer Alternativen der Energienutzung)

Seite 97

PRAKTIKUM Fotosynthese

1 Abhängigkeit der Fotosynthese von äußeren Faktoren

a) Stellen Sie die Versuchsergebnisse grafisch dar und erläutern Sie diese. E/II
Die durchschnittliche Zahl der pro Minute abgegebenen Sauerstoffbläschen ist bei weißem Licht am höchsten und bei Einsatz des grünen Farbfilters am niedrigsten. Die unterschiedlichen Messergebnisse verdeutlichen so die unterschiedliche Wirksamkeit der verschiedenen Wellenlängen des Lichts (vgl. ENGELMANN-Versuch).

b) Entwickeln Sie mit den zur Verfügung gestellten Materialien Versuchsreihen, mit denen Sie die Abhängigkeit der Fotosyntheserate von der Temperatur, der Kohlenstoffdioxid-Konzentration und der Lichtintensität bestimmen können. E/III
Um die Temperaturabhängigkeit der Fotosyntheserate zu ermitteln, gibt man den Spross zunächst in eisgekühltes Wasser und ermittelt dann die pro Minute ausgetretene Zahl der Sauerstoffblasen bei Beleuchtung mit dem Diaprojektor. Anschließend wiederholt man den Versuch bei Wassertemperaturen von jeweils 10 °C, 20 °C, 30 °C und 40 °C.
Um die Abhängigkeit der Fotosyntheserate von der Kohlenstoffdioxid-Konzentration zu bestimmen, verwendet man zunächst abgekochtes und damit CO_2-freies Wasser. In dieses gibt man einen frischen Spross der Wasserpest, beleuchtet diesen und bestimmt die Zahl der Sauerstoffblasen pro Minute. Anschließend wiederholt man den Versuch mit Leitungswasser und CO_2-reichem Mineralwasser.
Die Lichtabhängigkeit der Fotosyntheserate lässt sich untersuchen, indem man den Diaprojektor schrittweise um jeweils 10 cm vom Reagenzglas mit Wasserpest entfernt und dabei jeweils die Zahl der Sauerstoffblasen pro Minute misst. Bei der Auswertung ist zu beachten, dass die Lichtintensität mit dem Quadrat der Entfernung abnimmt.

2 Glucosenachweis in Blättern
Erklären Sie die Versuchsergebnisse. F/II
Bei der belichteten Pflanze lässt sich Glucose nachweisen. Bei den Pflanzen, die mehrere Tage im Dunkeln aufbewahrt wurden, verläuft der Test negativ. Damit wird deutlich, dass Licht für die Bildung von Glucose im Verlauf der Fotosynthese notwendig ist.

3 Fotosynthese und Atmung

a) Beschreiben und erklären Sie Ihre Beobachtungen. F/II
Nach der Nacht im Dunkeln ist die Lösung mit der Wasserpest entfärbt. Durch die atmenden Pflanzen wurde der im Wasser gelöste Sauerstoff verbraucht und der im oxidierten Zustand blaue Farbstoff wurde zum farblosen Indigoweiß reduziert. Die Lösung ohne Wasserpest blieb unverändert.
Nach Belichtung beider Ansätze zeigen sich schon nach kurzer Zeit blaue Farbschlieren im Becherglas mit der Wasserpest. Im Licht setzt die Sauerstoffbildung durch Fotosynthese ein. Indigoweiß wird zu Indigoblau oxidiert. Im Ansatz ohne die Wasserpest zeigt sich keine Veränderung.

b) Erläutern Sie die Bedeutung des Becherglases ohne Wasserpest. E/II
Mit diesem Ansatz lässt sich überprüfen, ob die Farbveränderungen ausschließlich durch die Pflanze hervorgerufen wurden. Es handelt sich also um einen Kontrollansatz.

Seite 98 bis 99

AUFGABEN Fotosynthese

1 Fotosynthese an extremen Standorten

a) Beschreiben und erklären Sie den Gaswechsel der Flechte. F/II
Von 16.00 bis etwa 20.00 Uhr findet weder eine Aufnahme noch eine Abgabe von Kohlenstoffdioxid statt. Die relative Luftfeuchte ist noch gering, sodass der Wassergehalt der Flechte bei unter 20 % liegt. Während dieser Zeit findet weder Fotosynthese noch Atmung statt. Mit weiter fallenden Temperaturen in der sich anschließenden Nacht steigt die relative Luftfeuchte deutlich auf bis zu 100 % an. Die Flechten nehmen über den Tau Wasser auf, ihr Wassergehalt steigt. Der Stoffwechsel der Flechte wird aktiviert und Kohlenstoffdioxid aus der Zellatmung wird abgegeben. In der Zeit von 6.00 bis 8.00 Uhr nehmen die Flechten große Mengen

an Kohlenstoffdioxid auf. Durch das Sonnenlicht wird jetzt die Fotosynthese der Flechte ermöglicht. Mit weiter ansteigender Sonnenstrahlung und zunehmender Temperatur nimmt die relative Luftfeuchte dann wieder ab. Der Flechtenkörper trocknet aus und der Stoffwechsel wird inaktiviert. Von 8.00 bis etwa 20.00 Uhr findet daher weder eine Aufnahme noch eine Abgaben von Kohlenstoffdioxid statt. Der kurze Zeitraum von 6.00 bis 8.00 Uhr reicht für eine insgesamt positive 24-Stunden-Bilanz und einen geringen Stoffzuwachs der Flechte aus.

b) Entwickeln Sie eine Hypothese, wie der Gaswechsel der Flechte bei 100 % Luftfeuchte verlaufen wird. E/II
Bei einer Luftfeuchte von 100 % wäre der Stoffwechsel der Flechte auch nach 8.00 Uhr noch aktiv. Ihr Wassergehalt bliebe auf einem hohen Niveau, sodass sie bis zur Abenddämmerung Fotosynthese betreiben könnte.

2 Künstliche Beleuchtung von Zimmerpflanzen

Erklären Sie mithilfe der Diagramme, welche der beiden Lampen zur künstlichen Beleuchtung von Zimmerpflanzen geeigneter ist. Gehen Sie davon aus, dass die insgesamt abgestrahlte Lichtmenge beider Lampen gleich groß ist. F/II
Die Leuchtstoffröhre ist besser geeignet, da ihr Spektrum dem Wirkungsspektrum der Fotosynthese mehr ähnelt als dies bei der Glühlampe der Fall ist. Bei dieser dominiert rotes Licht, das ebenfalls notwendige blaue Licht fehlt weitgehend.

3 Versuche von ARNON

a) Ermitteln Sie die Fragestellung, die den Versuchsreihen von ARNON zugrunde lag. E/III
Da ARNON die Thylakoidmembran und das Stroma voneinander trennte und beide getrennt in Versuchsreihen weiter untersuchte, kann man davon ausgehen, dass ARNON der Frage nachging, welche Teilreaktionen der Fotosynthese in der Thylakoidmembran und welche im Stroma erfolgen.

b) Deuten Sie die Ergebnisse der 1. Versuchsreihe. E/II
Die Versuchsreihe belegt, dass an den Thylakoidmembranen nur unter Lichteinfluss Reaktionen stattfinden. Als typische Produkte der lichtabhängigen Reaktionen entstehen Sauerstoff, NADPH + H^+ und ATP (Versuche a und b). Diese können nur gebildet werden, wenn als Ausgangsprodukte $NADP^+$, Phosphat und ADP vorhanden sind (Versuche c und d). Ein Angebot von Kohlenstoffdioxid hat keinen Einfluss auf die Reaktion. Die Reduktion von Kohlenstoffdioxid findet also nicht an den Thylakoidmembranen statt.

c) Stellen Sie Hypothesen auf, welche Ergebnisse ARNON in der 2. Versuchsreihe erhielt. E/III
In den Versuchen a, und d fand keine Reaktion statt. Bei a fehlten mit NADPH + H^+ und ATP die Produkte der lichtabhängigen Reaktionen, um im Stroma Glucose zu bilden. Bei Versuch d fehlte hierfür Kohlenstoffdioxid. In den Versuchen b und c ließen sich Glucose, ADP, Phosphat und $NADP^+$ nachweisen. Hier waren alle Bestandteile für die lichtunabhängigen Reaktionen vorhanden. Beim Vergleich der Ansätze b und c wird zudem deutlich, dass für diese Reaktionen kein Licht benötigt wird.

4 Versuche zur ATP-Bildung

a) Erklären Sie das Versuchsergebnis. F/II
Durch die Versuchsanordnung erzeugte JAGENDORF einen Protonengradient: Im Thylakoidinnenraum lag eine hohe Protonenkonzentration vor (pH = 4), in der Lösung war diese niedrig (pH = 8). Damit waren die Voraussetzungen für die ATP-Bildung geschaffen: Protonen konnten nun in Richtung des Konzentrationsgefälles durch die ATP-Synthase nach außen fließen. Die dabei frei werdende Energie wurde zur ATP-Bildung genutzt.

b) Begründen Sie, warum der Versuch im Dunkeln durchgeführt wurde. F/II
Unter natürlichen Bedingungen wird im Verlauf der lichtabhängigen Reaktionen ein Protonengradient in der Thylakoidmembran erzeugt. Licht ist also Voraussetzung für die ATP-Bildung. Im dem vorliegenden Versuch entstand dieser Gradient durch die besondere Versuchsanordnung auch ohne Licht. Daher konnte der Versuch auch im Dunkeln durchgeführt werden.

5 Einfluss von Kohlenstoffdioxid auf die Konzentration von Zwischenprodukten der Fotosynthese

a) Erläutern Sie die Funktion beider Stoffe bei der Fotosynthese. F/I
Ribulose-1,5-bisphosphat ist das Akzeptormolekül für Kohlenstoffdioxid im CALVIN-Zyklus. Als Produkt dieser Fixierung von Kohlenstoffdioxid entsteht ein instabiles Molekül, das sofort in zwei Moleküle 3-Phosphoglycerat zerfällt. Dieser C_3-Körper wird mithilfe von NADPH + H^+ und ATP reduziert, ein Phosphatrest wird auf ADP übetragen.

b) Ordnen Sie die Kurven A und B den Stoffen 3-Phosphoglycerat und Ribulose-1,5-bisphosphat zu und begründen Sie Ihre Entscheidung. F/III
Stoff B muss der Akzeptor Ribulose-1,5-bisphosphat sein. Nachdem die Zufuhr von Kohlenstoffdioxid unterbrochen worden war, konnte dieser Stoff im Verlauf des CALVIN-Zyklus noch nachgebildet werden, da weiter belichtet wurde. Folglich stieg seine Konzentration an. Entsprechend gibt die Kurve von Stoff A die Veränderungen der Konzentration von 3-Phosphoglycerat wieder: Ohne Kohlenstoffdioxid kann aus dem Akzeptormolekül kein 3-Phosphoglycerat gebildet werden, die Konzentration dieses Stoffes nahm daher ab.

c) Entwickeln Sie eine Hypothese, welchen weiteren Verlauf die Kurven nehmen werden. E/II
Die Konzentration von 3-Phosphoglycerat wird weiter abnehmen und auf Null fallen. Auch die Konzentration des Akzeptors Ribulose-1,5-bisphophat wird im weiteren Verlauf des Experiments abnehmen, da dieser durch das Fehlen von 3-Phosphoglycerat-Molekülen im CALVIN-Zyklus nicht mehr regeneriert werden kann.

6 Modell der lichtabhängigen Reaktionen

a) Erklären Sie die lichtabhängigen Reaktionen der Fotosynthese unter Berücksichtigung des abgebildeten Modells. E/II
Die Person 1 (links unten) mit dem Hammer stellt modellhaft die Lichtenergie dar, die Chlorophyll-Moleküle anregt. So gelangt eine Kugel (Elektron) auf eine Art „Förderturm" (Fotosystem II) mit einem Podest (angeregtes Chlorophyll-Molekül im Reaktionszentrum). Die Kugel wird von einer zweiten Person auf ein Rollbrett (Elektronentransportkette) befördert, das von einem Schaufelrad unterbrochen wird (Protonenpumpe mit angeschlossener ATP-Synthese) und zu einem zweiten Förderturm (Fotosystem I) auf eine Plattform führt, die etwas erhöht liegt. Eine dritte Person (Lichtenergie) befördert die Kugel erneut auf die obere Plattform des Turmes (Anregungszustand), von wo aus eine vierte Person sie über ein kurzes Rollbrett (kurzer Teil der Elektronentransportkette) in einen Eimer (Elektronenendakzeptor $NADP^+$) rollen lässt.

b) Erörtern Sie die Möglichkeiten und Grenzen dieser Modelldarstellung. E/III
Das Modell kann gut den lichtinduzierten Elektronentransport mit den beiden Anregungszuständen im Fotosystem II und I verdeutlichen. Allerdings ist nicht erkennbar, dass die Bildung von ATP durch einen Protonenfluss entlang eines Gradienten erfolgt. Ebenso wenig werden die Fotolyse des Lichts, der Aufbau der Fotosysteme und die Bedeutung der verschiedenen Membranbestandteile erkennbar.

7 Hochleistungspflanzen

a) Vergleichen Sie C_3- mit C_4-Pflanzen anhand des Diagramms. F/II
Der Lichtkompensationspunkt der C_4-Pflanze liegt bei etwas höherer Lichtintensität als bei der C_3-Pflanze. Bei geringen Lichtintensitäten hat die C_3-Pflanze eine etwas höhere Fotosyntheseleistung. Die Kohlenstoffdioxidaufnahme geht bei beiden Pflanzen bei höherer Lichtintensität in einen Sättigungsbereich über. Jedoch fällt die Fotosynthese-Leistung im Sättigungsbereich bei der C_3-Pflanze deutlich niedriger aus und ihre Sättigung wird schon bei wesentlich geringerer Lichtintensität erreicht.

b) Stellen Sie eine begründete Hypothese hinsichtlich des Verlaufs der Kohlenstoffdioxidkonzentration in dem Glasgefäß auf. E/II
Die Kohlenstoffdioxidkonzentration sinkt in dem Gefäß zunächst relativ stark, da beide Pflanzen Kohlenstoffdioxid aufnehmen. Ist der Kompensationspunkt der C_3-Pflanze erreicht, nimmt die C_4-Pflanze wegen ihres niedrigeren Kompensationspunktes weiterhin Kohlenstoffdioxid auf. Das verringert zusätzlich den Kohlenstoffdioxidgehalt. Dadurch gerät die C_3-Pflanze in den Bereich der Kohlenstoffdioxidabgabe, was sich positiv auf den Kohlenstoffdioxidgehalt im Gefäß auswirkt. Durch die Kohlenstoffdioxidabgabe verliert die C_3-Pflanze an Substanz und geht schließlich ein. Damit entfällt ihre Kohlenstoffdioxidabgabe. Der Kohlenstoffdioxidgehalt fällt durch den Verbrauch der C_4-Pflanze bis auf deren Kompensationspunkt. Ab diesem Zeitpunkt ändert sich die Kohlenstoffdioxidkonzentration nicht mehr, da die Kohlenstoffdioxidabgabe der -aufnahme entspricht.

1 Fortpflanzung und Vererbung

Seite 106

(1) Das Gift Colchicin der Herbstzeitlose hemmt die Mitose und führt zu einem polyploiden Chromosomensatz. Nennen Sie mögliche Angriffspunkte des Giftes. F/III

Der Spindelapparat ist ein möglicher Angriffspunkt des Colchicins als Mitose-Hemmer. Er wird während der Mitose ausgebildet: An den beiden Zellpolen entstehen Mikrotubuli, die in ihrer Gesamtheit als Spindelfasern den Spindelapparat bilden. Sie sorgen für die Verteilung der Chromosomen auf die Tochterzellen. Da die Ausbildung der Spindelfasern durch Colchicin gehemmt wird, werden 1. die Zwei-Chromatiden-Chromosomen in der Äquatorialebene nicht mehr korrekt ausgerichtet und 2. werden ihre beiden Ein-Chromatid-Chromosomen nicht mehr gleichmäßig zu den beiden Zellpolen bewegt. Die Mitose jedoch läuft weiter ab. Damit kommt es zu einer Fehlverteilung der Chromosomen auf die beiden Tochterzellen.

(2) Erläutern Sie das Basiskonzept „Reproduktion" am Beispiel der ungeschlechtlichen Fortpflanzung. F/II

Häufig wird die Reproduktion von Nachkommen gleichgesetzt mit der Fortpflanzung. Bei der sexuellen Fortpflanzung wird genetische Information bzw. genetisches Material zweier Individuen vereinigt. Dabei werden neue, genetisch einzigartige Individuen hervorgebracht. In der Meiose werden haploide Gameten gebildet. Sie verschmelzen zu einer diploiden Zygote. In der Meiose bzw. bei der Befruchtung werden die Erbanlagen neu geordnet. Man spricht auch von Rekombination. Die Nachkommen unterscheiden sich untereinander und auch von ihren Eltern.

Fehlen bei der Fortpflanzung die angesprochenen sexuellen Vorgänge, liegt eine asexuelle oder ungeschlechtliche Fortpflanzung vor. Es werden keine Gameten gebildet. Da auch der Vorgang der Rekombination fehlt, sind die Geschwister und die Nachkommen genetisch gleich. Man könnte von einem Klon sprechen.

Die Vorteile beider Fortpflanzungsformen liegen auf der Hand. Die ungeschlechtliche Fortpflanzung ist von Vorteil, wenn günstige Umweltbedingungen eine rasche Vermehrung möglich machen, so z. B. bei Wasserflöhen im Frühjahr. Die geschlechtliche Fortpflanzung liefert genetische Vielfalt und damit günstige Voraussetzungen für evolutive Anpassungsvorgänge.

(3) Erklären Sie anhand der Animation „Kondensation von Chromosomen" den Aufbau von Metaphasechromosomen. E/I

In der Prophase liegen die Chromosomen als lockere fädige Struktur vor. Durch Aufschraubung und Faltung, man spricht von Kondensation, erreichen die Zwei-Chromatiden-Chromosomen ihre Transportform. Jedes Chromosom besteht aus identischen Teilen, den Chromatiden. Man spricht daher auch von Zwei-Chromatiden-Chromosomen, die sich aus Ein-Chromatid-Chromosomen zusammensetzen. Am Centromer werden sie zusammengehalten.

(4) Beschreiben Sie anhand der Animation „Ablauf der Mitose" den Zustand der Chromosomen in den verschiedenen Phasen. E/I

In der Prophase verdichten sich die fädigen Strukturen der Zwei-Chromatiden-Chromosomen zu ihrer Transportform. Auch in der Metaphase liegen sie noch als Zwei-Chromatiden-Chromosomen vor. Erst in der Anaphase werden die Ein-Chromatid-Chromosomen der Zwei-Chromatiden-Chromosomen getrennt und wandern dann zu den Zellpolen. In der Telophase entfalten sich die Ein-Chromatid-Chromosomen wieder zu fädigen Strukturen.

Seite 109

(1) Beschreiben Sie die Phasen der Meiose anhand der Animation „Ablauf der Meiose" oder der Abbildung 3. F/I

Prophase I: Die Chromosomen liegen als fädiges Chromatin vor. Im Verlauf der Prophase verdichtet sich das Chromatin zu Zwei-Chromatiden-Chromosomen. Des Weiteren sind die Auflösung der Kernhülle und die Bildung des Spindelapparates zu beobachten.

Metaphase I: Die Kernhülle ist zerfallen und die homologen, extrem kondensierten Zwei-Chromatiden-Chromosomen liegen parallel zueinander an-

geordnet in der Äquatorialebene. Die Spindelfasern setzen an den Centromeren an.
Anaphase I: Die Spindelfasern verkürzen sich und die Zwei-Chromatiden-Chromosomen werden zu je einem Zellpol gezogen. Dabei kommt es zu einer zufälligen Verteilung der homologen Zwei-Chromatiden-Chromosomen väterlicher- und mütterlicherseits. Kern- und Zellmembran werden ausgebildet.
Telophase I: Die Zelle teilt sich und es entstehen zwei neue Tochterzellen.
Die anschließende Reifeteilung II entspricht weitgehend einer Mitose. Die Ein-Chromatid-Chromosomen der Zwei-Chromatiden-Chromosomen werden voneinander getrennt. Insgesamt entstehen vier Tochterzellen. Im weiblichen Geschlecht entstehen neben drei Polkörperchen eine funktionstüchtige Eizelle. Beim männlichen Geschlecht sind es vier gleichwertige funktionstüchtige Spermien.

2 Vergleichen Sie die Mitose und Meiose tabellarisch. F/II

	Mitose	**Meiose**
Funktion	Zellkernteilung	Zellkernteilung und Reduktionsteilung
Phasen der Zellteilung	Prophase, Metaphase, Anaphase, Telophase	Prophase I, Metaphase I, Anaphase I, Telophase I, Prophase II, Metaphase II, Anaphase II, Telophase II
Chromosomenzahl	2n → 2n	2n → n
Zustandsformen der Chromosomen	Zwei-Chromatiden-Chromosomen; ab der Anaphase Ein-Chromatid-Chromosomen	Zwei-Chromatiden-Chromosomen; ab der Anaphase II Ein-Chromatid-Chromosomen
Ort	Körperzellen	Urkeimzellen

3 Erklären Sie die interchromosomale Rekombination anhand der Animation. E/I
Bei der interchromosomalen Rekombination kommt es zu einer Neuverteilung des genetischen Materials, da die Verteilung der homologen Zwei-Chromatiden-Chromosomen bei der Reifeteilung I zufällig erfolgt. Bei einer Ausstattung mit zwei Chromosomenpaaren können nach Ablauf der Meiose vier verschiedene Tochterzellen entstehen. Jede dieser Zellen besitzt dann ein Zwei-Chromatiden-Chromosom von den beiden homologen Paaren. Bei drei Chromosomenpaaren sind acht verschiedene Tochterzellen zu erwarten. Mit steigender Zahl von Chromosomenpaaren (n) steigt die Anzahl unterschiedlicher Tochterzellen (N) überproportional ($N = 2^n$).

4 Informieren Sie sich anhand der Animationen „Intrachromosomale Rekombination“ und „Wahrscheinlichkeit von Kopplungsbrüchen“ über die Bedeutung des Abstandes zwischen zwei Genen für den Stückaustausch. K/I
Während der Meiose in der Prophase legen sich die homologen Zwei-Chromatiden-Chromosomen nebeneinander. Es bildet sich eine Tetrade. Dabei kann es zu einem Stückaustausch zwischen den homologen Ein-Chromatid-Chromosomen kommen, d. h. zwischen Ein-Chromatid-Chromosomen mütterlicher und väterlicher Herkunft. Man nennt diesen Prozess Crossing-over. Ehemals auf demselben Chromosom liegende Allele werden durch ein Crossing-over auf verschiedene Homologe verteilt.
Beispiel: Die Allele a und b liegen auf demselben Chromosom Z, sie sind miteinander gekoppelt. Erfährt nun dieses Chromosom Z ein Crossing-over, so sind mindestens zwei Konsequenzen denkbar.
Möglichkeit 1: Der Bruch liegt so, dass die Allele a und b auf demselben „Bruchstück“ bleiben, sie sind gekoppelt.
Möglichkeit 2: Der Bruch führt ebenfalls zu zwei „Bruchstücken“, allerdings so, dass Allel a auf dem einen „Bruchstück" liegt, Allel b auf dem anderen. Die ursprünglich gekoppelten Gene sind entkoppelt worden. Eine solche Entkopplung ist umso wahrscheinlicher, je weiter die beiden zu entkoppelnden Allele auf dem Chromosom Z auseinander liegen.

Seite 111

AUFGABEN Präimplantationsdiagnostik

a) Nehmen Sie Stellung zu den gegensätzlichen Positionen. B/III
Schülerlösung
Nachfolgende Argumente und Positionen könnten diskutiert werden:
- PID zum Zeitpunkt der Verabschiedung des Embryonenschutzgesetzes noch nicht bekannt
- Durch das Verfahren wird der Embryo nicht geschädigt.
- Entscheidung gegen PID mit Erlaubnis zur Spätabtreibung nicht vereinbar
- Gefahr, dass Kinder mit bestimmten Eigenschaften erzeugt werden
- Gefahr, dass zwischen wertem und unwertem Leben unterschieden wird
- Befürchtung, dass Eltern unter Druck gesetzt werden, wenn sie sich für ein behindertes Kind entscheiden wollen bzw. entschieden haben

b) Informieren Sie sich, wie der Bundestag 2011 über die gesetzliche Regelung der PID entschieden hat. F/I
Die PID ist in Deutschland künftig eingeschränkt erlaubt. Im Bundestag stimmten 326 Abgeordnete für einen entsprechenden Gesetzentwurf.
Zitat aus dem verabschiedeten Antrag (Bundesdrucksache 17/5415, Seite 3, Abschnitt B, Quelle: http://dipbt.bundestag.de/dip21/btd/17/054/1705451.pdf):
„Zur Vermeidung von Missbräuchen soll die PID nach verpflichtender Aufklärung und Beratung sowie einem positiven Votum einer interdisziplinär zusammengesetzten Ethik-Kommission in den Fällen zulässig sein, in denen ein oder beide Elternteile die Veranlagung für eine schwerwiegende Erbkrankheit in sich tragen oder mit einer Tot- oder Fehlgeburt zu rechnen ist. Im Vorfeld der PID soll eine sorgfältige Diagnostik bei beiden Partnern nach strengen Kriterien erfolgen. Zur Gewährleistung eines hohen medizinischen Standards soll die PID an lizenzierten Zentren vorgenommen werden."

Seite 113

1 Stellen Sie dar, wie ein Kreuzungsansatz angelegt sein muss, um aus einer Menge von Erbsenpflanzen mit gelb-runden Samen diejenigen Pflanzen zu finden, die für beide Merkmale homozygot sind, und erläutern Sie die möglichen Ergebnisse. F/II
Die Pflanzen müssen mit reinerbigen rezessiven Pflanzen rückgekreuzt werden, also mit solchen, die grün-kantige Samen ausbilden.
Entwickeln die Nachkommen uniform gelb-runde Samen, so war die getestete Pflanze homozygot dominant für beide Merkmale.
Falls die Nachkommen im Verhältnis 1 : 1 : 1 : 1 aufspalten, so war sie heterozygot für beide Merkmale.
Außerdem können noch zwei weitere Varianten auftreten:
Variante 1: Die Nachkommen entwickeln ausschließlich gelbe Samen, die aber je zur Hälfte rund oder kantig sind. In diesem Fall war die getestete Pflanze homozygot dominant für die Samenfarbe, aber heterozygot für die Samenform.
Variante 2: Die Nachkommen entwickeln ausschließlich runde Samen, die je zur Hälfte gelb oder grün sind. In diesem Fall war die getestete Pflanze homozygot dominant für die Samenform, aber heterozygot für die Samenfarbe.

Seite 115

AUFGABEN Intermediärer Erbgang

a) Prüfen Sie, ob die ersten beiden MENDELschen Regeln auch auf diesen Erbgang angewendet werden können. F/I
Die 1. MENDELsche Regel ist anwendbar, da alle F_1-Pflanzen uniform rosafarbene Blüten ausbilden. Die F_2-Generation spaltet zwar nicht im 3 : 1-Verhältnis auf, das für einen dominant-rezessiven Erbgang typisch ist, allerdings erfolgt auch hier eine Aufspaltung, diesmal in drei Phänotypen. Insofern ist auch die 2. MENDELsche Regel anwendbar.

b) Erläutern Sie Ihre Überlegungen anhand eines Kreuzungsschemas. F/I

P: ww x rr

G_P: w / r

F_1: wr (Phänotyp: purpurfarben)

F_1 x F_1: wr x wr

G_{F1}: w, r /w, r

F_2: ww, wr, wr, rr (1 : 2 : 1)

Phänotyp	weiße Blüten		rote Blüten
Genotyp	ww	x	rr
Gameten	(w)		(r)

F_1

Phänotyp	purpurfarbene Blüten		
Genotyp	wr	x	wr
Gameten	(w)(r)		(w)(r)

F_2

♀ \ ♂	(w)	(r)
(w)	weiß ww	purpurfarben wr
(r)	purpurfarben wr	rot rr

Zahlenverhältnis: 1 : 2 : 1

AUFGABEN Forschen und Erkennen Genlokalisation

a) Erklären Sie das Versuchsergebnis, indem Sie für die Kreuzungen jeweils das Kreuzungsschema darstellen. F/II

Legende: r: Allel für rote Augenfarbe, w: Allel für weiße Augenfarbe, y: Y-Chromosom (andere Symbole sind denkbar)

Linke Kreuzung:

P: rr x wy

G_P: r / w, y

F_1: ♀: rw, ♂: +y alle Nachkommen besitzen rote Augen

F_1 x F_1: rw x ry

G_{F1}: r, w / r, y

F_2:

♀ \ ♂	r	y
r	rr ♀, rote Augen	ry ♂, rote Augen
w	wr ♀, rote Augen	wy ♂, weiße Augen

Rechte Kreuzung:

P: ww x ry

G_P: w / r, y

F_1: ♀: wr, ♂: wy (alle Weibchen besitzen rote, alle Männchen weiße Augen)

F_1 x F_1: w+ x wy

G_{F1}: w, r / w, y

F_2:

♀ \ ♂	r	y
r	rr ♀, rote Augen	ry ♂, rote Augen
w	wr ♀, rote Augen	wy ♂, weiße Augen

b) Formulieren Sie die Erkenntnis, die MORGAN aus dem Versuchsergebnis gewonnen hat. E/II

Falls die Anlagen für die Augenfarbe auf einem der Autosomen liegen würden, dürfte es bei den F_1-Tieren keinen Unterschied zwischen den Ergebnissen der reziproken Kreuzungen geben. In diesem Fall müssten alle Tiere den dominanten rotäugigen Phänotyp aufweisen.

Wenn die Anlage für die Augenfarbe auf dem Y-Chromosom lokalisiert wäre, müssten die männlichen Nachkommen rotäugiger Männchen ebenfalls rote Augen besitzen. Dies ist aber in der F_1 der rechten Kreuzung nicht der Fall. Davon abgesehen könnte man die Ausbildung der Augenfarbe bei Weibchen nicht erklären, da diese nicht über ein Y-Chromosom verfügen.

Widerspruchsfrei lassen sich die vorliegenden Kreuzungsergebnisse nur erklären, wenn man annimmt, dass die Augenfarbe auf dem X-Chromosom liegt.

c) Prüfen Sie, ob die MENDELschen Regeln auch für den Fall zutreffen, dass sich die betreffenden Gene auf dem X- oder Y-Chromosom befinden. F/II

1. Die Anlage liegt auf dem X-Chromosom:

Die 1. MENDELsche Regel trifft nicht zu, da die Uniformität der F_1 auch bei reziproken Kreuzungen gilt. Dies ist hier aber nicht der Fall.

Auch die 2. MENDELsche Regel hat keine Gültigkeit. Zwar scheint es in der F_2 der linken Kreuzung eine 3 : 1-Aufspaltung zu geben, allerdings tauchen keine Weibchen mit weißen Augen auf. Dies müsste bei einem Erbgang, der den MENDELschen Regeln folgt, aber der Fall sein.

2. Die Anlage liegt auf dem Y-Chromosom:
Auch hier haben die MENDELschen Regeln keine Gültigkeit, da die Erbanlage immer nur vom männlichen Tier an seine männlichen Nachkommen weitergegeben werden könnte.

Seite 117

1 Ein Mann mit relativ dunkler Hautfarbe (Genotyp AABBcc) bekommt Kinder mit einer Frau mit mittlerer Hautfarbe (Genotyp AaBbCc). Welche Hautfarbe haben – statistisch gesehen – ihre Nachkommen? Ändert sich die statistische Wahrscheinlichkeit, wenn die Frau den Genotyp aaBBCc hat? Begründen Sie Ihre Antwort anhand von Kreuzungsschemata. F/I

P_1: AABBcc x AaBbCc
G_P: ABc / ABC, ABc, AbC, aBC, Abc, aBc, abC, abc
F_1:

	ABc	**Hautfarbe**
ABC	AABBCc	sehr dunkel
ABc	AABBcc	dunkel
AbC	AABbCc	dunkel
aBC	AaBBCc	dunkel
Abc	AABbcc	mittel
aBc	AaBBcc	mittel
abC	AaBbCc	mittel
abc	AaBbcc	hell

Jeweils 1/8 der Kinder hätten statistisch eine helle bzw. sehr dunkle Hautfarbe und jeweils 3/8 entweder eine mittlere oder dunklere Hautfarbe.

P_2: AABBcc x aaBBCc
G_P: ABc / aBC, aBc
F_1:

	ABc	**Hautfarbe**
aBC	AaBBCc	dunkel
aBc	AaBBcc	mittel

Die Hälfte der Kinder hätte eine dunklere, die andere Hälfte eine mittlere Hautfarbe.

Seite 119

AUFGABEN Forschen und Erkennen
Variabilität von Bohnensamen

a) Beschreiben Sie die Versuchsergebnisse. F/I
Bei einem Versuch wurden Bohnen eingesetzt, die eine Länge von 18 mm aufwiesen. Bei einem zweiten Versuchsansatz waren die eingesetzten Bohnen hingegen nur 10 mm lang.
In beiden Fällen ergaben sich bei den Nachkommen identische Verteilungskurven mit einem Maximum bei einer mittleren Bohnenlänge von ca. 14 mm.

b) Prüfen Sie, welche Hypothese durch die Versuchsergebnisse bestätigt wurde. F/II
Wäre die Länge der Bohnensamen strikt genetisch fixiert, müssten die Nachkommen der verschieden großen Bohnen die gleiche Länge aufweisen, wie sie die eingesetzten Bohnensamen hatten. Die unterschiedliche Länge der Bohnensamen muss also durch Umwelteinflüsse verursacht worden sein.

c) Leiten Sie Erkenntnisse aus den Versuchsergebnissen ab. E/II
Da sich die Größe der Nachkommen immer innerhalb einer gewissen Bandbreite bewegt, muss auch eine genetische Komponente eine Rolle spielen. Diese gibt vermutlich die minimale bzw. maximale Bohnengröße vor, die Variationen innerhalb dieses Spektrums werden von Einflüssen der Umwelt verursacht.

d) Erklären Sie, warum sich die Samen der Löwenzahnpflanze, die im Gebirge kultiviert wurde, wieder zu Pflanzen entwickeln, die der Ausgangsform im Tiefland entsprechen. F/II
Die genetische Ausstattung der Gebirgspflanzen entspricht derjenigen der Tieflandpflanzen. Somit unterliegen Gebirgs- und Tieflandpflanzen derselben Reaktionsnorm. Die unterschiedliche Gestalt beruht ausschließlich auf den unterschiedlichen Umweltbedingungen, unter denen die Pflanzen kultiviert werden. Es liegt hier eine Modifikation vor.

2 Molekulare Grundlagen der Genetik

Seite 120

(1) Beschreiben Sie, wie Avery die DNA als Träger der Erbsubstanz bestimmt hat. F/I

Avery isolierte die DNA und die Proteine aus hitzeabgetöteten *S-Pneumococcen.* Diese Makromoleküle gab er getrennt voneinander zu lebenden nicht pathogenen *R-Pneumococcen.* In Anwesenheit der S-Stamm-Proteine blieben die Bakterien unverändert. Bei Zugabe der S-Stamm-DNA hingegen konnte eine Neubildung pathogener *S-Pneumococcen* beobachtet werden. Damit war bewiesen, dass die DNA das „transformierende Prinzip" darstellt. Sie ist der Träger der Erbinformation.

Seite 122

(1) Nennen Sie drei Unterschiede zwischen DNA und RNA. F/I

	DNA	RNA
Zucker	Desoxyribose	Ribose
Basen	A, T, C, G	U anstelle von T, sonst wie DNA
molare Masse	DNA > RNA	
Anzahl der Stränge	doppelsträngig	einzelsträngig

(2) Ergänzen Sie komplementär zum Doppelstrang: 5'-AATTGTGAGCGGATA-3'. F/I

5'-AATTGTGAGCGGATA-**3'**
3'-TTAACACTCGCCTAT-**5'**

PRAKTIKUM selbstorganisiert DNA-Isolierung

a) Erstellen Sie eine Versuchsanleitung zur Isolierung der DNA aus Ihren Mundschleimhautzellen. E/III

Spülen Sie Ihre Mundhöhle mit 4 ml Trinkwasser.
Überführen Sie das Gemisch aus Wasser und Mundschleimhautzellen mithilfe eines Trichters zurück in Ihr Reagenzglas.
Geben Sie mithilfe der Tropfpipette 5 Tropfen Waschmittel hinzu.
Verschließen Sie Ihr Reagenzglas mit einem Stopfen und durchmischen Sie durch 5-maliges auf den Kopf drehen.
Überführen Sie das Reagenzglas für 10 Minuten in ein Wasserbad mit 50 °C.
Überschichten Sie das Wasser im Reagenzglas mit 8 ml eiskaltem Ethanol (96 %ig, - 20 °C). Halten Sie das Reagenzglas dabei in einem Winkel von 45 ° und pipettieren Sie das Ethanol an der Reagenzglaswand entlang auf die wässrige Phase.

b) Führen Sie die DNA-Isolierung entsprechend Ihrer Versuchsanleitung durch und beschreiben Sie, was nach wenigen Minuten an der Phasengrenzfläche zwischen Wasser und Ethanol zu beobachten ist. E/II

An der Phasengrenzfläche zwischen Wasser und Ethanol fällt die DNA in Form von weißen Fäden aus. Die Fäden steigen in die Ethanolphase auf und können z. B. mit einer Impföse entnommen werden.

c) Erläutern Sie das Löslichkeitsverhalten von DNA in den verwendeten Lösungsmitteln. F/II

DNA ist bedingt durch die negativ geladenen Phosphatgruppen stark polar und löst sich daher in Wasser. In relativ zu Wasser unpolarem und zudem noch eisgekühlten Ethanol ist die Löslichkeit wesentlich geringer und die DNA fällt in Form weißer Fäden an der Phasengrenze aus.

d) Erläutern Sie die Bedeutung des verwendeten Waschmittels. E/II

Moderne Waschmittel enthalten sowohl Tenside als auch Enzyme wie etwa Proteasen. Tenside lagern sich in Membranen ein und destabilisieren diese dadurch. Sowohl die Zell- als auch die Kernmembranen werden dadurch aufgebrochen.
Im Wasserbad bei 50 °C wird die Protease des Waschmittels aktiv und hydrolysiert die Zellproteine.

Seite 123

(1) Zeichnen Sie das Bandenmuster der DNA-Verteilung im Zentrifugenröhrchen nach der dritten Zellteilung im ^{14}N-Nährmedium. E/I

Die Ausgangspopulation besitzt nur eine Bande mit „schwerer" ^{15}N-DNA.

Nach der 1. Teilung in ^{14}N liegt eine Bande mit „halbschwerer" DNA vor.

Nach der 2. Teilung in ^{14}N beträgt das Verhältnis zwischen leichter und halbschwerer DNA-Menge 1 : 1.

Nach der 3. Teilung in ^{14}N ist die DNA-Bande mit der leichten DNA dreimal so breit wie die Bande mit der halbschweren DNA.

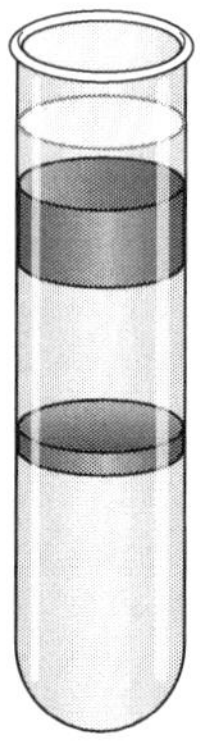

(2) Ein Bakterienchromosom besteht aus fünf Millionen Basenpaaren. Die Replikationsdauer beträgt 30 Minuten. Berechnen Sie, wie viele Nucleotide pro Sekunde miteinander verknüpft werden. F/I

5 000 000 Nucleotide : 30 Minuten x 60 Sekunden = 2778 Nucleotide werden pro Sekunde verknüpft.

Seite 124

(1) Beschreiben Sie die DNA-Replikation anhand der entsprechenden Animation. F/I

Durch das Enzym Helicase wird die DNA-Doppelhelix an einem festgelegten Startpunkt, dem sogenannten Replikationsursprung, entwunden und zu einer Replikationsblase geöffnet. An jedem Ende der Replikationsblase befindet sich eine Replikationsgabel, von der aus die Replikation in beide Richtungen beginnt.

An den freiliegenden DNA-Einzelsträngen katalysiert die Primase die Synthese kurzer komplementärer RNA-Primer. Diese dienen der DNA-Polymerase als Startpunkt für die Synthese eines neuen komplementären Stranges. Die DNA-Neusynthese kann nur am 3' → 5'-Strang, dem Leitstrang, kontinuierlich erfolgen.

Im Folgestrang erfolgt die DNA-Neusynthese diskontinuierlich. Hier stellt die Primase zunächst an mehreren Stellen RNA-Primer her, die zu OKAZAKI-Fragmenten verlängert werden. Erreicht die DNA-Polymerase das 5'-Ende des vorherigen OKAZAKI-Fragments, bricht das Enzym die DNA-Synthese ab. Schließlich werden die RNA-Primer durch DNA-Nucleotide ersetzt. Anschließend werden die OKAZAKI-Fragmente durch das Enzym Ligase kovalent miteinander verknüpft.

(2) Erklären Sie, warum die Replikation des Folgestranges diskontinuierlich verläuft. F/I

Die DNA-Polymerase kann Nucleotide bei der DNA-Neusynthese ausschließlich an das 3'-OH-Ende des Primers anfügen. Damit ist die Neusynthese eines DNA-Stranges grundsätzlich nur in 5' → 3'-Richtung möglich. Die Replikation des 5' → 3'-Folgestranges muss in kleinen Teilstücken, den OKAZAKI-Fragmenten, „rückwärts" erfolgen. Die diskontinuierliche Synthese ermöglicht also trotz einer 5' → 3'-DNA-Synthese das Wachstum des Folgestranges in 3' → 5'-Richtung.

Seite 125

AUFGABEN Molekulargenetik

1 Basenpaarung der DNA

a) Nennen Sie die Sequenz und Richtung des komplementären Stranges. F/I
5'-GGCATACCATTC-3'

5'-GGCATACCATTC-3'
3'-CCGTATGGTAAG-5'

b) Die Anzahl der unterschiedlichen Basen wird in einem DNA-Molekül analysiert. Begründen Sie, welches Ergebnis mit den Basenpaarungsregeln vereinbar wäre: F/II
A = G
A + G = C + T
A + T = G + T
A = C

Vereinbar ist nur: A + G = C + T.
Begründung: Da in einem DNA-Molekül der Gehalt an A = T und G = C ist, gilt mathematisch folgerichtig auch A + G = C + T.

c) Der Anteil der Thymin-Basen einer untersuchten DNA beträgt 16 Prozent. Berechnen Sie die Prozentanteile der anderen Nucleotide. F/I

T = 16 % → A = 16 %
G + C = 68 % → G = C = 34 %

2 DNA-Replikation

Erläutern Sie den Einfluss auf die Replikation, wenn jeweils ein großer Überschuss von Verbindung A oder B gegenüber dem natürlich verfügbaren DNA-Baustein vorliegt. E/II

Substanz A ist ein Didesoxycytosintriphosphat (ddCTP), das mit Ausnahme der fehlenden 3'-OH-Gruppe am Zuckermolekül mit dCTP identisch ist. ddCTP wird von der DNA-Polymerase als dCTP erkannt und in die neu zusynthetisierende DNA eingebaut.
Substanz A führt aber zum Abbruch der Neusynthese des komplementären Strangs in der Replikation, da am 3'-C-Atom die Hydroxylgruppe (OH-Gruppe) fehlt und damit keine Esterbindung möglich ist.
Die Substanz B ist ein Didesoxycytosinmonophosphat (ddCMP), der neben der 3'-OH-Gruppe des Zuckermoleküls auch die 5'-Triphosphatgruppe fehlt. Es kann die Energie, die für die Polymerisationsreaktion der Nucleotide zu DNA nötig ist, nicht zur Verfügung stellen. Die Substanz kann daher nicht in die DNA eingebaut werden und beeinflusst die Replikation also nicht.

3 Schmelzen der DNA

a) Beschreiben Sie die Abbildung und beachten Sie dabei vor allem den Schmelzpunkt der DNA. F/I

Erhitzt man eine Lösung von DNA in Wasser auf über 70 °C, brechen immer mehr Wasserstoffbrücken auf, und die Doppelhelix entwindet sich.
Der Übergang von doppelsträngiger DNA zur einzelsträngigen denaturierten Form durch Erhitzen, kann durch die Messung eines Anstiegs der UV-Absorption bei 260 nm festgestellt werden. Man spricht vom „Schmelzen" oder Denaturieren der DNA.
Jede DNA hat eine charakteristische Denaturierungstemperatur, die auch als Schmelzpunkt bezeichnet wird. Diese ist definitionsgemäß erreicht, wenn 50 % der Wasserstoffbrücken gespalten sind.

b) Jede DNA hat einen charakteristischen Schmelzpunkt, der auch Denaturierungstemperatur genannt wird. Vergleichen Sie die Denaturierung von DNA mit der von Proteinen. Nehmen Sie die Seite 54 zu Hilfe. F/III

Unter Denaturierung bei Proteinen versteht man den Prozess, in dem ein Protein seine natürliche Konformation verliert, wodurch es biologisch inaktiv wird. Unter Denaturierung der DNA versteht man die Auftrennung der beiden Stränge der Doppelhelix. Eine Hitzedenaturierung der DNA ist beim Abkühlen reversibel, eine Hitzedenaturierung der Proteine hingegen nicht.

c) Mischt man geschmolzene DNA zweier Arten, so zeigt sich beim Abkühlen, dass auch DNA-Einzelstränge verschiedener Herkunft zu Doppelhelix-Strukturen zusammentreten können. Mit derartigen Hybridisierungsexperimenten kann man auch Verwandtschaftsbeziehungen zwischen Arten klären. Erläutern Sie, womit in derartigen Experimenten eine nahe Verwandtschaft zwischen Arten begründet werden kann. E/II

Je näher verwandt zwei Arten sind, umso stabilere Hybrid-Doppelstränge entstehen in derartigen Hybridisierungsexperimenten. Das heißt, je größer die Zahl der gemeinsam ausgebildeten Wasserstoffbrücken ist, umso mehr übereinstimmende Sequenzen kommen in den DNA-Einzelsträngen vor und umso höher ist der Schmelzpunkt bei erneuter Denaturierung.

4 Experimente mit Bakterien

a) Nennen Sie die Frage, die den Experimenten zugrunde liegt. E/III

Experiment A: Sind hitzeinaktivierte S-*Pneumococcen* noch infektiös?

Experiment B: Können Prokaryoten wie etwa *Pneumococcen* Gene aus ihrer Umgebung aufnehmen und dadurch neue Eigenschaften erwerben?

b) Beschreiben Sie die beiden Experimente A und B. Erläutern Sie die Befunde. F/I, F/II
Beschreibung:
Experiment A: Virulente *Pneumococcen* vom S-Stamm werden hitzeinaktiviert und schließlich Mäusen gespritzt.
Versuchsergebnis: Die Mäuse überleben.
Experiment B: Hitzeinaktivierte virulente *Pneumococcen* wurden mit lebenden nicht-virulenten *Pneumococcen* vermischt und schließlich Mäusen injiziert.
Versuchsergebnis: Die Mäuse sterben.

Erläuterung:
Experiment A: Die Mäuse überleben, da hitzeinaktivierte und dadurch abgetötete S-*Pneumococcen* nicht mehr infektiös sind.
Experiment B: Die Mäuse sterben, da aus den toten Zellen der virulenten *Pneumococcen* etwas DNA freigesetzt wurde und von den lebenden, nicht virulenten *Pneumococcen* aufgenommen wurde, die daraufhin virulent wurden und zum Tod der Mäuse führten.

Seite 127

AUFGABEN PCR

a) Erstellen Sie ein typisches Temperatur-Zeit-Diagramm bis zum Ende des zweiten Zyklus einer PCR und begründen Sie die gewählten Temperaturstufen und deren Dauer. F/I
Beispiel für Temperatur-Zeit-Diagramm:

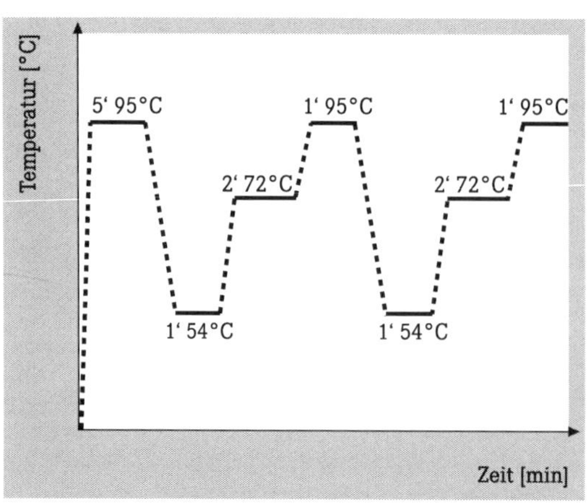

Denaturierung: Zu Beginn wird 5 Min. auf 95 °C erhitzt, um die Matrizen-DNA zu denaturieren.
Sie ist länger als die gewünschten Produkte (Amplimere), deswegen wird für die späteren Denaturierungsschritte nur noch 1 Min. auf 95 °C erhitzt.
Primeranlagerung (Annealing): Jeweils 1 Min. (da kurzer Primer rasch gebunden wird) bei 54 °C. Die Temperatur von 54 °C ergibt sich aus der Länge und der Basenzusammensetzung des Primers.
Polymerisation: Jeweils 2 Min. bei 72 °C, der Optimaltemperatur der Polymerase. Die Dauer hängt ab von der Länge des zu synthetisierenden komplementären Stranges.
Hinweis: Die angegebenen Zeitintervalle und Temperaturen können variieren, müssen aber in der Größenordnung stimmen.

b) In der Regel werden die theoretisch möglichen Ausbeuten an PCR- Produkten nicht erreicht. Nennen Sie dafür zwei mögliche Gründe. F/II
Nach etwa 20 Zyklen nimmt die Effizienz der PCR ab, weil:
- Substrate und Primer langsam verbraucht werden.
- die *Taq*-Polymerase durch die starken Temperaturschwankungen in ihrer Aktivität abnimmt.
- komplementäre Stränge sich zu Doppelsträngen zusammenlagern und damit verhindern, dass sich neue Startstellen für die DNA-Polymerisation bilden.
- wenn sehr wenig Matrizenmaterial eingesetzt wird, dienen aufgrund der Fehlerrate der Polymerase fehlerhafte Kopien als Matrizen für die weiteren Zyklen.

c) Berechnen Sie die hypothetische Anzahl der vorhandenen DNA-Kopien ausgehend von einem DNA-Molekül nach 20 PCR-Zyklen. F/II
$2^{20} = 1\,048\,576$

d) Leiten Sie aus der Darstellung des Elektropherogramms in der Abbildung B die Laufrichtung der PCR-Produkte und die Polung des elektrischen Feldes ab. E/II
Durch das negativ geladene Rückgrat eines DNA-Stücks wird dieses im elektrischen Feld während einer Elektrophorese zum positiven Pol (Anode) gezogen. Je nach dessen Größe wird es im Gel unterschiedlich weit wandern: Mit zunehmender Größe wird es durch die Poren im Gel stärker zurückgehalten. Die PCR-Produkte des Huntington-Gens mit 86 CAG-Wiederholungen sind länger als das intakte Gen und wandern daher langsamer im Gel.

e) Stellen Sie einen Zusammenhang zwischen der Anzahl der CAG-Wiederholungseinheiten im Gen und dem Auftreten der Krankheit her und leiten Sie einen möglichen Vererbungsmodus ab. Geben Sie die theoretisch möglichen Genotypen aller untersuchten Familienmitglieder an. E/III

Bei den erkrankten Personen (I-2 und II-2) treten in einem der beiden Allele eine außergewöhnlich große Anzahl von CAG-Triplett-Wiederholungen auf. Im jeweils anderen Allel liegt die Zahl der Triplett-Wiederholungen zwischen 16 und 35.

Bei gesunden Personen besitzen jeweils beide Allele nur bis zu 35 CAG-Wiederholungseinheiten. Dies bedeutet, die Krankheit muss dominant vererbt werden, weil ein Allel mit mehr als 36 CAG-Wiederholungen ausreicht, um die Krankheit auszulösen.

Genotypen: I-1: aa; I-2: Aa; II-1: aa; II-2: Aa; II-3: aa; II-4: aa; III-1: aa; III-2: aa

Seite 129

METHODE DNA-Sequenzierung

1 Beschreiben Sie die Kettenabbruch-Methode nach SANGER. F/I

Bei der Kettenabbruch-Methode nach SANGER synthetisiert eine DNA-Polymerase einen komplementären Strang zu einem der beiden Einzelstränge, die man sequenzieren möchte. Die DNA-Synthese wird unterbunden, wenn modifizierte Nucleotide (Didesoxyribonucleotide, dd-Nucleotide) eingebaut werden. Da der Einbau zufällig geschieht, entsteht ein vollständiger Satz von Fragmenten, die jeweils um ein Nucleotid verkürzt sind.

2 Die Gelelektrophorese läuft bei Verwendung radioaktiv markierter DNA-Primer in vier Spuren, bei der Fluoreszenzmarkierung in einer Spur. Erklären Sie diesen Unterschied. F/II

Bei der radioaktiven Markierung des Primers ist jedes Fragment durch den Primer markiert. Würde man nun alle vier Ansätze mit den verschiedenen Abbruchnucleotiden in einer Bahn elektrophoretisch auftrennen, würde man zwar im Autoradiogramm in geordneten Abständen Banden erkennen, jedoch durch die gleichen radioaktiven Signale nicht mehr den einzelnen Abbruchnucleotiden zuordnen können. Bei der Fluoreszenzmarkierung hingegen können die vier Abbruchnucleotide eindeutig zugeordnet werden, weil die Markierung jedes einzelnen Abbruchnucleotids mit einem unterschiedlichen Fluoreszenzmarker erfolgt.

Selbstverständlich wäre es möglich, bei der Fluoreszenzmarkierung die Elektrophorese auch in vier Banden laufen zu lassen. Dieser erhöhte Materialverbrauch (größere Gele) würde aber keinen Nutzen bringen, denn die Fragmente unterscheiden sich ja nicht nur durch ihre Markierung, sondern auch in ihrer Länge um mindestens eine Base, sodass garantiert ist, dass am Messfühler bzw. Detektor immer nur ein Fragment zu einer Zeit vorbeiwandert. Ein weiterer Vorteil der Fluoreszenzmarkierung besteht darin, dass die Fragmente am Ende des Gels hinauslaufen können, da ihr Vorbeiwandern am Detektor bereits zur Feststellung der Sequenz ausreicht. Ein Auswandern der Banden nach der Methode mit radioaktiv markierten Primern würde diese Abschnitte einer Sequenzierung unzugänglich machen. Auch die im oberen Bereich des Gels liegenden Fragmente können häufig nicht ausgewertet werden, da die Auftrennung hier noch nicht detailliert genug erfolgt.

PRAKTIKUM Gelelektrophorese

a) Erläutern Sie die Bedeutung des Markerfarbstoffs im Ladepuffer. F/II

Der Markerfarbstoff im Ladepuffer verhält sich wie ein kleines DNA-Fragment und läuft in der Elektrophorese vorne weg. Er zeigt damit das Fortschreiten und Ende der Elektrophorese an.

b) Ordnen Sie die DNA-Fragmente des Längenstandards mit 23130, 9416, 6557, 4361, 2322, 2027, 564 und 125 Basenpaaren den Banden im Gel zu. F/II

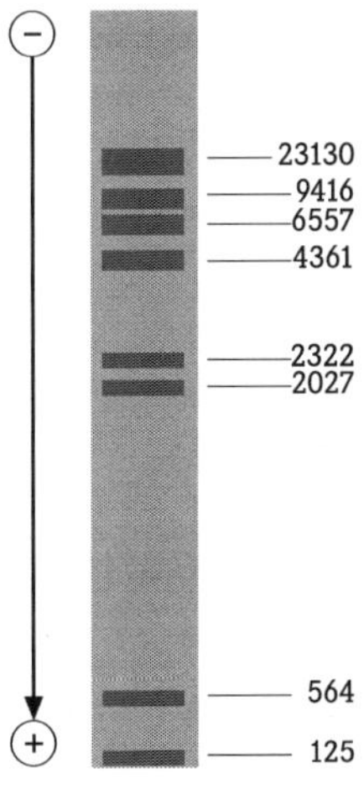

Die am weitesten in Richtung Anode gewanderte Bande entspricht dem DNA-Fragment mit 564 Basenpaaren. Das DNA-Fragment mit der geringsten Mobilität im Gel mit 23130 bp entspricht der Bande, die den Geltaschen am nächsten liegt.

3 Vom Gen zum Genprodukt

Seite 131

(1) Geben Sie an, welchen Stoff man den Typ II- und Typ III-Mangelmutanten in das Minimal-Nährmedium geben muss, damit sie wachsen und sich vermehren können. F/I
Mutanten-Typ II wächst, wenn dem Minimalmedium Arginin oder Citrullin zugesetzt wird.
Schlussfolgerung: Gen B ist mutiert, d. h. Enzym B, welches Ornithin in Citrullin umsetzt, ist funktionslos.
Mutanten-Typ III wächst, wenn dem Minimalmedium Arginin zugesetzt wird.
Schlussfolgerung: Gen C ist mutiert, d. h. Enzym C, welches Citrullin in Arginin umwandelt, ist funktionslos.

(2) Begründen Sie, warum die Ein-Gen-ein-Enzym-Hypothese erweitert wurde. F/I
Zahlreiche Proteine sind aus mehreren Untereinheiten aufgebaut. Hämoglobin A zum Beispiel, das Sauerstoff transportierende Protein im Blut der Wirbeltiere, besteht aus vier Polypeptiden, zwei α- und zwei β-Globinketten. Sie unterscheiden sich in ihrer Aminosäuresequenz und werden daher von zwei Genen codiert.

(3) Beschreiben Sie, wodurch sich Hämoglobin A und Hämoglobin S unterscheiden und erläutern Sie die Ursache. F/I
Hämoglobin A und Hämoglobin S unterscheiden sich in der Aminosäuresequenz der β-Globin-Polypeptidkette. In Position 6 der 146 Aminosäuren ist die Aminosäure Glutaminsäure durch Valin im Hämoglobin S ersetzt. Ursache ist ein Nucleotidaustausch von A nach T im Gen, welches für die β-Globin-Kette codiert.

Seite 132

(1) Vergleichen Sie die Eigenschaften der DNA- und RNA-Polymerase. F/II

	DNA-Polymerase	**RNA-Polymerase**
Startsequenz	RNA-Primer	Startsignal im Gen (Promotor)
Synthese-produkt	neuer komplementärer DNA-Doppelstrang	einzelsträngige mRNA komplementär zum Matrizenstrang
Ziel	Replikation der kompletten DNA	Transkription eines Gens
Leserichtung	3' → 5'	3' → 5'
Schreib-richtung	5' → 3'	5' → 3'
verwendete Nucleosid-triphosphate	Desoxyribonucleosid-triphosphate: ATP, TTP, GTP, CTP	Ribonucleosid-triphosphate: ATP, UTP, GTP, CTP

(2) Beschreiben Sie mithilfe der Animation die drei Phasen der Transkription. F/I
Initiation: Zu Beginn der Transkription bindet die RNA-Polymerase an den Promotor eines Gens. Auf die Promotorsequenz folgt entlang des codogenen Stranges in 3' → 5'-Richtung der zu transkribierende DNA-Bereich. Unmittelbar vor dem zu transkribierenden Bereich wird der DNA-Doppelstrang von der RNA-Polymerase aufgetrennt. RNA-Nucleotide lagern sich komplementär an den codogenen Strang an und werden durch die RNA-Polymerase verknüpft.
Elongation: Die RNA-Polymerase bewegt sich an der DNA entlang und bewirkt das weitere Auftrennen der Doppelhelix. Komplementär zum codogenen Strang werden weitere Nucleotide mit dem 3'-Ende der wachsenden mRNA verknüpft.
Termination: Die Transkription der Stopp-Sequenz ist ein Signal für die RNA-Polymerase, die Verlängerung des mRNA-Stranges einzustellen. Die mRNA löst sich schließlich vom codogenen Strang ab und die Transkriptionsblase schließt sich wieder.

Seite 133

1 Erläutern Sie die Folgen eines Baseneinschubs oder -wegfalls in einer mRNA für das codierte Polypeptid anhand der Animation „Der genetische Code“. F/II

Durch Wegfall oder Einfügen einer Base wird das Leseraster verschoben und somit der Informationsgehalt ab dem veränderten Codon in ein falsches Polypeptid übersetzt. Das Protein ist in der Regel funktionslos. Denkbar wäre auch die dadurch bedingte Entstehung eines Stoppcodons und die Proteinbiosynthese würde ab diesem Codon abgebrochen.

2 Übersetzen Sie folgende mRNA in eine Aminosäuresequenz: F/I

5'-AUG CAU GGC AGG CCU UAG-3'

Aminosäuresequenz:

Met – His – Gly – Arg – Pro – Stopp

3 Ermitteln Sie einen möglichen Matrizenstrang für folgende Aminosäurekette: F/II

Lys – Phe – Tyr – Val – Ala

mRNA (zum Beispiel):

AAA UUU UAU GUA GCG

Matrizenstrang:

TTT AAA ATA CAT CGC

Seite 135

1 Beschreiben Sie die Phasen der Translation mithilfe der Animation. F/I

Zu Beginn der Translation lagert sich die kleine Untereinheit eines Ribosoms an einer spezifischen Bindungsstelle am 5'-Ende der mRNA an. Anschließend bewegt sie sich in 5' → 3'-Richtung an der mRNA entlang, bis ein Startcodon AUG erreicht wird. Dort beginnt die Übersetzungsarbeit.

Die Start-tRNA bindet mit ihrem entsprechenden Anticodon an das mRNA-Startcodon. Gemäß dem genetischen Code ist diese tRNA mit der Aminosäure Methionin beladen. Die große Ribosomenuntereinheit lagert sich an. Das Ribosom ist nun funktionsbereit. Es besitzt drei Bindungsstellen für tRNAs, die A-, P- und E-Stelle, die direkt über benachbarten Basentripletts der mRNA liegen.

Die Start-tRNA besetzt zu Beginn die P-Stelle. An der A-Stelle lagert sich eine der mRNA komplementäre tRNA an, die mit einer entsprechenden Aminosäure beladen ist. Die beiden Aminosäuren werden durch eine Peptidbindung in der A-Stelle verknüpft. Das Ribosom wandert nun um ein Codon auf der mRNA in 3'-Richtung weiter.

Die Start-tRNA gelangt dabei von der P-Stelle an die E-Stelle und verlässt hierüber das Ribosom. Die A-Stelle wird dadurch für die Bindung einer zur mRNA komplementären t-RNA frei. Nach diesem Prinzip wird das Dipeptid um eine Aminosäure nach der anderen verlängert und zwar exakt so, wie es die Codons der mRNA vorschreiben. Mit dem Erreichen eines Stoppcodons wird die Translation beendet. Das Ribosom löst sich von der mRNA und zerfällt in seine beiden Untereinheiten. Das freigegebene Polypeptid nimmt seine spezifische Raumstruktur ein und ist damit biologisch aktiv.

2 Erläutern Sie die Bedeutung des Schlüssel-Schloss-Prinzips bei der Translation. F/III

Während der Translation ist das Schlüssel-Schloss-Prinzip von Bedeutung bei der
- Bindung der mRNA an die kleine Ribosomenuntereinheit komplementär über Wasserstoffbrücken,
- Erkennung der beladenen tRNAs komplementär zum jeweiligen Codon der mRNA,
- Beladung der tRNAs im Cytoplasma mit der passenden Aminosäure katalysiert durch die tRNA-Synthetasen.

3 Benennen Sie die weiteren in Abbildung 3 zu übersetzenden Codons, die Anticodons der tRNAs und die Aminosäuresequenz mithilfe des genetischen Codes. F/I

mRNA-Codons:

5' UGU UUG CUC AUA 3'

tRNA-Anticodons:

5' ACA CUU GAG UAU 3'

Aminosäuresequenz:

Cys – Leu – Leu – Ile

Seite 137

1 Beschreiben Sie die Proteinbiosynthese bei Eukaryoten anhand der entsprechenden Animation. F/I

Eukaryotische Gene enthalten im Unterschied zu Prokaryoten Sequenzen, die für die Codierung des Genprodukts nicht erforderlich sind, die Introns.

Sie trennen die codierenden Abschnitte, die Exons, voneinander. Bei Eukaryoten findet die Transkription im Zellkern statt, die Translation an den Ribosomen im Cytoplasma. Beide Teilprozesse der Proteinbiosynthese sind also räumlich und zeitlich voneinander getrennt. Bei der Transkription bindet die RNA-Polymerase an eine Promotorsequenz vor dem zu transkribierenden Bereich. Die vollständige DNA-Sequenz mitsamt aller Introns wird in eine prä-mRNA übersetzt, die noch einen Reifungsprozess durchlaufen muss: Am 5'-Ende erfolgt das Capping, am 3'-Ende wird ein Poly-A-Schwanz angeheftet und durch Spleißen werden die Introns herausgeschnitten. Durch alternatives Spleißen wird das Protein-Repertoire vergrößert. Die verbleibenden Exon-Sequenzen bilden mit der cap-Struktur und Poly-A-Schwanz versehen die reife mRNA.
Über Poren in der Kernmembran verlässt die reife mRNA den Zellkern und gelangt im Cytoplasma an die Ribosomen. Die beiden Ribosomenuntereinheiten binden an das 5'-Ende der mRNA und synthetisieren mithilfe von tRNAs das Polypeptid. Das Polypeptid nimmt seine spezifische Raumstruktur ein, die durch Wechselwirkungen zwischen den Seitenketten der Aminosäuren bestimmt und stabilisiert wird. Nach der Translation werden die entstandenen Proteine nachbearbeitet, posttranslationale Modifikation genannt, indem zum Beispiel Teile herausgeschnitten oder Zuckerketten angehängt werden. Dadurch erst wird das Protein aktiv.

2 Nennen Sie die RNA-Typen, die an der Genexpression bei Eukaryoten beteiligt sind und beschreiben Sie ihre jeweilige Funktion. F/I

- prä-mRNA: Sie entsteht als Primärtranskript im Zellkern und enthält noch Exons und Introns.
- reife mRNA: Sie entsteht durch Prozessierung im Zellkern aus der prä-mRNA, und wird an den Ribosomen translatiert.
- tRNA: Sie transportiert Aminosäuren ans Ribosom, als Bausteine für die dort entstehenden Polypeptide.

(- rRNA: Sie ist Bestandteil der Ribosomen und ebenfalls z. B. bei der Bildung der Peptidbindungen am Ribosom enzymatisch wirksam.)

Seite 140

AUFGABEN Hämophilie

a) Ermitteln Sie jeweils die Basensequenz des sequenzierten DNA-Abschnittes. F/II

Abgelesene Sequenzen im Gel (von unten gelesen 5' → 3'):

Tripletts		27	28	29	30	31	
A:	5'	GAA	GCA	CGA	GAA	GTT	3'
B:	5'	GAA	GCA	TGA	GAA	GTT	3'
C:	5'	GAA	GCA	CAA	GAA	GTT	3'

Komplementär zur abgelesenen Sequenz im Gel ist der DNA-Matrizenstrang:

Tripletts		27	28	29	30	31	
A:	3'	CTT	CGT	GCT	CTT	CAA	5'
B:	3'	CTT	CGT	ACT	CTT	CAA	5'
C:	3'	CTT	CGT	GTT	CTT	CAA	5'

b) Der sequenzierte DNA-Abschnitt ist komplementär zu einem Ausschnitt aus dem Matrizenstrang. Leiten Sie daraus jeweils die Aminosäuresequenz ab und erläutern Sie, bei welchem Patienten die Krankheit eine mildere Ausprägung zeigt. F/I

Matrizenstrang:							
Tripletts		27	28	29	30	31	
A:	3'	CTT	CGT	GCT	CTT	CAA	5'
mRNA:							
A:	5'	GAA	GCA	CGA	GAA	GUU	3'
Aminosäuresequenz:							
A:		GLU	ALA	ARG	GLU	VAL	

Matrizenstrang:							
Tripletts		27	28	29	30	31	
B:	3'	CTT	CGT	**A**CT	CTT	CAA	5'
mRNA:							
B:	5'	GAA	GCA	**U**GA	GAA	GUU	3'
Aminosäuresequenz:							
B:		GLU	ALA	**Stopp**			

Matrizenstrang:							
Tripletts		27	28	29	30	31	
C:	3'	CTT	CGT	G**T**T	CTT	CAA	5'
mRNA:							
C:	5'	GAA	GCA	C**A**A	GAA	GUU	3'
Aminosäuresequenz:							
C:		GLU	ALA	GLN	GLU	VAL	

Bei Patient B wurde im Triplett 29 ein G gegen ein A ausgetauscht. UGA ist ein Stoppcodon. Die Translation endet verfrüht, das gebildete Polypeptid ist funktionslos. Es handelt sich um eine Punktmutation vom Nonsense-Typ.
Bei Patient C wurde im Triplett 29 ein C gegen ein T ausgetauscht. Das Codon CAA kodiert für die Aminosäure Glutamin (GLN). Daraus resultiert eine veränderte Proteinstruktur des Faktors IX, eine eingeschränkte Funktion des Proteins ist die Folge. Die molekulare Ursache ist eine Punktmutation vom Missense (Fehlsinn)-Typ.
Die mildere Ausprägung der Erkrankung ist bei Patient C zu erwarten.

Seite 141

METHODE **Genchip**

1 Beschreiben Sie das in der Abbildung dargestellte Verfahren eines Gentests mittels Genchip. F/I
Die etwa 1 cm^2 große Oberfläche eines Genchips ist in tausende Felder eingeteilt. In einem Feld des Genchips sind an der Oberfläche Kopien von einzelsträngigen DNA-Sonden für das intakte Allel fixiert. In einem anderen Feld befinden sich DNA-Sonden für das mutierte Allel. Sie dienen als „Köder" für das „molekulare Angeln" nach komplementären DNA-Fragmenten.
Eine auf die Mutation zu testende isolierte DNA-Probe wird durch Restriktionsenzyme in Millionen von unterschiedlich langen Fragmenten geschnitten. Diese werden durch Erhitzen einzelsträngig gemacht, mit einem Fluoreszenzfarbstoff markiert und schließlich auf den Chip aufgebracht.
Jeder „DNA-Köder" auf dem Chip kann aus diesem komplexen Gemisch von verschiedenen DNA-Fragmenten genau jenes herausfischen, das sich komplementär anlagert. Die gefischten DNA-Fragmente bleiben daher auf einem genau definierten Feld des Chips „kleben". DNA-Fragmente, die sich nicht perfekt an die Sondensequenz hybridisieren, werden schließlich vom Chip abgewaschen.
Tastet man mit einem Laserscanner den Chip ab, leuchten nur die Felder auf, an denen eine Hybridisierung stattgefunden hat. Da bekannt ist, welche Basensequenz die Sonden in jedem Spot auf dem Chip besitzen, kann ermittelt werden, welche DNA-Fragmente in der Probe enthalten waren. Beim Vorliegen einer Mutation leuchtet ein Signal in dem Feld des Genchips auf, das die dazu komplementäre DNA als Sonde trägt.

Seite 143

1 Vergleichen Sie das *lac*-Operon und das *trp*-Operon bezüglich der Bedeutung des Repressors bei der Regulation. F/II
Beim *lac*-Operon wird vom Regulatorgen ein aktives Repressor-Protein codiert, das sich an die DNA anlagert und das Operon ausschaltet, wenn keine Lactose vorhanden ist. Durch diese Regulation ist gewährleistet, dass nicht unnötig Energie für die Genexpression verbraucht wird.
Ist Lactose vorhanden, wird das gebildete Repressor-Protein durch die Bindung an Lactose inaktiviert. Der Repressor verändert dadurch seine räumliche Struktur und kann nicht mehr an die DNA binden. Das Operon wird dadurch angeschaltet, d. h., die Strukturgene werden exprimiert und die Enzyme für den Lactose-Abbau werden gebildet.
Vom Regulatorgen des *trp*-Operons wird ein inaktives Repressor-Protein codiert, das sich ohne die Bindung an Tryptophan nicht an den Promotor des Operons anlagern kann. Das Operon ist angeschaltet, um mit den exprimierten Enzymen Tryptophan zu synthetisieren.
Wird das Repressor-Protein durch die Bindung mit Tryptophan aktiviert, lagert er sich an den Operator und blockiert damit die Expression des Operons.

Seite 145

1 Erklären Sie die Bedeutung der Transkriptionsfaktoren bei der Regulation der Transkription. F/I
Transkriptionsfaktoren regulieren die Aktivität der RNA-Polymerase und damit die Transkriptionsrate eines eukaryotischen Gens.
Transkriptionsfaktoren binden neben der RNA-Polymerase an die Promotorregion und starten die Transkription, jedoch nur ineffizient. Zusätzliche nichtcodierende genregulatorische DNA-Sequenzen sind für die Aktivierung der Transkription erforderlich. Sie werden Enhancer genannt. Genregulatorische Sequenzen, die die Transkriptionsaktivität unterdrücken, heißen Silencer. Werden an Silencer oder Enhancer Transkriptionsfaktoren

gebunden, bewirkt dies, dass die DNA eine Schleife bildet und so die regulatorische Sequenz in Kontakt mit dem Promotor oder den dort bereits gebundenen Transkriptionsfaktoren kommt.

(2) Stellen Sie Gemeinsamkeiten der pro- und eukaryotischen Genregulation dar. F/II
- Die RNA-Polymerase bindet an einen spezifischen Promotor eines Gens.
- Der Start der Transkription erfolgt erst, nachdem Transkriptionsfaktoren ebenfalls an die DNA gebunden haben.

Seite 147

(1) Beschreiben Sie zwei experimentelle Methoden der Proteomik. F/I
2-dimensionale Gelelektrophorese: Aus den zu untersuchenden Zellen oder Geweben werden die Proteine extrahiert und nacheinander mit zwei gelelektrophoretischen Methoden, zunächst einer isoelektrischen Fokussierung nach Ladung und schließlich mittels SDS-Page nach deren Größe, aufgetrennt. Die Proteine können aus dem Gel isoliert und anschließend analysiert werden.
Herstellung einer cDNA-Bibliothek: Aus den zu untersuchenden Zellen oder Geweben werden die verschiedenen mRNAs isoliert und mithilfe des Enzyms Reverse Transkriptase in cDNA zurückgeschrieben. Diese kann als Bauanleitung für die Proteinbiosynthese dienen, nachdem sie in einen Organismus überführt worden ist, der dadurch gentechnisch verändert wurde. Die dabei gebildeten Proteine werden aus dem Organismus isoliert und schließlich untersucht.

Seite 148

(1) Fassen Sie die epigenetische Regulation von Genen zusammen. F/I
Die Epigenetik beschäftigt sich mit regulatorischen Prozessen der Genaktivität, die auf dem Markierungsmuster durch chemische Gruppen auf der DNA und den Histone beruhen. Zum Einen wird über den Verpackungszustand des Chromatins und zum Anderen über das Methylierungsmuster auf Cytosinbasen der DNA die Aktivität der RNA-Polymerase beeinflusst.
Chemische Gruppen, wie etwa Acetyl- und Phosphatgruppen an den Histonen, die bedingt durch ihren Platzbedarf zur Auflockerung der Chromatinstruktur führen, machen dadurch die DNA für die RNA-Polymerase besser zugänglich und die betroffenen Gene können stärker exprimiert werden. Andererseits senkt die DNA-Methylierung die Aktivität der RNA-Polymerase, da diese als Hindernisse für das Enzym beim Transkribieren eines Gens fungieren.

Seite 149

AUFGABEN Moderne Aspekte der Genexpression

1 Proteomik

a) Formulieren Sie für die folgenden Aminosäuresequenzen jeweils zwei mögliche DNA-Sonden:
Gly-Arg-Leu-Val-Val F/II
Zum Beispiel:
GGT AGA CTT GTT GTT
GGC AGA CTT GTT GTT
Trp-Met-Asn-Phe-Trp-Tyr-Met-Val
Zum Beispiel:
TGG ATG AAC TTT TGG TAT ATG GTT
TGG ATG AAT TTT TGG TAT ATG GTT

b) Begründen Sie anhand von zwei Aspekten, welche dieser Aminosäuresequenzen zur Herstellung einer DNA-Sonde besser geeignet ist. E/II
Sequenz 2 ist besser geeignet,
- da Sequenz 1 zu kurz ist und folglich eine große Wahrscheinlichkeit besteht, dass die Sonde im Genom mehrfach bindet.
- da die in Sequenz 2 vorkommenden Aminosäuren überwiegend nur von einem oder zwei verschiedenen Basentripletts codiert werden (degenerierter Code). Folglich ist die Zahl der möglichen Gensonden geringer und damit auch der Arbeitsaufwand zur Herstellung der Sonden.

c) Beschreiben Sie das zu erwartende Ergebnis dieser Gensuche. F/I
Eine dieser Sonden ist komplementär zu einem Abschnitt des zu untersuchenden und denaturierten DNA-Strangs und hybridisiert sich dort. Dieser DNA-Abschnitt entspricht einem Exonabschnitt des zu identifizierenden proteincodierenden Gens. Die Hybridisierung kann mittels Autoradiographie oder der Fluoreszenzmarkierung sichtbar gemacht werden.

2 Epigenetik

a) Werten Sie die beiden Abbildungen aus. F/I

Das Methylierungsmuster von Chromosom 12 sieht bei dem dreijährigen Zwillingspaar noch fast gleich aus, wie man an der weitgehend gelben Farbgebung erkennen kann. Bei dem 50-jährigen Zwillingspaar treten hingegen deutliche Unterschiede im Methylierungsmuster von Chromosom 12 auf, zu erkennen an den grünen und roten Signalen, die Über- bzw. Untermethylierung anzeigen.

b) Eineiige Zwillinge können sich im Laufe des Lebens trotz identischer DNA-Sequenzen in vielen Merkmalen und Eigenschaften unterscheiden, wie etwa der Körpergröße oder dem Risiko, an Brustkrebs oder Arthritis zu erkranken. Beurteilen Sie anhand der Abbildung, inwieweit die Epigenetik dafür Erklärungsansätze liefern könnte. F/II

Die Epigenetik liefert Erklärungsansätze für das unterschiedliche Krankheitsrisiko genetisch identischer, eineiiger Zwillinge. Als Fazit der Untersuchung lässt sich feststellen, dass Gene im Laufe des Lebens epigenetisch durch Übermethylierung abgeschaltet oder durch Untermethylierung angeschaltet werden. Sind dabei zellwachstumsregulierende Gene involviert, wird das unterschiedliche Krebsrisiko erklärbar.

3 Genchip

a) Beschreiben Sie die experimentelle Vorgehensweise bei diesem Testverfahren. F/I

Aus beiden zu untersuchenden Zelltypen werden alle mRNAs isoliert, anschließend enzymatisch unter Verwendung rot- bzw. grün-fluoreszenzmarkierter Nucleotide durch die Reverse Transkriptase in einzelsträngige cDNA zurückgeschrieben. Beide cDNAs werden vermischt und schließlich auf den Genchip aufgebracht und mittels Laserscan untersucht.

Die isolierten mRNAs stehen für alle Gene, die in dem Gewebe zum Zeitpunkt der RNA-Isolation exprimiert wurden. Man erhält demnach Aussagen über die Aktivität der proteincodierenden Gene zum Zeitpunkt der mRNA-Isolation aus diesem Zelltyp.

b) Werten Sie das Laserscanbild aus.
Erläutern Sie dabei die Entstehung der grün-, gelb- und rot-fluoreszierenden sowie der farblosen Felder auf dem Chip und geben Sie die Farbe der Felder möglicher „Kandidatengene" an. F/II

Jedes fluoreszierende Feld repräsentiert ein Gen, das in einer oder beiden Gewebeproben exprimiert wird. Die Fluoreszenzintensität in den Spots entspricht der relativen Menge an mRNA, die in dem Gewebe zum Zeitpunkt der mRNA-Isolation vorhanden war.

Rotfluoreszenz in einem Feld steht dafür, dass dieses Gen nur in Tumorzellen exprimiert wird. Grünfluoreszenz steht für ein Gen, das nur in gesunden Zellen exprimiert wird. Wird ein Gen sowohl in Tumor- als auch gesunden Zellen in gleichen Mengen exprimiert, fluoresziert dieses Feld gelb. Die dazwischen liegenden Farben stehen für verschiedene Stärken der Expression des gleichen Gens in den beiden Zelltypen.

Ein nichtleuchtendes farbloses Feld bedeutet, dass dieses Gen in beiden Zelltypen zum Zeitpunkt der mRNA-Isolation nicht exprimiert wurde.

Als „Kandidatengene" kommen insbesondere die Felder mit der Rotfluoreszenz in Frage.

Seite 150 bis 151

AUFGABEN vernetzt Mukoviszidose

1 Salziger Schweiß

Werten Sie das Material aus und erklären Sie anhand der Abbildung die Schweißbildung beim gesunden und bei einem von Mukoviszidose betroffenen Menschen. F/II

Im Schweiß eines von Mukoviszidose Betroffenen ist die Natriumchlorid-Konzentration gegenüber der eines Gesunden etwa viermal höher. Ursache dafür sind die als Folge der Mutation fehlenden oder defekten CFTR-Chlorid-Ionenkanäle in den Epithelzellen des Ausführganges der Schweißdrüsen. Mit ihrer Hilfe werden bei einem gesunden Menschen Chlorid-Ionen aus dem Lumen des Drüsenausführganges in die Epithelzellen und schließlich in das umliegende Gewebe zurücktransportiert. Natrium-Ionen werden passiv nachgezogen, indem sie dem elektrischen Gradienten folgen. Fehlen die Chlorid-Ionenkanäle oder sind sie funktionslos, steigt die Natriumchlorid-Konzentration im Schweiß stark an.

2 Zäher Schleim

a) Erklären Sie anhand der Abbildung die Entstehung des zähen Schleims in den Atemwegen von Mukoviszidose-Erkrankten. F/II

Bei einem von Mukoviszidose betroffenen Menschen wird durch das mutationsbedingte Fehlen des CFTR-Chlorid-Ionenkanals in den Epithelzellen der Bronchien die Chlorid-Ionensekretion in den Extrazellulärraum verhindert. Ein fehlender Transport von Chlorid-Ionen in den Extrazellulärraum hat zur Folge, dass osmotisch weniger Wassermoleküle nachgezogen werden, sodass der in den Bronchien gebildete Schleim sehr zähflüssig ist und die Atmung behindert.

b) Informieren Sie sich über den aktuellen Stand der Gentherapie bei Mukoviszidose. F/I

Nach der Entdeckung von Mukoviszidose auslösenden Mutationen im CFTR-Gen im Jahr 1989 hatte man ursprünglich die Hoffnung, binnen weniger Jahre mittels Gentherapie das korrekte Gen in die Zellen der Atemwege einschleusen zu können und damit die Mukoviszidose im wichtigsten betroffenen Organ ursächlich behandeln zu können.

Die bisherigen Studienergebnisse haben gezeigt, dass bei einer Reihe von Patienten zwar eine kurzfristige Normalisierung der Chlorid-Ionensekretion in den Bronchien erreicht wurde. Ein lang dauernder therapeutischer Nutzen konnte allerdings bei keiner dieser Studien gezeigt werden. Die Gentransfereffizienz der bis dato zur Verfügung stehenden Vektoren ist zu gering. Die aktuelle und zukünftige Forschung richtet sich daher auf die Entwicklung effizienterer Genvektoren mit dem Ziel einer höheren Gentransferrate und einer länger andauernden Genexpression in den Epithelzellen der Bronchien.

Erschwert wird eine Therapie dadurch, dass diese Epithelzellen nach einiger Zeit natürlicherweise abgestoßen und durch neue ersetzt werden. Daher ist es nötig, die gentherapeutische Behandlung in bestimmten Zeitabständen erneut durchzuführen.

Vielversprechend ist der Erfolg eines amerikanischen Forscherteams 2009, denen es gelungen ist, in 60 bis 70% der isolierten Lungenzellen von Patienten im Laborexperiment intakte Kopien des CFTR-Gens einzuschleusen. Dazu setzten sie *Parainfluenza*-Viren, einen Erreger von Erkältungskrankheiten, als Gentaxi ein. Da diese Viren die natürliche Eigenschaft besitzen, sehr effektiv bestimmte Zellen der menschlichen Atemwege zu infizieren, war auch die Rate der Genübertragung ungewöhnlich hoch.

Derzeit laufen weltweit verschiedene klinische Studien, in denen die unterschiedlichsten Vektortypen für die Gentherapie getestet werden. Innerhalb der nächsten Jahre wird die intensive Forschung sicherlich zu den erwarteten Therapieerfolgen führen.

Zusatzinformation: Zwei Typen von Vektoren zur Behandlung des Gendefekts in den Atemwegen von Mukoviszidose-Patienten werden favorisiert:
1. virale Vektoren,
2. nicht-virale Vektoren.

1. Virale Vektoren

Als weitere Vektoren haben sich sogenannte Lentiviren (lat. *lentus,* langsam) herauskristallisiert. Es handelt sich um Retroviren, die auch nicht teilungsaktive eukaryotische Zellen wirtsspezifisch infizieren können. Nach einmaliger Behandlung von Mäusen hat man das eingebrachte Gen im Mittel für sechs Monate in den Zellen nachweisen können. Das Gen wird effizient abgelesen. Trotz der hohen Effizienz sind diese Vektoren zurzeit nur zweite Wahl, denn:
- Bei erneuter Behandlung der Atemwege ist die Effizienz gering. Der Wirt hat Abwehreiweiße und Abwehrzellen entwickelt, die das Virus als fremd erkennen und es eliminieren.
- Die Viren bauen sich in das Erbgut ein. Zurzeit lässt sich die Position des Einbaus noch nicht zielgenau steuern, sodass nicht kontrollierbare Nebenwirkungen, wie die Bildung von Tumoren, zu befürchten sind.

2. Nicht-virale Vektoren

Nicht-virale Vektoren sind zwar weniger effizient als Viren im Gentransfer, weisen aber zahlreiche Vorteile auf:
- Nicht-virale Vektorkonstruktionen lassen sich wiederholt zur Behandlung einsetzen, ohne dass die Wirksamkeit der Gentherapie abnimmt.
- Nicht-virale Vektorkonstruktionen sind mechanisch und thermisch stabil und können daher als Inhalationsaerosol verabreicht werden.
- Nicht-virale Vektorkonstruktionen lassen sich unter den hohen Qualitätsansprüchen der Arzneimittelherstellung produzieren.

3 Vererbungsmodus

Erläutern Sie, welcher Vererbungsmodus bei Mukoviszidose vorliegt und geben Sie die möglichen Genotypen der Personen 1, 3, 5 und 8 an. F/II

Vererbungsmodus: rezessiv autosomal

Begründung: rezessiv, da gesunde Eltern, z. B. 3 und 4, kranke Kinder haben.

Begründung: autosomal, da bei einem phänotypisch gesunden Vater (5) eine kranke Tochter (12) auftritt.

Genotypen: Allel A: intakt; Allel a: mutiert

Person 1: AA oder Aa

Person 3: Aa

Person 5: Aa

Person 8: aa

4 Genexpression

Beschreiben Sie mithilfe der Abbildung die Vorgänge während der Transkription, die diesen Unterschied der Gen- und mRNA-Länge erklären. F/I

Das CFTR-Gen auf Chromosom 7 umfasst 250 000 Nucleotidpaare. Als Primärtranskript entsteht bei der Transkription eine prä-mRNA mit 250 000 Nucleotiden. Bei der RNA-Prozessierung werden die Introns herausgeschnitten. Dabei entsteht die reife mRNA mit 6129 Nucleotiden. Sie ist am 5'-Ende mit einer cap-Struktur und am 3'-Ende mit einem Poly-A-Schwanz versehen.

5 Mutationen

a) Beschreiben und erklären Sie den Weg eines CFTR-Proteins beginnend von der Synthese an den Ribosomen bis zum Einbau in die Zellmembran. Verdeutlichen Sie dabei, an welchen Stationen die unterschiedlichen Defekte hinsichtlich des CFTR-Proteins auftreten. F/II

An den Ribosomen des rauen Endoplasmatischen Retikulums findet die Synthese des CFTR-Polypeptids statt. Es gelangt in den Innenraum des ER und wird dort in mehreren Schritten verändert und gefaltet. Dabei entsteht das CFTR-Protein in seiner typischen Raumstruktur. Der Transport des CFTR-Ionenkanals zur Zellmembran erfolgt zu einem Teil im Innenraum des Röhrensystems des rauen ERs, zum anderen Teil durch Vesikel. Solche ER-Vesikel können mithilfe von Mikrotubuli zur Zelloberfläche transportiert werden, um dort mit der Zellmembran zu verschmelzen. Auf diese Weise gelangt das CFTR-Protein aus dem Vesikelinneren in die Zellmembran. Es wird dort noch mittels ATP aktiviert, um schließlich als Ionenkanal fungieren zu können.

Station Proteinbiosynthese: Ist das CFTR-Gen durch eine Nonsense-Mutation verändert, wird das CFTR-Protein an den Ribosomen nicht gebildet.

Liegt eine Missense-Mutation im CFTR-Gen vor, kann die Primärstruktur des Proteins fehlerhaft synthetisiert, das Polypeptid im ER falsch zusammengebaut oder zu langsam zur epithelialen Zellmembran transportiert werden.

Station Proteinreifung: Eine Deletion führt zum Verlust einer oder mehrerer Aminosäuren im CFTR-Protein. Das CFTR-Protein kann nicht mehr an dieser Stelle glykosyliert werden. Es wird als fehlerhaft erkannt und schließlich abgebaut.

Station CFTR-Ionenkanal-Aktivität: Ein Basenaustausch führt zu einem Austausch einer Aminosäure. Als Folge davon entsteht ein CFTR-Protein, das in der Plasmamembran nicht mehr durch ATP aktiviert werden kann.

b) Vervollständigen Sie die beiden DNA-Abschnitte des intakten und mutierten CFTR-Gens mit dem komplementären DNA-Strang und geben Sie die jeweils transkribierte mRNA sowie die jeweils codierte Aminosäuresequenz an. F/I

DNA-Abschnitt des intakten CFTR-Gens:

...TAG TAG AAA CCA...

...ATC ATC TTT GGT...

mRNA:

...AUC AUC UUU GGU...

Aminosäuresequenz:

... Ile – Ile – Phe - Gly...

DNA-Abschnitt des mutierten CFTR-Gens:

...TAG TAA CCA...

...ATC ATT GGT...

mRNA:

...AUC AUU GGU...

Aminosäuresequenz:

... Ile – Ile – Gly...

c) Benennen Sie den vorliegenden Mutationstyp und erläutern Sie die Auswirkung auf die Primärstruktur des Proteins. F/II

Es liegt eine Deletion von drei Basen vor.

Folge: 5'-ATC TTT-3' wird zu 5'-ATT-3'.

Durch die Mutation bedingt fehlt die unpolare Aminosäure Phenylalanin in der Primärstruktur des CFTR-Ionenkanal-Proteins. Dadurch wird die Raumstruktur des Ionenkanals so verändert, dass dieser seine Funktion verliert.

d) Die Mutation kann mittels Sequenzierung nachgewiesen werden. Der Matrizenstrang dient dabei als Vorlage für den Vorgang der Sequenzierung. Skizzieren Sie das Autoradiogramm des Sequenziergels für den dargestellten Abschnitt des intakten CFTR-Gens und geben Sie die Polung sowie Laufrichtung der Gelelektrophorese an. F/II

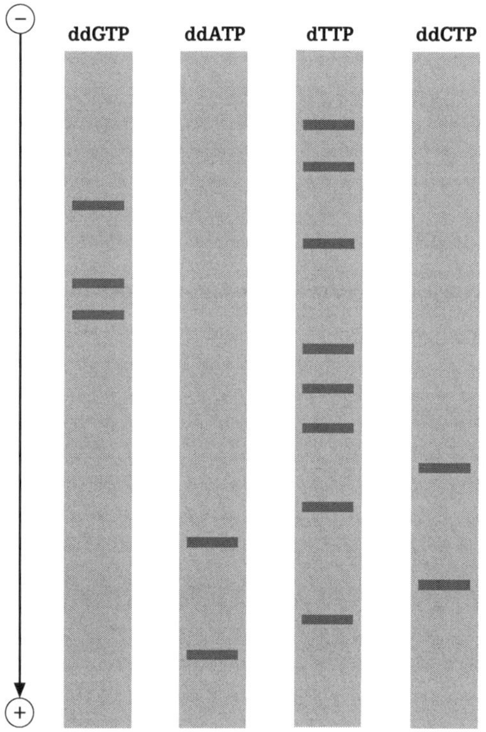

6 PID bei Mukoviszidose?

a) Erklären Sie, wie durch PID verhindert werden kann, dass das Paar ein weiteres Kind mit Mukoviszidose bekommt. F/II

Seit Juli 2011 ist die PID in Deutschland in engen Grenzen erlaubt. Für erblich vorbelastete Eltern, die mit schwerwiegenden genetischen Krankheiten, etwa einer Mukoviszidose, oder der Fehlgeburt des Kindes rechnen und eine IVF durchführen, wird die PID in lizenzierten Reproduktionszentren erlaubt. Dabei wird einem in vitro gezeugten Embryo im Achtzellstadium eine Zelle entnommen und deren Erbgut auf das intakte CFTR-Gen untersucht. Liegt das intakte Gen vor, wird der Embryo in die Gebärmutter der Frau überführt.

b) Nehmen Sie begründet Stellung zu der Entscheidung des Paares und den Bedenken der Freundin. F/II

Schülerlösung

Zum Beispiel: Die Entscheidung des Paares gegen ein von Mukoviszidose betroffenes Kind ist aufgrund der Familiengeschichte zwar verständlich, schließt aber das Auftreten anderer genetischer oder durch einen Unfall bedingter Beeinträchtigungen nicht aus. Demzufolge ist niemand frei von dem Risiko eine Beeinträchtigung zu erleiden. Die Alternative, eine „Schwangerschaft auf Probe", und die Durchführung etwa einer Fruchtwasseruntersuchung zur Feststellung einer genetischen Beeinträchtigung, hat bei einem positiven Ergebnis der Untersuchung häufig die Konsequenz, dass das Kind in der fortgeschrittenen Schwangerschaft abgetrieben wird.

Jedoch sind auch die Bedenken der Freundin ernst zu nehmen. Ein lebenswertes Leben mit Mukoviszidose ist möglich, wie das geschilderte Beispiel zeigt. Jedes Paar muss die freie Wahl haben, sich gegen eine PID zu entscheiden.

4 Entwicklungsgenetik

Seite 153

1 Rauchen verengt die Blutgefäße. Diskutieren Sie mögliche Einflüsse des Rauchens auf die Entwicklung des Embryos. F/II, B/II

Die Verengung der Blutgefäße durch Nikotin führt zu einer Mangeldurchblutung der Plazenta und somit auch des Embryos, wodurch es zu einer Sauerstoffunterversorgung kommt. Das Wachstum und die Entwicklung des Embryos werden negativ beeinflusst, wodurch das Geburtsgewicht der Kinder von Raucherinnen meist reduziert ist. Ferner bewirkt Nikotin eine leichte Kontraktion der Gebärmuttermuskulatur, wodurch das Risiko einer Frühgeburt erhöht ist.

Zusätzliche Befunde zum Rauchen in der Schwangerschaft: Rauchen in der Schwangerschaft schädigt das Gehirn des ungeborenen Kindes, scheint in Zusammenhang mit aggressivem Verhalten bei Kindern zu stehen, fördert das Auftreten von Allergien und Asthma, fördert Missbildungen, Infektanfälligkeit und Entwicklungsverzögerungen und erhöht das Risiko für den plötzlichen Kindstod.

(2) „Gerade in den ersten Tagen und Wochen ihrer Schwangerschaft setzen Schwangere den Embryo häufig teratogenen Stoffen aus." Erklären Sie diese Aussage. F/II, B/II
Schwangere bemerken ihre Schwangerschaft erst an dem Ausbleiben ihrer Regelblutung. Der Embryo ist dann bereits etwa 14 Tage alt, gegebenenfalls sogar älter, sofern die Frau das Ausbleiben ihrer Regelblutung nicht mit einer Schwangerschaft verbindet. Raucht die Frau oder nimmt sie Medikamente ein, setzt sie den Embryo den darin enthaltenen Teratogenen aus, was zu einer Schädigung des Embryos führen kann.

Seite 156

(1) Beschreiben Sie das Basiskonzept „Steuerung und Regelung" am Beispiel der Homöobox. F/II
Eine Homöobox ist eine 180 Basenpaare lange Teilsequenz, die in allen homöotischen Genen sowie auch in anderen Entwicklungskontrollgenen zu finden ist. Das daraus exprimierte Protein wirkt als Transkriptionsfaktor, indem es an die Promotorregion eines Zielgens bindet und so dessen Genexpression steuert. Durch ihr Wirken geben die Homöobox-Gene der Embryonalentwicklung eine Richtung, wodurch sie ein Beispiel für das Basiskonzept „Steuerung und Regelung" darstellen.
Zusatzinformation: Homöobox-Gene kommen nicht nur bei *Drosophila* vor, sondern konnten auch in vielen anderen Organismen nachgewiesen werden. Zudem weisen bestimmte Homöobox-Sequenzen bei *Drosophila* und Wirbeltieren große Übereinstimmungen in den codierenden Abschnitten sowie der Abfolge der Lage auf den Chromosomen auf. Die Homologie der Homöobox-Gene ist daher auch ein Beispiel für das Basiskonzept „Geschichte und Verwandtschaft".

AUFGABEN Mutationen maternaler Gene

a) Beschreiben Sie die Form der in Abbildung A dargestellten normal entwickelten Larve von *Drosophila.* Vergleichen Sie diese mit den Larven der Bicoid- und Nanos-Mutanten. K/I
Die Wildtyp-Larve ist langgestreckt und weist eine typische Einteilung in Kopf mit Mundwerkzeugen, Thorax und Abdomen auf. Bei der Larve der *bicoid*-Mutante fehlt der Kopfbereich, die übrigen Strukturen sind vorhanden. Die Larve der *nanos*-Mutante zeigt ein verkürztes Abdomen. Kopf und Thorax hingegen sind normal entwickelt.

b) Beschreiben Sie die Kurven in Abbildung B und den in Abbildung C dargestellten Versuch. Leiten Sie daraus die Bedeutung des *bicoid*-Gens für die Gestaltbildung bei *Drosophila* ab. F/III, E/II, K/II
Die Abbildung B zeigt die Konzentrationsverhältnisse des Bicoid- und des Nanos-Proteins im *Drosophila*-Embryo entlang der Körperachse. Die Konzentration des Bicoid-Proteins ist am Vorderende des Embryos am größten und nimmt zum Hinterende hin ab. Die Konzentration des Nanos-Proteins nimmt vom Vorderende zum Hinterende des Embryos hin zu.
In Abbildung C wird aus einem Wildtyp-Ei von *Drosophila* eine kleine Menge des Bicoid-Proteins in ein Ei einer *bicoid*-Mutante übertragen. Wird das Bicoid-Protein in den vorderen Bereich des Eies gegeben, entwickelt sich eine Larve mit einem reduzierten Kopf. Die Mundwerkzeuge sind allerdings nicht vollständig ausgebildet. Überträgt man das Protein in die Mitte des Eies, so zeigt die Larve kopfähnliche Strukturen in der Mitte. Direkt daneben bilden sich rechts und links Thoraxsegmente.
Aus beiden Befunden wird deutlich, dass das Bicoid-Protein die Bildung von Kopfstrukturen im *Drosophila*-Embryo einleitet. Im vorderen Bereich des Eies oder frühen Embryos wird das *bicoid*-Gen exprimiert. Es entsteht ein Konzentrationsgradient vom Vorderende zum Hinterende. Fehlt das *bicoid*-Gen, so wird kein Bicoid-Protein gebildet. Die Entwicklungskaskade wird gestoppt. Die Larve kann keinen Kopf entwickeln. Dass sich in dem Experiment nach der Übertragung von geringen Mengen des Bicoid-Proteins jeweils nur Larven mit einem reduzierten Kopf entwickeln, ist mit der geringeren Konzentration des Bicoid-Proteins zu erklären. Anscheinend ist diese für eine vollständige Entwicklungssteuerung nicht ausreichend. Zusammen mit dem Konzentrationsgradienten des Nanos-Proteins wird auf diese Weise die Körperachse festgelegt.

c) Skizzieren und erläutern Sie einen Versuch, mit dem man die Bedeutung des *nanos*-Gens ableiten kann. F/III, E/III, K/II
Ein mögliches Experiment wäre analog zu dem in Abbildung C beschriebenen Experiment. Anstatt des Bicoid-Proteins und der *bicoid*-Mutante würde man eine kleine Menge des Nanos-Proteins in den hinteren Teil bzw. in die Mitte des Eies einer *nanos*-Mutante injizieren. Im ersten Fall würde sich eine Larve mit nahezu vollständigem Hinterleib entwickeln. Bei der Injektion des Nanos-Proteins in die Mitte des Eies der *nanos*-Mutante würden sich in der Mitte der Larve Teile des Abdomens entwickeln.

d) Erklären Sie die möglichen Auswirkungen dieser Mutation auf die nachfolgenden Klassen der Entwicklungskontrollgene. F/III
Eine Mutation des *nanos*-Gens bei *Drosophila* führt dazu, dass dieses Gen nicht exprimiert wird. Somit bildet sich im hinteren Teil des Fliegenembryos auch kein Nanos-Protein und folglich auch kein zum Bicoid-Protein gegenläufiger Konzentrationsgradient aus. Da es sich beim Nanos-Gen um ein maternales Gen handelt, das als Transkriptionsfaktor die zygotischen Gene im hinteren Bereich des Fliegenembryos kontrolliert, bewirkt das Fehlen des Nanos-Proteins, dass die Entwicklungskaskade für den hinteren Bereich des Eies unterbrochen ist. Verschiedene Gene der drei Klassen zygotischer Segmentierungsgene (Lücken-Gene, Paarregelgene, Segmentpolaritätsgene) werden nicht mehr kontrolliert. (So wird beispielsweise die Translation der *hunchback*-mRNA im hinteren Bereich nicht mehr durch das Nanos-Protein unterdrückt.) Aufgrund der fehlenden Steuerung können sich die Abdomensegmente nicht oder nur verkümmert ausbilden.

Seite 157

1 „Durch künstliche Besamung kann es zu einer Steigerung der Inzucht in Folge einer zu starken Einschränkung der Anzahl der Vatertiere kommen." Erläutern Sie diese Aussage. F/II
Eine Beschränkung auf wenige ausgewählte Vatertiere verringert die genetische Vielfalt und erhöht das Risiko für das Auftreten von Gendefekten (rezessiv vererbte Krankheiten) vor allem in der zweiten und in den folgenden Generationen.
In Deutschland werden von den etwa 42 Rinderrassen nur sieben für die künstliche Besamung eingesetzt.

Seite 159

1 Krebs ist eine genetische Erkrankung. Erläutern Sie diese Aussage. F/II
Krebs entsteht in Folge eines Mehrschrittprozesses durch die sukzessive Anhäufung von Mutationen in wachstumsregulierenden Genen, den Proto-Onkogenen und Tumor-Suppressor-Genen. Die Folge ist, dass die Regulation der Zellteilung unkontrolliert erfolgt, da die codierten veränderten Proteine ihre Regulationsfunktion nicht mehr ausüben können.

2 Informieren Sie sich über drei weitere Cancerogene und überlegen Sie sich, wie man sich vor diesen schützen kann. F/I
Zum Beispiel:
Physikalische Mutagene:
- Röntgenstrahlung: Unnötige Röntgenaufnahmen vermeiden.
- UV-B-Strahlung der Sonne: Haut beim Sonnenbaden mit Sonnencreme schützen.

Chemische Mutagene:
- Benzen: Nicht rauchen.
- Benzpyren: Nicht rauchen. Beim Grillen Alufolie verwenden, damit kein Fett in die Glut tropft.

Seite 161

1 Informieren Sie sich über Symptome und Ursache des WERNER-Syndroms und erläutern Sie den Zusammenhang zur Telomertheorie des Alterns. F/II, K/I
Das WERNER-Syndrom ist eine Form der vorzeitigen Alterung (Progerie), die erst nach der Pubertät einsetzt und sich in einem verminderten Längenwachstum sowie einer schwachen und hohen (piepsigen) Stimme äußert. Bereits um das 30. Lebensjahr scheinen die Patienten schneller zu altern. Ihr Haar wird weiß und fällt aus; die Haut wird dünn und scheint aufgrund des wenigen Unterhautfettgewebes und der geringen Pigmentierung durchscheinend. Typische Alterserkrankungen wie der graue Star, Arteriosklerose, Osteoporose und Muskelabbau treten deutlich früher auf. Die meisten Patienten versterben vor dem 50. Lebensjahr, überwiegend an den Folgen der Arteriosklerose oder bösartigen Tumoren.
Die Ursache des WERNER-Syndroms ist eine autosomal-rezessive Mutation des *RecQL1*-Gens auf dem Chromosom 8. Dieser Gendefekt bewirkt einen

Mangel eines Enzyms aus der Gruppe der RecQ-DNA-Helicasen, der so genannten WERNER-Helicasen. Dieses Enzym entwindet die im Ruhezustand stark verdrillte DNA und bereitet diese so auf die Replikation vor. Der Mangel an Helicase führt zu Störungen in der DNA-Replikation und der DNA-Reparatur. Weiterhin lässt sich bei Patienten mit WERNER-Syndrom eine beschleunigte Verkürzung der Telomere beobachten, teilweise bedingt durch die durch den Helicasemangel verursachten Replikationsstörungen. Die beschleunigte Telomerverkürzung bewirkt die schnellere Zellalterung und wird somit als Ursache der vorzeitigen Alterungsprozesse angesehen.

2 Recherchieren Sie das Höchstalter einiger Organismen sowie die Lebensdauer verschiedener menschlicher Zellen. K/I

Höchstalter einiger Lebewesen:
Ratte: 3 Jahre
Regenwurm: 10 Jahre
Hering: 20 Jahre
Schimpanse: 50 Jahre
Elefant: 70 Jahre
Birke: 120 Jahre
Mensch: 122 Jahre
Elefantenschildkröte: 150 Jahre
Efeu: 200 Jahre
Olivenbaum: 700 Jahre
Norwegische Fichten: 9950 Jahre
Höchstalter einiger menschlicher Zellen:
Dünndarmschleimhautzellen: 1 Tag
Weiße Blutkörperchen: bis 3 Tage
Leberzellen: 20 Tage
Rote Blutkörperchen: 120 Tage

3 Krebszellen besitzen ein Gen, dessen Expression das Enzym Telomerase liefert. Wird dieses Gen in das Genom menschlicher Bindegewebszellen in Kultur übertragen, so teilen sich die Zellen unendlich weiter. Erklären Sie, inwieweit dieses Experiment die Telomertheorie des Alterns stützt. F/II

Nach der Telomertheorie ist die Teilungsfähigkeit von Zellen dadurch begrenzt, dass bei jeder Zellteilung die Telomere verkürzt werden. Wird eine Mindestlänge unterschritten, so stirbt die Zelle. Diese Theorie wird durch das Vorkommen der Telomerase gestützt. Die Telomerase verlängert die Telomere, indem sie Nucleotide an die Chromosomenenden anfügt. Die Zellen mit Telomerase sind daher praktisch unsterblich.

4 Lässt man Mäuse unter Laborbedingungen hungern, so leben sie durchschnittlich um 25 Prozent länger als normal ernährte Tiere. Erklären Sie diese Beobachtung auf physiologischer Ebene. F/II

Kontrolliertes Hungern bewirkt eine geringere Stoffwechselrate. Dies führt dazu, dass insgesamt weniger freie Radikale in den Mitochondrien entstehen. Dadurch nimmt die oxidative Schädigung von Biomolekülen durch diese reaktiven Teilchen ab und Alterungsprozesse werden verlangsamt.

5 Viele Hautcremes enthalten Vitamine oder Melatonin. Informieren Sie sich an einem Beispiel über die Wirkungsweise dieser Inhaltsstoffe und beurteilen Sie die Wirksamkeit derartiger Produkte. F/II, K/II, B/I

Die Vitamine A, E und C sowie das Hormon Melatonin werden Hautcremes zugesetzt, weil man sich von ihnen Radikal fangende bzw. antioxidative Wirkungen erhofft. Für die Vitamine sind diese Eigenschaften bedingt nachgewiesen. Melatonin zeigt allerdings in Cremes keine Wirkung.

Seite 165

METHODE Bewerten im Bereich der Bioethik

1 Erklären Sie, was man unter einem moralischen Dilemma versteht. F/II

Ein moralisches Dilemma ist eine Zwangslage, in der jede denkbare Entscheidung zum Verstoß gegen eine grundlegende Wertvorstellung führt.

2 Beschreiben Sie je ein moralisches Dilemma aus den Bereichen „Umgang mit Tieren“ sowie „Nutzung der natürlichen Lebensgrundlagen der Menschen“. F/III

Darf man Menschenaffen für medizinische Versuche nutzen?
Darf man Hühner nur zum Zweck der Eierproduktion nutzen und sie dazu in engen Käfigen halten?
Dürfen wir den Lebensraum für Tiere und Pflanzen zerstören, um mehr Lebensraum für Menschen zu gewinnen?
Sollten zur Verringerung der Kohlenstoffdioxidproduktion Gesetze zu einem Fahrverbot für bestimmte Tage oder Kurzstrecken erlassen werden?

3 Erklären Sie den Unterschied zwischen einer konsequenzialistischen und einer deontologischen Position in der Ethik. F/II

Bei einer deontologischen Position gelten bestimmte Werte oder Prinzipien als absolut. Wenn man zum Beispiel das Tötungsverbot eines Menschen deontologisch begründet, bleibt die Tötung eines Menschen prinzipiell verboten, auch dann, wenn die Tat insgesamt gute Folgen hätte, also vielleicht dadurch vielen anderen Menschen das Leben gerettet werden würde.

Bei einer konsequenzialistischen Position wird eine Handlung danach beurteilt, welche möglichen Folgen sie hat oder welche Werte davon betroffen werden. Die Entscheidung erfolgt dann nach einer Rangfolge moralischer Werte.

4 Führen Sie nach den sieben Schritten der Entscheidungsfindung eine ethische Bewertung der Forschung an embryonalen Stammzellen durch. Vergleichen und diskutieren Sie Ihre Entscheidung mit den Entscheidungen Ihrer Mitschülerinnen und Mitschüler. B/III, K/III

1. Das Dilemma

Darf man menschliche Embryonen zerstören um Stammzellen zu gewinnen?

2. Handlungsmöglichkeiten

- Man darf sie für die Forschung zerstören.
- Man darf sie nicht für die Forschung zerstören.
- Man darf sie nur unter ganz bestimmten Bedingungen für die Forschung zerstören.

3. Ziele und Motive

Man darf sie für die Forschung zerstören:

- Die Ergebnisse der bisherigen Forschung sind sehr vielversprechend. Man kann damit vielleicht schwere Krankheiten heilen.
- Aus einer Blastocyste kann sich im Reagenzglas doch kein Mensch entwickeln.
- Die Forschung in Ländern in denen die Embryonenforschung verboten ist, gerät ins Abseits. Sie kann nicht mehr international wettbewerbsfähig bleiben.
- Wir brauchen Freiheit der Wissenschaft. Sie ist auch im Grundgesetz verankert.
- Sicherung und Schaffung von Arbeitsplätzen der Wissenschaftler und der Forschungseinrichtungen.

Man darf sie nicht für die Forschung zerstören:

- Mit der Verschmelzung von Ei- und Samenzelle beginnt menschliches Leben.
- Grenzen der Forschungsfreiheit sind u. a. die Tötung menschlichen Lebens oder die Missachtung der Menschenwürde.
- Der Wettbewerb in der internationalen Forschung kann auch darin bestehen, andere Ideen zu verfolgen, etwa durch die Arbeit mit adulten Stammzellen.
- Die Möglichkeiten der embryonalen Stammzellforschung sind vielversprechend, aber sie ist nicht der Königsweg.

Man darf sie nur unter ganz bestimmten Bedingungen zerstören, etwa nur überzählige verwaiste Embryonen, oder nur eingeführte Embryonen aus anderen Ländern:

- Mit der Verschmelzung von Ei- und Samenzelle beginnt menschliches Leben.
- Die Tötung menschlichen Lebens ist nicht zu verantworten.
- Da verwaiste Embryonen nicht auf ewig eingefroren bleiben können und vernichtet werden müssen, kann man sie auch für die Forschung nutzen.
- Da es in Deutschland nur sehr wenige verwaiste Embryonen gibt, ist die Einfuhr von verwaisten Embryonen aus anderen Ländern wünschenswert.
- Durch die Forschung mit embryonalen Stammzellen kann man vielleicht schwere Krankheiten heilen.

Zusatzinformation: Bei der In vitro-Fertilisation werden in einem Behandlungszyklus nur maximal drei Embryonen übertragen, um Mehrlingsschwangerschaften zu vermeiden. Bei der vorher durchgeführten hormonellen Behandlung der Frau werden in der Regel mehr als drei Eizellen gewonnen. Diese möchte man für weitere Behandlungszyklen verwenden können, falls die erste Behandlung nicht erfolgreich war. Frisch gewonnene unbefruchtete Eizellen können allerdings weniger gut eingefroren und wieder aufgetaut werden, als befruchtete Eizellen. Daher ist es international gebräuchlich, alle verfügbaren Eizellen in vitro zu befruchten und diejenigen, die nicht für die erste Behandlung eingesetzt werden, für weitere Zyklen einzufrieren. In Deutschland ist dieses Verfahren nur dann mit dem Embryonenschutzgesetz in Ein-

klang zu bringen, wenn in der befruchteten Eizelle noch keine Verschmelzung des Eizellkerns und Samenzellkerns erfolgt ist.
Wenn die IVF-Behandlung im ersten Zyklus bereits erfolgreich war, bleiben die übrigen eingefrorenen Embryonen ungenutzt, sodass weltweit hunderttausende „überzählige" Embryonen vorhanden sind. Da nach deutschem Embryonenschutzgesetz befruchtete Eizellen im Vorkern-Stadium noch keine Embryonen sind, gibt es in Deutschland keine solchen überzähligen Embryonen. Da es aber in Deutschland einzelne Fälle gab, bei der die IVF-Behandlung nach Verschmelzen der Vorkerne etwa in Folge von Erkrankung abgebrochen wurde, wird die Zahl der überzähligen Embryonen in Deutschland auf etwa 100 geschätzt.

4. Folgen
Zerstörung der Embryonen für die Stammzellforschung:
- Die Ergebnisse der Forschung helfen schwere Krankheiten zu heilen.
- Die Wissenschaftler ernten internationale Anerkennung für ihre Arbeit.
- Die Forschungseinrichtungen bekommen Gelder aus öffentlichen Mitteln, sodass die Forschung intensiviert werden kann.
- Arbeitsstellen werden in der Forschung und Anwendung der Ergebnisse geschaffen.
- Der Embryonenbedarf steigt.
- Embryonen werden speziell für die Forschung gezeugt.
- Es entwickelt sich ein Embryonenhandel.
- Die Forschung mit adulten Stammzellen gerät ins Abseits.
- Der Wert von menschlichem Leben wird auch in Frage gestellt bei Wachkoma-Patienten.

Keine Zerstörung der Embryonen für die Stammzellforschung:
- Der Wert des menschlichen Lebens bleibt unangetastet.
- Die Forschung mit embryonalen Stammzellen gerät ins Abseits.
- Die Forschung mit adulten Stammzellen wird intensiviert.
- Die Wissenschaftler gewinnen internationale Anerkennung auf dem Gebiet der Forschung mit adulten Stammzellen.

5. Ethische Werte
Recht auf Leben, Schutzwürdigkeit des Embryos, Menschenwürde, Willensfreiheit, Gesundheit des Menschen, Gerechtigkeit, Freiheit der Forschung, Arbeitsplatzsicherung, Achtung vor der Schöpfung

6. Rangordnung der Werte
- Recht auf Leben
- Schutzwürdigkeit des Embryos
- Menschenwürde
- Gesundheit des Menschen
- Freiheit der Forschung
- Willensfreiheit
- Arbeitsplatzsicherung

7. Entscheidung
Da für mich das Recht auf Leben den höchsten Wert darstellt und mit der Verschmelzung von Samenzelle und Eizelle menschliches Leben beginnt, lehne ich die Zerstörung von menschlichen Embryonen ab. Ich hoffe, dass die Forschung mit adulten Stammzellen so intensiv vorangetrieben wird, dass mit ihren Ergebnissen in naher Zukunft auch viele Krankheiten geheilt werden können.
Oder: Es gibt nichts Wichtigeres als die Würde des Menschen. Aber das Grundgesetz legt aus gutem Grund nicht fest, wann die Würde des Menschen beginnt, ab wann menschliches Leben beginnt. Da für mich eine Blastocyste im Reagenzglas noch kein menschliches Leben darstellt, darf man sie für die Forschung nutzen. Wäre es eine befruchtete Eizelle von mir und meinem Partner (mir und meiner Partnerin) würde ich keine Einwände dagegen habe, sie für die Forschung zur Verfügung zu stellen.

5 Vergleichen Sie die Gesetzeslage zur embryonalen Stammzellengewinnung in Deutschland mit den entsprechenden Gesetzeslagen anderer Länder.
F/II
In der Aufgabenlösung muss der aktuelle Stand der Gesetzeslage dargestellt werden. Die Lösung der Aufgabe kann nicht vollständig dargestellt werden.
In Deutschland ist es nach dem Embryonenschutzgesetzt verboten, menschliche Embryonen für Forschungszwecke herzustellen, zu klonen oder zu zerstören. Die Forschung an importierten embryonalen Stammzellen ist unter bestimmten Auflagen möglich. Nach dem Stammzellgesetz durften zunächst embryonale Stammzellen nach Deutschland

importiert werden, die vor dem 1. Januar 2002 gewonnen worden waren. 2008 legte der Deutsche Bundestag einen neuen Stichtag fest, sodass danach Stammzellen importiert werden dürfen, die vor dem 1. Mai 2007 gewonnen wurden.
In Großbritannien ist sowohl die Erzeugung von menschlichen embryonalen Stammzellen als auch das Klonen menschlicher Embryonen zu Forschungszwecken erlaubt.

(6) Erklären Sie, warum die Argumentation, in England ist die Forschung an embryonalen Stammzellen erlaubt, deshalb sollte sie auch in Deutschland erlaubt werden, ein naturalistischer Fehlschluss ist. F/II, B/II
Hier wird allein aus der Beschreibung eines Sachverhalts eine Norm abgeleitet. Man schließt von der Beschreibung „So ist es in England" auf das Sollen „So soll es in Deutschland sein". Deshalb liegt ein Fehlschluss vor.

(7) Die goldene Regel ist ein volkstümlicher Orientierungsmaßstab für Handeln und spielt in vielen Religionen und Philosophien eine bedeutsame Rolle. In der einfachsten Formulierung lautet sie: „Was du nicht willst, das man dir tu', das füg' auch keinem anderen zu."
Prüfen Sie die Anwendung der goldenen Regel auf die Stammzellenforschung. F/III, B/II
Versetzt man sich zur Antwort der Aufgabe in die Lage des Embryos, wird man zu der Entscheidung kommen, keine Zerstörung des Embryos zu wollen. Versetzt man sich in die Lage eines Erkrankten, der sich von der Stammzellforschung Heilung seiner Krankheit verspricht, wird man zu der Entscheidung kommen, der Zerstörung des Embryos zuzustimmen.
Die goldene Regel ist deshalb in diesem Dilemma nicht hilfreich.

Seite 166 bis 167

AUFGABEN Entwicklungsgenetik

1 Forschen und Erkennen: Differenzierungsfähigkeit von Pflanzenzellen

a) Stellen Sie Hypothesen zur Fragestellung des Experiments auf. F/II, E/II
Nein, eine bereits differenzierte Zelle ist nicht mehr in der Lage, andere Gewebe der Pflanze zu bilden, weil die Zellen nicht mehr totipotent sind und sich daher die Differenzierung nicht mehr rückgängig machen lässt.
Ja, auch eine bereits differenzierte Zelle kann durch Zugabe geeigneter Wachstumsfaktoren wieder in den totipotenten Zustand überführt werden, wodurch die Zelle dann wieder fähig ist, alle Gewebe und sogar einen ganzen Organismus zu bilden.

b) Beschreiben Sie den in der Abbildung dargestellten Versuch und formulieren Sie die Erkenntnisse, die man aus den Ergebnissen gewonnen hat. F/II, K/II
Einer Möhrenwurzel werden differenzierte Zellen (Speicherzellen der Wurzelrinde) entnommen und mit dem Enzym Cellulase versetzt, worauf sich die Zellwand der Zellen auflöst. In einem Nährmedium, welches Wachstumsfaktoren enthält, werden die Zellen kultiviert. Die Zellen entdifferenzieren sich und beginnen sich zu teilen. Es entsteht eine Ansammlung zusammenhängender Zellen (Kallus), die in ein anderes Nährmedium übertragen wird. Aus der Zellmasse entwickelt sich eine vollständige Möhrenpflanze.
Dieser Versuch zeigt, dass bereits differenzierte Speicherzellen der Möhre noch die Fähigkeit besitzen, andere Gewebe, sogar eine vollständige Pflanze zu bilden. Durch die Zugabe von Wachstumshormonen werden die differenzierten Zellen wieder totipotent.

2 Analyse der Proteine in Erbsenkeimlingen

a) Deuten Sie die erhaltenen Ergebnisse. F/II, K/I
Aus der Grafik folgt, dass die verschiedenen Gewebe des Erbsenkeimlings über unterschiedliche Proteinzusammensetzungen verfügen. Diese resultieren aus der unterschiedlichen Expression von Genen.

b) „Differenzierung ist das Resultat einer unterschiedlichen Genaktivität." Erläutern Sie die Aussage an diesem Beispiel. F/II
Alle Zellen des Erbsenkeimlings besitzen dieselbe Erbinformation. Während der Differenzierung erhalten die Zellen, die zu einem Gewebe zusammengefasst werden, eine bestimmte Aufgabe. Um diese Funktion erfüllen zu können, müssen in ihnen spezifische Stoffwechselreaktionen ablaufen. Die dafür benötigten Enzyme werden in den Zellen selbst gebildet. Die die Enzyme codierenden Gene werden je nach Differenzierung aktiviert oder reprimiert. Dadurch wird beispielsweise die Chlorophyllsynthese in den Primärblättern des Keims in Gang gesetzt, während sie in der Wurzel unterdrückt wird.

3 Transplantation von Stammzellen

a) Stellen Sie die Versuche schematisch dar. K/II

Versuch 1:
Transplantation von neuralen Stammzellen in das Knochenmark

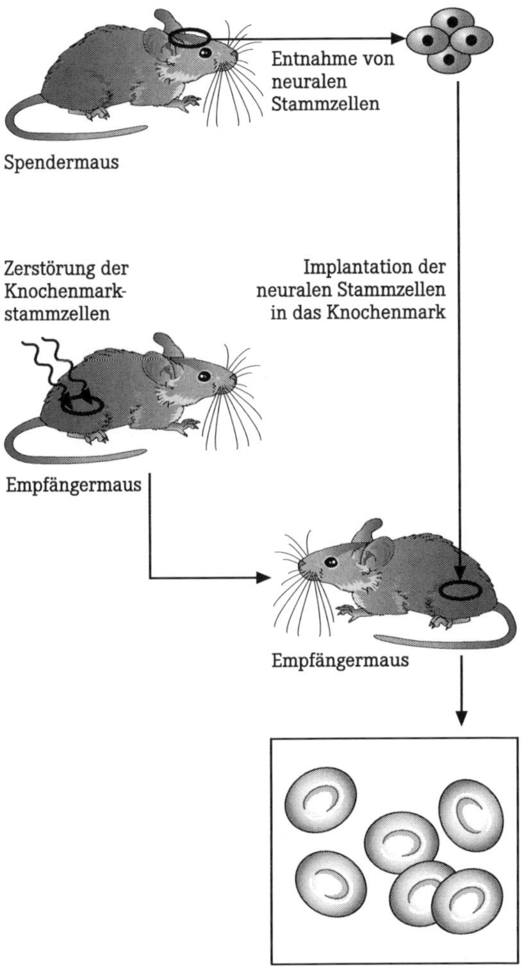

Bildung von Blutzellen in Empfängermaus

Versuch 2:
Transplantation von Knochenmarkstammzellen in das Gehirn

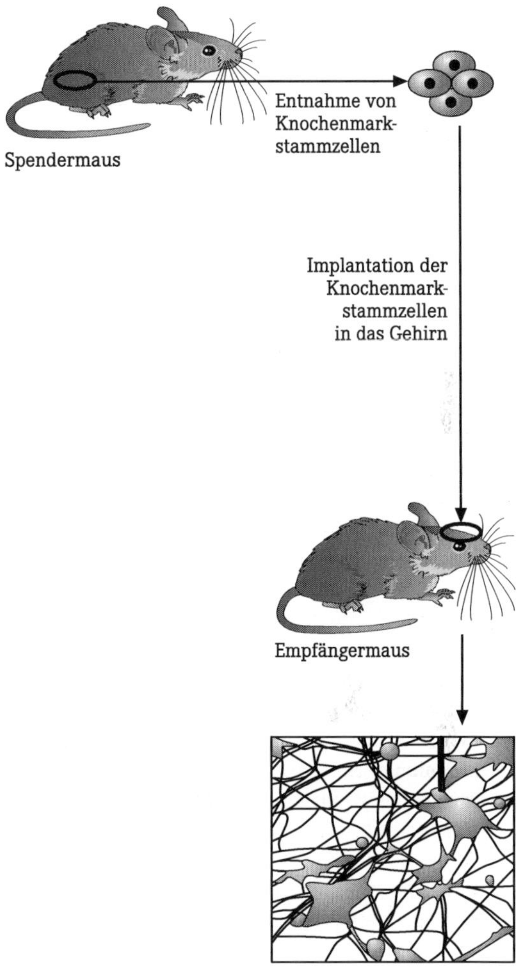

Bildung von Nervenzellen in Empfängermaus

b) Deuten Sie die Ergebnisse und leiten Sie daraus mögliche therapeutische Anwendungen ab. F/III, E/II

Die Versuche zeigen, dass sich adulte Stammzellen nach einer Transplantation in ein fremdes Gewebe (eines anderen Tieres) dem umliegenden Gewebe anpassen und Zellen des neuen Gewebes bilden. Die Zellen des umliegenden Gewebes programmieren die implantierten Stammzellen um, indem sie entsprechende Wachstumsfaktoren abgeben, die die Differenzierung in den jeweiligen Zelltyp ermöglichen.

Therapiemöglichkeiten: Adulte Stammzellen könnten aus einem gesunden Gewebe isoliert und in ein erkranktes Gewebe (eines anderen Menschen) übertragen werden. Dort würden sie die fehlenden bzw. erkrankten Zellen ersetzen.

Durch Zugabe von Wachstums- und Differenzierungsfaktoren könnten aus adulten Stammzellen in vitro gezielt bestimmte Gewebe hergestellt (tissue engineering) und in erkrankte Organe implantiert werden.

4 Alternativen zum therapeutischen Klonen?

a) Beschreiben Sie den Ablauf der Gewinnung von Stammzellen aus der ANT-Blastocyste mit eigenen Worten. F/II, K/I

Einem Spender werden Körperzellen entnommen. Das *cdx2*-Gen wird anschließend durch Zugabe von Transkriptionsfaktoren inaktiviert. Mittels einer sehr dünnen Kanüle wird der so modifizierte Zellkern der Spenderzelle entnommen und in eine zuvor entkernte Eizelle übertragen. Daraus entwickelt sich in vitro eine Blastocyste, deren Zellen ein inaktives *cdx2*-Gen besitzen. Würde man diese Blastocyste in die Gebärmutter einer Frau übertragen, so könnte sie sich aufgrund des inaktiven *cdx2*-Gens nicht in die Gebärmutterschleimhaut einnisten und würde schließlich absterben.

Entnimmt man der Blastocyste allerdings die Embryoblast-Zellen und reaktiviert darin jeweils das *cdx2*-Gen, so erhält man pluripotente ES-Zellen, aus denen sich durch Zugabe von Wachstumsfaktoren verschiedene Gewebe herstellen lassen.

Zusatzinformation: Wird das *cdx2*-Gen nicht wieder aktiviert, so sterben die ES-Zellen ab.

b) Beurteilen Sie, ob das Verfahren ethisch bedenklich ist. F/II, B/III

Bei der Herstellung embryonaler Stammzellen durch therapeutisches Klonen entsteht durch den somatischen Kerntransfer und die anschließende Kultivierung der Zygote in vitro eine totipotente Blastocyste. Nach der Einnistung könnte sich aus dieser Blastocyste in vivo ein kompletter Mensch entwickeln. Daher ist diese Methode zur Erzeugung von ES-Zellen ethisch umstritten und nach deutschem Recht verboten.

Die ANT-Blastocyste kann sich durch das ausgeschaltete *cdx2*-Gen nicht mehr einnisten und würde sich nicht zu einem kompletten Menschen entwickeln können. Da die ES-Zellen der Blastocyste nicht mehr als totipotent einzustufen sind, ist dieses Verfahren ethisch weniger bedenklich.

Dieses Verfahren eignet sich zwar zur Herstellung von ES-Zellen, ohne ein totipotentes Stadium zu durchlaufen, doch kann man bisher nicht einschätzen, inwieweit das Ausschalten bzw. die Reaktivierung des *cdx2*-Gens einen Einfluss auf die Entwicklung der hergestellten ES-Zellen hat.

5 Onkogene verursachen Krebs

a) Erläutern Sie mithilfe des Schemas die Bedeutung der Onkogene für die Krebsentstehung. F/II, K/I

Im Genom von Menschen und Tieren gibt es zwei Arten von Genen, die über Proteine das Wachstum und die Teilung von Zellen regulieren. Proto-Onkogene codieren für Faktoren, die die Zellteilung fördern. Mutiert ein Proto-Onkogen, kann dies zu einer übermäßigen Zellteilungsaktivität führen.

Durch eine Punktmutation im Proto-Onkogen kann ein regulatorisches Protein entstehen, das eine deutlich höhere Aktivität hat als das normale Protein. Aus dem Proto-Onkogen wird so ein Krebs erzeugendes Onkogen. Ferner kann durch eine Translokation ein Proto-Onkogen an einen neuen Genort gebracht werden, wo es unter die Kontrolle eines besonders aktiven Promotors gerät und so dessen Transkriptionsrate erhöht wird. Das Proto-Onkogen kann aber auch vervielfacht werden (Genamplifikation). Werden diese Gene transkribiert, so nimmt auch hier die Konzentration der ellteilungsstimulierenden Proteine zu.

b) Stellen Sie die Wirkung der Tumor-Suppressor-Gene für die Entstehung eines Tumors der der Onkogene entgegen. F/II

Tumor-Suppressor-Gene codieren Proteine, die eine unkontrollierte Zellteilung unterdrücken. Sie wirken daher im Gegensatz zu den Proto-Onkogenen als eine Art Bremse der Zellteilung. Jede Mutation, die die normale Aktivität des Tumor-Suppressor-Gens verringert, kann zur Entstehung von Krebs beitragen, da der Wegfall des Suppressors die Zellteilung über das normale Maß hinaus anregt.

Während bei Mutationen in Proto-Onkogenen die Aktivität oder die Menge der zellteilungsfördernden Proteine erhöht wird, wird bei Mutationen in Tumor-Suppressor-Genen die Aktivität bzw. die Menge an teilungshemmenden Proteinen verringert.

5 Bakterien- und Virengenetik

Seite 168

1 Ermitteln Sie die Anzahl der Bakterienzellen, die nach zehn Teilungen aus einer Ausgangszelle entstanden ist. F/I
Nach zehn Teilungen sind 210 = 1024 Bakterien aus einer Ausgangszelle entstanden.

2 Begründen Sie, warum man bei Bakterien nicht zwischen dominanten und rezessiven Allelen unterscheiden kann. F/II
Da Bakterien haploid sind, kann ein Allel in seiner Wirkung nicht durch ein anderes Allel beeinflusst werden. Folglich kann man bei Bakterien auch nicht zwischen dominanten und rezessiven Allelen unterscheiden.

Seite 170

1 Recherchieren Sie Beispiele für biotechnologische Produkte aus verschiedenen Bereichen und präsentieren Sie Ihre Ergebnisse. K/III
Beispiele aus dem Bereich
- Medizin: Antibiotika wie Tetracyclin, Rifampicin, Chloramphenicol; Immunsuppressiva wie Cyclosporin; Insulin, Erythropoetin, Somatropin
- Landwirtschaft: Bt-Mais, Golden Rice, Flavr-Savr-Tomate
- Industrie: Enzyme wie Amylase, Glucose-Isomerase, Chymosin, Katalase, Substilisin; Aminosäuren wie Cystein, Threonin oder Glutamat; Aromastoffe und Duftstoffe

2 Erläutern Sie mithilfe der Abbildung 2 den Begriff „exponentielles Wachstum“. F/II
Bei einem exponentiellen Wachstum nimmt die Zahl der Zellen in einem bestimmten Zeitintervall nicht um einen festen Betrag zu (lineares Wachstum), sondern sie steigt um einen festen Prozentsatz des jeweiligen augenblicklichen Wertes. So wächst die Zahl der Bakterien in dieser Phase alle 20 Minuten um 100 % des jeweiligen Ausgangswertes an.

Seite 171

1 Vergleichen Sie bei Viren und Bakterien Bau, Vermehrung und Stoffwechsel. F/II

	Virus	Bakterium
Bau	DNA oder RNA, Proteinhülle	DNA und RNA, Zellwand, Ribosomen
Vermehrung	nur in Wirtszellen möglich	durch Teilung
Stoffwechsel	fehlt	vorhanden

Seite 172

1 Vergleichen Sie den Gentransfer durch Transduktion mit dem durch Konjugation. F/I
Bei der Transduktion werden Gene einer infizierten Bakterienzelle durch Phagen in eine neue Wirtszelle übertragen. Ein direkter Kontakt zwischen beiden Bakterienzellen besteht dabei nicht. Im Gegensatz dazu erfolgt bei der Konjugation ein direkter Gentransfer zwischen beiden Bakterienzellen über den Plasmaschlauch. In beiden Fällen werden die übertragenen Gene anschließend über einen Vorgang, der dem Crossing-over ähnelt, in das Chromosom der Empfängerzelle eingebaut.

2 Entwickeln Sie eine Hypothese, mit der das schnelle Auftreten genetisch verschiedener Varianten des Grippevirus erklärt werden kann. E/III
Durch Mutationen entstanden verschiedene Stämme von Grippe-Viren. Kommt es zur Doppelinfektion eukaryotischer Zellen durch diese Stämme, so kann bei der anschließenden Vermehrung in der Zelle Rekombination viraler Gene erfolgen. Als Folge dieser Genaustauschvorgänge entstehen genetische Varianten des Grippevirus.

Seite 173

(1) Erklären Sie die Aufgaben der verschiedenen Enzyme eines HI-Virus. E/I

Die Reverse Transkriptase katalysiert die Umschreibung der viralen RNA in die virale DNA. Dabei dient die einzelsträngige RNA zunächst als Matrize für die Bildung eines RNA-DNA-Hybrid-Doppelstranges. Die Reverse Transkriptase katalysiert anschließend den Abbau der RNA und die Vervollständigung des DNA-Einzelstranges zum DNA-Doppelstrang. Die Reverse Transkriptase wirkt folglich als RNA- und als DNA-abhängige DNA-Polymerase sowie als Nuklease.

Die Integrase katalysiert den Einbau der viralen DNA in die DNA der Wirtszelle. Es entsteht das Provirus.

Die Protease ist für das Zerschneiden des Vorläuferproteins verantwortlich. Das HI-Virus benötigt für seine Ausbreitung eine Reihe von Proteinen, die bei der Vermehrung zunächst in Form des Vorläufer-Proteins synthetisiert werden. Erst aus den Bruchstücken dieses großen Proteins werden anschließend neue Viruspartikel zusammengesetzt.

Seite 174

EXKURS Therapieansätze bei AIDS

(1) Beschreiben Sie die Entstehung medikamentenresistenter Virusvarianten und begründen Sie den resultierenden evolutiven Vorteil des Virus. F/I

Varianten des HI-Virus entstehen unter anderem dadurch, dass die Reverse Transkriptase keine Korrekturlesefunktion besitzt. Die beim Umschreiben der viralen RNA in virale DNA möglicherweise auftretenden Fehler werden daher nicht korrigiert und führen so zu immer neuen Oberflächenstrukturen beim HI-Virus. Die Immunreaktion der Wirtszelle setzt aber eine Konstanz dieser Oberflächenstrukturen voraus. Die HI-Viren sind somit in der Lage, der Immunreaktion des Wirtes zu entgehen und sich ungehemmt zu vermehren.

Seite 175

AUFGABEN Bakterien- und Virengenetik

1 Mutationsrate

a) Beschreiben Sie die Durchführung des Koloniezähltests. E/I

Von einer Bakterienkultur werden zunächst 0,1 ml auf einen Nährboden mit Antibiotikum ausgestrichen und die Zahl der Kolonien bestimmt. Anschließend entnimmt man 1 ml der Bakterienkultur und gibt diese in ein Reagenzglas zu 9 ml Flüssigkeit. Aus dem Reagenzglas mit nun 10 ml verdünnter Bakterienlösung entnimmt man erneut 1 ml und gibt diesen in ein zweites Reagenzglas, das ebenfalls 9 ml Flüssigkeit enthält. Diese Verdünnung führt man insgesamt sieben Mal durch. Aus dem letzten Reagenzglas entnimmt man 0,1 ml der nun stark verdünnten Bakterienlösung und streicht diese auf einen Nährboden ohne Antibiotikum aus.

b) Ermitteln Sie die Zahl resistenter Bakterien in 1 ml der Bakterienkultur. F/II

0,1 ml der unverdünnten Bakterienkultur führen auf dem Nährboden mit Antibiotikum zu 60 Kolonien. In 1 ml der Bakterienkultur befinden sich demnach: 10 x 60 = 600 resistente Bakterien.

c) Bestimmen Sie die Gesamtzahl der Bakterien in 1 ml der Bakterienkultur (= Bakterientiter) und begründen Sie, warum die Verdünnungsreihe nur bei der Ermittlung des Bakterientiters notwendig ist. E/II

Die 30 Kolonien auf dem Nährboden ohne Antibiotikum entsprechen der Zahl resistenter und nicht resistenter Bakterien in 0,1 ml der verdünnten Bakterienkultur. In 1 ml der letzten Verdünnungsstufe befanden sich demnach 300 Bakterien. Da insgesamt $1 : 10^7$ verdünnt wurde, lagen in 1 ml der Bakterienkultur $300 \times 10^7 = 3 \times 10^9$ Bakterien vor.

Mutationen sind seltene Ereignisse. Die Zahl resistenter Bakterien in der Bakterienkultur ist daher begrenzt, eine Verdünnungsreihe folglich nicht notwendig.

d) Berechnen Sie die Mutationsrate für das genannte Beispiel. F/II

Die Mutationsrate ermittelt man, indem man die Zahl resistenter Bakterien in 1 ml Bakterienkultur durch die Gesamtzahl der Bakterien in 1 ml der Bakterienkultur dividiert:

$600/3 \times 10^9 = 2 \times 10^{-7}$ (= 1 : 5 000 000).

2 Wachstumskurven

a) Beschreiben Sie die Kurven. E/I

Kurve A zeigt eine exponentielle Wachstumskurve. Bei Kurve B stagniert die Anzahl der Individuen während des ersten Zeitabschnittes. Es folgt ein sehr kurzer Zeitabschnitt, in dem die Individuenzahl schlagartig in die Höhe schnellt. Beide Abschnitte wiederholen sich anschließend.

b) Ordnen Sie die Kurven einer Bakterienpopulation beziehungsweise einer Virenpopulation zu und begründen Sie Ihre Entscheidung. E/II

Kurve A zeigt die Wachstumskurve einer Bakterienpopulation. Ohne wachstumsbegrenzende Faktoren wie beispielsweise Nahrungsmangel verdoppelt sich die Anzahl der Bakterien pro Zeiteinheit, die Bakterienpopulation zeigt folglich ein exponentielles Wachstum. Kurve B zeigt die Wachstumskurve einer Virenpopulation. Im ersten Zeitabschnitt findet die Virenvermehrung innerhalb der Wirtszelle statt, freie Viren sind noch nicht vorhanden, die Virenzahl stagniert. Mit der Lyse werden zahlreiche Viren freigesetzt, ihre Zahl steigt schlagartig an. Es folgen weitere Vermehrungszyklen mit einer Stagnationsphase und der anschließenden Freisetzung der Viren.

3 Versuch zur Bakteriengenetik

Erklären Sie das Ergebnis. F/II

Neben Bakterien des Stammes A und des Stammes B ließen sich in beiden Schenkeln des U-Rohres auch Bakterien mit neuen Allel- und Merkmalskombinationen nachweisen (his^+ trp^+ und his^- trp^-). Da beide Schenkel durch einen bakterienundurchlässigen Filter voneinander getrennt waren, kann die Rekombination nicht durch direkten Kontakt der verschiedenen Bakterienstämme erfolgen.
Das Versuchsergebnis lässt sich nur mithilfe der Transduktion erklären, bei der Phagen bakterielle Gene von einem Bakterienstamm durch den Filter auf den anderen Stamm übertragen. Infiziert beispielsweise ein Phage mit DNA-Fragmenten des Stammes A Bakterien des Stammes B, so kann es zum DNA-Austausch zwischen beiden Genomen kommen. Durch diese genetische Rekombination sind die Bakterien mit neuen Allel- bzw. Merkmalskombinationen entstanden.

4 Bakteriophagen-Infektion

a) Begründen Sie, warum man DNA und Proteine selektiv mit radioaktivem Phosphor beziehungsweise Schwefel markieren kann. F/II

In einem DNA-Molekül finden sich Phosphor-Atome in den Phosphat-Gruppen. Schwefel-Atome kommen im DNA-Molekül nicht vor. Proteine enthalten Schwefel-Atome in den Seitenketten bestimmter Aminosäuren, aber keine Phosphor-Atome. DNA und Proteine lassen sich daher selektiv mit unterschiedlichen radioaktiven Atomen markieren.

b) Beschreiben Sie die Versuchsdurchführung und das Ergebnis. E/I

Bakteriophagen, deren Hüllproteine mit radioaktivem Schwefel markiert worden waren, infizierten Bakterien. Noch vor der Lyse der Bakterien wurden dann die Hüllproteine der Bakteriophagen durch einen Mixer von den Bakterien getrennt. Radioaktivität ließ sich bei diesem Versuch nur außerhalb der Bakterien nachweisen. In einem zweiten Versuch wurden Bakterien von Bakteriophagen infiziert, deren DNA mit radioaktivem Phosphor markiert war. Nach der Trennung der Phagenhülle von den Bakterien ließ sich Radioaktivität nur im Inneren des Bakteriums nachweisen.

c) Ermitteln Sie die Fragestellung, die dem Experiment zugrunde lag und deuten Sie das Ergebnis. E/III

Alfred HERSHEY und Martha CHASE überprüften mit diesem Experiment die Frage, welcher Bestandteil des Bakteriophagen bei der Infektion in die Bakterienzelle gelangt. Da sich nur radioaktiver Phosphor in den Bakterienzellen befand, war nachgewiesen, dass ausschließlich DNA in die Zelle gelangt. Sie allein trägt also die genetische Information für die Bildung neuer, vollständiger Bakteriophagen.

6 Gentechnik

Seite 179

AUFGABEN Restriktionsenzyme in der Gentechnik

a) Beschreiben Sie die Funktionsweise von Restriktionsenzymen. F/I
Restriktionsenzyme erkennen kurze Palindrom-Sequenzen auf der DNA und schneiden innerhalb dieser Sequenz das Zucker-Phosphat-Rückgrat beider DNA-Stränge entweder auf gleicher Höhe (blunt ends) oder versetzt zueinander (sticky ends).

b) Übertragen Sie die Basensequenz des DNA-Abschnitts auf Ihr Arbeitsblatt und umrahmen Sie deren palindromische Sequenzen. F/I

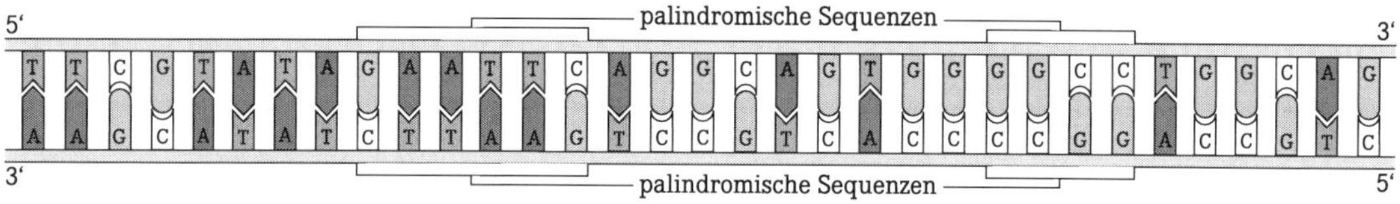

c) Vergleichen Sie die Erfolgsaussichten einer Genklonierung, die jeweils mit dem Restriktionsenzym *Eco*RI beziehungsweise *Hae*III durchgeführt wird. F/II
Bedingt durch die elektrostatische Anziehung der sticky ends erhöht sich die Wahrscheinlichkeit des Einbaus eines gewünschten Fremdgens in einen Vektor. Bei glatten Enden ist dies nicht der Fall. Die DNA-Ligase verbindet jedoch auch die glatten Enden, allerdings mit geringerer Effizienz.

d) Erläutern Sie die Substrat- und Wirkungsspezifität von Restriktionsenzymen. F/I
Substratspezifität: Alle Restriktionsenzyme besitzen eine Erkennungssequenz aus vier bis sechs Basenpaaren.
Wirkungsspezifität: Sie schneiden das Zucker-Phosphat-Rückgrat in beiden Strängen stets zwischen den gleichen Nucleotiden.

e) Beschreiben Sie die Bedeutung von Restriktionsenzymen in der Natur. F/I
Manche Bakterien besitzen Restriktionsenzyme, um sich vor Phageninfektionen zu schützen. Die Phagen DNA wird durch die Enzyme zerschnitten und damit unschädlich gemacht. Das Phagenwachstum wird unterbunden.

f) Skizzieren Sie ein Plasmid mit den relativen Schnittstellen von *Hpa*I, *Pst*I und *Ssp*I und geben Sie jeweils die Größen der Fragmente zwischen den einzelnen Restriktionsschnittstellen an. F/II

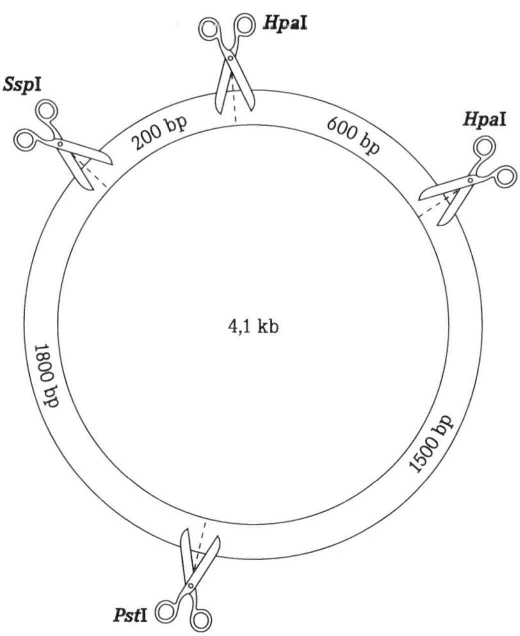

Seite 181

(1) Stellen Sie das Verfahren der Gensuche ausgehend von isolierter mRNA in einem Fließdiagramm dar. F/II

1. Schritt: Erstellen einer cDNA-Bibliothek
Isolieren der mRNA-Moleküle aus exprimierenden Zellen

↓

reverse Transkription der mRNAs in cDNAs

↓

Einbau der cDNAs in einen Vektor

↓

Herstellen einer cDNA-Bibliothek in *E. coli*

↓

2. Schritt: Herstellen von Gensonden
Teilsequenzieren des isolierten Proteins, d. h. die Aminosäuresequenz der ersten sechs bis neun Aminosäuren wird bestimmt.

↓

Aus der Aminosäuresequenz werden alle möglichen Basensequenzen des entsprechenden DNA-Abschnittes mithilfe des genetischen Codes ermittelt.

↓

chemische Synthese aller möglichen Gensonden

↓

3. Schritt: Durchsuchen der cDNA-Bank
Screening der cDNA-Bibliothek mit den synthetisierten Gensonden, nur an den Klon, der das gesuchte Gen enthält, kann sich die Gensonde komplementär binden.

↓

Amplifizieren der isolierten cDNA mittels PCR

Seite 182

(1) Beschreiben Sie die gentechnische Herstellung von Insulin anhand der Abbildung. F/I
Die beiden Gene für die A- und B-Kette des Insulins wurden in verschiedenen Plasmiden jeweils hinter das Galactosidase-Gen in einen Plasmidvektor eingebaut. Der Einbau erfolgte unmittelbar hinter einem Triplett, das für die Aminosäure Methionin codiert.
Die beiden rekombinanten Plasmide wurden getrennt in *E. coli* transformiert. Nach Selektion der transgenen Bakterien wurden diese kultiviert.
Erst die Zugabe von Lactose zur Bakterienkultur aktiviert den Promotor und damit die Genexpression. Nach Aufbrechen der Zellen und Aufreinigung durch Chromatographie werden die Fusionsproteine durch Bromcyan-Behandlung spezifisch gespalten. Es spaltet Proteine hinter Methionin und trennt damit die beiden Insulinketten von der Galactosidase ab. Die nochmals gereinigten A- und B-Ketten werden schließlich miteinander über Disulfidbrücken zu aktivem Insulin verknüpft.

(2) Informieren Sie sich über vier weitere gentechnisch produzierte Medikamente. K/I
Zum Beispiel:

- Der *Blutgerinnungsfaktor VIII* ist ein Protein, das für die normale Blutgerinnung benötigt wird. Genetisch bedingte Defekte der Faktor VIII-Synthese sind die Ursache für die Bluterkrankheit (Hämophilie). Über viele Jahre behandelte man Bluter mit Faktor VIII-Präparaten, die aus menschlichem Blut gereinigt wurden. Dazu benötigte man viel Spenderblut und zudem bestand die Gefahr der Übertragung von Infektionskrankheiten wie Hepatitis B oder AIDS. Bei der gentechnischen Herstellung des Faktors VIII besteht das Problem, dass es sich um ein großes Gen mit 186 000 Basen (26 Exons und 25 Introns) handelt. Die cDNA umfasst noch 9000 Basen. Zudem hat das fertige Protein 17 Disulfidbrücken und ist glykosyliert. Bakterien sind nicht in der Lage, Introns aus einem Gen zu schneiden und können auch keine posttranslationale Modifikationen vornehmen. Dieses Protein muss daher in Säugerzellen (Hamsterzellen) hergestellt werden. Zwar sind solche Kulturen anspruchsvoller, aber dafür stellen sie das korrekt modifizierte, biologisch aktive Protein her.

- Ein *Impfstoff gegen das Hepatitis B-Virus (HBV)* besteht einzig aus dem Oberflächenprotein des Erregers, mit dem das Immunsystem reagiert. Diese Impfungen sind also nicht mit einem Infektionsrisiko verbunden. HBV befällt die Leber und kann zu Leberkrebs führen. Zur Herstellung kloniert man das HBV-Genom und isoliert das Gen, das für das HBV-Oberflächenprotein codiert. In Hefe wird das Gen eingebaut und dort schließlich exprimiert. Das rekombinant hergestellte Hefeprotein ist dem natürlichen Virusprotein sehr ähnlich und wird heute kommerziell zur Impfung gegen HBV-Infektionen eingesetzt.
- *Erythropoetin® (EPO)* ist ein Hormon das in der Niere gebildet wird. Es regt im Knochenmark die Bildung von Roten Blutkörperchen an. Viele Patienten mit chronischem Nierenversagen leiden deshalb auch an einer Anämie, weil sie zu wenig körpereigenes Erythropoetin bilden.
- Eine relativ neue Gruppe gentechnisch hergestellter Wirkstoffe sind *monoklonale Antikörper.* Ein Präparat ist Herceptin®, das bei einer bestimmten Form von Brustkrebs eingesetzt wird. Derzeit sind in Deutschland über 20 Medikamente mit monoklonalen Antikörpern zugelassen, zahlreiche weitere Antikörper befinden sich noch in der Forschungsphase.

Seite 183

(1) Erklären Sie, warum für einen genetischen Fingerabdruck proteincodierende DNA-Bereiche nicht geeignet sind. F/I

Proteincodierende DNA-Bereiche (Gene) wurden im Laufe der Evolution soweit selektiert, dass sie bei allen Menschen gleich sind. Der genetische Fingerabdruck beruht aber gerade auf hypervariablen Sequenzen im Genom, die nicht dem Selektionsdruck ausgesetzt sind und damit bei jedem Menschen individuell sind.

(2) Erläutern Sie, warum der genetische Fingerabdruck nicht per se den Beweis für die Schuld des Verdächtigen liefert. F/II

Gibt es eine Übereinstimmung zwischen der am Tatort gefundenen DNA und der DNA eines Verdächtigen, beweist das nur, dass der Verdächtige am Tatort war. Damit ist er aber nicht automatisch auch der Täter. Mit einem entsprechenden Alibi wäre er entlastet. Es handelt sich also um ein Beweisstück, das zusammen mit anderen Fakten berücksichtigt werden muss.

(3) Nennen Sie weitere Einsatzmöglichkeiten des genetischen Fingerabdrucks. F/I

Zum Beispiel:
- Vaterschaftstests
- Stammbaumanalysen
- Ahnenforschung
- Identifizierung von Mikroorganismen
- Nachweis gentechnisch veränderter Lebensmittel

Seite 185

(1) Beschreiben Sie Ziele der modernen Pflanzenzüchtung. F/I

Ziel der modernen Pflanzenzüchtung ist es transgene Pflanzen mit bestimmten Eigenschaften herzustellen. Durch Grüne Gentechnik erhält man viel schneller Pflanzen mit den gewünschten Eigenschaften als durch klassische Züchtung.
Bei transgenen Pflanzen der ersten Generation standen in den 1990er Jahren die Schädlingskontrolle und die Ertragssteigerung im Vordergrund.
Bei transgenen Pflanzen der zweiten Generation zielte man auf die Verbesserung des Nährstoffgehalts, etwa die Erhöhung des Gehalts an Omega-3-Fettsäuren ab.
Heutige transgene Pflanzen sollen Industrierohstoffe, etwa Biokraftstoffe oder pharmazeutische Produkte wie Hormone, Impfstoffe oder Antikörper, herstellen.

(2) Erklären Sie einen Aspekt, der beim Einbau des Antisense-Fremdgens beachtet werden muss, damit dieses gleichzeitig mit dem Sense-Gen transkribiert wird. F/II

Das Antisense-Fremdgen muss hinter demselben Promotor eingebaut werden wie das Sense-Gen, ohne dass es zu einer Verschiebung des Leserasters im Antisense-Gen kommt. Wird der Promotor des Sense-Gens durch Transkriptionsfaktoren aktiviert, wird auch das Antisense-Fremdgen transkribiert.

Seite 186

EXKURS Gentechnik – Pro und Kontra

(1) Transgener Raps wird in Europa bislang nicht angebaut. Seitdem in Kanada 1995 der Anbau von transgenem Raps zugelassen wurde, haben sich dort die Ernteerträge um zehn Prozent erhöht. Auch wurden geringere Mengen an Herbiziden eingesetzt, da die Rapsfelder nun genau gegen das tatsächliche Unkrautvorkommen gespritzt werden konnten. Zur Herstellung von Biodiesel soll transgener Raps in Niedersachsen angebaut werden. Bewerten Sie diesen fiktiven Fall mithilfe der sieben Schritte einer ethischen Bewertung. B/II

1. Das Dilemma
Kann man verantworten, transgenen Raps für die Herstellung von Biodiesel in Niedersachsen trotz der ökologischen Risiken anzubauen?

2. Handlungsmöglichkeiten
Ja, der Anbau ist zu befürworten.
Nein, der Anbau muss abgelehnt werden.
Nur unter ganz bestimmten Auflagen, etwa hohen Sicherheitsauflagen, kann der Anbau erlaubt werden.

3. Ziele und Motive
Ja, der Anbau ist zu befürworten:
- Hohe Ernteerträge von Raps können erzielt werden.
- Herbizide können in geringeren Mengen eingesetzt werden, sodass die negativen Folgen des Herbizideinsatzes wie die Herbizidresistenz von Unkräutern und die Artenverarmung in Feldlandschaften vermindert werden.
- Höhere finanzielle Gewinne können durch den Anbau von transgenem Raps erzielt werden.
- Aus den Rapssamen soll Biodiesel hergestellt werden. Dessen Verbrennung führt im Gegensatz zur Verbrennung von fossilen Brennstoffen nicht zu einem Anstieg der Kohlenstoffdioxidkonzentration in der Atmosphäre.

Nein, der Anbau muss angelehnt werden:
- Die Freisetzung von transgenem Raps ist nicht beherrschbar. Die transgenen Rapspflanzen könnten sich in Niedersachen ausbreiten, denn sie finden gute Wachstumsbedingungen vor und sind zudem tolerant gegen Herbizide.
  Zusatzinformation: Nach der Ernte bleiben stellenweise mehrere Tausend Rapssamen pro Quadratmeter auf dem Feld. Rapssaat ist noch etwa 15 Jahre keimfähig.
- Es ist zu befürchten, dass ihr Gen für die Herbizidtoleranz auf Wildpflanzen übertragen wird, etwa dadurch, dass es mit den Blütenpollen auf verwandte Arten, etwa auf Unkräuter, übergeht. So könnte die Herbizidtoleranz bei Unkräutern verbreitet werden.
  Zusatzinformation: In Deutschland hat Raps verschiedene Verwandte, etwa die Kulturpflanzen Kohl und Rettich sowie die Wildpflanzen Hederich und Ackersenf. Diese sind mit Raps kreuzungsfähig und ihre Blütezeiten überschneiden sich mit der Blütezeit von Raps.
- Rapsblüten werden häufig von Honigbienen, Wildbienen und Insekten aufgesucht. Sie liefern sowohl Nektar als auch Pollen. Die Aufnahme von Pollen und Nektar könnte Auswirkungen auf die betreffenden Insekten und ihre Brut haben.
- Es ist zu befürchten, dass durch den Honig von Honigbienen Bestandteile der transgenen Pflanzen in die Nahrungskette der Menschen kämen. Der Honig ließe sich schlechter vermarkten und so hätten die Imker finanzielle Einbußen.
- Transgener Raps enthält ein bestimmtes Antibiotika-Resistenzgen als Markergen. Solche Antibiotika-Resistenzgene könnten etwa auf krankheitserregende Bakterien übergehen. Diese wären dann nicht mehr mit den betreffenden Antibiotika zu bekämpfen.
  Zusatzinformation: In das Genom der beiden Rapssorten von Plant Genetic Systems wurden als Markergene eine Resistenz gegen das Antibiotikum Kanamycin eingebaut. Mithilfe von Rekombinationssystemen versucht man neuerdings allerdings solche Markergene aus transgenen Rapspflanzen herauszuschneiden.
- Anstelle der transgenen Rapspflanzen für Biodiesel sollte man auf den begrenzten Ackerflächen besser Pflanzen anbauen, die der Ernährung der Menschen dienen.

Der Anbau soll nur unter ganz bestimmten Auflagen, etwa hohen Sicherheitsauflagen, erlaubt werden:
- Ein extra großer Sicherheitsabstand zu den Feldern, auf denen nicht transgene Pflanzen angebaut werden, muss eingehalten werden.

- Der Boden muss nach der Ernte etwa durch Hitze so behandelt werden, dass die im Boden eingetragenen Samen nicht mehr keimfähig sind.
- Den Imkern müssen für die Einbußen im Honighandel Entschädigungen gezahlt werden.

4. Mögliche Folgen

Bei Zulassung des Anbaus von transgenem Raps:

- finanzieller Gewinn für den Landwirt
- Die Kohlenstoffdioxidkonzentration in der Atmosphäre steigt bei der Verbrennung von Biodiesel anstatt fossiler Brennstoffe weniger stark an.
- Die transgenen Rapspflanzen breiten sich in Niedersachen aus.
- Die Herbizidtoleranz wird auf Unkräuter übertragen. Diese können nicht mehr durch die zurzeit angewendeten Herbizide vernichtet werden.
- Krankheitserregende Bakterien werden resistent gegen das bestimmte Antibiotikum, das als Markergen in transgenem Raps enthalten ist.
- Es tritt eine Konkurrenz um die Ackerflächen auf. Dadurch könnten Lebensmittel teurer werden.

Bei Verbot des Anbaus von transgenem Raps:

- Die Gefahren, die mit dem Anbau von transgenem Raps verbunden sind, werden ausgeschlossen.
- Auf den Flächen kann Raps angebaut werden, der nicht gentechnisch verändert ist.
- Höherer Herbizideinsatz mit den entsprechenden Folgen ist möglich, sodass die negativen Folgen des Herbizideinsatzes wie Herbizidresistenz von Unkräutern und Artenverarmung in Feldlandschaften auftritt.
- gesundheitliche Gefährdung der in der Landwirtschaft tätigen Menschen
- Ernteverluste und finanzielle Einbußen des Landwirts

Nur unter bestimmten Auflagen kann der Anbau erlaubt werden:

- Die Ausbreitung von transgenem Raps wird verhindert.
- Der Sicherheitsabstand, die Bodenbehandlung nach dem Anbau und die finanziellen Entschädigungen für Imker und Biobauern schmälern die finanziellen Gewinne beim Anbau von transgenem Raps.
- Die Ackerflächen können viele Jahre lang nicht mehr für den Anbau nicht transgener Pflanzen genutzt werden.
- Nicht-Ziel-Organismen werden geschädigt.
- Gesundheitsgefährdung des Menschen
- Resistenzbildungen bei Bakterien

5. Ethische Werte, die betroffen sind

Artenschutz, Gesundheit des Menschen, Wahlfreiheit, Fortschritt, Nachhaltigkeit, Sicherheit, Toleranz, Entscheidungsfreiheit, Gerechtigkeit, Fairness, Recht auf Arbeit, Gleichberechtigung, biologische Vielfalt (Biodiversität), ökonomische Sicherheit

6. Rangordnung der Werte

Gesundheit des Menschen, Gleichberechtigung, Sicherheit, Toleranz, Entscheidungsfreiheit, biologische Vielfalt (Biodiversität), Nachhaltigkeit, Artenschutz, Fortschritt, Recht auf Arbeit, finanzielle Sicherheit

7. Entscheidung

Bei der Freisetzung von gentechnisch verändertem Raps besteht die größte Gefahr darin, dass die biologische Vielfalt bzw. Ökosysteme verändert werden, daher ist der Anbau von transgenem Raps in Niedersachsen nicht zu verantworten. Die biologische Vielfalt stellt für mich einen höheren Wert dar als die finanzielle Sicherheit von Landwirten.

2 Nehmen Sie Stellung zu dem Argument:
„In Kanada ist der Anbau von transgenem Raps erlaubt, deshalb sollte er auch in Deutschland erlaubt sein." B/II

Bei diesem Argument handelt es sich um einen naturalistischen Fehlschluss. Er liegt dann vor, wenn man davon ausgeht, ausschließlich aus Beobachtungstatsachen direkt wertende Schlussfolgerungen zu ziehen, ohne sich klar zu machen, dass man damit eine Wertung verbunden hat. Ein englischer Philosoph formulierte das zugehörige Gesetz: „Aus einem Sein lässt sich kein Sollen ableiten!"

Beliebte naturalistische Fehlschlüsse sind: „Alles, was die Natur macht, ist gut." Wer so argumentiert, müsste, um einen naturalistischen Fehlschluss zu vermeiden, zunächst begründen, warum das gut und handlungsbestimmend sein soll, was in der Natur oder in Kanada passiert.

Seite 187

AUFGABEN Ethische Bewertung der Gentechnik

1 Ethische Bewertung

a) Erklären Sie das Prinzip der Antisense-Technik, mit der die Amflora®-Kartoffel erzeugt wurde. Geben Sie dabei an, welche Bedeutung das Resistenzgen gegen Kanamycin in dem gentechnischen Verfahren hat. F/II

Bei der Antisense-Technik wird das Gen, dessen Produkt nicht gebildet werden soll, isoliert. Für die Amflora®-Kartoffel ist es das Gen, welches die Stärkesynthetase codiert (das Enzym, welches für Synthese der Amylose zuständig ist). Dieses Antisense-Fremdgen wird verkehrt herum hinter demselben Promotor des Originalgens für Stärkesynthetase eingebaut. Bei der Transkription entsteht sowohl eine Original-mRNA als auch eine komplementäre Antisense-mRNA. Original- und Antisense-mRNA lagern sich auf Grund der komplementären Basenfolge zu einem mRNA-Doppelstrang zusammen. In dieser Form werden sie nicht mehr translatiert, sondern in den Zellen enzymatisch abgebaut. So wird die Synthese von Stärkesynthetase und infolgedessen die Synthese von Amylose verhindert. Das Resistenzgen gegen Kanamycin ist bei der gentechnischen Erzeugung der transgenen Kartoffelpflanzen notwendig, um die Zellen, bei denen der Gentransfer erfolgreich war, zu selektieren. Sie überleben nur auf einem Nährboden mit Kanamycin.

b) Nennen Sie Pro- und Kontra-Argumente für den Anbau der Amflora®. Geben Sie jeweils die ethischen Werte an (etwa: Gesundheit, Umweltschutz, ...), die hinter jedem Argument stehen. E/II

Pro
- Stärke ist biologisch abbaubar. *(Umweltschutz)*
- Stärke ist, im Gegensatz zu Erdöl und Kohle, ein nachwachsender Rohstoff, Kartoffeln können immer wieder angebaut werden. *(Umweltschutz)*
- Die industrielle Herstellung von Amylopektin aus der Amflora® ist weniger zeit- und arbeitsaufwendig als aus Kartoffeln, die nicht gentechnisch verändert wurden. *(Umweltschutz, ökonomische Sicherheit, finanzieller Gewinn, Erwerbssicherung)*
- Die Verarbeitung der Stärke aus Amflora® verbraucht weniger Energie und ist weniger abwasserbelastend als die Verarbeitung der Stärke aus nicht gentechnisch veränderten Kartoffeln. *(Umweltschutz)*
- Kulturkartoffeln haben keine wild wachsenden, verwandten Arten in Europa und vermehren sich nur über die Knollen und nicht über Samen, deshalb besteht nur eine geringe Auskreuzungsgefahr. *(Naturschutz, Artenschutz, Sicherheit)*
- Die EU-Kommission 2010 hat nach eingehenden Sicherheitsprüfungen den Anbau von Amflora® zu industriellen Zwecken genehmigt und die Verwendung der bei der Stärkegewinnung anfallenden Nebenerzeugnisse als Futtermittel zugelassen. *(Sicherheit)*

Kontra
- Die Amflora®-Kartoffel enthält als Markergen ein Resistenzgen gegen Kanamycin, ein Antibiotikum, das in der Medizin zur Bekämpfung von Infektionskrankheiten eingesetzt wird. Es besteht die Gefahr der Übertragung von Antibiotikaresistenzgenen auf andere Lebewesen, z. B. Darmbakterien des Menschen. *(Gesundheit des Menschen)*
  Zusatzinformation: Das Antibiotikum Kanamycin ist ein in der Tierhaltung sehr verbreitetes Antibiotikum. Es wird wegen seiner Nebenwirkungen heute beim Menschen nicht mehr innerlich sondern nur noch äußerlich, z. B. als Augentropfen oder Hautsalbe, verwendet.
- Auslösen von Allergien *(Gesundheit des Menschen)*
- Für den Anbau der Amflora®-Kartoffel braucht man landwirtschaftlich genutzte Flächen, die nicht mehr für den Anbau von Nahrungsmitteln zur Verfügung stehen. *(Nachhaltigkeit, Gerechtigkeit, Gesundheit des Menschen)*
- Transgene Kartoffeln könnten beim Anbau, bei der Ernte oder der Verarbeitung mit nichttransgenen Kartoffeln vermischt werden, sodass Kartoffelprodukte aus transgenen Kartoffeln doch in Lebensmitteln auftauchen würden. *(Sicherheit, Recht auf Selbstbestimmung)*
- Transgene Kartoffelpflanzen könnten Auswirkungen haben auf Insekten, die die Blüten bestäuben, und Tiere, die Teile der Kartoffelpflanzen fressen.

Zusatzinformation: Es ist nicht geklärt, ob transgene Pollen negative Wirkungen auf Pollen übertragende Insekten haben können. Solitärbienen und Wildbienen übernehmen einen wesentlichen Teil der Bestäubung. Sie gehören zu den Insektengruppen, deren Verbreitung im Abnehmen begriffen ist. Die Staubgefäße der Kartoffelblüte haben nur eine enge Öffnung am Ende. Verschiedene Bienen- und Hummelarten haben ein besonderes Pollenschüttel-Verhalten entwickelt, um das

Nahrungsangebot ähnlicher Blüten nutzen zu können. Das lässt vermuten, dass Kartoffelblüten als Nahrung für diese Insekten bedeutsam sind, vor allem wenn die wilden Solanum-Arten durch das Vordringen von Bebauung und Landwirtschaft zurückgehen.
Kartoffelbeeren fressende Tiere oder Tiere, die sich von Kartoffelpflanzen und Knollen ernähren, z.B. Vögel, Mäuse und Spitzmäuse, lassen sich kaum durch Zäune aufhalten. Mehr als zehn Vogelarten sind Nachtschattenbeeren-Fresser, darunter Mönchsgrasmücken, Amseln, Rotkehlchen, Grauschnäpper, Stare, Gimpel und Blaumeisen.

c) Treffen Sie eine persönliche Entscheidung für oder gegen den Anbau der Amflora® in Deutschland und diskutieren Sie diese mit Ihren Mitschülerinnen und Mitschülern. B/III
individuelle Lösung
Beispiel: Ich bin gegen den Anbau der Amflora®-Kartoffel, da ich die Gesundheit von Menschen bedroht sehe, sowohl durch die mögliche Übertragung von Antibiotikaresistenzen als auch die Verknappung von Nahrungsmitteln.
Ich bin für den Anbau der Amflora®-Kartoffel, da die Verarbeitung der Stärke Energie und Wasser spart und demzufolge dem Umweltschutz dient. Umweltschutz dient auch der Gesundheit des Menschen, die ich durch den Anbau von der Amflora®-Kartoffel nicht direkt bedroht sehe. Es wurden ja eingehende Sicherheitsprüfungen durchgeführt.

d) Der Anbau für gentechnisch veränderten Bt-Mais 2009 wurde in Deutschland verboten, trotz der seit 1998 geltenden EU-Zulassung. Nennen Sie mögliche Gründe für dieses Verbot. Nennen Sie Gründe, warum der Anbau von Amflora® im Gegensatz zum Anbau von Bt-Mais in Deutschland erlaubt wurde. E/II

- Amylopektin aus den transgenen Kartoffeln dient nur industriellen Zwecken und die anfallenden Nebenerzeugnisse dienen nur als Futtermittel. Die transgenen Kartoffeln gelangen nicht in die Lebensmittelkette.
- Sie vermehren sich nur über die Knollen und nicht über Samen, deshalb besteht nur ein geringes Risiko, dass sie sich unkontrolliert ausbreiten.
- Kulturkartoffeln haben keine wild wachsenden, verwandten Arten in Europa, deshalb besteht nur eine geringe Einkreuzungsgefahr in Wildarten oder benachbarte Kulturpflanzen.

Zusatzinformation: Die Kartoffel *(Solanum tuberosum)* gehört zur Familie der Solanaceae wie auch u. a. Tabak *(Nicotiana)*, Bilsenkraut *(Hyoscyamus)*, Stechapfel *(Datura)*, Tollkirsche *(Atropa)* und Petunia *(Petunia)*.
Zur Gattung Solanum zählen auch die Kulturarten Tomate *(S. lycopersicum)* und Aubergine *(S. melongena)* und die Wildarten bittersüßer und schwarzer Nachtschatten *(S. dulcamara und S. nigrum)*. Diese Arten sind untereinander nicht kreuzbar, zumindest konnten bisher keine lebensfähigen Nachkommen beobachtet werden.

e) Der Anbau von nachwachsenden Rohstoffen auf Ackerflächen konkurriert mit dem Anbau von Nahrungsmitteln. Nennen Sie Folgen, die sich aus diesem Flächennutzungsdilemma ergeben könnten. E/II
Die Anbauflächen für Nahrungsmittel werden durch den Anbau von Pflanzen für nachwachsende Rohstoffe reduziert. Infolge der Flächennutzungskonkurrenz könnten sowohl Lebensmittel als auch die nachwachsenden Rohstoffe teurer werden.
Weltweit könnte das Risiko der Mangelernährung und des Hungers für viele Bevölkerungsgruppen steigen, wenn immer weniger Ackerflächen für den Anbau von Nahrungsmitteln genutzt werden.
Weitere Folge wäre, dass immer mehr ökologisch wertvolles Grünland in Ackerland umgewandelt wird und infolgedessen die Biodiversität, Artenvielfalt und die Stabilität von Ökosystemen gefährdet sind.

f) Während in den meisten Ländern der Anbau für gentechnisch veränderte Pflanzen flächenmäßig stetig zugenommen hat, ist in der EU der Anbau solcher Pflanzen eher rückläufig. Nur in Spanien wird Bt-Mais in größerem Umfang angebaut. Nehmen Sie Stellung zu diesem gegenläufigen Trend in Europa. B/III
individuelle Lösung
Beispiel: Die mit dem Anbau transgener Pflanzen verbundenen negativen Folgen sind größer, als die Nachteile, die sich aus dem Nichtanbau ergeben. Auch wenn das Risiko besteht, dass Europa den Anschluss an eine Zukunftstechnologie verliert und vielleicht auch primär höhere Kosten für die Produkte aus nicht transgenen Pflanzen entstehen, ist das Risiko für die Gesundheit der Menschen, insbesondere die Übertragung von Antibiotikaresistenzen auf krankmachende Erreger, zu groß.
Außerdem ergeben sich höhere Kosten, etwa durch Koexistenzmaßnahmen in der Landwirtschaft, denn zwischen den Feldern mit transgenen und nicht transgenen Pflanzen müssen breite Abstände eingehalten

werden. Auch bei der Lebensmittelerzeugung entstehen höhere Kosten infolge der notwendigen Trennung von gentechnikfreien Produkten und Produkten, die Zutaten aus transgenen Pflanzen enthalten. Wenn man diese sekundären Kosten mitrechnet, ist fraglich, ob der Anbau transgener Pflanzen Kosten einspart und höhere Gewinne einbringt.
Für die Zulassung von gentechnisch veränderten Pflanzen in Europa durchlaufen transgene Pflanzen eine strenge Sicherheitsprüfung, bei der nach einer genauen Vorschrift Risikofaktoren untersucht werden. Die Zulassung wird nur erteilt, wenn der Schutz von Mensch und Umwelt nach dem aktuellen Wissensstand nicht gefährdet ist. Auf die Entscheidung der daran beteiligten Fachmänner und Fachfrauen ist Verlass. Wenn in Europa der Anbau transgener Pflanzen nicht zugelassen wird, kommt es zur Abwanderung von Unternehmen und damit zum Verlust von Arbeitsplätzen. Auch wird unsere Forschung den internationalen Anschluss verlieren.

2 Gensuche

a) Stellen Sie die Verfahrensschritte in einer sinnvollen Reihenfolge dar, um ausgehend vom isolierten Protein GFP die cDNA vom *gfp*-Gen zu sequenzieren. F/II

- Sequenzieren der ersten neun Aminosäuren des Proteins GFP
- Ermitteln aller möglichen Basensequenzen für die sequenzierten Aminosäuren mithilfe des genetischen Codes
- chemische Synthese aller möglichen Gensonden
- Isolieren der mRNA-Moleküle aus Zellen der Qualle
- Herstellen der cDNAs mithilfe der Reversen Transkriptase
- Einbauen der cDNAs in Vektoren
- Herstellen der cDNA-Bank durch Einbauen der Vektoren in Bakterien und Übertragung auf einen Nährboden
- Erstellen einer Kopie der cDNA-Bank mittels Replikatechnik
- Aufbrechen der Bakterienzellen, Denaturierung der DNA und Absuchen der cDNA-Bank auf den gesuchten Klon mithilfe von Gensonden
- Vervielfältigen des ermittelten DNA-Abschnittes mithilfe der Kopie der cDNA-Bank
- Sequenzieren des ermittelten DNA-Abschnittes

b) Die folgende Nucleotidsequenz stellt einen Teil des Beginns der reifen mRNA des *gfp*-Gens dar.
5'...UUUACAGGAUAACAAAGAUGAGUAAAGGAGAA-CUU... 3' Ermitteln Sie die Sequenz der ersten fünf Aminosäuren des Proteins GFP. F/I
Aminosäuresequenz:
...Met-Ser-Lys-Gly-Glu...

7 Humangenetik

Seite 189

(1) Nennen Sie die Ordnungskriterien für die Erstellung eines Karyogramms. F/I
Ein Karyogramm wird nach folgenden Ordnungskriterien erstellt:
- Größe
- Lage des Centromers
- Bänderung

(2) Beschreiben Sie den menschlichen Karyotyp in Abbildung 2. K/II
Abbildung 2 zeigt das Karyogramm eines Mannes. Es liegen 44 Autosomen als 22 homologe Paare vor sowie ein X- und ein Y-Chromosom als Gonosomen. Der Karyotyp lautet: 46,XY.

(3) Erstellen Sie ein Fließdiagramm zur Chromosomenpräparation. K/I

Blutentnahme
↓
Kultivierung / Zellkultur
↓
Stoppen des Zellzyklus in der Metaphase: Zugabe von Colchicin
↓
Präparation der Chromosomen (Zellkerne der weißen Blutzellen)
↓
Fotografieren
↓
Sortieren zum Karyogramm (Rechner)

Seite 192

1 Beschreiben Sie einen der Stammbäume auf den Seiten 190–192. F/II, K/II
Seite 190: Die Abbildung zeigt einen Stammbaum mit autosomal-rezessivem Erbgang über vier Generationen. Die insgesamt fünf Betroffenen sind homozygot für das mutierte Allel (Genotyp aa), wobei Männer und Frauen etwa gleich häufig betroffen sind (zwei männliche und drei weibliche Personen). Die Heterozygoten (Genotyp Aa) sind selbst gesund, können jedoch als Konduktoren fungieren: Nachkommen, die aus einer Partnerschaft mit einer homozygoten Person hervorgehen (P-, F_1- und F_2-Generation), sind homozygot oder heterozygot (F_1: zweimal aa und zweimal Aa, F_2: jeweils einmal aa und Aa, F_3: einmal Aa). Das Kind der beiden gesunden Heterozygoten in der F_1 erhält von beiden Eltern jeweils das mutierte Allel und ist somit erkrankt. Weitere Kinder wären mit einer Wahrscheinlichkeit von 75 % gesund (25 % homozygot AA und 50 % heterozygot Aa).
Seite 191: Die Abbildung zeigt einen Stammbaum mit autosomal-dominantem Erbgang über vier Generationen. Die insgesamt acht Betroffenen sind heterozygot für das mutierte Allel (Genotyp Aa), wobei Männer und Frauen hier gleich häufig betroffen sind (jeweils vier männliche und weibliche Personen). Nur Homozygote sind gesund (aa). Nachkommen, die aus einer Partnerschaft mit einer heterozygoten Person hervorgehen (P-, F_1- und F_2-Generation), sind homozygot oder heterozygot (F_1 und F_2: jeweils einmal aa und dreimal Aa), wobei die statistische Wahrscheinlichkeit bei jeweils 50 % liegt. Anders als beim rezessiven Erbgang wird keine Generation übersprungen (Abb. 2: F_1, rechts, Abb. 7: F_2, links).
Seite 192: Die Abbildung zeigt einen Stammbaum über vier Generationen mit X-Chromosomen-gebundenem Erbgang. Bei den insgesamt fünf Betroffenen handelt es sich ausschließlich um männliche Personen. Sie sind hemizygot: Es liegt nur ein X-Chromosom (mit dem mutierten Allel) sowie ein Y-Chromosom vor. Alle acht im Stammbaum dargestellten Frauen sind gesund. Die Mütter betroffener Männer sind Konduktorinnen und somit heterozygot für das mutierte Allel. Gesunde Frauen ohne Nachkommen oder solche, deren Söhne ebenfalls gesund sind, können homozygot oder heterozygot sein. Ihre Söhne haben dann das X-Chromosom mit dem intakten Allel erhalten.

2 Begründen Sie, weshalb die Bluterkrankheit bei Frauen nur äußerst selten auftritt. F/II
Eine Frau, die bluterkrank ist, muss homozygot für das mutierte Allel sein. Dieser Fall kann nur dann eintreten, wenn ihr Vater selbst Bluter und ihre Mutter Konduktorin ist. Die Konstellation ist relativ selten.

3 Begründen Sie, weshalb das Risiko für das Auftreten einer Mukoviszidose in Verwandtenehen erhöht ist. F/II
Mukoviszidose wird autosomal-rezessiv vererbt. Innerhalb einer Familie können Träger eines mutierten Allels gehäuft auftreten, da dieses von Generation zu Generation weitervererbt wird. Die Personen sind zwar selbst gesund, können aber heterozygot sein und damit Konduktoren für das mutierte Allel. Bei Verwandtenehen ist die Wahrscheinlichkeit erhöht, dass beide Partner heterozygot sind. Wenn beide Partner jeweils das mutierte Allel an ihr gemeinsames Kind vererben, ist dieses von Mukoviszidose betroffen.

4 Erläutern Sie das Basiskonzept „Reproduktion" am Beispiel einer Erbkrankheit. F/II
Die Reproduktion von Lebewesen ist verbunden mit der Weitergabe von Erbinformation. Ist die genetische Information verändert, so kann dies eine genetisch bedingte Krankheit verursachen: So führt, z. B. beim MARFAN-Syndrom, eine Missense-Mutation zu einer fehlerhaften Bildung von Fibrillin. Der Phänotyp des MARFAN-Syndroms wird bereits ausgeprägt, wenn nur eines von zwei Allelen defekt ist. Ein heterozygot Betroffener bildet Geschlechtszellen, die entweder das intakte oder das defekte Allel aufweisen. Eine homozygot gesunde Person bildet ausschließlich Geschlechtszellen mit intaktem Allel. Bei der Reproduktion können Zygoten und folglich Nachkommen entstehen, die das defekte Allel von ihrem betroffenen Elternteil erhalten und somit die Krankheit von diesem geerbt haben.

5 Ermitteln und erläutern Sie, welche Genotypen und Phänotypen von Nachkommen eines bluterkranken Mannes und einer gesunden Frau statistisch zu erwarten wären. F/II
Ein bluterkranker Mann trägt das mutierte Allel, das für die Ausbildung der Bluterkrankheit verantwortlich ist, auf dem X-Chromosom und ist somit hemizygot. Eine gesunde Frau kann entweder ho-

mozygot oder heterozygot sein. Sie besitzt also entweder auf ihren beiden X-Chromosomen jeweils das intakte Allel oder nur auf einem X-Chromosom das intakte und auf dem anderen das mutierte Allel. Im zweiten Fall ist sie Konduktorin.
Söhne, die aus der Partnerschaft eines bluterkranken, hemizygoten Mannes und einer gesunden, homozygoten Frau hervorgehen, sind stets gesund: Sie erhalten von ihrem Vater das Y-Chromosom und von ihrer Mutter ein X-Chromosom mit dem intakten Allel. Töchter sind stets gesund, jedoch zugleich Konduktorinnen: Während sie von der Mutter zwar ein X-Chromosom mit dem intakten Allel erhalten, vererbt ihnen der Vater ein X-Chromosom mit dem mutierten Allel.
Kinder, die aus der Partnerschaft eines bluterkranken, hemizygoten Mannes und einer gesunden, jedoch heterozygoten Frau hervorgehen, sind mit einer Wahrscheinlichkeit von jeweils 50 % bluterkrank oder gesund: Von ihrer Mutter erhalten sie entweder das X-Chromosom mit dem intakten Allel oder das X-Chromosom mit dem mutierten Allel, von ihrem Vater erhalten Söhne das Y-Chromosom und Töchter das X-Chromosom mit dem mutierten Allel.

Seite 195

1 Beschreiben Sie die Nondisjunction von Chromosomen anhand von Abbildung 3. F/II, K/II
Eine Nondisjunction kann in der 1. oder 2. Reifeteilung der Meiose geschehen.
Bei einer Nondisjunction in der 1. Reifeteilung (Abb. links) unterbleibt die Trennung der beiden homologen Chromosomen eines Chromosomenpaares (oben). Das väterliche und das mütterliche Chromosom gelangen somit gemeinsam in eine der beiden entstehenden Tochterzellen, sodass in der anderen Tochterzelle ein entsprechendes Exemplar fehlt (Mitte). Nach der Trennung der Schwesterchromatiden der jeweiligen Zwei-Chromatiden-Chromosomen liegt in zwei der insgesamt vier Geschlechtszellen (unten) jeweils ein Chromosomensatz mit einem zusätzlichen Chromosom vor (n+1). In den anderen beiden Geschlechtszellen fehlt dieses Chromosom jeweils im Chromosomensatz (n-1).
Bei einer Nondisjunction in der 2. Reifeteilung (Abb. rechts) unterbleibt die Trennung der beiden Schwesterchromatiden eines Zwei-Chromatiden-Chromosoms (Mitte). Da zuvor die 1. Reifeteilung normal abgelaufen ist (oben) und die Nondisjunction in der 2. Reifeteilung nur eine der beiden entstandenen Tochterzellen betrifft (Mitte), werden zwei Geschlechtszellen mit normalem Chromosomensatz (n) gebildet (unten). Von den beiden anderen gebildeten Geschlechtszellen (unten) weist eine infolge der Nondisjunction einen Chromosomensatz mit einem zusätzlichen Chromosom auf (n+1), welches somit im Chromosomensatz der anderen Geschlechtszelle fehlt (n-1).
Somit führt eine Nondisjunction in der 1. Reifeteilung stets zu Geschlechtszellen mit verändertem Chromosomensatz. Bei einer Nondisjunction in der 2. Reifeteilung ist dies nur in der Hälfte der gebildeten Geschlechtszellen der Fall.

2 Zeichnen Sie alle Zygoten, die bei Verschmelzung der in Abbildung 3 dargestellten Geschlechtszellen mit einer normalen Geschlechtszelle gebildet werden können. F/II, K/II

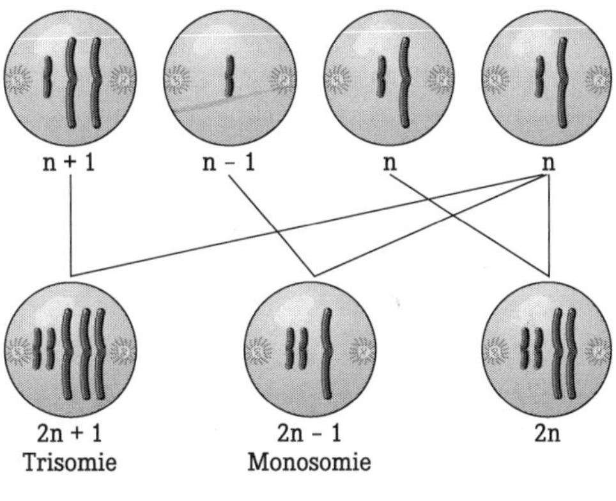

3 Begründen Sie, weshalb bei einem Menschen keine Monosomie oder Trisomie von Chromosom 1 gefunden werden kann. F/II
Chromosom 1 ist das größte menschliche Chromosom und enthält somit relativ viele Gene. Wenn diese aufgrund einer Monosomie oder einer Trisomie nur einmal bzw. einmal zuviel vorkommen, ist die Genbalance so sehr gestört, dass sich kein lebensfähiger Organismus entwickeln kann.

Seite 197

(1) Stellen Sie tabellarisch die verschiedenen Typen von Chromosomenmutationen dar, die Sie dann zur Beschreibung von Abbildung 2 in Form eines Vortrags nutzen. F/I, K/I

Deletion	**Segmentverlust**
Duplikation	Segmentverdopplung, gleiches Chromosom
Translokation	Segment wird auf nicht homologes Chromosom übertragen
Inversion	Segment um 180 Grad gedreht

(2) Erklären Sie, warum bei einer Deletion oder Duplikation die Größe des betroffenen Chromosomenabschnitts in Zusammenhang mit der Ausprägung phänotypischer Auffälligkeiten des betroffenen Menschen steht. F/I, F/II
Je größer das betreffende Segment ist, desto mehr Gene sind betroffen und desto stärker ist somit die Genbalance gestört. Entsprechend stärker ist auch die Auswirkung auf den Phänotyp.

(3) Vergleichen Sie die balancierte und unbalancierte Translokation 14/21 in Bezug auf Genotyp und Phänotyp. F/I
Bei einer balancierten Translokation 14/21 liegen ein freies Chromosom 14 und ein freies Chromosom 21 vor, ihre jeweiligen homologen Partner sind zu einem Translokationschromosom 14/21 fusioniert. Es liegt damit jedoch kein genetisches Material zu viel vor. Der Phänotyp ist daher unauffällig.
Bei einer unbalancierten Translokation 14/21 liegt neben zwei freien Chromosomen 21 und einem freien Chromosom 14 ein Translokationschromosom vor, das aus dem zweiten Chromosom 14 sowie einem weiteren Chromosom 21 besteht, welches somit neben den beiden anderen überzählig ist. Dies wirkt sich im Phänotyp (wie bei einer freien Trisomie 21) als DOWN-Syndrom aus.

(4) Beschreiben Sie die FISH-Technik anhand von Abbildung 3. F/I, K/I
Die DNA des Zielchromosoms wird durch Hitzeeinwirkung denaturiert, d. h., sie wird in Einzelstränge aufgetrennt. Bei der anschließenden Hybridisierung bindet die einzelsträngige DNA-Sonde, die mit einem Fluoreszenzfarbstoff gekoppelt ist, an die komplementären Bereiche im Chromosom. Im Zielchromosom ist dann an dieser Stelle eine Fluoreszenzmarkierung sichtbar.
Zusatzinformation: In der Regel werden kommerziell erhältliche DNA-Sonden für die Fluoreszenz-in situ-Hybridisierung (auch FISH-Sonden oder FISH-Proben genannt) ebenso wie die zu untersuchenden Chromosomen, die auf einem Objektträger fixiert sind, zunächst durch Hitzeeinwirkung denaturiert und somit einzelsträngig gemacht. Für die anschließende Hybridisierung wird die Sonden-DNA im Überschuss eingesetzt, um zu gewährleisten, dass die Einzelstränge der FISH-Probe sich nicht nur miteinander paaren, sondern auch an die komplementären Abschnitte im Zielchromosom binden.

(5) Erläutern Sie, wie der Nachweis der in Abbildung 4 dargestellten Deletion erfolgt. F/II, K/II
Während das eine Chromosom eine rote und eine grüne Markierung zeigt, ist beim homologen Chromosom nur eine grüne Markierung sichtbar, das rote Signal fehlt an der entsprechenden Stelle. Die FISH-Sonde konnte dort nicht hybridisieren, da der komplementäre Abschnitt im Zielchromosom nicht vorhanden ist. Es liegt also eine Deletion vor.

Seite 199

(1) Nennen Sie Gründe, eine genetische Beratungsstelle aufzusuchen. F/I
Ein/e Ratsuchende/r kann eine humangenetische Beratungsstelle deshalb aufsuchen, weil sie/er entweder selbst von einer Erbkrankheit betroffen ist oder ein Erkrankungsrisiko für sich selbst oder für Familienangehörige befürchtet. Der letztgenannte Fall betrifft häufig ungeborene oder zukünftig geplante Kinder. Eine Indikation liegt vor bei Erbkrankheiten in der Familie, bei Verwandtenehen, bei älteren Frauen bzw. Paaren, bei Medikamenten- oder Suchtmitteleinnahme oder Virusinfektionen während der Schwangerschaft, außerdem bei ungewollter Kinderlosigkeit oder Fehlgeburten.

(2) Beschreiben Sie anhand der Abbildung 2 die invasiven Methoden der pränatalen Diagnostik. Vergleichen Sie die Verfahren hinsichtlich ihrer Vorteile und Risiken. F/II, K/II
Zu den invasiven Verfahren der pränatalen Diagnostik gehören die Chorionzottenbiopsie, die Amniozentese und die Nabelschnurpunktion. Alle

drei Verfahren werden unter Ultraschallkontrolle durchgeführt.
Bei der Chorionzottenbiopsie wird fetales Gewebe entweder durch die Scheide von der Plazenta abgesaugt oder durch Bauchdecke und Gebärmutter hindurch mittels einer Kanüle entnommen. Sie kann schon ab der 12. Schwangerschaftswoche durchgeführt werden, aber mit einer Rate von bis zu 1% ist das Risiko einer Fehlgeburt doppelt so hoch wie bei der Amniozentese (ca. 0,5%). Diese kann allerdings erst ab der 15. Schwangerschaftswoche vorgenommen werden. Dabei wird ähnlich wie bei der Chorionzottenbiopsie durch Bauchdecke und Gebärmutter hindurch mit einer Kanüle etwas Fruchtwasser entnommen. Ab der 19. Schwangerschaftswoche ist eine Nabelschnurpunktion anwendbar, bei der durch die Bauchdecke der Mutter fetales Blut aus der Nabelschnur (Vene) entnommen wird. Das Risiko eines Aborts ist mit 1 bis 2% höher als bei den anderen beiden Verfahren.
Alle drei Verfahren ermöglichen eine genetische Analyse auf Ebene der Chromosomen (u.a. Geschlechtsbestimmung anhand der Gonosomen) und auf Ebene der DNA sowie eine Stoffwechseldiagnostik.
Zusatzinformation: Bei der Chorionzottenbiopsie kann bereits innerhalb weniger Tage ein (erstes) Ergebnis vorliegen, da unmittelbar eine ausreichende Anzahl von Zellen für die Analyse zur Verfügung steht. So müssen die Eltern nicht so lange im Ungewissen bleiben. Bei der Amniozentese liegen Analyseergebnisse erst nach etwa zwei Wochen vor, da die im Fruchtwasser enthaltenen Zellen des Fetus erst mittels Zellkultur vermehrt werden müssen. Somit muss eine längere Wartezeit in Kauf genommen werden.

3 Informieren Sie sich über die gesetzlichen Grundlagen der PID-Anwendung in Deutschland und in anderen Ländern. F/II, K/II

Deutschland: Seit Juni 2011 ist die PID in Deutschland eingeschränkt erlaubt. So dürfen Embryonen getestet werden, wenn das Elternpaar eine Veranlagung für eine schwerwiegende Erbkrankheit in sich trägt oder mit einer Tot- oder Fehlgeburt zu rechnen ist. Zuvor müssen die Paare jedoch aufgeklärt und fachkundig beraten werden. Die PID soll zudem auch nur in lizenzierten Zentren durchgeführt werden.
Großbritannien: Hier ist die PID seit 1990 erlaubt und bis zum 14. Tag der Embryoentwicklung zulässig, jedoch nur wenn das Risiko einer schweren, genetisch bedingten Erkrankung besteht. In Ausnahmefällen darf auch eine Geschlechterselektion durchgeführt werden, beispielsweise wenn eine Erbkrankheit gonosomal vererbt wird. Die PID ist auch erlaubt, um ein geeignetes Geschwister zu erzeugen, das als Spender für ein bereits geborenes aber todkrankes Kind dienen soll. In allen Fällen muss die PID, genauso wie in Deutschland, in zertifizierten Zentren durchgeführt werden.
Frankreich: Die PID ist nur in Ausnahmefällen erlaubt, beispielsweise zur Feststellung, Verhütung oder Behandlung von schweren genetisch bedingten Krankheiten, die zu diesem Zeitpunkt als unheilbar und unbehandelbar gelten. Die genetische Anomalie muss jedoch zuvor bei mindestens einem Elternteil festgestellt worden sein. Die Untersuchungen müssen in speziellen Zentren durchgeführt werden. Eine Geschlechtsbestimmung mithilfe der PID aus nichtmedizinischen Gründen ist verboten. Die PID ist erlaubt, um ein geeignetes Geschwister zu erzeugen, das als Spender für ein bereits geborenes, aber todkrankes Kind dienen soll.
Österreich: Hier ist die PID verboten. Untersuchungen an entwicklungsfähigen Zellen dürfen nur zum Zwecke der Herbeiführung einer Schwangerschaft durchgeführt werden.
Belgien: Es gibt keine explizite gesetzliche Regelung. Aber durch ein Gesetz zur Forschung an Embryonen aus dem Jahre 2003 wird festgelegt, dass eine PID nur bei medizinischer Indikation durchgeführt werden darf. Zudem muss ein Antrag an eine Bioethikkommission gestellt werden. Lizenzierte Zentren sind für die Durchführung der PID verantwortlich.
Schweiz: Zurzeit ist hier die PID verboten. Im Juni 2011 wurde jedoch eine Gesetzesänderung eingereicht, die die PID unter bestimmten Bedingungen erlauben soll.
USA: Es gibt keine einheitlichen Gesetze und auch auf Ebene der Bundesstaaten existiert in den meisten Fällen keine gesetzliche Regelung. Die Kontrolle und Durchführung obliegt weitestgehend dem jeweiligen Arzt. Die PID wird auch mit dem Ziel der Geschlechtsbestimmung ohne medizinische Indikation oder zur Feststellung einer Behinderung durchgeführt.

Quellen:
- Max-Planck-Institut für ausländisches und internationales Strafrecht: Max-Planck-Datenbank zu den rechtlichen Regelungen zur Fortpflanzungsmedizin in europäischen Ländern. http://www.mpicc.de/meddb/show_all.php
- Büro für Technikfolgen-Abschätzung beim Deutschen Bundestag (TAB) (2004): TAB-Arbeitsbericht Nr. 094. http://www.tab-beim-bundestag.de/de/publikationen/berichte/ab094.html
- Die Zeit (2011): Hintergrund: Präimplantationsdiagnostik im Ausland. http://www.zeit.de/news-072011/7/iptc-bdt-20110707-250-31296734xml/seite-1
- Deutscher Bundestag (2011): Bundesdrucksache 17/5415, Seite 3, Abschnitt B. http://dipbt.bundestag.de/dip21/btd/17/054/1705451.pdf
- Deutsches Referenzzentrum für Ethik in den Biowissenschaften (DRZE) (2011): Präimplantationsdiagnostik. II Rechtliche Aspekte. http://www.drze.de/im-blickpunkt/pid/rechtliche-aspekte

Seite 200

1 Begründen Sie, warum polygene oder dominante Erbdefekte schwieriger durch Gentherapie behandelt werden können. F/I, F/II

Bei polygen bedingten Erbkrankheiten müssten mehrere Gendefekte in den Zielzellen therapiert werden. Gegenwärtig ist dies noch nicht erfolgreich. Bei Heterozygoten mit dominanten Erbdefekten werden 50 % des Genprodukts gebildet, sodass sie in der Regel dennoch krank sind. Demnach müssten bei Betroffenen beide Allele mittels Gentherapie ersetzt und voll exprimiert werden, um eine Genesung zu erreichen.

Seite 201

AUFGABEN Humangenetik

1 Stammbaumanalyse

a) Führen Sie eine Analyse des abgebildeten Stammbaums durch. F/II, K/II

Der Stammbaum umfasst insgesamt 20 Personen. Da beide Geschlechter etwa gleich häufig betroffen sind (3 Frauen, 4 Männer), ist das Vorliegen eines autosomalen Erbgangs wahrscheinlich. Da außerdem Generationen bei der Merkmalsausprägung übersprungen werden (Personen 3-6 und 7-9) und gesunde Eltern (5 und 6, 8 und 9 sowie 11 und 12) kranke Kinder (10, 13 und 14, 16, 17 sowie 20) haben, muss das für die Ausprägung der Erbkrankheit verantwortliche Allel rezessiv sein.

Folgende Genotypen können zugeordnet werden
(a = defektes Allel, A = intaktes Allel):

1: aa	8: Aa	15: Aa / Aa
2: Aa / AA	9: AA / Aa	16: aa
3: AA / Aa	10: aa	17: aa
4: Aa	11: AA / Aa	18: AA / Aa
5: Aa	12: AA / Aa	19: AA / Aa
6: AA / Aa	13: aa	20: aa
7: AA / Aa	14: aa	

Die erkrankten Personen (1, 10, 13, 14, 16, 17, 20) sind homozygot, besitzen also jeweils zwei defekte Allele (aa). Gesunde Heterozygote (4, 5, 8) fungieren als Konduktoren des defekten Allels (Aa). Die übrigen gesunden Personen können homozygot (AA) oder ebenfalls heterozygot (Aa) für das intakte Allel sein.

Anhand von Person 5 ist eindeutig belegbar, dass ein autosomaler Erbgang vorliegt: Bei X-Chromosomen-gebundener Vererbung müsste diese erkrankt sein.

b) Geben Sie die Wahrscheinlichkeit an, mit der aus der Verbindung der Personen 11 und 12 ein genotypisch nicht betroffenes Kind hervorgeht. Begründen Sie anhand eines Kreuzungsquadrates. F/II, K/II

Unter der Annahme, dass die Personen 11 und 12 beide Konduktoren (Aa) sind, beträgt die Wahrscheinlichkeit, dass aus deren Verbindung ein genotypisch nicht betroffenes Kind (AA) hervorgeht, 25 %.

Kreuzungsquadrat:

♀ \ ♂	A	a
A	AA	Aa
a	Aa	aa

c) Erklären Sie anhand des Stammbaums, weshalb es aus humangenetischer Sicht nicht unproblematisch ist, wenn verwandte Paare Kinder bekommen. F/II, K/II

Bei Verwandtenehen (hier: Personen 8 und 9) ist die Wahrscheinlichkeit erhöht, dass beide Eltern Konduktoren eines rezessiven defekten Allels sind. Damit erhöht sich die Wahrscheinlichkeit, dass dieses Allel bei den Nachkommen im homozygoten Zustand vorliegt, sodass gehäuft Merkmalsträger auftreten.

2 Stammbaumerstellung und -analyse

a) Erstellen Sie anhand der Familienchronik einen Phänotypenstammbaum. F/II, K/II

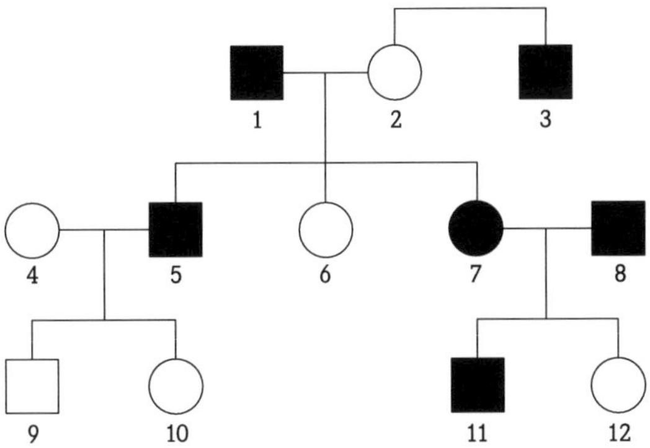

○ weiblich □ männlich

b) Analysieren Sie den erstellten Stammbaum. FII, K/II

Der Stammbaum umfasst insgesamt 12 Personen. Da relativ viele von ihnen, nämlich die Hälfte, betroffen sind, wird ein dominanter Erbgang vermutet. Obwohl nur eine Frau und fünf Männer betroffen sind, ist ein X-Chromosomen-gebundener Erbgang auszuschließen, da zum Beispiel das Elternpaar 7 und 8 eine gesunde Tochter hat. Folgende Genotypen können zugeordnet werden (A = defektes Allel, a = intaktes Allel):

1: Aa	5: Aa	9: aa
2: aa	6: aa	10: aa
3: Aa / AA	7: Aa	11: AA / Aa
4: aa	8: Aa	12: aa

Die gesunden Personen (2, 4, 6, 9, 10, 12) sind homozygot für das intakte Allel. Die erkrankten Personen sind entweder eindeutig heterozygot (1, 5, 7, 8), oder sie können entweder ebenfalls heterozygot oder auch homozygot für das defekte Allel sein (3, 11).

c) Beurteilen Sie, ob der Chronist auf gesunde Enkelkinder hoffen kann. F/II

Die beiden Kinder (9, 10) des Chronisten (5) sind gesund und daher homozygot für das intakte Allel (aa). Aus einer Verbindung mit einem Partner, der ebenfalls nicht betroffen ist (Genotyp aa), gehen jeweils zu 100 % gesunde Kinder hervor.

3 Balancierte Translokation 14/21

a) Aus einer elterlichen Zelle mit balancierter Translokation 14/21 können durch Meiose sechs unterschiedliche Typen von Geschlechtszellen hervorgehen. Zeichnen Sie diese schematisch. F/II, K/II

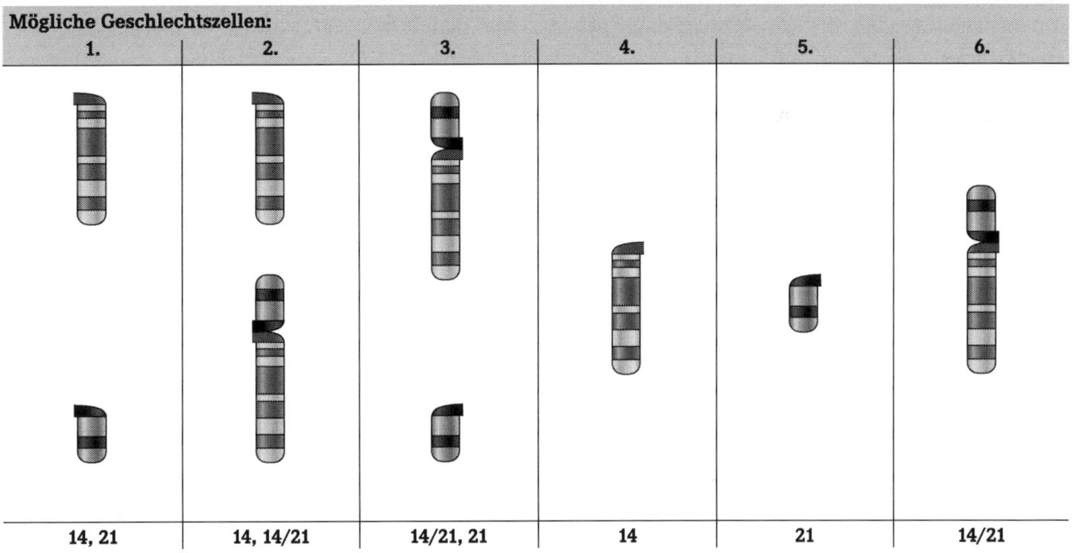

b) Geben Sie für alle Typen möglicher Geschlechtszellen an, welche Konstellationen bei der Zygote nach der Befruchtung mit einer normalen Geschlechtszelle des anderen Elternteils möglich sind. F/II

Mögliche Zygoten:					
1.	**2.**	**3.**	**4.**	**5.**	**6.**
14, 14	14, 14	14	14, 14	14	14
21, 21	14/21	14/21	21	21, 21	14/21
	21	21, 21			21

c) Beurteilen Sie, welche davon letal und welche lebensfähig sind. F/II

Beurteilung:					
1.	**2.**	**3.**	**4.**	**5.**	**6.**
lebensfähig, normaler Karyotyp	letal, Trisomie 14	lebensfähig, Trisomie 21	letal, Monosomie 21	letal, Monosomie 14	lebensfähig, normaler Karyotyp

4 Trisomie 21

a) Beschreiben Sie die Grafik und werten Sie diese aus. K/II

Die Grafik zeigt die Häufigkeit von Lebendgeborenen mit Trisomie 21 in Abhängigkeit vom mütterlichen Alter. Während bei 20-jährigen Müttern nur eines von 2000 Neugeborenen (0,05 %) vom Down-Syndrom betroffen ist, verdoppelt sich die Häufigkeit (1 : 1000 = 0,1 %) bei 30-jährigen Müttern. Bei 40-jährigen Müttern verzehnfacht sich die Häufigkeit (1:100 = 1 %). Die Wahrscheinlichkeit für die Geburt eines Kindes mit Trisomie 21 steigt also mit zunehmendem Alter der Mutter annähernd exponentiell. Ab einem mütterlichen Alter von etwa 35 Jahren ist eine deutliche Zunahme von betroffenen Neugeborenen zu verzeichnen (1:350). Daher wird Schwangeren ab diesem Alter eine humangenetische Beratung empfohlen.

b) Die Ultraschalluntersuchung einer 39-jährigen schwangeren Frau führt zum Verdacht auf Trisomie 21 beim ungeborenen Kind. Die Frau lehnt es ab, dass zur Klärung dieses Verdachts invasive Methoden der pränatalen Diagnostik durchgeführt werden. Nehmen Sie begründet Stellung zu dieser Entscheidung. B/II, B/III

Es ist allein die Entscheidung der Frau, ob sie weitergehende Untersuchungsmethoden in Anspruch nehmen möchte oder nicht. Mit der Entscheidung für solche Verfahren muss auch die Frage beantwortet werden, ob im Falle eines positiven Testergebnisses ein Schwangerschaftsabbruch vorgenommen werden soll. Wenn die Frau dies für sich persönlich ausschließt, da sie ihr Kind in jedem Fall so annehmen will, wie es ist, ist der Verzicht auf zusätzliche pränatale Testverfahren nachvollziehbar. Es ist jedoch zu bedenken, dass bei manchen Schädigungen oder Erkrankungen, die bereits früh während einer Schwangerschaft erkannt werden, auch schon frühzeitig therapeutische Maßnahmen ergriffen werden können.

5 Gentest für Chorea Huntington?

a) Erklären Sie das Dilemma, in dem sich Personen befinden, die vor der Frage stehen: „Lasse ich für mich einen Gentest auf Chorea Huntington durchführen?“ F/II, B/II

Bei Chorea Huntington bedeutet ein positives Testergebnis stets, dass der Ausbruch der Krankheit unausweichlich ist. Jedoch kann kein eindeutiger Zeitpunkt hierfür angegeben werden.

Wenn Ratsuchende, die betroffene Verwandte haben und daher ein eigenes Risiko befürchten müssen, einen Gentest durchführen lassen, erhalten sie vielleicht die erlösende Nachricht, dass sie den Gendefekt gar nicht tragen. Vielleicht werden sie aber auch mit der Gewissheit leben müssen, dass sie mit Sicherheit erkranken werden, jedoch nicht genau wissen können, wie viel Zeit ihnen bis dahin noch bleibt.

b) Sammeln Sie Pro- und Kontra-Argumente hinsichtlich eines Gentests bei Chorea HUNTINGTON. F/II, B/II

Pro-Argumente: Der Betroffene hat Gewissheit. Dies hilft ihm möglicherweise in Bezug auf seine eigene Lebensplanung (Berufswahl, Entscheidung für oder gegen eine Partnerschaft) und auch in Bezug auf die Entscheidung für oder gegen eigene Kinder.

Kontra-Argumente: Der Betroffene will keine Gewissheit und somit sein „Recht auf Nichtwissen" wahren. Dies hilft ihm möglicherweise in Bezug auf seine eigene Lebensplanung (er möchte vielleicht gerade nicht, dass ein Ereignis in der Zukunft sein Leben in der Gegenwart bestimmt) und auch auf die Entscheidung für oder gegen eigene Kinder (er ist vielleicht der Meinung, dass er möglichen Kindern nicht das Recht auf Leben verweigern kann, weil bei diesen im vierten oder fünften Lebensjahrzehnt möglicherweise Chorea HUNTINGTON ausbrechen könnte).

c) Nennen Sie Folgen, die ein positives Testergebnis für den Betroffenen haben könnte. F/III, B/III

Für eine ratsuchende Person, die durch einen positiven Gentest Gewissheit erhält, kann einerseits „die Welt einstürzen", weil die zuvor gehegte Hoffnung auf ein negatives Ergebnis unwiederbringlich zerstört wird. Ein solches Ergebnis kann andererseits aber auch „dem Hoffen und Bangen endlich ein Ende bereiten" und endgültige Klarheit verschaffen, sodass die betroffene Person nun möglicherweise zu entsprechenden Entscheidungen fähig ist.

Zusatzinformation: Prinzipiell besteht bei Gentests stets die Gefahr, dass Personen, die Kenntnis über eigene genetische Dispositionen haben, durch Dritte verpflichtet werden könnten, diese Daten offenzulegen. Ein solcher Fall könnte zum Beispiel eintreten, wenn diese Personen in eine (private) Krankenkasse aufgenommen werden oder eine Lebensversicherung abschließen möchten. Auch potentielle Arbeitgeber könnten eine Einstellung von der Offenlegung genetischer Daten abhängig machen. Dies stellt auch eine Benachteiligung gegenüber solchen Personen dar, bei denen kein Gentest durchgeführt wurde.

In der Gesellschaft sollte Konsens darüber bestehen, dass die Anforderung zur Offenlegung genetischer Daten zu oben genannten Zwecken ethisch nicht vertretbar ist. Letztlich muss durch eine entsprechende Gesetzgebung die Verwendung genetischer Daten durch Dritte untersagt werden.

d) Nehmen Sie persönlich Stellung zum Anliegen des Mannes. F/III, B/III

Das Anliegen des Vaters ist verständlich, da er sicherlich hofft, eine spätere Erkrankung seiner Söhne durch ein negatives Testergebnis ausschließen zu können. Er muss sich jedoch auch mit der Frage auseinandersetzen, wie er mit einem für einen oder sogar beide Söhne positiven Testergebnis umgehen würde. Dies gilt umso mehr für seine beiden Söhne als unmittelbar Betroffene. Wenn sie die Chorea HUNTINGTON von ihrem Vater tatsächlich ererbt haben sollten, so ist der Ausbruch der Krankheit unausweichlich. Allerdings ist in diesem Fall zu erwarten, dass auch sie erst zu einem ähnlich späten Zeitpunkt wie ihr Vater (mit etwa 55 Jahren) erkranken. Somit besteht gegenwärtig keine Indikation, einen Gentest möglichst schnell durchzuführen. Dies kann außerdem nicht durch den Vater für seine Söhne veranlasst werden, denn ein potentiell Betroffener hat nicht nur ein Recht auf Wissen, sondern ebenso ein Recht auf Nichtwissen. Mit 20 Jahren ist der ältere Sohn bereits volljährig, sodass nur er selbst zu entscheiden hat, ob er prinzipiell bzw. zum gegenwärtigen Zeitpunkt Gewissheit haben möchte. Es ist denkbar, dass er die Entscheidung auch auf eine spätere Lebensphase verschiebt, zum Beispiel, wenn er möglicherweise selbst Kinder plant. Ähnliches gilt für seinen jüngeren 14-jährigen Bruder, dessen Volljährigkeit zunächst abzuwarten ist, damit er selbst eine Entscheidung treffen kann.

Der Vater muss die aktuelle Entscheidung seines älteren Sohnes und die zukünftige Entscheidung seines jüngeren Sohnes – wie auch immer diese dann jeweils ausfallen – respektieren.

Seite 202 bis 203

AUFGABEN vernetzt PKU – eine genetisch bedingte Stoffwechselkrankheit

1 Symptome bei Phenylketonurie (PKU)

Erklären Sie die Entwicklung der Symptome bei PKU unter Berücksichtigung der Abbildung. F/II

Ursache der klassischen PKU ist ein Enzymdefekt oder -mangel der Phenylalaninhydroxylase. Phenylalanin kann nicht zu Tyrosin hydroxyliert werden. Phenylalanin, Phenylessigsäure, Phenylbrenztraubensäure und Phenylmilchsäure sammeln sich im Blut, im Liquor sowie in den Gewebsflüssigkeiten an und werden in ungewöhnlich hohen Konzentrationen ausgeschieden (Urin, Schweiß). Tyrosin wiederum fehlt nun für die Synthese von Hormonen wie Thyroxin, einem Schilddrüsenhormon, Botenstoffen im Gehirn wie Dopamin, Noradrenalin und Adrenalin und auch für die Synthese von Melanin. Die Entwicklung der geistigen Beeinträchtigung und der neurologischen Symptome ist vermutlich auf die Schädigung von Hirn- und Nervenzellen durch die hohen Konzentrationen von Phenylalanin bzw. Phenylalanin-Metaboliten sowie den Mangel an Botenstoffen im Gehirn zurückzuführen. Da ein Teil des Phenylalanins über einen anderen Stoffwechselweg zu Phenylpyruvat umgewandelt wird, das mit dem Urin ausgeschieden wird, riecht dieser jetzt auf eine für diese Erkrankung typische Weise nach Mäusekot.

2 Genetik

a) PKU wird autosomal rezessiv vererbt.
Nennen Sie die Merkmale für einen autosomal rezessiven Erbgang. F/I

Charakteristisch für einen autosomal-rezessiven Erbgang ist, dass beide Geschlechter gleichermaßen von der Krankheit betroffen sein können. Der genetische Defekt befindet sich also auf Autosomen. Dies sind Chromosomen, die die Erbinformation für die Bildung der vom Geschlecht unabhängigen Merkmale enthalten im Gegensatz zu den Gonosomen. Da das Merkmal rezessiv ist, also in seiner Ausprägung gegenüber einem anderen Merkmal „zurücktritt", sind die Erkrankten stets homozygot (aa) hinsichtlich dieses Merkmals, d.h. beide Allele des Gens sind defekt. Die heterozygoten Träger (Aa) sind jedoch gesund, da bei ihnen nur ein Allel defekt ist, während das Allel im homologen Chromosom intakt ist. Die Eltern einer erkrankten Person sind in der Regel heterozygot (Aa). Sie sind Konduktoren, da sie das defekte Allel an ihre Nachkommen weitergeben können. Das statistische Erkrankungsrisiko eines Kindes von heterozygoten Eltern liegt bei 25 %. Für ein gesundes Kind mit heterozygoten Eltern liegt die Wahrscheinlichkeit gemäß den MENDELschen Regeln bei 75 %. Statistisch gesehen sind 25 % homozygot und 50 % sind Konduktoren.

b) Zeichnen Sie den Stammbaum einer Familie über drei Generationen. In der dritten Generation ist ein Mädchen von den drei Kindern eines Paares von PKU betroffen. Auch der Bruder der Mutter hatte PKU, ihre Schwester war gesund. Die zwei Schwestern des Vaters waren auch gesund, aber sein Onkel hatte PKU. Geben Sie für jede Person im Stammbaum die möglichen Allelkombinationen für das PAH-Gen an. K/II

Mögliche Lösung:

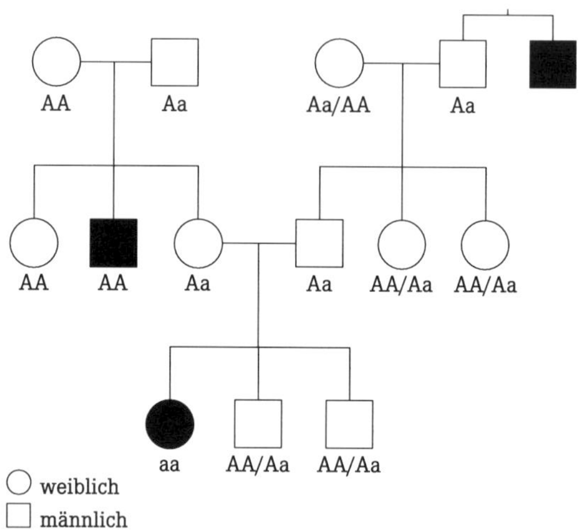

3 Heterozygotentest

Ordnen Sie den Personen die ihnen entsprechende Kurve zu und begründen Sie Ihre Zuordnung. F/II

Kurve a: Bei diesem Kurvenverlauf wird deutlich, dass von Beginn der Messung an eine hohe Konzentration von ca. 90 Kmol/l Tyrosin im Blut vorliegt. Nach der Zugabe von Phenylalanin steigt die Tyrosinkonzentration noch stärker an auf ca. 160 Kmol/l. Dies zeigt, dass das Enzym Phenylalaninhydroxylase effektiv arbeitet und das vorhandene Phenylalanin zu Tyrosin umbaut. Dieser Kurvenverlauf lässt sich dem gesunden Bruder des an PKU erkrankten Kindes zuordnen. Er trägt die Anlage für PKU nicht.

Kurve b: Zu Beginn der Messung liegt die Konzentration an Tyrosin bei 50 Kmol/l. Nach der Verabreichung von Phenylalanin steigt der Tyrosingehalt im Blut auf

ca. 90 Kmol/l an. Das bedeutet, dass Phenylalanin zu Tyrosin von der Phenylalaninhydroxylase umgebaut wurde, jedoch in eingeschränktem Maße, was der Vergleich mit der Kurve a deutlich macht. Diese Kurve lässt sich dem Vater des erkrankten Kindes zuordnen, der heterozygot und somit Konduktor ist.
Kurve c: Bei diesem Kurvenverlauf wird deutlich, dass ein vollständiger, mutationsbedingter Defekt des Enzyms Phenylhydroxylase vorliegt. Im Verlauf des Untersuchungszeitraums von acht Stunden steigt die Tyrosinkonzentration im Blut nicht an. Die Phenylalaninhydroxylase arbeitet nicht, d.h. es wird kein Phenylalanin in Tyrosin umgebaut. Außerdem ist die Tyrosinkonzentration im Blut schon von Beginn an sehr niedrig und liegt bei etwa 20 Kmol/l. Dieser Kurvenverlauf entspricht einem an klassischer PKU erkrankten Kind.

4 PKU-Formen

a) Erklären Sie die Ursachen der unterschiedlichen PAH-Aktivität auf der Ebene des Gens und des Genprodukts. F/III

Das Gen des Enzyms PAH kann an unterschiedlichen Positionen mutiert sein, etwa im aktiven Zentrum oder an einer weniger bedeutsamen Stelle. Die Mutation kann zum Austausch einer einzigen Aminosäure führen. Wird etwa eine Aminosäure mit bestimmten Eigenschaften gegen eine andere Aminosäure mit ähnlichen Eigenschaften ausgetauscht, ist die Mutation weniger schwerwiegend. Es hat jedoch gravierende Konsequenzen, wenn eine Aminosäure durch eine andere ausgetauscht wird, die andere Eigenschaften aufweist. Demzufolge sind die jeweils gebildeten Enzyme unterschiedlich stark in ihrer Funktion beeinträchtigt.

b) Bei der atypischen PKU liegt ein Mangel des Coenzyms BH_4 vor. Ermitteln Sie aus der Abbildung von Aufgabe 1 die Bedeutung von BH_4 für die Umwandlung von Phenylalanin zu Tyrosin. Erklären Sie in diesem Zusammenhang den Begriff „Coenzym“. F/III

BH_4 ist obligates Coenzym der Phenylalaninhydroxylase, die die Umwandlung von Phenylalanin in Tyrosin katalysiert. Es wird dabei in eine oxidierte Form (BH_2) überführt und durch Dihydropterinreduktase zur aktiven Tetrahydroform regeneriert. Bei einem Mangel an Dihydropterinreduktase kann das Coenzym nicht regeneriert werden und infolge des BH_4-Mangels die Umwandlung von Phenylalanin in Tyrosin nicht katalysiert werden. Somit erfolgt eine Anreicherung von Phenylalanin und Phenylalanin-Metaboliten im Serum. Symptome wie bei der klassischen PKU treten auf.

Zusatzinformation: Die PKU lässt sich infolge des Dihydropterinreduktase-Mangels durch orale Gaben von BH_4 erfolgreich behandeln. Das Coenzym BH_4 steht damit für die Phenylalanin-Hydroxylierung zur Verfügung, sodass Phenylalanin zu Tyrosin umgewandelt werden kann. Da das Coenzym infolge des Dihydropterinreduktase-Mangels nicht regeneriert werden kann, muss BH_4 täglich aufgenommen werden.

c) Bei Kindern, die durch hohe Phenylalaninkonzentrationen im Blut aufgefallen sind, wird im Rahmen der genaueren Diagnose ein BH_4-Belastungstest durchgeführt. Dazu bekommen sie vor Beginn der phenylalaninarmen Diät 20 mg BH_4 pro Körperkilogramm verabreicht. Danach bestimmt man im Verlauf der folgenden Stunden die Phenylalaninkonzentration in ihrem Blut. Werten Sie die in der Abbildung dargestellten Testergebnisse aus. E/II

Steht das Coenzym BH_4 für die Umwandlung von Phenylalanin in Tyrosin zur Verfügung, kann Phenylalanin zu Tryrosin umgewandelt werden. Daher sinkt die Konzentration von Phenylalanin im Blut der Patienten. Die blaue Kurve entspricht einem Patienten mit atypischer PKU.

5 Das Neugeborenenscreening

a) Werten Sie die Ergebnisse des GUTHRIE-Tests in der Abbildung aus. E/II

Bei der Auswertung des GUTHRIE-Tests wird deutlich, dass die getesteten Neugeborenen (Reihe A) nicht an PKU erkrankt sind, da sich auf der Agarplatte nur minimal ein ringförmiger Hof um die aufgetragenen Blutproben gebildet hat. Im Blut hat sich also kein Phenylalanin anreichern können, da dieses von der intakten Phenylalaninhydroxylase zu Tyrosin umgebaut worden ist. Es steht dem *Bacillus subtilis* folglich kein Phenylalanin zur Vermehrung zur Verfügung.
In der Vergleichsreihe B haben sich hingegen deutlich größere Höfe um die Blutproben gebildet, was auf eine starke Vermehrung des *Bacillus subtilis* schließen lässt, der viel Phenylalanin zur Vermehrung im Blut vorfindet. Letzteres wurde also nicht zu Tyrosin umgebaut. Gleiches lässt sich bei den Proben von PKU-Betroffenen in der Versuchsreihe C beobachten.

b) Sollten Ihrer Meinung nach Neugeborene auch auf Mukoviszidose und die Bluterkrankheit durch ein Screening untersucht werden?
Nennen Sie Voraussetzungen für Krankheiten, für die ein Neugeborenenscreening sinnvoll ist. B/II
Nur wenn man durch eine frühzeitige Behandlung den Verlauf der Erkrankung beeinflussen könnte, sollte ein Screening durchgeführt werden.
Voraussetzungen für Krankheiten, für die ein Neugeborenenscreening sinnvoll ist:

- Wenn es sich um eine schwere, lebensbedrohliche Krankheit handelt, die ohne charakteristische Symptomatik verläuft.
- Wenn es eine frühe Therapie gibt, die den Krankheitsverlauf positiv beeinflusst.
- Wenn es Testsysteme gibt oder solche entwickelt werden, die sehr genau und spezifisch sind, d. h. der Test soll die gesuchte Erkrankung (die bestehenden Risikofaktoren) mit möglichst großer Sicherheit nachweisen oder ausschließen können.

Zusatzinformation: Am 11. März 2011 trat die geänderte Kinderrichtlinie für die Durchführung des Neugeborenenscreenings in Kraft. Diese Kinderrichtlinie regelt insbesondere die Durchführung der Aufklärung der Eltern zum Neugeborenenscreening unter besonderer Berücksichtigung des Gendiagnostikgesetzes neu (siehe Deutsche Gesellschaft für Neugeborenenscreening http://www.screening-dgns.de/).

6 PKU-Therapie

a) Erklären Sie, was man unter essentiellen Aminosäuren versteht und warum für PKU-Betroffene Tyrosin eine essentielle Aminosäure ist, für Gesunde dagegen nicht. F/II
Essentielle Aminosäuren sind lebensnotwendig. Der Organismus benötigt diese Aminosäure, kann sie jedoch nicht aus elementaren Bestandteilen selbst aufbauen. Für gesunde Menschen ist Tyrosin keine essentielle Aminosäure, da das mit der Nahrung aufgenommene Phenylalanin durch das Enzym Phenylalaninhydroxylase zu Tyrosin umgebaut wird. Daher müssen gesunde Menschen im Gegensatz zu an PKU erkrankten Menschen Tyrosin nicht extra zu sich nehmen. Für Erkrankte ist Tyrosin eine essentielle Aminosäure, da sie im Körper nicht gebildet werden kann.

b) Begründen Sie die Therapiemaßnahmen und erklären Sie, warum Phenylalanin nicht vollständig aus der Nahrung ausgeschlossen wird. F/II
Eine phenylalaninarme Diät dient zur Senkung des Phenylalaninspiegels im Blut. Sie muss so früh wie möglich begonnen werden, um irreversible Entwicklungsschäden des Kindes zu verhindern. Um eine gerade bedarfsdeckende Zufuhr von Phenylalanin bei ausreichender Aufnahme der anderen Aminosäuren zu erreichen, wird die Aminosäuremischung aufgenommen. Die Diät muss dem individuellen Stoffwechsel des Patienten in unterschiedlichen Entwicklungsstufen angepasst werden, daher ist eine laufende Überprüfung der Phenylalaninkonzentration im Blut der Betroffenen vom Arzt notwendig. Phenylalanin muss in geringen Mengen aufgenommen werden, sodass der Minimalbedarf für die körpereigene Proteinsynthese gedeckt ist. Eine zu geringe Phenylalaninaufnahme führt zu katabolen Zuständen. Eine zu hohe Phenylalaninaufnahme verursacht die für die Krankheit typischen Symptome.

7 Therapie der Zukunft?

a) Erläutern Sie, wie eine solche Gentherapie durchgeführt werden könnte. F/II
Gendefekte in Zellen sollen bei der Gentherapie durch das Einbringen intakter Gene behoben werden. Hierfür werden Vektoren benötigt. In der Regel werden zu diesem Zweck Viren benutzt, die im Idealfall nur das jeweilige therapeutische Gen (hier das Gen, welches für das Enzym Phenylalaninhydroxylase codiert) und virale Elemente enthalten, die für die Funktion des Virus notwendig sind. Bei der Gentherapie werden Zellen aus dem Organismus isoliert und in einer Zellkultur mit dem Vektor zusammengebracht, vermehrt und nach dem erfolgten Einbau des Fremdgens wieder in den Körper des Patienten reimplantiert. Neben diesem beschriebenen Ex vivo-Gentransfer gibt es auch noch die Gentherapie, die im Körper des Patienten erfolgt. Man spricht dann vom In vivo-Gentransfer.

b) Erklären Sie die Beobachtungen bei den Mäusen. F/II
Bei den Mäusen wurde erfolgreich eine Gentherapie durchgeführt, worauf die sinkende Konzentration an Phenylalanin im Blut und die veränderte Fellfarbe schließen lassen. Mithilfe von Vektoren in Form von Viren wurde ein therapeutisches Gen, das für die Bildung des Enzyms Phenylalaninhydroxylase codiert, in die DNA der Zellen der Maus eingefügt. Da PKU autosomal-rezessiv vererbt wird, kann der Gendefekt durch

das Einbringen nur eines Allels behoben werden, auch wenn das defekte Allel noch vorhanden ist. Die veränderten Zellen mit dem intakten Allel vermehren sich und sorgen dafür, dass bei der Proteinsynthese ausreichend Phenylalaninhydroxylase hergestellt wird, die Phenylalanin zu Tyrosin umbaut. Tyrosin steht jetzt auch wieder für die Synthese von Melanin zur Verfügung, wodurch sich die schwarze Farbe der Mäuse erklären lässt.

8 Ein gesundes Kind?

a) Informieren Sie sich über die medizinisch-soziale Indikation hinsichtlich eines Schwangerschaftsabbruchs bei PKU. K/III

Ein Schwangerschaftsabbruch bezeichnet die gezielte Unterbrechung der Schwangerschaft durch eine bestimmte Behandlung. In Deutschland gibt es ca. 120 000 gemeldete Schwangerschaftsabbrüche pro Jahr. Geregelt wird ein möglicher Schwangerschaftsabbruch durch den Paragraphen 218 des Strafgesetzbuches. Hierin wird unterschieden zwischen:

- rechtmäßigen Schwangerschaftsabbrüchen, denen eine medizinische oder kriminelle Indikation zu Grunde liegen
- und einem Schwangerschaftsabbruch auf Wunsch, der rechtswidrig aber unter bestimmten Voraussetzungen straffrei ist.

Unabhängig von der Indikation besteht eine Meldepflicht für jede Form des Schwangerschaftsabbruches. Eine medizinische Indikation ist gegeben, wenn das Leben oder die körperliche/seelische Gesundheit der Mutter durch das Nichtbeenden der Schwangerschaft gefährdet ist. Eine zu erwartende Fehlbildung des Fetus fällt ebenfalls unter eine medizinische Indikation. Der Gesetzgeber argumentiert damit, dass ein Austragen in diesem Fall nicht von der Mutter verlangt werden kann, da negative Auswirkungen auf deren psychische Gesundheit drohen. Eine medizinische Indikation liegt bei ca. 4000 der gemeldeten Schwangerschaftsabbrüche pro Jahr vor.

Ein Schwangerschaftsabbruch auf Wunsch ist unter folgenden Voraussetzungen straffrei:

- Die Schwangerschaft ist durch einen approbierten Arzt festgestellt worden (mittels Sonographie, um das Schwangerschaftsalter genau zu datieren).
- Die Schwangere selbst wünscht den Abbruch.
- Es hat eine Beratung bei einer staatlich anerkannten Beratungsstelle stattgefunden und ein Beratungsschein wurde ausgestellt (z. B. ProFamilia).
- Eine Wartefrist von drei Tagen, beginnend mit dem Tag nach der Beratung, wurde eingehalten.
- Der Abbruch wird von einem approbierten Arzt bis maximal zur 12. Schwangerschaftswoche (nach Konzeption) durchgeführt.
- Der Arzt steht in keinem wirtschaftlichen Zusammenhang mit der beratenden Institution.

b) Bewerten Sie den Plan des Ehepaares. B/III

Aufgrund der genetischen Disposition der Eltern ist die Wahrscheinlichkeit, ein Kind zu bekommen, das an PKU erkrankt ist, sehr groß. Daher sollte sich das Paar überlegen, ob es überhaupt ein leibliches Kind bekommen möchte, wenn die Eltern nicht mit dem Risiko leben wollen, dass ihr künftiges Kind möglicherweise an PKU erkrankt. Ein Schwangerschaftsabbruch sollte aus ethischen Gründen nicht durchgeführt werden, zumal Kinder, bei denen die Krankheit schon früh diagnostiziert und eine phenylalaninarme Diät verabreicht wird, sich völlig normal entwickeln. Auch bei der Schwangerschaft sollte sich die werdende Mutter an eine phenylalaninarme Diät halten, um ihr Kind nicht zu gefährden, da die Blutkreisläufe von Mutter und Kind durch die Nabelschnur verbunden sind.

1 Abwehrsysteme

Seite 208

1 Stellen Sie den Ablauf einer Entzündungsreaktion anhand eines Fließdiagramms dar. K/II

Gewebeschädigung

↓

Mastzellen setzen Histamin frei.

↓

Blutkapillaren erweitern sich und werden durchlässig.

↓

Blutplasma und Phagocyten wandern in das Gewebe ein.

↓

Entzündungssymptome, z. B. Schwellung, Rötung, etc.

↓

Andere Signalstoffe locken Makrophagen an.

↓

Phagocytose von Bakterien und Zelltrümmern

↓

bei bakteriellen Infektionen: Bildung von Eiter

2 Beschreiben Sie die Unterschiede zwischen der ersten und zweiten Verteidigungslinie. F/I

Die erste Verteidigungslinie hat die Funktion, das Eindringen von Krankheitserregern zu verhindern. Die entsprechenden Barrieren sind zum einen die intakte Haut sowie ihr Säureschutzmantel, zum anderen die Sekrete der Schleimhäute.

Die zweite Verteidigungslinie setzt ein, wenn die erste Linie überwunden werden konnte. Hier kooperieren verschiedene Leukocyten bei der Abwehr eingedrungener Erreger. Mastzellen setzen Botenstoffe frei, die andere Leukocyten (Granulocyten und Makrophagen) anlocken, die die Erreger phagocytieren.

Seite 210

AUFGABEN Transplantationsexperimente

a) Nennen Sie die Fragen, die mit den Versuchen geklärt werden sollten. E/II

- Ist das Immunsystem der Maus in der Lage, zwischen körpereigen und körperfremd zu unterscheiden?
- Erfolgt eine Immunreaktion schneller, wenn die Maus einen neuerlichen Kontakt mit dem als fremd erkannten Gewebe hat?
- Erstreckt sich das immunologische Gedächtnis nur auf das bereits bekannte Fremdgewebe oder generell auf körperfremdes Material?

b) Beschreiben Sie die Versuche und erklären Sie die Versuchsergebnisse. F/II

Im Versuch 1 wird einer Maus (A) zunächst ein Stück Haut entnommen und an einer anderen Stelle eingepflanzt. Zusätzlich wird an die Entnahmestelle ein Stück Haut einer anderen Maus (B) eingesetzt. Das eigene Hautstück ist nach zehn Tagen eingewachsen, die fremde Haut wird abgestoßen.

Im zweiten Versuch wird einige Wochen später der Maus A aus Versuch 1 wiederum ein Hautstück von Maus B eingesetzt, zusätzlich wird auch noch Haut von einer anderen Maus (C) auf die Maus A transplantiert. Das Hautstück von Maus B wird nach fünf Tagen abgestoßen, dasjenige von Maus C nach zehn Tagen.

Im Versuch 1 wird deutlich, dass die eigene Haut als solche erkannt wird und problemlos einwächst. Die Haut von Maus B wird hingegen als körperfremd erkannt und infolge einer Immunreaktion nach zehn Tagen abgestoßen.

Kommt der Organismus nach einigen Wochen wieder mit dieser Haut (von Maus B) in Kontakt, so bewirkt das immunologische Gedächtnis, dass die Haut schon nach der Hälfte der ursprünglichen Zeit abgestoßen wird. Die Immunreaktion erfolgt somit deutlich schneller. Gegen die Haut von Maus C existiert hingegen noch kein immunologisches Gedächtnis, hier liegt die Abstoßungszeit wieder bei zehn Tagen.

Seite 211

1 Erläutern Sie die Entstehung der Variabilität bei Antikörpern. F/II

Bei der Bildung der leichten und schweren Ketten eines Antikörpers werden – neben einem konstanten Exon – zufällig jeweils ein variables sowie ein Verknüpfungsexon miteinander kombiniert. Daraus ergeben sich eine Vielzahl möglicher leichter sowie schwerer Ketten, die wiederum zufällig miteinander kombiniert werden. Hinzu kommen Mutationen, die sich während der Rekombination der Exons ereignen und die Variabilität der Antikörper potenzieren.

Seite 215

AUFGABEN Immunantwort

1 Immunglobuline des Fetus und des Säuglings

a) Erklären Sie unter Berücksichtigung der Abbildung, warum Säuglinge bis etwa zum 6. Monat gestillt werden sollten. F/I

Das Immunsystem des Säuglings kann in den ersten Wochen nach der Geburt nur ungenügende Mengen an IgA-Antikörpern bilden, die keinen ausreichenden Schutz gegen Bakterien bieten. Ab etwa dem sechsten Monat ist das Immunsystem des Säuglings soweit herangereift, dass es selber ausreichende IgA-Mengen zur Abwehr von Bakterien bilden kann.

b) Beschreiben und erklären Sie anhand der Abbildung die Konzentration an Immunglobulinen in den Körperflüssigkeiten von Feten und Neugeborenen. F/I

Der Fetus verfügt über die gleiche IgG-Konzentration wie die Mutter. Allerdings werden diese Antikörper im Neugeborenen langsam abgebaut und sind nach etwa neun Monaten nicht mehr vorhanden. Zum Zeitpunkt der Geburt ist das Immunsystem des Säuglings noch nicht vollständig ausgereift, dies geschieht erst in den folgenden Monaten. So liegen zum Zeitpunkt der Geburt weder IgG- noch IgA-Antikörper vor, die vom Säugling selber gebildet wurden. Je mehr das Immunsystem in den nächsten Monaten reift, desto mehr eigene IgG- und IgA-Antikörper kann der Säugling bilden.

c) Erklären Sie unter Berücksichtigung der Abbildung, warum die Neugeborenen zunächst nur gegen die Erreger geschützt sind, denen die Mutter im Verlauf des Lebens ausgesetzt war. F/I

Der Fetus bekommt über die Plazenta alle IgG-Antikörper, die die Mutter im Verlauf ihres Lebens gegen Erreger gebildet hat. Gegen diese ist auch das Neugeborene geschützt. Gegen neue Erreger kann das Immunsystem des Säuglings erst nach einigen Monaten selber IgG-Antikörper bilden, wenn sein Immunsystem weitgehend ausgereift ist.

2 Zusammenspiel von humoraler und zellulärer Immunantwort

a) Erklären Sie anhand der Abbildung den Zusammenhang zwischen der unspezifischen Abwehr durch die Makrophagen und der spezifischen Abwehr. F/I

Der Makrophage gehört zur unspezifischen Abwehr und vernichtet Antigene durch Phagocytose. Die dabei entstehenden Antigenfragmente werden auf MHC-II-Proteinen den T-Helferzellen präsentiert, die daraufhin B- und T-Lymphocyten aktivieren, die zur spezifischen Abwehr gehören.

b) Erklären Sie die Aktivierung der T-Helferzellen und ihre Bedeutung bei der spezifischen Immunantwort. F/I

Bei der humoralen Immunantwort werden Antigene von Makrophagen aufgenommen, in Fragmente zerlegt und auf MHC-II-Proteinen den noch ruhenden T-Helferzellen präsentiert. Diese erkennen mit ihren T-Zell-Rezeptoren die präsentierten Antigenfragmente, werden dadurch aktiviert und sind nun in der Lage, die Reifung von ruhenden B-Lymphocyten zu antikörperbildenden Plasmazellen anzuregen.

c) Erklären Sie anhand der Abbildung das Zusammenspiel von humoraler und zellulärer Immunantwort bei einer Virusinfektion. F/I

Freie Viren können durch Makrophagen aufgenommen werden. Nach der Fragmentierung der Virusproteine, deren Präsentation durch MHC-II-Proteine, der Aktivierung von T-Helferzellen und anschließend der B-Lymphocyten werden Antikörper gegen die Viren gebildet. Virusinfizierte Zellen können Virusproteine zerlegen und sie auf MHC-I-Proteinen ruhenden T-Killerzellen präsentieren. Letztere werden unter Mitwirkung der T-Helferzellen zu aktivierten T-Killerzellen, die dann die virusbefallenen Körperzellen lysieren.

d) Erklären Sie die Merkmale eines Systems am Immunsystem. F/II

Ein System ist eine Gesamtheit von Elementen, die durch Stoff- und Informationsflüsse so miteinander wechselwirken, dass ein gemeinsames Ziel erreicht wird.

Die Elemente des Immunsystems sind verschiedene Zelltypen wie Makrophagen, T-Helferzellen, B-Lymphocyten oder T-Killerzellen.

Der Informationsaustausch geschieht durch die löslichen Cytokine und den direkten Zellkontakt zwischen MHC-Proteinen, Antigenfragmenten und T-Zell-Rezeptoren.

Das gemeinsame Ziel liegt in der Zerstörung von Krankheitserregern und der Erhaltung der Gesundheit des Wirtes.

Seite 216

1 Beschreiben Sie anhand der Abbildung die Entwicklung einer Allergie. F/I

Eine Allergie unterteilt sich in zwei Phasen, die Sensibilisierung und die allergische Reaktion.

Bei der Sensibilisierung wird das Allergen durch Makrophagen aufgenommen und in Fragmente zerlegt, die auf MHC-II-Proteinen den ruhenden T-Helferzellen präsentiert werden. Dies führt zur Aktivierung der T-Helferzellen, die dann über Cytokinsignale B-Lymphocyten zur Reifung in Plasmazellen und der Bildung von IgE-Antikörpern gegen das Allergen aktivieren. Die IgE-Antikörper binden an spezifische Rezeptoren auf Mastzellen.

Bei der allergischen Reaktion bindet das Allergen an die mastzellgebundenen IgE-Antikörper, die dadurch zur Ausschüttung des Botenstoffs Histamin veranlasst werden. Histamin bindet an Histamin-Rezeptoren, die unter anderem auf der Haut, den Schleimhäuten und den Bronchien vorkommen. Die Histaminbindung löst allergische Reaktionen wie Juckreiz, erhöhte Sekretproduktion oder Asthma aus.

2 Erklären Sie, dass eine allergische Reaktion durch ganz verschiedene Stoffe ausgelöst werden kann und unterschiedliche Symptome wie Niesen, Durchfall oder Juckreiz hervorrufen kann. F/I

Das von den allergenbeladenen Mastzellen freigesetzte Histamin bindet an Histaminrezeptoren, die auf Schleimhäuten der Nase, Zellen des Magen-Darm-Trakts und der Haut vorkommen. Nach der Bindung des Histamins antwortet jedes Organ in vorbestimmter Weise: Gereizte Schleimhautzellen der Nase verursachen das Niesen, der Magen-Darm-Trakt reagiert mit Durchfall und gereizte Nervenzellen der Haut verursachen den Juckreiz.

Seite 217

1 Erklären Sie anhand der Abbildung die Autoimmunreaktion beim Diabetes Typ 1. F/I

Diabetes Typ 1 entsteht häufig nach Infektionen mit bestimmten Viren oder Bakterien. Dabei haben einige Virus- oder Bakterienproteine eine sehr ähnliche Struktur wie Proteine auf den Beta-Zellen. Das Immunsystem kann die Herkunft dieser nicht unterscheiden, sodass Fehlreaktionen gegen körpereigene Zellen die Folge sind.

Virusinfizierte Zellen präsentieren auf MHC-I-Proteinen virale Antigenfragmente an ruhende T-Killerzellen, die unter Mitwirkung von T-Helferzellen aktiviert werden und nicht nur die virusinfizierten Zellen sondern auch die insulinbildenden Beta-Zellen zerstören. Es wird kein Insulin mehr gebildet, Diabetes Typ 1 liegt vor.

Seite 218

1 Entwickeln Sie eine Hypothese zur Erklärung der unterschiedlichen Überlebensdauer der verschiedenen Organe. E/II

Die Überlebensdauer von Transplantaten wird vorwiegend durch die Organgröße, die Organdurchblutung und die Dichte der HLA-Antigene beeinflusst. Je größer ein Organ ist, desto mehr fremde HLA-Antigene sind vorhanden und desto stärker werden das Immunsystem und Abstoßungsreaktionen aktiviert.

Je besser ein Organ durchblutet ist, desto intensiver können die an der Abstoßungsreaktion beteiligten Immunzellen zum Organ und in das Organ gelangen.

Die HLA-Antigene kommen auf Organen in unterschiedlichen Mengen vor. Eine hohe Dichte an HLA-Antigenen weisen Lungen- und Leberzellen auf.

(2) Erklären Sie, warum der Erfolg einer Transplantation vom Grad der Übereinstimmung der HLA-Proteine abhängt. F/I

Auf der Oberfläche von Zellen befinden sich mehrere unterschiedliche Typen an HLA-Proteinen, die von den elf HLA-Genen codiert werden. Jeder Mensch ist hinsichtlich seiner HLA-Antigene einzigartig. Je größer die Unterschiede in den HLA-Antigenen zwischen Organspender und Organempfänger sind, desto stärker wird auch die Abstoßungsreaktion sein.

Seite 219

(1) Vergleichen Sie die aktive und passive Immunisierung. F/I

passive Immunisierung	aktive Immunisierung
Injektion von Antikörpern	Injektion von Antigenen
keine Bildung von Gedächtniszellen	Bildung von Gedächtniszellen
sofortige Schutzwirkung der Antikörper	Schutzwirkung der Antikörper liegt erst nach einigen Wochen oder Monaten vor.
Der Immunschutz besteht nur für wenige Wochen oder Monate.	Der Immunschutz besteht für mehrere Jahre.
bei lebensbedrohlichen Situationen	zum persönlichen Schutz und für den Schutz der Allgemeinheit

(2) Erklären Sie unter Berücksichtigung der Abbildung 1, dass die aktive Immunisierung bei HIV bislang keinen Erfolg hatte, und eine passive nicht möglich ist. F/I

HIV zeigt eine extrem hohe Mutationsrate, sodass bei jeder Virusvermehrung im Patienten neue Virusvarianten entstehen, die unterschiedliche Epitope auf der Oberfläche tragen. Es gibt also nicht nur den einen Virustyp, der für einen Impfstoff verwendet werden könnte, sondern es gibt weltweit unzählige Virusvarianten. Folglich ist auch eine passive Immunisierung nicht möglich. Dazu würde wiederum ein Virustyp benötigt, mit dem Tiere oder Menschen zwecks Antikörpergewinnung immunisiert werden müssten.

Seite 220

(1) Erklären Sie anhand der Abbildung die Verfahrensschritte zur Gewinnung monoklonaler Antikörper. F/I

Die Verfahrensschritte zur Gewinnung monoklonaler Antikörper sind:
- Immunisierung einer Maus mit einem Antigen
- Entfernen der Milz aus der getöteten Maus
- Isolierung von B-Lymphocyten aus der Milz
- Fusion dieser Zellen mit Myelomzellen,
- Kultivierung der entstandenen Hybridomzellen
- Vereinzelung der Hybridomzellen, um Zellklone zu erhalten, von denen jeder einen anderen MAK bildet
- Testung und Auswahl derjenigen Klone, die MAKs gegen die verschiedenen Epitope des Antigens bilden, mit dem die Maus immunisiert wurde

Seite 221

AUFGABEN Abwehrsystem

1 Die immunologischen Vorgänge bei der aktiven und passiven Immunisierung

a) Ordnen Sie die Kurven A, A1, B und B1 der aktiven beziehungsweise passiven Immunisierung zu und begründen Sie Ihre Entscheidung. F/II

A und A1 beziehen sich auf die aktive Immunisierung, B und B1 auf die passive Immunisierung.

Bei der aktiven Immunisierung dauert es einige Wochen bis Monate, abhängig von der festgelegten Anzahl an Impfungen, bis das Immunsystem nach der Antigeninjektion genügend Antikörper und Gedächtniszellen gebildet hat. Die Antikörper werden im Vergleich zu den Gedächtniszellen relativ schnell abgebaut, sodass nach einem Jahr nur noch zehn bis 20 % vorhanden sind. Die Gedächtniszellen sind wesentlich langlebiger und gewährleisten einen langjährigen Immunschutz.

Bei der passiven Immunisierung liegt bereits wenige Minuten nach der Antikörperinjektion eine maximale Menge an Antikörpern vor, die jedoch innerhalb weniger Monate im Körper abgebaut werden. Folglich besteht der Immunschutz auch nur für wenige Monate.

b) Stellen Sie die Vor- und Nachteile der aktiven und passiven Immunisierung in Form einer Tabelle dar. F/I

	Vorteile	**Nachteile**
aktive Immunisierung	lang anhaltender Immunschutz über mehrere Jahre durch Gedächtniszellen	mehrere Wochen oder Monate Dauer, bis optimale Mengen an Antikörpern und Gedächtniszellen für einen Immunschutz vorliegen
passive Immunisierung	sofortiger Immunschutz	Anhalten des Immunschutzes nur wenige Wochen, keine Bildung von Gedächtniszellen

c) Erklären Sie, warum die Immunisierung mit Lebendimpfstoffen im Vergleich zu Totimpfstoffen meistens einen längeren Immunschutz verleiht. F/I

Lebendimpfstoffe enthalten abgeschwächte, jedoch noch vermehrungsfähige Erreger. Sie sind oft mehr als zehn Jahre im Körper vorhanden, aktivieren ständig das Immunsystem und garantieren einen ständigen Nachschub an Gedächtniszellen.

Bei dem Kontakt mit Totimpfstoffen bildet das Immunsystem nur ein Mal Antikörper und Gedächtniszellen, da der Totimpfstoff bei der Immunreaktion verbraucht wird. Die im Verlauf der Immunisierung gebildeten Gedächtniszellen werden im Verlauf von wenigen Jahren im Körper abgebaut.

Der Immunschutz ist bei Totimpfstoffen um mehrere Jahre kürzer als bei Lebendimpfstoffen.

2 Das BRUTON-Syndrom

a) Skizzieren Sie den Bau eines Antikörpers und beschriften Sie Ihre Skizze. F/I

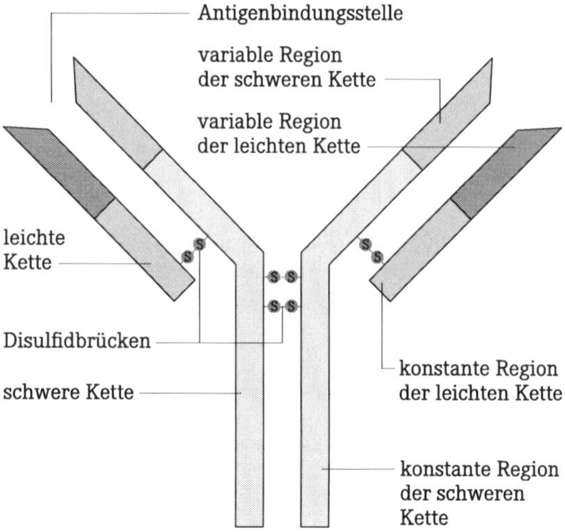

b) Erklären Sie, wie das Immunsystem der betroffenen Kinder Vireninfektionen bekämpft. F/II

Die Krankheit betrifft nur die Reifung der B-Lymphocyten und die Antikörperbildung. Die Bildung von T-Killerzellen ist nicht beeinträchtigt, sodass die Kinder virusinfizierte Zellen mithilfe dieser T-Killerzellen erfolgreich zerstören können.

c) Prüfen Sie, welche der genannten Therapiemaßnahmen den betroffenen Kindern helfen könnten und begründen Sie Ihre Entscheidung sowohl für als auch gegen die Therapiemaßnahme. F/III

Therapeutisch hilfreich wären eine Knochenmarktransplantation, Antibiotika-Gaben, regelmäßige Injektionen von Immunglobulinen und Bluttransfusionen.

Nach der Knochenmarktransplantation differenzieren aus den Knochenmarkstammzellen wieder gesunde, reife B-Lymphocyten, die Antikörper gegen Bakterien bilden.

Antibiotika können Bakterien bekämpfen, beinhalten jedoch bei Langzeitanwendung das Risiko der Resistenzentwicklung. Somit ist die Antibiotika-Gabe nur kurzfristig eine gute therapeutische Maßnahme. Sollten bereits antibiotikaresistente Bakterienstämme im Patienten vorliegen, ist eine Antibiotika-Gabe nutzlos.

Immunglobulinpräparate enthalten eine Mischung aus zehntausenden von unterschiedlichen Antikörpern gegen viele in der Bevölkerung vorkommende Bakterien. Immunglobulinpräparate werden aus dem Blutplasma von hunderten von gesunden Personen gewonnen, die

im Verlauf ihres Lebens gegen alle möglichen Bakterien Antikörper gebildet haben.
Solche Antikörper würden auch bei einer Bluttransfusion übertragen werden. Eine Blutkonserve stammt jedoch nur von einer Person und enthält nur Antikörper gegen ein begrenztes Spektrum an Bakterien. Zur Verbesserung des therapeutischen Nutzens müssten wiederholt Blutkonserven von verschiedenen Spendern verabreicht werden. Somit ist die Bluttransfusion nur von begrenztem therapeutischem Nutzen für den Patienten.
Die aktive und passive Immunisierung sind ungeeignete Therapiemaßnahmen. Immunisierungen sind immer nur gezielt gegen einen Erreger oder mehrere genau spezifizierte Erreger gerichtet, beispielsweise Tetanus-Bakterien, Meningokokken, Mumps-, Masern- oder Rötel-Viren. Bei den Patienten, die an dem BRUTON-Syndrom leiden, liegt eine Infektion mit einer Vielzahl von verschiedenen Bakterienstämmen vor, die bisweilen auch nicht genau bekannt sind.
Regelmäßige Injektionen von MAKs sind ebenfalls eine ungeeignete Therapiemaßnahme. Ähnlich wie bei der passiven Immunisierung erkennt ein verabreichter MAK-Typ immer nur einen Erreger. Selbst eine Mischung aus unterschiedlichen MAK-Typen gegen verschiedene bakterielle Erreger würde nicht gegen die Vielzahl von Bakterienstämmen wirken, mit denen BRUTON-Patienten infiziert sind.

3 Schwangerschaftsnachweis mit monoklonalen Antikörpern

a) Erklären Sie, wie man monoklonale Maus-Antikörper gegen hCG gewinnt. F/I
Man gewinnt monoklonale Maus-Antikörper gegen hCG folgendermaßen:
- Immunisierung einer Maus mit hCG
- Entfernen der Milz aus der getöteten Maus
- Isolierung von B-Lymphocyten aus der Milz
- Fusion dieser Zellen mit Myelomzellen
- Kultivierung der entstandenen Hybridomzellen
- Vereinzelung der Hybridomzellen und deren Testung, um Zellklone zu erhalten, die MAKs gegen hCG bilden

b) Erläutern Sie das Testverfahren anhand der Abbildung. F/I
In dem Bereich des Teststreifens, wo die Urinprobe zugegeben wird, befinden sich freie, mit einem roten Farbstoff markierte MAKs (MAK I) gegen hCG. Enthält der Urin hCG, wird dieses von den MAKs gebunden und der entstandene MAK-hCG-Komplex durch Kapillarkräfte zur Testzone transportiert. Hier befinden sich fest an den Teststreifen fixierte MAKs gegen hCG (MAK II). Diese binden den vorbeifließenden MAK I-hCG-Komplex, sodass die Testzone jetzt rot gefärbt ist. Überschüssige MAK I wandern zur Kontrollzone und noch weiter, wo sie nicht gebunden werden. Die Kontrollzone ist nicht gefärbt.

c) Prüfen Sie, ob das Verfahren eine Aussage zur Konzentration des Hormons im Urin zulässt. F/II
Eine genaue Konzentrationsangabe ist nur ansatzweise möglich. Eine geringere Färbung der Testzone kann auch auf eine geringere hCG-Konzentration hinweisen oder auch eine zu kurze Reaktionsdauer. Aber selbst eine geringere Färbung ist noch eine positive Reaktion und ein starker Hinweis auf eine vorliegende Schwangerschaft.

d) Erläutern Sie am Beispiel des Testverfahrens das Basiskonzept „Struktur und Funktion" auf der Molekülebene. F/III
Der Schwangerschaftstest erlaubt nur dann eine eindeutige Aussage, wenn die verwendeten MAKs ausschließlich mit hCG reagieren und nicht noch mit anderen Hormonen oder Proteinen im Urin. Die Struktur der Antigenbindungsstellen der MAKs muss gemäß des Schlüssel-Schloss-Prinzips passgenau zu den Epitopen des hCGs sein.

Seite 222

PRAKTIKUM ELISA-Test

Führen Sie den Versuch durch. E/II
individuelle Lösung

Seite 223

AUFGABEN vernetzt **Humanes Immundefizienz-Virus**

1 Medikament 3TC

a) Beschreiben Sie den Vermehrungszyklus von HIV in Zellen und erklären Sie in diesem Zusammenhang die Funktion der beiden Virusenzyme. F/I

Das HI-Virus dockt mit seinem viralen Hüllprotein gp 120 an die CD4-Rezeptoren auf der Oberfläche von Zellen des Immunsystems wie etwa T-Helferzellen und Makrophagen an. Daraufhin verschmilzt die Virushülle mit der Zellmembran, worauf das Capsid in die Zelle gelangt. Das Capsid wird aufgelöst, sodass die RNA und die viralen Enzyme in die Zelle gelangen.
Die Reverse Transkriptase schreibt die Virus-RNA zurück in DNA. Mithilfe der Integrase erfolgt der Einbau der viralen DNA in das Wirtsgenom. In diesem Zustand eines Provirus kann das Virus für mehrere Jahre überdauern. Sobald die infizierte Zelle durch andere Infektionen aktiviert wird, kommt es zur Transkription viraler Gene. Die gebildete RNA dient einerseits als RNA-Virusgenom und andererseits als mRNA, aus der bei der Translation ein Vorläuferprotein entsteht. Aus diesem schneidet ein weiteres Virusenzym, die Protease, verschiedene Virusproteine heraus. Schließlich erfolgt der Zusammenbau neuer Viren, die sich bei ihrer Freisetzung aus der Wirtszelle mit einem Teil der Zellmembran umgeben und nun weitere Zellen infizieren können.

b) Erläutern Sie, warum Virusinfektionen schwerer medikamentös zu behandeln sind als bakterielle Infekte. F/I

Viren sind sehr einfach gebaut und besitzen keinen eigenen Stoffwechsel. Sie können nur dann von Medikamenten angegriffen werden, wenn sie sich vermehren. Ihre Vermehrung in einer Wirtszelle kann durch wenige bisher entwickelte Medikamente, etwa Entry-Inhibitoren, Reverse Transkriptase-, Integrase- und Protease-Inhibitoren, zumindest zeitweise verringert werden.
Bakterien besitzen einen eigenen Stoffwechsel. Dieser kann durch Antibiotika blockiert werden.

c) Zu den ersten Medikamenten, die gegen HIV entwickelt wurden, gehört das Nucleosidanalogon Didesoxy-3'-Thiacytidin (3TC). Erklären Sie mit Bezug auf die Molekülstruktur, welche Wirkungsweise von 3TC gewünscht wird und warum es im Körper chemisch verändert werden muss, damit die gewünschte Wirkungsweise erzielt werden kann. F/II

Wegen Fehlens der OH-Gruppe am 3'-Ende des Zuckerderivats ist keine Veresterung mit dem folgenden Nucleotid möglich. Es kommt zum Kettenabbruch. Weder die DNA noch die RNA sind vollständig, sodass auch kein funktionstüchtiges Enzym hergestellt werden kann. Somit kommt auch die Vermehrung von HIV zum Stillstand. Das Analogon kann aber nur dann in die DNA eingebaut werden, wenn es als Triphosphat vorliegt. Diese Phosphorylierung findet im Körper des Patienten statt.

d) Im Unterschied zu den DNA-Polymerasen der Eukaryoten besitzt die Reverse Transkriptase der Retroviren keine Möglichkeit des Korrekturlesens. Erklären Sie die Bedeutung des Korrekturlesens bei der DNA-Replikation in eukaryotischen Zellen in Zusammenhang mit der Wirkung von 3TC. F/II

Durch die Möglichkeit des Korrekturlesens der DNA-Polymerase wird die Mutationshäufigkeit reduziert. Damit sinkt die Wahrscheinlichkeit einer Fehlsteuerung der eukaryotischen Zelle.
Das Medikament 3TC, verursacht den Kettenabbruch bei der Synthese der Virus-DNA in der eukaryotischen Zelle. Da die Reverse Transkriptase nicht die Möglichkeit des Korrekturlesens besitzt, die Mutation, ausgelöst durch den Einbau von 3TC, also nicht repariert werden kann, wird die Virusvermehrung durch das Medikament effektiv unterbunden.

e) Als Nebenwirkung von 3TC stellt man eine Verminderung der Mitochondrienanzahl in den Zellen fest. Begründen Sie, inwiefern diese Nebenwirkung zu einem erhöhten Milchsäurespiegel führt. F/II

Eine geringere Anzahl von Mitochondrien führt zu einem geringen aeroben Anteil bei der Energiegewinnung. Als Folge wird der Anteil der anaeroben Energiegewinnung erhöht, der zu einer höheren Milchsäurekonzentration führt.

2 Medikamentenresistenz

a) Die Abbildung zeigt die Entstehung der Medikamentenresistenz der HIV-Populationen gegen 3TC bei drei Patienten. Werten Sie die Abbildung unter evolutionären Aspekten aus. F/II

Bei Patient 1 wird eine vollständige Resistenz der HIV-Population gegen 3TC innerhalb von zwei Therapiewochen erreicht. Bei Patient 2 ist die vollständige Medikamentenresistenz gegen 3TC in der HIV-Population erst nach etwa sieben Wochen erreicht. Bei Patient 3 steigt die Medikamentenresistenz der HIV-Population gegen 3TC zunächst stark an, sinkt dann aber wieder, um schließlich nach etwas mehr als zwei Therapiewochen ebenfalls vollständig resistent zu sein. Unter evolutiven Aspekten betrachtet hat die Viruspopulation bei Patient 1 den größten Selektionsvorteil, da am schnellsten die Resistenz gegen das Medikament erreicht wird und das Medikament damit nicht mehr wirkt. Die Virusvermehrung bei Patient 2 wird durch das Medikament 3TC hingegen am längsten verhindert, ein Selektionsnachteil des Virus, der auf eine geringere Mutationsrate dieser HIV-Population hinweist.

b) Begründen Sie, warum das Fehlen des Korrekturlesens der Reversen Transkriptase für HI-Viren einen Selektionsvorteil darstellt. F/II

Das Fehlen des Korrekturlesens der Reversen Transkriptase bedingt eine hohe Mutationsrate des Virus. Als Folge werden viele verschiedene Virusvarianten gebildet: Ein kleiner Teil der Virusvarianten weist Mutationen auf, die dazu führen, dass das Virus die menschliche Abwehr unterlaufen kann oder medikamentenresistente Erreger entstehen.

3 Protease-Inhibitor

Entwerfen Sie eine Hypothese zur Wirkungsweise von Saquinavir. F/II

Saquinavir zeigt eine strukturelle Ähnlichkeit mit der Angriffsstelle der HIV-Protease im Substrat. Als Folge kommt es zu einer kompetitiven Hemmung der Protease. Die Virusproteine können nicht mehr gebildet werden und die Virusvermehrung wird gestoppt.

4 Immunologische Tests

a) Erklären Sie die beiden Testverfahren. F/I

HIV-Test: An das Trägermaterial, etwa eine Mikrotiterplatte, ist ein HIV-Antigen chemisch fixiert. Werden wenige Tropfen Blut hinzugegeben, die in Folge einer HIV-Infektion HIV-Antikörper enthalten, binden diese nach dem Schlüssel-Schloss-Prinzip an die immobilisierten Antigene. Nach Waschen des Reaktionsansatzes wird ein zweiter Antikörper mit einem chemisch gebundenen Enzym zugegeben. Dieser bindet an den Antigen-Antikörper-Komplex in der Mikrotiterplatte. Nach erneutem Waschen und der Zugabe eines farblosen Substrats wird dieses durch das Enzym des Antigen-Antikörper-Komplexes in einen Farbstoff umgewandelt. Die Bildung des Farbstoffes zeigt die Virusinfektion an.

Schwangerschaftsschnelltest: An das Trägermaterial ist ein Antikörper fixiert. Wenige Tropfen Urin werden hinzugegeben. Liegt eine Schwangerschaft vor, ist im Urin das Schwangerschaftshormon hCG enthalten. Das Hormon hCG bindet an den fixierten Antikörper nach dem Schlüssel-Schloss-Prinzip. Nach Waschen des Reaktionsansatzes wird ein sekundärer Antikörper markiert mit einem chemisch gebundenen Farbstoff zugegeben. Dieser bindet an den Antigen-Antikörper-Komplex im Reaktionsgefäß. Durch den Farbstoff wird eine Schwangerschaft im Test angezeigt.

b) Vergleichen Sie die beiden Testverfahren. F/I

Beim HIV-Schnelltest handelt es sich um einen ELISA-Test Der entstandene Immunkomplex besitzt aber keine Sandwichstruktur. Der Test ist ein indirekter Nachweis, da nicht das Virus nachgewiesen wird, sondern die gebildeten Antikörper im Blut einer infizierten Person.

Beim Schwangerschaftsschnelltest besitzt der gebildete Immunkomplex zwar eine Sandwich-Struktur, es handelt sich aber nicht um einen ELISA-Test, da keine Enzymreaktion beteiligt ist. Der Test ist ein indirekter Nachweis, da das Schwangerschaftshormon hCG nachgewiesen wird.

1 Bau und Funktion von Nervenzellen

Seite 229

(1) Vergleichen Sie den Bau der Pyramidenzelle mit dem schematisch dargestellten Grundbauplan einer Nervenzelle. F/II

Die Pyramidenzelle entspricht in ihrem Aufbau insofern dem Grundbauplan, als sie in Dendriten, Zellkörper und Axon gegliedert ist.

Im Detail gibt es aber große Unterschiede. So sind beim Grundbauplan die Dendriten relativ kurz und mehr oder weniger gleichmäßig am Zellkörper angeordnet. Dagegen gibt es bei der Pyramidenzelle zwei Gruppen von Dendriten: Von der Spitze des pyramidenförmigen Zellkörpers geht ein sehr langer Dendrit aus, von dem seitlich Dendriten abzweigen und der sich am Ende in mehrere Äste aufspaltet. Die zweite Gruppe von Dendriten geht seitlich vom Zellkörper aus. Diese Dendriten verlaufen etwa in einer Ebene senkrecht zum Hauptdendriten.

Auch das Axon der Pyramidenzelle zeigt Besonderheiten: Das Hauptaxon verläuft etwa in Gegenrichtung zum langen Hauptdendriten. In der Nähe des Zellkörpers gehen aber eine Reihe seitlicher Äste ab, die sich weiter verzweigen. Auch diese Seitenäste verlaufen etwa in einer Ebene senkrecht zum Hauptaxon.

(2) Erklären Sie anhand des Vergleichs das Basiskonzept „Struktur und Funktion". F/II

Die Besonderheiten im Bau der Pyramidenzelle hängen vermutlich damit zusammen, dass dieser Zelltyp in der Hirnrinde lokalisiert ist. Die vielen Dendriten- und Axonäste, die sozusagen in einer Ebene verlaufen, könnten die Verbindung zu benachbarten Neuronen herstellen. Der Hauptdendrit ist dagegen geeignet, Informationen aus oberhalb der Pyramidenzelle liegenden Gehirnbereichen aufzunehmen. Das lange Hauptaxon kann Nervenimpulse an Neurone weiterleiten, die in Bereichen unterhalb der Pyramidenzelle liegen.

Damit eine Pyramidenzelle ihre spezielle Funktion, nämlich diese Art von Vernetzung, erfüllen kann, hat sich im Verlauf der Evolution des Gehirns ihre charakteristische Struktur entwickelt.

Seite 231

(1) Beschreiben Sie die Entstehung eines Membranpotentials anhand der Animation „Membranpotential Modellversuch". F/I

Eine Osmoseglocke wurde mit einer Kleesalzlösung gefüllt und nach unten mit Haushaltsfolie geschlossen. Das Kleesalz dissoziiert in Kalium- und Hydrogenoxalat-Ionen. Taucht man die Glocke in destilliertes Wasser, so können aufgrund der Porengröße der Folie nur die kleineren Kalium-Ionen dem chemischen Gradienten folgend nach außen diffundieren. Durch diese Ionenbewegung verringert sich das Konzentrationsgefälle, das die Kalium-Ionen nach außen treibt. Gleichzeitig entsteht an der Außenseite der Folie ein Überschuss an positiven Kalium-Ionen und auf der Innenseite ein Überschuss an negativen Hydrogenoxalat-Ionen. Man kann nun über der Membran eine Spannung messen, ein Membranpotential. Dieser elektrische Gradient verhindert zunehmend das Ausströmen der Kalium-Ionen. Schließlich heben sich chemischer und elektrischer Gradient gegenseitig auf, sodass nur noch dann ein Kalium-Ion herausdiffundieren kann, wenn gleichzeitig eines hineinwandert. Es hat sich ein dynamisches Gleichgewicht eingestellt. Das Membranpotential bleibt nun konstant.

(2) Erklären Sie die Entstehung des Ruhepotentials anhand der Abbildung 1. F/II

In der Membran des Riesenaxons gibt es eine Vielzahl von Kalium-Ionenkanälen. Daher ist sie für Kalium-Ionen gut permeabel. Die Konzentration von Kalium-Ionen beträgt außerhalb des Axons 20 mmol/l, innerhalb 400 mmol/l. Es existiert also ein starker chemischer Gradient, der Kalium-Ionen nach außen treibt. Da Kalium-Ionen positive Ladungen tragen, wird mit jedem dieser Ionen, das aus dem Axon diffundiert, positive Ladung nach außen transportiert. Die im Inneren des Axons vorhandenen Anionen können die Membran nicht durchdringen. So kann ein Ladungsausgleich nicht dadurch erfolgen, dass Anionen das Axon verlassen. Daher entsteht auf der Außenseite der Membran ein Überschuss an positiven Ladungen, dem ein Überschuss an negativen Ladungen auf der Innenseite entspricht.

Durch die Diffusion der Kalium-Ionen wird also über der Membran des Axons eine Spannung aufgebaut. Dieser elektrische Gradient ist dem chemischen Gradienten der Kalium-Ionen entgegengerichtet. Er hält die Kalium-Ionen zurück.
Mit jedem Kalium-Ion, das aus dem Axon diffundiert, wird das Konzentrationsgefälle, der chemische Gradient, kleiner. Gleichzeitig wird der Ladungsunterschied, der elektrische Gradient, größer. Schließlich ist eine Ionenverteilung erreicht, bei der die Wirkung der beiden Gradienten, der elektrochemische Gradient, gleich groß ist. Ein dynamisches Gleichgewicht hat sich eingestellt: Es verlassen pro Zeiteinheit so viele Kalium-Ionen das Axon, wie gleichzeitig in das Axon hineindiffundieren. Die Spannung über der Membran bleibt nun konstant. Sie wird Ruhepotential genannt.

3 Erklären Sie, wie sich die Erhöhung der Kalium-Ionenkonzentration in der Lösung auf das Ruhepotential des Axons auswirkt. F/II

Wenn man in der Badelösung des Riesenaxons die Konzentration der Kalium-Ionen erhöht, wird der Unterschied zur Konzentration der Kalium-Ionen im Inneren des Axons, der chemische Gradient, schwächer. Das führt dazu, dass schon ein schwächerer elektrischer Gradient, also eine geringere Spannung über der Axonmembran, ausreicht, um den chemischen Gradienten zu kompensieren. Das Ruhepotential des Riesenaxons ist demnach also niedriger, liegt etwa bei -50 mV statt bei -70 mV, wenn man die Konzentration der Kalium-Ionen in der Badelösung erhöht.

Seite 233

1 Beschreiben Sie die Entstehung eines Aktionspotentials anhand der entsprechenden Animation. F/I

Voraussetzung für die Entstehung eines Aktionspotentials an der Membran eines Neurons ist ein Konzentrationsgefälle für Kalium-Ionen von innen nach außen und für Natrium-Ionen von außen nach innen. In dieser Situation diffundieren so lange Kalium-Ionen durch die Kalium-Sickerkanäle nach außen, bis sich das Ruhepotential, ein Membranpotential von etwa -70 mV, aufgebaut hat. Wird nun durch Ionenströme ein Bereich der Axonmembran bis auf etwa -50 mV depolarisiert, so öffnen sich schlagartig spannungsgesteuerte Natrium-Ionenkanäle. Die aufgrund dessen einströmenden Natrium-Ionen depolarisieren die Membran noch stärker, es kommt sogar zu einer Umpolung: Das Membranpotential steigt kurzfristig bis auf etwa +30 mV an.
Kurze Zeit nach der Öffnung schließen die Natrium-Ionenkanäle ihr Aktivierungstor. Gleichzeitig öffnen sich spannungsgesteuerte Kalium-Ionenkanäle. Nun können keine weiteren Natrium-Ionen mehr einströmen. Dagegen wird durch das Konzentrationsgefälle und die Ladungsverhältnisse ein Ausstrom von Kalium-Ionen gefördert. Dadurch werden rasch die ursprünglichen Ladungsverhältnisse wiederhergestellt. Es findet eine Repolarisierung statt, die sogar über das Ziel hinausschießt, sodass das Membranpotential unter den Wert des Ruhepotentials sinkt. Die Membran ist für kurze Zeit hyperpolarisiert. Nun schließen sich beide Typen der spannungsgesteuerten Ionenkanäle. Ein verstärkter Einstrom von Kalium-Ionen durch die Sickerkanäle stellt das Ruhepotential wieder her. Verändert ist aber noch die Ionenverteilung: Es sind mehr Natrium-Ionen innen und mehr Kalium-Ionen außen als vor dem Aktionspotential. Hier sorgt nun die Natrium-Kalium-Ionenpumpe für die Wiederherstellung der ursprünglichen Verhältnisse, indem sie Natrium-Ionen aus dem Axon heraustransportiert und dafür Kalium-Ionen in das Axon hineintransportiert.

2 Erklären Sie anhand der Animation „Experimente mit Nervenzellen", wie sich die möglichen Veränderungen der Versuchsbedingungen auf das Membranpotential auswirken. F/II

Legt man negative Reizspannungen an, so registriert man bei einem kurzen Abstand zwischen Reiz- und Messelektrode eine Hyperpolarisation, die proportional zur Reizstärke ist.
Bei kleinen und mittleren Reizspannungen wird die Membran in der Nähe der Reizelektrode proportional depolarisiert. Bei einer starken positiven Reizung registriert die Messelektrode bei einem kurzen Abstand zur Reizelektrode ein Aktionspotential.
Misst man bei einem großen Abstand zwischen Reiz- und Messelektrode, so wird nur dann eine Änderung des Membranpotentials registriert, wenn man eine große positive Reizspannung wählt. Dann zeigt sich mit einer zeitlichen Verzögerung im Bereich der Messelektrode ein Aktionspotential.

(3) Erklären Sie den Verlauf eines Aktionspotentials mit den Zuständen der spannungsgesteuerten Ionenkanäle anhand der Abbildung 2. F/II

(I) In einem unerregten Bereich der Axonmembran sind sowohl die spannungsgesteuerten Natrium-Ionenkanäle als auch die spannungsgesteuerten Kalium-Ionenkanäle geschlossen.

(II) Wird dieser Bereich über einen bestimmten Wert hinaus depolarisiert, so öffnen sich die spannungsgesteuerten Natrium-Ionenkanäle und es kommt aufgrund des elektrochemischen Gradienten zu einem starken Einstrom von Natrium-Ionen. Dadurch wird das Membranpotential bis in den positiven Bereich verschoben.

(III) Kurze Zeit nach der Öffnung schließen die Natrium-Ionenkanäle ihre Inaktivierungstore, sodass keine weiteren Natrium-Ionen in das Axon eindringen können. Gleichzeitig öffnen sich spannungsgesteuerte Kalium-Ionenkanäle, sodass Kalium-Ionen aufgrund ihres elektrochemischen Gradienten ausströmen. Beides führt zu einer Repolarisierung der Axonmembran.

(IV) Nun schließen die Natrium-Ionenkanäle auch ihre Aktivierungstore. Da die Kalium-Ionenkanäle noch kurze Zeit offen bleiben, wird die Axonmembran unter den Wert des Ruhepotentials hyperpolarisiert.

Seite 234

(1) Erläutern Sie, warum durch eine Markscheide nicht nur die Geschwindigkeit der Erregungsleitung gesteigert ist, sondern auch Energie gespart wird. F/II

Wenn ein Axon von einer Markscheide umgeben ist, können Ionenströme durch die Membran nur an den RANVIER-Schnürringen auftreten und nur dort befinden sich spannungsgesteuerte Ionenkanäle. Die Bereiche dazwischen sind für Ionen nicht permeabel. Den weitaus größten Teil der Strecke wird die Erregung also durch Ionenströme weitergeleitet. Nur etwa alle 2 mm wird ein Aktionspotential ausgelöst. Daher muss also auch nur im Bereich der Schnürringe die durch das Aktionspotential verursachte Umverteilung von Ionen durch die Tätigkeit von Natrium-Kalium-Ionenpumpen rückgängig gemacht werden. Geringere Aktivität von Natrium-Kalium-Ionenpumpen bedeutet aber geringeren Verbrauch von ATP, also Energieersparnis.

(2) Erklären Sie anhand der Animation die Weiterleitung von Aktionspotentialen. F/II

In der Animation werden nur die verschiedenen Zustände der spannungsgesteuerten Natrium-Ionenkanäle betrachtet: Während Ruhepotential und unterschwelliger Depolarisation sind die Aktivierungstore geschlossen, die Inaktivierungstore offen. Übersteigt dann die Depolarisation den Schwellenwert, so öffnen sich die Aktivierungstore, sodass Natrium-Ionen in das Axon strömen und die Depolarisation bis zur Ladungsumkehr verstärken. Dies führt dazu, dass die angrenzenden Membranbereiche in Richtung Endknöpfchen depolarisiert werden. Während sich dort die Aktivierungstore öffnen, schließen sich bei den gerade noch offenen Kanälen die Inaktivierungstore. Dort setzt also die Repolarisierung ein, während im neu depolarisierten Bereich das Aktionspotential seinen Höhepunkt erreicht. Ein wenig später öffnen sich im angrenzenden Bereich „stromabwärts" die Aktivierungstore, während sich dort, wo sich unmittelbar vorher das Aktionspotential befand, die Inaktivierungstore schließen, sodass dieser Bereich refraktär ist. Im ursprünglich depolarisierten Bereich schließen sich zunächst die Aktivierungstore. Ein wenig später öffnen sich die Inaktivierungstore, sodass dieser Bereich wieder aktivierbar ist.

Seite 235

AUFGABEN Forschen und Erkennen
Untersuchungen an isolierten Ionenkanälen

a) Prüfen Sie, welche der Hypothesen durch die Versuchsergebnisse bestätigt werden. E/III

Da beim Ruhepotential keine Ströme durch die Membran fließen, sind also in dieser Situation die Natrium-Ionenkanäle geschlossen. Kurze Zeit nach einer Depolarisation der Membran auf –40 mV werden etwa eine Millisekunde lang Einwärtsströme registriert, die Natrium-Ionenkanäle sind zu dieser Zeit also geöffnet. Trotz anhaltender Depolarisation werden im weiteren Verlauf der Messung keine Ströme durch die Membran festgestellt, die Natrium-Ionenkanäle bleiben also geschlossen. Das Experiment bestätigt also die dritte Hypothese.

b) Deuten Sie die Versuchsergebnisse. E/II

Es kommt nur dann zu einer Öffnung eines Natrium-Ionenkanals, wenn zuvor eine Depolarisierung der Membran stattgefunden hat (von −70 mV auf −40 mV). Der durch die Öffnung bedingte Einstrom dauert maximal eine Millisekunde. Die Einstromdauer ist nicht durch eine Verlängerung der Depolarisierungsphase zu verlängern. Es geht hier um spannungsgesteuerte Natrium-Ionenkanäle. Durch eine kurze Depolarisierung der Membran öffnen sich die Ionenkanäle, Natrium-Ionen strömen ein. Die Depolarisierung wird verstärkt. Weniger als eine Millisekunde nach Öffnung der Kanäle verschließen sich diese wieder. Der Natriumeinstrom endet.

c) Planen Sie ein Experiment, mit dem überprüft werden kann, ob es sich bei dem isolierten Ionenkanal um einen Natrium-Ionenkanal handelt. E/II

Das dargestellte Versuchsergebnis setzt voraus, dass in der Pipette eine höhere Konzentration an Natrium-Ionen vorliegt als in der Lösung, in die man den isolierten Membranfleck eintaucht. Die Ionenverteilung auf beiden Seiten der Membran entspricht also der natürlichen.

Wenn man nun in der Badelösung die Konzentration an Natrium-Ionen erhöht und daraufhin geringere Einwärtsströme auftreten oder diese sogar ausbleiben, ist dies ein Nachweis dafür, dass der isolierte Ionenkanal ein Natrium-Ionenkanal ist.

d) Entwickeln Sie eine Hypothese, welches Ergebnis zu erwarten ist, wenn in dem dargestellten Experiment das Membranstück statt des Natrium-Ionenkanals einen spannungsgesteuerten Kalium-Ionenkanal enthält. E/II

Auch in diesem Experiment soll die Ionenverteilung in Pipette und Badelösung der im Extrazellularraum beziehungsweise im Cytosol eines Neurons entsprechen. Die Konzentration der Kalium-Ionen ist also in der Badelösung höher als in der Pipette. Wenn der Membranfleck einen spannungsgesteuerten Kalium-Ionenkanal enthält, wird sich dieser beim Anlegen einer hinreichenden Spannung öffnen. Man würde also einen Auswärtsstrom messen. Wenn der Kanal sich so verhält wie beim Aktionspotential, würde der Auswärtsstrom so lange anhalten, wie der Membranfleck durch die angelegte Spannung depolarisiert ist.

e) Fassen Sie die Erkenntnisse des Versuchs zusammen. E/II

Die Patch-Clamp-Methode erlaubt, die Reaktion eines isolierten Ionenkanals bei einer bestimmten Reizspannung zu untersuchen. Veränderungen der Ionenkonzentrationen auf beiden Seiten des isolierten Membranstücks geben Aufschluss über die Durchlässigkeit des Kanals für bestimmte Ionen.

Seite 237

AUFGABEN Neuronale Verrechnung

a) Erläutern Sie die Spannungsverläufe an den fünf Messpunkten A bis E. F/II

Bei Messpunkt B wird in einem Axon kurz vor der Synapse mit dem Zellkörper einer zweiten Nervenzelle eine kurze Folge von Aktionspotentialen registriert. An Messpunkt C, der im postsynaptischen Bereich dieser Synapse liegt, zeigt sich ein EPSP.

Die Messpunkte A und D liegen in einem weiteren Axon und dem diesem zugeordneten postsynaptischen Bereich der Membran des Zellkörpers. Im Axon wird eine länger anhaltende Folge von Aktionspotentialen gemessen, im postsynaptischen Bereich ein IPSP.

Beide postsynaptischen Potentiale breiten sich unter Abschwächung entlang der Membran des Zellkörpers aus und erreichen schließlich den Axonhügel. Dort addieren sich die beiden Potentiale. Da das EPSP sich zeitlich mit dem IPSP überschneidet, ergibt sich an Messpunkt E ein Summenpotential, das zunächst unter dem Ruhepotential liegt (Hyperpolarisation). Im weiteren Verlauf zeigt sich zwar eine schwache Depolarisation, die aber weit unter dem Schwellenpotential liegt. Die bei B ankommende Erregung wird also durch das bei A eintreffende Signal unterdrückt.

b) Stellen Sie eine Hypothese auf, wie der Spannungsverlauf an Messpunkt F aussieht. E/II

Da bei Messpunkt E keine Depolarisation bis zur Schwelle gemessen wird, entsteht folglich am Axonhügel kein Aktionspotential. Bei Messpunkt F zeigt sich am Monitor daher nur ein Ruhepotential.

Seite 239

(1) Beschreiben Sie anhand der Abbildung 2 die Kontraktion einer Muskelfaser ausgehend von der Erregung des Motoneurons. F/I

siehe Seite 238/239, letzter Absatz

(2) Erklären Sie anhand der Abbildung 1B, wie sich Sarkomere bei der Muskelkontraktion verkürzen. Geben Sie dabei an, wie sich die I- und A-Banden verändern. F/II

Ein wichtiges Strukturmerkmal einer Myofibrille ist der Aufbau aus hintereinander liegenden Untereinheiten, den Sarkomeren. Dieses Strukturelement ermöglicht, eine makroskopische Verkürzung durch molekulare Bewegung im Nanometer-Bereich zu erreichen, da sich die Verkürzung Tausender Sarkomere einer Myofibrille addieren. Die Verkürzung eines Sarkomers erfolgt nicht durch Kontraktion von Bauteilen, sondern dadurch, dass sich bestimmte molekulare Strukturen ineinander schieben. Dieses Prinzip wird durch den Aufbau aus Myofilamenten ermöglicht, die nicht die gesamte Länge des Sarkomers einnehmen, sondern sich nur teilweise überlappen. Für das Ineinandergleiten der Myofilamente sind Bewegungen von Myosin-Molekülen als „Motorproteine" verantwortlich, die die dafür notwendige Energie aus der Spaltung von ATP gewinnen. Da jedes der Myosin-Köpfchen nur eine winzige Schubkraft entfalten kann, sind viele dieser Proteine zu Bündeln zusammengefasst. Schließlich soll die Verkürzung der Myofibrille kontrolliert erfolgen, nämlich auf einen nervösen Reiz hin. Auch dies wird durch spezielle molekulare Strukturen erreicht: Troponin dient als Schalter, der bei Eintreffen eines nervösen Signals, das sich als Calcium-Signal in der Muskelfaser ausbreitet, die Konformation des Tropomyosins so verändert, dass die Myosin-Köpfchen an das Actin binden und das Actinfilament verschieben können.

(3) Erläutern Sie, warum Muskelfasern viele Mitochondrien enthalten. E/II

Muskelfasern haben einen hohen Bedarf an ATP. Die ergiebigste Form der Gewinnung von ATP ist die Veratmung von Kohlenhydraten und Fettsäuren über den Citratzyklus und die Atmungskette. Diese Prozesse sind an die Mitochondrien gebunden. Daher benötigen die Muskeln eine große Zahl von Mitochondrien.

Seite 240

(1) Erläutern Sie die Wirkung der weiteren in der Abbildung aufgeführten Gifte auf die Muskelfaser. E/II

Alle in der Abbildung aufgeführten Gifte führen letztlich zur Lähmung der betroffenen Muskelfaser, da die Übertragung der Erregung vom motorischen Neuron auf die Muskelfaser unterbunden wird. Ist dabei die Atemmuskulatur betroffen, so führt die Vergiftung zum Tod durch Atemlähmung.

α-Latrotoxin bewirkt eine schlagartige Entleerung der synaptischen Vesikel einer motorischen Endplatte, ohne dass dort ein Aktionspotential ankommt. Die daraus resultierende ungewöhnlich hohe Konzentration von Acetylcholin im synaptischen Spalt bewirkt eine ungewöhnlich lange Öffnung der Acetylcholin-Rezeptoren in der Membran der Muskelfaser und somit eine besonders starke Depolarisation und krampfartige Kontraktion der Muskelfaser. Zusätzlich fehlen für eine gewisse Zeit mit Transmitter gefüllte synaptische Vesikel, sodass in der betroffenen motorischen Endplatte ankommende Aktionspotentiale unwirksam bleiben, der Muskel also nicht mehr steuerbar ist.

Curare bindet an Acetylcholin-Rezeptoren der Muskelfasermembran, ohne dass diese für Natrium-Ionen durchlässig werden. Daher zeigt Acetylcholin, das infolge einer Erregung des motorischen Neurons ausgeschüttet wird, an der postsynaptischen Membran keine Wirkung. Die Erregung kann nicht auf die Muskelfaser übertragen, diese also nicht zur Kontraktion gebracht werden.

μ-Conotoxin blockiert die spannungsgesteuerten Natrium-Ionenkanäle in der Membran der Muskelfaser. Daher kann sich die Depolarisation, die durch den Einstrom von Natrium-Ionen durch die Acetylcholin-Rezeptoren hervorgerufen wurde, nicht in der Muskelfasermembran ausbreiten. Es kann kein Aktionspotential entstehen und so unterbleibt die Kontraktion der Muskelfaser.

Nikotin bindet an die Acetylcholin-Rezeptoren der Muskelfasermembran und öffnet sie, sodass Natrium-Ionen in die Muskelfaser einströmen. Da Nikotin – im Gegensatz zu Acetylcholin – nicht im synaptischen Spalt abgebaut wird, kommt es zu einer lang anhaltenden Erregung der Muskelfaser.

ω-Conotoxin blockiert die Calcium-Ionenkanäle in den Endknöpfchen einer motorischen Endplatte.

Wenn dann ankommende Aktionspotentiale die Membran der Endknöpfchen depolarisieren, können sich die Calcium-Ionenkanäle nicht öffnen und infolgedessen keine Calcium-Ionen einströmen. Da aber Calcium-Ionen für die Exocytose des Acetylcholin notwendig sind, unterbleibt diese. Die Erregung des motorischen Neurons kann also nicht auf die Muskelfaser übertragen werden.

2 Erklären Sie anhand der Animationen die Vorgänge an erregenden und hemmenden Synapsen. E/II

Die Vorgänge an erregenden und hemmenden Synapsen sind weitgehend gleich: Erreicht eine Erregung das Endknöpfchen, so öffnen sich dort spannungsgesteuerte Calcium-Ionenkanäle. Die einströmenden Calcium-Ionen bewirken, dass mit Transmitter gefüllte Vesikel zur präsynaptischen Membran wandern und ihren Inhalt in den synaptischen Spalt exocytieren. Die Transmitter-Moleküle diffundieren zur postsynaptischen Membran und binden dort an spezifische Rezeptoren. Das führt dann zur Öffnung von Ionenkanälen.
Die Unterschiede zwischen erregenden und hemmenden Synapsen liegen in den unterschiedlichen Transmittern. An erregenden Synapsen wird beispielsweise Acetylcholin ausgeschüttet. Die infolgedessen in der postsynaptischen Membran geöffneten Ionenkanäle führen zum Einstrom von Natrium-Ionen und damit zur Depolarisation des postsynaptischen Neurons. Dieses EPSP fördert die Bildung eines Aktionspotentials.
Dient dagegen GABA als Transmitter, so öffnen sich in der postsynaptischen Membran Chlorid-Ionenkanäle. Die einströmenden Chlorid-Ionen hyperpolarisieren das postsynaptische Neuron. Das so entstandene IPSP wirkt der Entstehung eines Aktionspotentials entgegen.

Seite 241

AUFGABEN vernetzt Muskelstoffwechsel

1 Energie für die Muskelkontraktion

a) Beschreiben Sie die Muskelkontraktion auf der Ebene der Muskelfaser und geben Sie dabei an, bei welchen Schritten Energie umgewandelt wird. F/I

Wenn ein Aktionspotential über das Axon eines Motoneurons die motorische Endplatte erreicht, wird die Erregung über den Neurotransmitter Acetylcholin auf die Muskelfaser übertragen. Dort bilden sich erneut Aktionspotentiale, die sich über das Sarkolemm ausbreiten und über die T-Tubuli in das Sarkoplasmatische Retikulum gelangen, wo sie die Ausschüttung von Calcium-Ionen veranlassen. Die Calcium-Ionen ermöglichen, dass die Myosinköpfchen an das Actin binden und die Actinfilamente entlang der Myosinfilamente in Richtung Sarkomer-Mitte verschieben. Durch dieses Ineinandergleiten der Myofilamente verkürzen sich die Sarkomere und somit die Myofibrillen. Dies führt zu einer Verkürzung der gesamten Muskelfaser.
Die Kontraktion endet, wenn nach Ende der Erregung die Calcium-Ionen in das Sarkoplasmatische Retikulum zurückgepumpt worden sind.
Besonders viel Energie wird beim Verschieben der Aktinfilamente durch die Myosin-Moleküle umgewandelt. Jedes einzelne Myosinköpfchen spaltet für jede der winzigen Schubvorgänge ein Molekül ATP. Außerdem liefert ATP die Energie für das Zurückpumpen der Calcium-Ionen.

b) Muskelzellen verfügen über einen Energiezwischenspeicher, das Phosphocreatin. Mithilfe des Enzyms Creatinkinase kann die Phosphatgruppe von Phosphocreatin auf ADP übertragen und so ATP regeneriert werden.
Erläutern Sie anhand der Abbildung die unterschiedlichen Möglichkeiten der Energiebereitstellung bei einer körperlichen Belastung. F/I

Für die Vorgänge in der Muskelfaser muss ATP als Energielieferant zur Verfügung stehen. Da aber in jeder Zelle und so auch in der Muskelfaser nur begrenzte Mengen an ATP vorliegen, muss für den Betrieb eines Muskels über einen längeren Zeitraum ständig ATP regeneriert werden.
Die Regeneration von ATP mithilfe von Phosphocreatin ist dabei die schnellste Möglichkeit, da dafür nur ein einziger Stoffwechselschritt notwendig ist und Phosphocreatin bereits in der Muskelfaser vorliegt.
Der Abbau von Glykogen in Glucose-Einheiten und deren Abbau zu Lactat benötigt nur wenige Stoffwechselschritte und findet vollständig im Cytosol statt. Auch hierbei entfallen aufwendige Transportvorgänge, da Glykogen in der Muskelfaser gespeichert ist.
Die Regeneration von ATP durch Veratmung von Glucose oder Fettsäuren ist dagegen ein langwieriger Prozess, der zudem teilweise im Cytosol und teilweise in den Mitochondrien abläuft. Außerdem müssen dazu sowohl Glucose und Fettsäuren als auch der notwendige Sauerstoff über die Blutbahn herangeführt werden.

2 Leberstoffwechsel und Muskelaktivität

a) Beschreiben Sie die Verwertung von Lactat in der Leber. F/I

Der Abbildung ist zu entnehmen, dass in der Leber sozusagen eine Umkehrung der Lactat-Gärung stattfinden kann. Lactat wird dabei unter Verbrauch von ATP zur Neubildung von Glucose genutzt. Diese kann in das Blut abgegeben oder als Glykogen gespeichert werden.

b) Erläutern Sie die Bedeutung dieses Stoffwechselprozesses für die Energiebereitstellung in Skelettmuskeln. F/II

Eine Möglichkeit der Energiebereitstellung für die Muskeltätigkeit besteht im Abbau von Glykogen zu Lactat. Dieses Lactat kann in der Leber wieder in Stoffe umgewandelt werden, die im Muskel zur ATP-Regeneration eingesetzt werden können. So kann die aus Lactat gewonnene Glucose direkt als Blutglucose dem Muskel zur Verfügung gestellt werden. Falls die Glucose in Form von Glykogen in der Leber gespeichert wird, dient sie als Energiereserve und kann bei Bedarf zur Produktion von Blutglucose verwendet werden.

3 Energiebereitstellung und Sauerstoffverbrauch

a) Erklären Sie die Energiebereitstellung in Skelettmuskeln während einer Belastung anhand von Grafik A. Berücksichtigen Sie dabei auch die Abbildung in Aufgabe 1. F/I

In den ersten Sekunden der Belastung eines Skelettmuskels wird ausschließlich die Energie aus der Spaltung des in den Muskelfasern vorhandenen ATPs genutzt. Dann beginnt die Regeneration von ATP durch die Übertragung eines Phosphatrestes von Phosphocreatin auf ADP. Etwa um dieselbe Zeit startet die Produktion von ATP durch Glykolyse von Glucose-Einheiten, die durch den Abbau von Glykogen gewonnen werden.

Während diese Form der Energiebereitstellung nach etwa 40 Sekunden ihr Maximum erreicht und dann langsam an Bedeutung verliert, nimmt die Produktion von ATP durch Veratmung von Glucose und Fettsäuren zu und ist schließlich die wichtigste Form der Energiebereitstellung bei einer länger andauernden Belastung des Muskels.

b) Werten Sie die Grafik B aus. Erläutern Sie, warum zu Beginn der Arbeit ein „Sauerstoffdefizit" zu beobachten ist und in der Erholungsphase die Sauerstoffaufnahme zunächst noch erhöht ist („Sauerstoffschuld"). E/II

Während der Ruhe werden 0,25 l Sauerstoff pro Minute aufgenommen. In der ersten Phase der leichten körperlichen Arbeit nimmt die Sauerstoffaufnahme nur langsam zu, bis sie sich nach einer gewissen Zeit gegenüber dem Wert bei Ruhe verdreifacht hat. Dieser Wert bleibt dann während der gesamten Arbeitsphase konstant. Nach Beendigung der Arbeit nimmt die Sauerstoffaufnahme ebenso langsam ab, wie sie zu Beginn zugenommen hat und erreicht erst nach einiger Zeit den Ruhewert.

Zu Beginn der Arbeit tritt ein Sauerstoffdefizit auf, da die Sauerstoffaufnahme nur langsam ansteigt, während der Energiebedarf sprunghaft zunimmt. Dies ergibt sich aus der zunächst anaeroben Energiebereitstellung. Das Sauerstoffdefizit bedeutet also, dass nicht so viel Sauerstoff aufgenommen wird, wie zur aeroben Produktion des benötigten ATPs notwendig wäre.

Das Gegenstück dazu ist die Sauerstoffschuld nach Ende der Arbeitsphase. Hier wird das Sauerstoffdefizit vom Beginn der Arbeitsphase insofern ausgeglichen, als unter Sauerstoffverbrauch die Ausgangssituation in Bezug auf gespeicherte Energieträger wiederhergestellt wird. Dazu gehören die Umwandlung von Lactat zu Glucose beziehungsweise Glykogen und die Regeneration von Phosphocreatin aus Creatin.

4 Ausdauertraining und Muskulatur

Leiten Sie aus diesen Beobachtungen ab, wie sich die Energiebereitstellung durch Ausdauertraining verändert. E/II

Ausdauertraining ermöglicht der betreffenden Muskulatur eine verstärkte aerobe Energiebereitstellung. Wenn nämlich die Mitochondrien zahlreicher und größer werden, wobei gleichzeitig die Menge an mitochondrialen Proteinen zunimmt, stehen mehr Enzym-Moleküle für die Zellatmung zur Verfügung. Es können also in einer bestimmten Zeit mehr Stoffe veratmet, also auch größere Mengen an ATP hergestellt werden, als vor dem Training. Da auch mehr Myoglobin im Muskel vorliegt, steht schon zu Beginn einer Belastung mehr Sauerstoff zur Verfügung. Die anaerobe Phase kann also kürzer werden. Abgerundet werden die Veränderungen durch eine Verdopplung der Menge gespeicherten Glykogens. Dies stellt dem Muskel für die früh beginnende aerobe Phase Glucose zur Verfügung, bevor der Transport von Glucose und Fettsäure in den Muskel voll angelaufen ist.

Seite 242

AUFGABEN Nervenzellen

1 Axonaler Transport von Viren

a) Erläutern Sie die Feststellung: „Einmal Herpes – immer Herpes!" F/II

Hat man sich einmal mit Herpes-Viren infiziert, so nisten sich diese in den Zellkörpern von Nervenzellen ein und verbleiben dort lebenslänglich, geschützt vor der Immunabwehr. Sie können durch bestimmte Umstände aktiviert werden und dann die typischen Symptome hervorrufen.

b) Stellen Sie Vermutungen an, warum Herpes-Viren den relativ langsamen axonalen Transport nutzen statt den schnellen Transport mit dem Blut. F/II

Die langsame Verbreitung über den axonalen Transport hat für die Herpes-Viren den Vorteil, dass sie für das Immunsystem unsichtbar sind. Nur in der relativ kurzen Zeit zwischen der Zerstörung einer Wirtszelle und dem Befall der nächsten können sie von den Abwehrkräften des Körpers bekämpft werden.

2 Ruhepotential und Kalium-Ionenkonzentration

a) Erläutern Sie, wie das Ruhepotential an einer Nervenzellmembran entsteht. F/I

Beim unerregten Neuron sind nur Kalium-Ionenkanäle in der Membran geöffnet. Wegen des starken chemischen Potentials diffundieren Kalium-Ionen durch diese Kanäle nach außen. Mit jedem Kalium-Ion, das das Neuron verlässt, wird das chemische Potential für diese Ionen geringer. Da aber mit jedem Kalium-Ion, das hinausdiffundiert, eine positive Ladung nach außen transportiert wird, baut sich über der Membran eine Spannung auf, die die Kalium-Ionen zurückhält. Schließlich sind beide Potentiale – das chemische Potential, das die Kalium-Ionen hinaustreibt, und das elektrische Potential, das sie zurückhält, – gleich groß. Das elektrochemische Potential für die Kalium-Ionen ist dann also gleich Null. Es liegt ein dynamisches Gleichgewicht vor: Gleich viele Kalium-Ionen strömen ein beziehungsweise aus. Die in dieser Situation vorhandene Membranspannung ist das Ruhepotential.

b) Erklären Sie die Veränderungen des Membranpotentials in Abhängigkeit von der Kalium-Ionenkonzentration des Außenmediums. F/II

Senkt man im Außenmedium die Konzentration der Kalium-Ionen, so verstärkt sich das chemische Potential. Es können mehr Kalium-Ionen das Neuron verlassen, ehe sie durch die Membranspannung daran gehindert werden. Das Ruhepotential liegt dann unter dem Normalwert, die im unerregten Zustand vorhandene Membranspannung ist also größer. Erhöht man im Außenmedium die Konzentration der Kalium-Ionen, so verringert man das chemische Potential für diese Ionen. Es stellt sich also bei einer geringeren Membranspannung ein dynamisches Gleichgewicht ein. Das Ruhepotential liegt also näher bei Null. Im Extremfall, wenn die Konzentration der Kalium-Ionen im Außenmedium so weit erhöht wird, dass sie gleich der Konzentration im Inneren des Neurons ist, also etwa bei 400 mmol/l liegt, hat das Membranpotential den Wert Null.

3 Aktionspotential und Natrium-Ionenkonzentration

a) Vergleichen Sie die Kurven 1 bis 4. F/I

Vergleicht man die Kurven 1 bis 3, so erkennt man, dass mit zunehmender Verdünnung der Badelösung durch eine isotone Glucoselösung die Aktionspotentiale weniger steil ansteigen, weniger steil abfallen und eine geringere Amplitude haben, d. h. weniger oder gar nicht in den positiven Bereich ansteigen. Kurve 4 entspricht wieder fast der Kurve 1. Der Spitzenwert ist nur geringfügig niedriger.

b) Erklären Sie die Versuchsergebnisse. E/II

Ersetzt man in der Badelösung, in der man das Riesenaxon reizt, einen Teil des Meerwassers durch isotone Glucoselösung, so verringert man dadurch die Konzentration der Natrium-Ionen in der Umgebung des Axons und damit ihr elektrochemisches Potential gegenüber dem Axoninneren. Wenn sich nun bei einer Depolarisation der Membran die spannungsgesteuerten Natrium-Ionenkanäle öffnen, so wird der Einstrom umso schwächer, je geringer außen die Konzentration der Natrium-Ionen ist. Die Kurve des Aktionspotentials steigt also umso geringer an, je mehr Meerwasser durch Glucoselösung ersetzt wurde. Wenn weniger Natrium-Ionen in das Axon strömen, wird dadurch für die Kalium-Ionen das elektrochemische Potential ebenfalls geringer. Wenn sich also die spannungsgesteuerten Kalium-Ionenkanäle öffnen, ist der Ausstrom der Kalium-Ionen weniger schlagartig. Die Repolarisation verläuft also ebenfalls langsamer, die Kurve wird also insgesamt flacher.

c) Erläutern Sie die Bedeutung des Experimentes, dessen Ergebnis Kurve 4 zeigt. E/II

Der Versuch, dessen Ergebnis Kurve 4 zeigt, sollte überprüfen, ob die Verdünnung des Meerwassers durch Glucoselösung irgendwelche bleibenden Veränderungen am Axon hervorgerufen hat. Da Kurve 4 aber fast der Kurve 1 entspricht, das Axon bei Reizung im nun wieder reinen Meerwasser also so reagierte wie zu Beginn der Versuchsreihe, konnten die Forscher eine solche Erklärung für die Kurven 2 und 3 ausschließen.

4 Geschwindigkeit der Erregungsleitung

a) Leiten Sie aus der Tabelle die Faktoren ab, welche die Geschwindigkeit der Erregungsleitung beeinflussen. Erklären Sie den Einfluss der Faktoren. E/II

Die Werte der Tabelle zeigen, dass offenbar drei Faktoren die Geschwindigkeit der Erregungsleitung beeinflussen:

Beim Vergleich markloser Axone wird deutlich, dass die Geschwindigkeit mit dem Durchmesser zunimmt. Grund dafür ist, dass der elektrische Widerstand mit dem Durchmesser abnimmt, die Ionenströme also schneller vom gerade erregten Bereich zur Nachbarregion fließen.

Vergleicht man marklose und markhaltige Axone etwa gleichen Durchmessers, so zeigt sich, dass die Erregungsleitung in den markhaltigen Axonen bis zum Hundertfachen schneller ist als in marklosen. Ursache hierfür ist, dass der Aufbau eines Aktionspotentials länger dauert als die Ausbreitung der Erregung über Ionenströme. Da bei markhaltigen Axonen weniger Aktionspotentiale gebildet werden, ist hier die Erregungsleitung schneller.

Schließlich spielt offenbar auch die Körpertemperatur eine Rolle, da markhaltige Axone der Katze deutlich schneller sind als markhaltige Axone des Frosches. Dies lässt sich dadurch erklären, dass bei höheren Temperaturen die Ionen infolge der rascheren Teilchenbewegung schneller fließen. Auch erfolgt eine raschere Bereitstellung von ATP für die Natrium-Kalium-Ionenpumpe.

b) Erläutern Sie, warum ohne die Entwicklung markhaltiger Axone die Evolution der Wirbeltiere nicht möglich gewesen wäre. F/II

Wirbeltiere benötigten für die Bildung eines so komplexen Zentralnervensystems viele und zugleich schnelle Nervenverbindungen. Mit marklosen Axonen hätte die Masse dieser Neurone – sollten die benötigten Geschwindigkeiten erreicht werden – die Größe der Tiere überfordert. Wären die vielen Nervenfasern im Rückenmark marklose Axone mit vergleichbarer Geschwindigkeit, so wäre das Rückenmark meterdick. Die Entwicklung markhaltiger Axone bedeutet also eine enorme Materialersparnis. Nicht übersehen werden darf auch der energetische Aspekt. So hätte der Energiebedarf einer riesigen Menge markloser Axone den Stoffwechsel der Tiere überfordert.

Die für die Evolution der Wirbeltiere notwendige Dichte und Leistungsfähigkeit der Neurone wäre also ohne die Entwicklung von Markscheiden nicht möglich gewesen.

5 Forschen und Erkennen: Wirkung von Curare

a) Beschreiben Sie die Versuchsdurchführungen im Vergleich. F/I

Bei Versuch A liegt der Muskel in der mit Curare versetzten Badelösung. Die elektrische Reizung erfolgt am zugehörigen Nerven außerhalb der Badelösung. Bei Versuch B ist die Position des Nerv-Muskel-Präparates wie in A. Hier wird aber der Muskel direkt elektrisch gereizt. Bei Versuch C liegt nur ein Teil des Nervs in der Badelösung, nicht aber der Muskel. Gereizt wird der Nerv in einem Bereich vor dem in der Badelösung liegenden Abschnitt.

b) Erklären Sie, welche der Hypothesen durch die Versuchsergebnisse falsifiziert, welche verifiziert wurden. E/II

Da in Versuch B der in der Badelösung mit Curare liegende Muskel bei direkter Reizung zuckt, ist die Hypothese widerlegt, Curare unterdrücke die Erregbarkeit der Muskelfaser. Da in Versuch C die durch die Reizung hervorgerufene Erregung des Nerven den Muskel zum Zucken bringt, obwohl zwischen gereizter Region und Muskel die Badelösung passiert wurde, ist die Hypothese widerlegt, Curare blockiere die Erregungsleitung im Nerven.

c) Fassen Sie die Erkenntnisse des Versuchs zusammen. E/II

Die Versuchsergebnisse zeigen, dass nur eine Hypothese unwiderlegt bleibt, nämlich dass Curare die Erregungsübertragung vom Nerven auf den Muskel unterdrückt, also – modern formuliert – die motorische Endplatte blockiert.

d) Eine Zeit lang wurde Curare bei Operationen zur Muskelentspannung eingesetzt. Erläutern Sie, warum diese Verwendung von Curare erst möglich war, nachdem die Ärzte Patienten künstlich beatmen konnten. E/II

Da Curare auf alle Skelettmuskeln und damit auch auf die Atemmuskulatur lähmend wirkt, wären die Patienten bei einer Behandlung mit diesem Synapsengift erstickt. Seitdem man aber über Techniken der künstlichen Beatmung verfügte, konnte man beispielsweise die Bauchmuskulatur mittels Curare entspannen, ohne eine Erstickung des Patienten befürchten zu müssen.

e) Bei solchen Operationen wurde Physostigmin gegen die Lähmung der Muskeln eingesetzt. Physostigmin hemmt die Acetylcholinesterase. Stellen Sie Vermutungen an, wie Physostigmin die Wirkung von Curare aufheben kann. E/II

Folgender hypothetischer Wirkmechanismus würde erklären, dass man mit Physostigmin die Wirkung von Curare aufheben kann: Wenn man den Patienten mit Physostigmin behandelt, wird die Acetylcholinesterase gehemmt. Infolgedessen befindet sich - nach der Erregung eines Motoneurons und der daraus resultierenden Ausschüttung von Acetylcholin in den synaptischen Spalt der motorischen Endplatte - dort viel länger als normal eine hohe Konzentration des Neurotransmitters. Nimmt man nun an, dass Curare und Acetylcholin um die Acetylcholinrezeptoren konkurrieren, so würde in dieser Situation Curare durch Acetylcholin verdrängt und damit die lähmende Wirkung von Curare aufgehoben.

6 Elektrische Synapsen

a) Erklären Sie, warum die Erregungsübertragung bei elektrischen Synapsen viel schneller ist als bei chemischen Synapsen. F/II

Bei einer elektrischen Synapse ermöglichen die Kanäle einen Ionenstrom von einer Zelle zur anderen. Daher können die bei Erregung einer der beiden Zellen auftretenden Ausgleichsströmchen durch die Kanäle hindurch in der Nachbarzelle Erregung hervorrufen. Da Ionenströme sehr schnell sind, die Ausschüttung von Transmitter-Molekülen und deren Diffusion zur postsynaptischen Membran dagegen sehr zeitaufwendige Prozesse darstellen, ist die Erregungsübertragung über eine elektrische Synapse weitaus schneller als über eine chemische Synapse.

b) Erläutern Sie, warum elektrische Synapsen nicht hemmend wirken können. F/II

Da Ausgleichsströmchen, die von einer depolarisierten Membranregion zu einer anderen fließen, dort wiederum nur eine Depolarisation hervorrufen können, kann an einer elektrischen Synapse die Erregung der präsynaptischen Zelle keine Hyperpolarisation der postsynaptischen Zelle bewirken. Dies wäre aber für eine Hemmung der postsynaptischen Zelle notwendig.

7 Acetylcholinrezeptor am Herzmuskel

Erläutern Sie die Wirkung von Acetylcholin auf den Herzmuskel. F/II

Wenn ein Molekül Acetylcholin an den entsprechenden Rezeptor in der Membran des Herzmuskels bindet, aktiviert das Rezeptorprotein das zugehörige G-Protein. Das aktivierte G-Protein bewirkt seinerseits, dass sich bestimmte Kalium-Ionenkanäle in der Membran des Herzmuskels öffnen. Die daraufhin ausströmenden Kalium-Ionen führen zu einer Hyperpolarisierung der Membran des Herzmuskels, durch die die Depolarisation zum Schwellenwert und somit die Bildung von Aktionspotentialen erschwert wird. Acetylcholin wirkt also auf den Herzmuskel hemmend.

2 Informationsaufnahme

Seite 245

(1) Erklären Sie anhand der Abbildung 1 und der Animation „Riechen“, wie in einer Riechzelle ein Rezeptorpotential gebildet wird. F/II

Wenn ein Geruchsstoffmolekül an einen entsprechenden Rezeptor bindet, aktiviert dieser über ein G-Protein ein Enzym, das aus ATP den second messenger cAMP bildet. Binden cAMP-Moleküle an einen bestimmten Ionenkanal, so öffnet sich dieser und lässt Natrium- und vor allem Calcium-Ionen in die Riechzelle einströmen. Dies führt zu einer Depolarisierung der Riechzelle. Es entsteht ein Rezeptorpotential. Unter dem Einfluss der Calcium-Ionen öffnen sich Chlorid-Ionenkanäle. Der Ausstrom der Chlorid-Ionen verstärkt das Rezeptorpotential.

Seite 247

1 Erklären Sie anhand der Animation „Sehen“ den Aufbau des Auges, der Netzhaut und einer Lichtsinneszelle. F/II

Das Auge ist ein mehr oder weniger kugelförmiges Organ, das von mehreren Häuten umgeben und innen großenteils durch den Glaskörper ausgefüllt ist. Die äußerste Haut ist die Lederhaut, die vorne in die durchsichtige Hornhaut übergeht. Dann folgt die Aderhaut, die vorne den Ciliarkörper und die Iris bildet. Am Ciliarkörper ist die Linse durch feine Fasern aufgehängt. Innerste Schicht des Auges ist die Netzhaut mit den Lichtsinneszellen. Dort, wo der Sehnerv aus dem Auge austritt, ist die Netzhaut durch den blinden Fleck unterbrochen. Dort, wo die Achse des dioptrischen Apparats auf die Netzhaut trifft, liegt die Stelle des schärfsten Sehens, der Gelbe Fleck.

Die Netzhaut ist ihrerseits auch aus verschiedenen Schichten aufgebaut. Zur Aderhaut hin liegt zunächst das Pigmentepithel, dessen Zellen dunkle Farbpartikel enthalten. Diese absorbieren störendes Streulicht. Darauf folgt die Schicht der Lichtsinneszellen. Dabei kann man Stäbchen und Zapfen unterscheiden. Die letzte Schicht wird von unterschiedlichen Nervenzellen gebildet. Die Lichtsinneszellen bilden Synapsen mit Bipolarzellen, die ihrerseits mit Ganglienzellen verschaltet sind, deren Axone den Sehnerv bilden. Horizontalzellen und Amakrine Zellen bilden Querverschaltungen zwischen Lichtsinneszellen beziehungsweise Bipolarzellen.

Lichtsinneszellen sind in Außensegment und Innensegment gegliedert. Im Außensegment liegen parallel angeordnet viele flache Membranscheibchen, sogenannte Disks. Sie enthalten die Fotopigmente. Die Zellmembran des Außensegments enthält Proteine, die für die Fototransduktion von Bedeutung sind, nämlich Kationenkanäle und Kationen-Austauscher. Im Innensegment liegen Organellen wie Zellkern, ER und Mitochondrien. Es endet mit der Synapse zur Bipolarzelle hin.

2 Erklären Sie das Basiskonzept „Struktur und Funktion“ am Beispiel des Gelben Flecks. F/I

Die Funktion des Gelben Flecks ist es, Bildinformationen in hoher Auflösung an das Gehirn zu liefern. Dem entspricht die spezielle Struktur dieses Netzhautbereichs. Hier sind im Gegensatz zum Rest der Netzhaut Sinneszellen eins zu eins mit Ganglienzellen verschaltet. Zusätzlich sind im Bereich des Gelben Flecks die vor den Sinneszellen liegenden Nervenzellen zur Seite verlagert, sodass das vom dioptrischen Apparat erzeugte Bild unmittelbar auf die Schicht der Sinneszellen fällt und nicht beim Durchtritt durch die Schicht der Nervenzellen getrübt wird.

3 Verdeutlichen Sie das Phänomen System-Emergenz am Auge. F/II

Die Eigenschaft eines Systems ist mehr als die Summe der Eigenschaften seiner einzelnen Elemente. Dieses Auftreten neuer Systemeigenschaften bezeichnet man als Emergenz (lat. *emergo*, auftauchen). Die Eigenschaften des Systems „Auge“ lassen sich nicht erklären, wenn die Eigenschaften der Elemente, aus denen das Auge aufgebaut ist, addiert werden. So wird nur durch das Zusammenwirken von Hornhaut, der mit Kammerwasser gefüllten vorderen Augenkammer, Pupille, Linse, Glaskörper, Zonulafasern, Ciliarmuskeln, Ader- und Lederhaut ein scharfes Bild auf der Netzhaut erzeugt. Auch das räumliche Sehen ergibt sich nicht aus der Summe der Eigenschaften von zwei Augen, sondern erst aus dem Zusammenwirken von zwei Augen, deren Sichtfelder sich überschneiden, und der Verarbeitung der Lichtreize in der Netzhaut und im Gehirn.

Seite 249

1 Erklären Sie die Veränderung des Membranpotentials bei Belichtung auf der Ebene der Ionenströme. F/II

Im Dunkeln sind spezielle Kationenkanäle in der Membran des Außensegments eines Stäbchens offen. Der ständige Einstrom von Natrium- und Calcium-Ionen durch diese Kanäle, der Dunkelstrom, depolarisiert das Stäbchen auf ein Membranpotential von etwa −30 mV. Dieser Wert bleibt konstant, weil Kationen-Austauscher im Außensegment und Natrium-Kalium-Ionenpumpen im Innensegment die Ionenkonzentrationen stabilisieren.

Bei Belichtung des Stäbchens schließen sich die Kationenkanäle, sodass der Dunkelstrom zum Erliegen kommt. Dies führt zu einer Hyperpolarisation des Stäbchens auf ein Membranpotential von etwa −70 mV.

2 Erklären Sie anhand der Animation „Sehen" die Fototransduktion. F/II

Die Fototransduktion beginnt damit, dass durch Licht aktiviertes Rhodopsin über spezielle G-Proteine hunderte Enzym-Moleküle aktiviert, die jeweils pro Sekunde mehrere Tausend cGMP-Moleküle spalten. Die dadurch im Außensegment des Stäbchens rasch sinkende Konzentration dieses second messengers führt dazu, dass sich die durch cGMP bisher offen gehaltenen Kationenkanäle schließen. Da nun der Dunkelstrom abgeschaltet ist, wird das Stäbchen von bisher -30 mV auf -70 mV hyperpolarisiert. Dies führt letztlich dazu, dass die nachgeschaltete Bipolarzelle depolarisiert wird und ihrerseits eine Ganglienzelle aktiviert, die dann - falls die Erregung hinreichend stark ist - Aktionspotentiale bildet.

Seite 251

AUFGABEN Laterale Inhibition

a) Erläutern Sie das Modell. F/II

Im Modell wird zunächst schematisch durch schwarze Pfeile der Informationsfluss von Lichtsinneszellen über die Bipolarzellen in Richtung der Ganglienzellen dargestellt. Die zusätzlich eingezeichneten roten „Hemmlinien" verlaufen jeweils vom Ausgang der Rezeptoren zu den Nachbarrezeptoren. Dabei wird als Hemmungswert ein Zehntel der Stärke des Rezeptorpotentials angenommen. Der Ausgangswert in Richtung Ganglienzelle ergibt sich dann aus der Summe des Rezeptorpotentials und der (negativen!) Hemmwerte.

b) Prüfen Sie, ob sich mithilfe des Modells das Phänomen der MACH-Bänder erklären lässt. E/III

Aus dem Modell ergibt sich, dass die stark belichteten Rezeptoren, die an schwach belichtete grenzen, ein geringeres Signal an die Ganglienzelle weiterleiten als die Rezeptoren im Inneren des stark belichteten Bereichs. Entsprechend ist das Signal schwach belichteter Rezeptoren im Grenzbereich zu den stark belichteten schwächer als das der übrigen schwach belichteten Rezeptoren.

Dadurch, dass an der Grenzlinie eine besonders starke Erregung der Ganglienzellen an besonders schwach erregte Ganglienzellen grenzt, ergibt sich eine Wahrnehmung, wie sie die MACH-Bänder zeigen, nämlich eine Kontrastbetonung. Anhand des Modells lässt sich also das Auftreten der MACH-Bänder erklären.

Seite 252 bis 253

AUFGABEN Sinnesorgane - Sinneszellen

1 Reizcodierung

a) Beschreiben Sie die Reaktionen der drei Rezeptortypen. Ordnen Sie diese jeweils einem Klingeltyp zu. F/II

Beim tonischen Rezeptor ist während der gesamten Reizdauer das Rezeptorpotential gleich hoch. Dementsprechend werden auch mit gleicher Frequenz Aktionspotentiale gebildet. Der tonische Rezeptor reagiert also wie die Türklingel, die so lange läutet, wie man auf den Knopf drückt. Dagegen reagiert der phasische Rezeptor nur mit einer kurzfristigen Erhöhung des Membranpotentials, das anschließend rasch wieder auf den Wert des Ruhepotentials zurückgeht. Daher werden auch nur für eine kurze Zeit nach Beginn der Reizung Aktionspotentiale gebildet. Dieser Rezeptor reagiert also wie die Türglocke, die beim Druck auf den Klingelknopf mit Ding und beim Wegnehmen des Fingers mit Dong antwortet. Der phasisch-tonische Rezeptor nimmt insofern eine Zwischenstellung ein, als zwar das Rezeptorpotential kurz nach Beginn der Reizung rasch abfällt, aber nicht auf den Wert des Ruhepotentials. Anschließend fällt es langsam weiter ab und geht erst nach Ende der Reizung auf das Ruhepotential zurück. Es werden also Aktionspotentiale zunächst mit hoher Frequenz gebildet, in der Folgezeit mit wesentlich geringerer, abnehmender Frequenz.

b) Begründen Sie, warum phasische Rezeptoren auch als schnell adaptierend, phasisch-tonische als langsam adaptierend charakterisiert werden. F/II

Unter Adaptation versteht man die Fähigkeit einer Sinneszelle, sich an einen gleichbleibenden Reiz zu gewöhnen, also mit abnehmender Erregung zu reagieren. Da bei einem phasischen Rezeptor das Rezeptorpotential rasch abnimmt, spricht man von einem schnell adaptierenden Rezeptor. Da ein phasisch-tonischer Rezeptor nach einer Reizung ein nur langsam zurückgehendes Membranpotential aufweist, wird er als langsam adaptierend charakterisiert.

c) Ordnen Sie Riechzelle und Lichtsinneszelle einem dieser Rezeptortypen zu. F/II

Da bei einer Lichtsinneszelle zwar schon kurz nach dem Lichtreiz eine Hyperpolarisierung einsetzt, das Ruhepotential aber nur allmählich erreicht wird, ist die Lichtsinneszelle als langsam adaptierend zu charakterisieren.

Da eine Riechzelle bei gleichbleibender Konzentration eines Riechstoffes schon nach einer Sekunde keine Aktionspotentiale mehr bildet, ist sie schnell adaptierend.

2 Reizcodierung von Tastkörperchen

Begründen Sie aufgrund der Aktionspotentiale, welches dieser Tastkörperchen für die Wahrnehmung von Druck beziehungsweise von Vibrationen geeignet ist. E/II

VATER-PACINI-Körperchen sind phasische Rezeptoren, die nur reagieren, wenn die Sonde mit ihrer Bewegung beginnt oder aufhört. Dadurch sind sie geeignet, Vibrationen zu registrieren, da diese sehr rasch hintereinander folgende Reizungen darstellen. Bei langsam adaptierenden Rezeptoren wie den MERKEL-Zellen würden die einzelnen Reize einer Vibration zu einem einzigen Reiz verschmelzen. Sie sind aber geeignet, Druck wahrzunehmen, da hierbei eine mehr oder weniger phasische Reizcodierung vorteilhaft ist. Eine schnelle Adaptation würde beispielsweise dazu führen, dass man den Druck eines Glases, das man ergriffen hat, schon nach Bruchteilen einer Sekunde nicht mehr wahrnehmen würde.

3 Adäquate und inadäquate Reize

a) Stellen Sie dar, wie das Gehirn über Reizart und Stärke eines Reizes informiert wird. F/I

Die Reizart wird danach bestimmt, über welche Nervenleitung die Erregung im Gehirn ankommt. Die Reizstärke wird durch die Frequenz der Aktionspotentiale codiert.

b) Manche Sinneszellen können außer durch adäquate Reize auch durch eigentlich unpassende, inadäquate Reize erregt werden.
Stellen Sie eine Vermutung auf, warum man bei einem Schlag auf ein Auge „Sterne“ sehen kann. E/II

Bei einem Schlag auf das Auge wird vermutlich der Sehnerv (oder ein anderer Nerv in der Netzhaut) durch den mechanischen Reiz erregt. Wenn diese Erregung im Gehirn ankommt, wird sie aufgrund ihrer Herkunft als optische Wahrnehmung interpretiert. Man sieht daher Lichtblitze.

c) Erklären Sie anhand der Abbildung, wie durch Behandlung der Haut mit einem Menthol-Stift die Empfindung von Kälte ausgelöst wird, ohne dass die Temperatur der Haut tatsächlich sinkt. F/II

In der Membran bestimmter freier Nervenendigungen in der Haut liegen Kationenkanäle, die sich bei Kälte öffnen. Die dann einströmenden Ionen bewirken eine Erregung des Nervs, die im Gehirn zur Kälteempfindung interpretiert wird. Menthol kann sich an diese Kanäle anlagern und ihre Öffnung bewirken. Die daraus resultierende Erregung des Nervs ist im Gehirn nicht von der durch Kälte hervorgerufenen zu unterscheiden. Also empfindet man Kälte, ohne dass die Hauttemperatur tatsächlich absinkt.

d) Diskutieren Sie, ob Menthol für den Menthol-Kälte-Rezeptor ein adäquater oder inadäquater Reiz ist. E/II

Ein sicherlich adäquater Reiz für den Kälterezeptor ist die Abkühlung unter einen bestimmten Schwellenwert. Die Einwirkung von Menthol auf diesen Rezeptor könnte einerseits wie der Schlag auf das Auge für die Nervenzellen der Netzhaut als inadäquater Reiz für den Kälterezeptor interpretiert werden. Der Reiz führt nämlich zu einer fehlerhaften Wahrnehmung. Andererseits kann Menthol die Konformation des Kanalproteins ändern, was zu der Vermutung führt, dass hier eine Schlüssel-Schloss-Situation durch die Molekülstruktur vorgegeben ist. Dann wäre denkbar, dass Menthol doch ein adäquater Reiz ist.

4 Typen von Sinneszellen

a) Geben Sie an, auf welche Reizart Lichtsinneszellen, Riechzellen und Geschmackszellen reagieren. F/I

Riechzellen werden durch bestimmte chemische Stoffe gereizt, sind also Chemorezeptoren. Lichtsinneszellen reagieren auf Lichtreize, sind also Fotorezeptoren. Geschmackszellen werden wie die Riechzellen durch chemische Stoffe gereizt. Sie sind also auch Chemorezeptoren.

b) Vergleichen Sie die Vorgänge der Transduktion bei Riechzellen und Geschmackszellen für „salzig“. E/II

Die Vorgänge bei der Transduktion einer Riechzelle sind viel komplexer als bei der Geschmackszelle, nämlich über eine Signalkette: Wenn ein Geruchsstoffmolekül an einen passenden Rezeptor einer Riechzelle andockt, wird zunächst dieser Rezeptor aktiviert. Der Rezeptor aktiviert dann über ein signalvermittelndes Protein ein Enzym, das aus ATP den second messenger cAMP herstellt. Das cAMP bewirkt schließlich die Öffnung eines Ionenkanals. Die daraufhin einströmenden Ionen leiten die Transduktion ein.

Dagegen ist die Transduktion bei einer Geschmackszelle für die Geschmacksrichtung salzig recht einfach, da hier kein Ionenkanal geöffnet wird, sondern die Erhöhung der Konzentration an Natrium-Ionen unmittelbar zu deren Einstrom in die Geschmackszelle durch einen ständig offenen Natrium-Ionenkanal und damit zur Transduktion führt.

5 Tintenfischauge

a) Benennen Sie die mit Ziffern markierten Strukturen. F/I

1 Hornhaut; 2 Iris; 3 Linse; 4 Glaskörper; 5 Lichtsinneszelle; 6 Sehnerv

b) Vergleichen Sie die Augen von Tintenfischen und Wirbeltieren. F/I

Sowohl die Augen der Wirbeltiere als auch die der Tintenfische sind Linsenaugen mit weitgehend gleichem Aufbau: Eine durchsichtige Hornhaut ermöglicht der Linse, ein Bild auf die Netzhaut zu projizieren, die Lichtsinneszellen enthält. Eine Iris dient als Blende. Ein Glaskörper sorgt für eine stabile Form des Augapfels. Unterschiedlich ist nur die Position der Fotorezeptoren in der Netzhaut (siehe Aufgabenteil c).

c) Begründen Sie, warum Tintenfischaugen „evers" (lat. *evertere:* nach außen drehen) genannt werden, Wirbeltieraugen „invers" (lat. *invertere:* umwenden). F/I

Tintenfischaugen heißen evers, weil die Fotorezeptoren dem Licht zugewandt sind. Wirbeltieraugen werden als invers bezeichnet, weil die Lichtsinneszellen nach innen gedreht sind, sodass das Licht durch die Nervenschicht dringen muss, bevor es die Sinneszellen erreicht.

6 Geruchsstoffe

a) Nennen Sie die wesentliche Erkenntnis der Versuchsergebnisse. E/II

Die wesentliche Erkenntnis ist, dass Riechzellen nicht spezifisch auf einen einzigen Geruchsstoff reagieren, sondern meist auf mehrere bis viele. Dabei zeigen die Riechzellen der unterschiedlichen Typen bei einem bestimmten Geruchsstoff unterschiedliche Reaktionsmuster.

b) Nehmen Sie an, im Riechepithel befänden sich nur die zehn in der Tabelle angeführten Riechzellentypen. Erläutern Sie, woran dann das Gehirn erkennt, welcher der sieben im Experiment verwendeten Geruchsstoffe gerade mit der Atemluft in die Nasenhöhle gelangt ist. E/II

Unter diesen Voraussetzungen würde das Gehirn beispielsweise Phenol daran erkennen, dass nur Riechzelltyp 6 reagiert, Menthol daran, dass nur 2, 3, 7 und 9 reagieren, Cineol daran, dass alle zehn Riechzellen Aktionspotentiale zum Gehirn senden.

c) Ermitteln Sie, wie viele unterschiedliche Geruchsstoffe mit nur zehn Riechzellentypen unterschieden werden können, wie viele etwa mit 350. Lösen Sie die Aufgabe zunächst für zwei, drei, ... Riechzellentypen. F/II

Bei zwei Typen können vier Geruchsstoffe unterschieden werden:

Riechzelltypen (x = Reaktion)		**Geruchsstoffe**
1	**2**	
		A
x		B
	x	C
x	x	D

Bei drei Typen können acht Geruchsstoffe unterschieden werden:

Riechzelltypen (x = Reaktion)			**Geruchsstoffe**
1	**2**	**3**	
			A
x			B
	x		C
		x	D
x	x		E
x		x	F
	x	x	G
x	x	x	H

Man erkennt, dass die Anzahl von Geruchsstoffen, die von n Riechzelltypen unterschieden werden können, 2^n beträgt.

Mit 350 unterschiedlichen Riechzelltypen können also theoretisch $2350 \approx 2{,}3 \cdot 10^{105}$ Geruchsstoffe unterschieden werden.

(Zum Vergleich: Die Anzahl der Atome in der Sonne wird auf 10^{57} geschätzt.)

7 Postsynaptische Membran der Synapse zwischen Stäbchen und Bipolarzelle

a) Stellen Sie den Zusammenhang zwischen den Membranpotentialen eines Stäbchens und der nachgeschalteten Bipolarzelle dar. F/I

Im Dunkeln ist das Stäbchen depolarisiert. Infolgedessen wird vom präsynaptischen Ende des Stäbchens der Neurotransmitter Glutamat in den synaptischen Spalt zwischen Stäbchen und nachgeschalteter Bipolarzelle ausgeschüttet. Dies bewirkt, dass die Bipolarzelle unerregt ist, das Membranpotential also den Wert des Ruhepotentials hat. Bei Belichtung wird das Stäbchen hyperpolarisiert. Daher hört die Exocytose von Glutamat auf und die Bipolarzelle wird depolarisiert.

b) Beschreiben Sie anhand der Abbildungen die Prozesse, die an der postsynaptischen Membran im Dunkeln beziehungsweise bei Belichtung eines Stäbchens ablaufen. F/II

Das in der Dunkelheit vom präsynaptischen Ende des Stäbchens ausgeschüttete Glutamat bindet an passende Rezeptorproteine in der postsynaptischen Membran der Bipolarzelle und aktiviert sie. Die aktivierten Rezeptorproteine aktivieren über spezielle signalvermittelnde Proteine Enzyme, die cGMP in GMP umwandeln, sodass die Konzentration dieses second messengers niedrig ist. Infolgedessen sind die durch cGMP gesteuerten Natrium-Ionenkanäle geschlossen.
Fällt Licht auf das Stäbchen, so verschwindet das Glutamat aus dem synaptischen Spalt und die Aktivierung der Glutamat-Rezeptorproteine endet. Dadurch werden die cGMP-spaltenden Enzyme inaktiv und die Konzentration von cGMP im postsynaptischen Ende der Bipolarzelle steigt. Dies führt dazu, dass sich die Glutamat-abhängigen Natrium-Ionenkanäle öffnen und Natrium-Ionen in die Bipolarzelle einströmen und sie depolarisieren.

c) Diskutieren Sie, ob es sich bei der Synapse zwischen Stäbchen und Bipolarzelle um eine erregende oder eine hemmende Synapse handelt. F/II

Die Synapse zwischen Stäbchen und Bipolarzelle ist hemmend: Wenn Glutamat an die Rezeptoren in der postsynaptischen Membran bindet, führt das dazu, dass die cGMP-gesteuerten Natrium-Ionenkanäle geschlossen sind, die Bipolarzelle also hyperpolarisiert ist. Man erkennt das auch an der Polaritätsumkehr zwischen Stäbchen und Bipolarzelle: Wenn das Stäbchen hyperpolarisiert ist (im Licht), ist die Bipolarzelle depolarisiert, wenn das Stäbchen depolarisiert ist (im Dunkeln), ist die Bipolarzelle hyperpolarisiert.

3 Informationsverarbeitung

Seite 255

1 Erläutern Sie unter Verwendung der Abbildung 2, welche Wirkungen des Sympathikus bei einem Sportler im Wettkampf förderlich sind, welche Wirkungen des Parasympathikus in der nachfolgenden Erholungsphase. F/II

Förderliche Wirkungen des Sympathikus während des Wettkampfes:

- Entspannung der Atemwege (Erweiterung der Bronchien) erleichtert die Aufnahme von Sauerstoff.
- Beschleunigter Herzschlag bringt pro Zeiteinheit mehr Nährstoffe und Sauerstoff zur Muskulatur.
- Hemmung von Verdauung und Darmtätigkeit schränkt die Blutzufuhr zu diesen Organen ein und erlaubt dadurch eine bessere Durchblutung der Muskulatur.
- Förderung der Glucosefreisetzung aus der Leber erhöht den Blutzuckerspiegel und somit das Angebot an Glucose für die Muskeln.
- Förderung der Abgabe von Adrenalin aus der Nebenniere steigert den Fettabbau und liefert so Fettsäuren für die Energiebereitstellung in den Muskeln. In gleicher Weise ist die durch Adrenalin geförderte Neubildung von Glucose hilfreich.

Förderliche Wirkungen des Parasympathikus in der Erholungsphase:

- Stimulierung von Verdauung und Darmtätigkeit liefert Nachschub an Nährstoffen zur Wiederauffüllung der im Wettkampf geleerten Energiespeicher.
- Freisetzung von Insulin ermöglicht die Aufnahme der aus der Verdauung stammenden Glucose in die Muskulatur und somit die Regenerierung der Glykogenreserven.

2 Erklären Sie die Merkmale eines Systems am Nervensystem. F/I

Ein System besteht aus unterschiedlichen Elementen, die zusammenwirken. So können beispielsweise motorische Fasern des vegetativen Nervensystems nur dann den Speichelfluss sinnvoll steuern, wenn sensorische Fasern vorher Informationen über die Art der aufgenommenen Speisen geliefert haben. Auch die hierarchische Organisation biologischer Systeme zeigt sich im Nervensystem: Nur das übergeordnete Zentralnervensystem ermöglicht ein sinnvolles Zusammenwirken sensorischer und motorischer Fasern des peripheren Nervensystems.

Seite 256

1 Das sensorische Neuron ist zusätzlich über ein hemmendes Interneuron mit dem Motoneuron des Gegenspieler-Muskels verschaltet. Erläutern Sie die Bedeutung. Nehmen Sie Abbildung 2 und die Animation „Kniesehnenreflex" zu Hilfe. E/II
Der Schlag mit dem Reflexhammer auf die Kniesehne führt zur Kontraktion des Beinstreckers und somit zur Streckung des Beins. Diese Bewegung dehnt aber den Beinbeuger, dessen Muskelspindel daraufhin erregt wird und Aktionspotentiale an das Rückenmark sendet. Diese werden dort auf das Motoneuron des Beugers übertragen. Sie würden dazu führen, dass der Beuger sich nun seinerseits kontrahiert und es zu einer Verkrampfung der Beinmuskulatur kommt, wenn nicht das hemmende Interneuron die von der Muskelspindel des Beugers kommende Erregung unterdrücken würde.

Seite 259

1 Erklären Sie die überraschende Beobachtung bei dem Split-Brain-Patienten. E/II
Das Wort, das der Split-Brain-Patient mit dem linken Auge sieht, wird in der rechten Hemisphäre gelesen. Da diese Großhirnhälfte die Bewegungen der linken Hand steuert, kann das Wort auch mit dieser Hand aufgeschrieben werden. Da aber die für das Sprechen zuständigen Großhirnregionen in der linken Hemisphäre liegen, werden sie bei dem Split-Brain-Patienten nicht über das Gelesene und Geschriebene informiert. Daher kann der Patient nicht sagen, was er gelesen und geschrieben hat.

2 Erklären Sie die Verzerrung der Proportionen jeweils im motorischen und somatosensorischen Rindenfeld. F/II
Die Verzerrungen der Proportionen rühren daher, dass die Größe des Bereichs der Großhirnrinde, die einen bestimmten Körperteil repräsentiert, nicht von dessen Größe abhängt, sondern von dessen spezifischen sensorischen beziehungsweise motorischen Leistungen. So sind beispielsweise in der Karte B Gesicht und Hand gegenüber dem Rest des Körpers überdimensioniert, da gerade hier die feinmotorische Steuerung entsprechend große Hirnareale benötigt. Ebenso überdimensioniert sind Gesicht und Hand auch in Karte C. Gerade in den Fingerspitzen oder auch in Lippen und Zunge liegen Sinneszellen in weitaus größerer Dichte vor als etwa am Rumpf. Daher erfordert die Auswertung der von dort kommenden Informationen auch eine entsprechend große Anzahl von Neuronen.

Seite 263

AUFGABEN vernetzt Multiple Sklerose und ALZHEIMER-Krankheit

1 Multiple Sklerose (MS)

a) Beschreiben Sie Bau und Funktion der Markscheide. F/I
Die Markscheide besteht aus bestimmten Gliazellen, die sich während der Entwicklung des Neurons um das Axon einer Nervenzelle wickeln, sodass diese schließlich von vielen lipidreichen Membranen umhüllt ist. Im peripheren Nervensystem wird die Markscheide von SCHWANN-Zellen gebildet, die immer nur ein Axon umgeben, im Zentralnervensystem von Oligodendrocyten, die mit ihren Verzweigungen jeweils mehrere Axone umhüllen. Die Markscheide isoliert das Axon elektrisch. Ionenströme durch die Axonmembran sind nur an den in regelmäßigen Abständen auftretenden Lücken, den RANVIER-Schnürringen, möglich. Nur dort können dann also Aktionspotentiale auftreten. Dadurch wird die Erregungsleitung in markhaltigen Axonen um ein Vielfaches schneller als in marklosen Axonen gleichen Durchmessers.

b) Nennen Sie die Aufgabe des Immunsystems und erklären Sie, warum bei der Multiplen Sklerose von einer Fehlfunktion des Immunsystems gesprochen wird. F/II
Das Immunsystem ist das biologische Abwehrsystem, das Schädigungen des Körpers durch Krankheitserreger verhindert. Es erkennt und entfernt in den Körper eingedrungene Mikroorganismen und körperfremde Substanzen. Außerdem ist es in der Lage, körpereigene Zellen zu zerstören, wenn sie fehlerhaft geworden sind. Da bei der Multiplen Sklerose das Immunsystem intakte körpereigene Zellen angreift, liegt eine Fehlfunktion vor.

c) Erläutern Sie die speziellen Funktionen der im Text angesprochenen Immunzellen. F/I
T-Zellen, genauer T-Lymphocyten, sind spezielle weiße Blutkörperchen. Das „T" steht für Thymus, da die Zellen in diesem Organ ausreifen. Sie erkennen ein Antigen über ihren spezifischen Rezeptor nur dann, wenn es von einer Zelle „präsentiert" wird. Ein Typ von T-Zellen, die cytotoxischen T-Zellen, heftet sich an Zellen, die beispielsweise von einem Virus befallen sind. Dann vermehren sie sich rasch und scheiden Stoffe aus, welche die befallenen Zellen absterben lassen.
B-Zellen, also B-Lymphocyten, sind ebenfalls weiße Blutkörperchen. Hier steht das „B" für den Bildungsort dieses Zelltyps bei Vögeln, die Bursa Fabricii. Bei Säugern entstehen B-Zellen – wie alle anderen Immunzellen – im Knochenmark. Sie heften sich mit ihren Rezeptoren an freie Antigene. Werden sie durch T-Helferzellen aktiviert, so entwickeln sie sich zu Plasmazellen, die Antikörper produzieren, oder zu Gedächtniszellen.
Auch die Fresszellen, die Makrophagen, sind weiße Blutkörperchen. Sie können die Blutbahn verlassen und im Gewebe befindliche Krankheitserreger phagocytieren, also „fressen". Schaffen sie es alleine nicht, die Erreger zu bekämpfen, so können sie die T-Zellen alarmieren. Fresszellen beseitigen auch schädliche Substanzen, beispielsweise den Teer aus der Lunge von Rauchern.

d) Beschreiben Sie, wie es durch die Immunreaktionen zur Zerstörung der Markscheide kommen kann. F/II
Da das Immunsystem die Markscheiden fälschlich als „fremd" ansieht, können – wie oben dargestellt – cytotoxische T-Zellen mit den von ihnen ausgeschiedenen Stoffen die Markscheiden schädigen. Zusätzlich können Fresszellen Teile der Markscheiden phagocytieren.

e) Erklären Sie, warum größere Schäden an der Markscheide zum Absterben der Nervenzelle führen. F/I
Sobald die Markscheide größere Lücken aufweist, verliert sie ihre Funktion als elektrische Isolierung. Die Erregungsleitung wird zunächst langsamer und bricht schließlich zusammen. Da das Neuron nun funktionslos ist, kommt es zum Zelltod.

2 ALZHEIMER-Krankheit

a) Beschreiben Sie, wie die abgebildeten Veränderungen bezüglich der Tau-Proteine den Transport im Axon stören. F/II
Wenn – wie in Abbildung B dargestellt – eine Überproduktion des Tau-Proteins erfolgt, binden so viele dieser Proteine an die Mikrotubuli, dass die Fortbewegung der Motorproteine schließlich unmöglich wird.
Noch drastischer sind die Folgen einer Phosphorylierung von Tau. Offenbar können die veränderten Proteine nicht mehr an die Mikrotubuli binden, sodass diese zerfallen und somit der axonale Transport völlig zum Erliegen kommt.

b) Erklären Sie, warum man in Nervenzellen von ALZHEIMER-Patienten intakte Mitochondrien nur noch im Zellkörper findet, während sie im Normalfall in allen Teilen der Zelle vorkommen. F/II
Neue Mitochondrien können nur im Zellkörper gebildet werden, da nur dort die dazu notwendigen Synthesen möglich sind. Sie werden dann zum Ersatz unbrauchbar gewordener Mitochondrien über den axonalen Transport in alle übrigen Bereiche der Nervenzelle transportiert. Wenn nun bei ALZHEIMER-Patienten dieser Transportweg entfällt, finden sich schließlich intakte Mitochondrien nur noch im Zellkörper.

c) Erläutern Sie die Bedeutung des axonalen Transports und die fatalen Folgen seiner Unterbrechung. F/II
Praktisch erfolgt in Nervenzellen der gesamte Stoffwechsel im Zellkörper. So werden beispielsweise nur dort Proteine, Membranbausteine oder Neurotransmitter synthetisiert. Daher fehlen diese Stoffe bei einer Unterbrechung des axonalen Transports in den präsynaptischen Enden des Axons. Die synaptische Erregungsübertragung ist nicht mehr möglich, das Neuron wird funktionslos.

Seite 265

1 Beschreiben Sie das Phänomen der Langzeitpotenzierung. F/I
Bei manchen Synapsen, z.B. bei lange nicht genutzten, führt die aufgrund einer schwachen Erregung des präsynaptischen Neurons erfolgende Ausschüttung von Neurotransmittern nur zu einem so niedrigen EPSP im postsynaptischen Neuron, dass dieses keine Aktionspotentiale ausbildet. Wird nun das präsynaptische Neuron durch eine hohe Frequenz von Aktionspotentialen stark erregt, so bildet sich im postsynaptischen Neuron ein so hohes EPSP, dass Aktionspotentiale entstehen.

Darüber hinaus finden an dieser Synapse bleibende Änderungen statt, die dazu führen, dass nun auch eine schwache Erregung des präsynaptischen Neurons zu einer Bildung von Aktionspotentialen im postsynaptischen Neuron führt.

2 Erklären Sie den Zusammenhang zwischen der Aktivierung der Proteinbiosynthese und der Langzeitpotenzierung. F/II
Bei der Langzeitpotenzierung wird unter anderem die Anzahl der Synapsen zwischen den beteiligten Neuronen erhöht. Nur eine Aktivierung der entsprechenden Gene stellt sicher, dass das dazu benötigte Material in hinreichender Menge zur Verfügung steht.

3 Erklären Sie die Bildung von Assoziationen am Beispiel „Rose und Stacheln". F/II
Beim genauen Betrachten einer Rose, beim Riechen an den Blüten oder erst recht beim Abschneiden von Rosenblüten erfährt man, dass Rosen stechen. Die entsprechenden Informationen – über die angenehmen wie auch über die unangenehmen Reize, die eine Rose bietet – gelangen somit häufig gleichzeitig ins Gehirn. Dies führt dazu, dass diese Reize miteinander assoziiert werden. („Keine Rose ohne Stacheln!").

Seite 267

1 „Knowing that" und „knowing how" charakterisiert zwei Bereiche des Gedächtnisses. Erläutern Sie. F/I
„Knowing that" bezieht sich auf das deklarative Gedächtnis, in dem Sachinformationen gespeichert sind. So weiß man beispielsweise, dass Mitochondrien die Orte der Zellatmung sind.
„Knowing how" spricht das nicht deklarative Gedächtnis an. Derartiges Wissen erlaubt einem Pianisten, die Mondscheinsonate zu spielen, ohne dass er mitteilen könnte, welche Muskeln er zu welchem Zeitpunkt aktivieren muss.

Seite 269

AUFGABEN Wirkung von Opiaten

a) Beschreiben Sie anhand der Grafik die Wirkung der Einnahme von Opiaten auf die Konzentration des intrazellulären Botenstoffs cAMP in den betreffenden Neuronen des Gehirns. K/I
Mit Einnahme des Opiats sinkt die cAMP-Konzentration in den betreffenden Neuronen des ZNS. Im Verlauf der Opiateinnahme steigt die cAMP-Konzentration jedoch wieder auf den Ausgangswert. Bei Entzug des Opiats steigt die cAMP-Konzentration in den betreffenden Neuronen des ZNS stark über den Ausgangswert an. Im Verlauf der Zeit fällt die cAMP-Konzentration wieder auf den Ausgangswert.

b) Erklären Sie die Zusammenhänge zu den drei Stadien einer Abhängigkeit: Gewöhnung, Sucht und Entzug. E/III
Mit Einnahme des Opiats sinkt die cAMP-Konzentration in den betreffenden Neuronen des ZNS. Daraus kann man schließen, dass durch Opiate Adenylatcyclase-Moleküle gehemmt werden. Die geringe Konzentration des intrazellulären Botenstoffes hat zur Folge, dass die schmerzleitenden Neuronen Erregungen nur in geringem Maße weiterleiten. Im Verlauf der Opiat-Einnahme stellen sich die Neurone auf die verringerte cAMP-Konzentration ein. Sie erhöhen die Anzahl der Adenylatcyclase-Moleküle, sodass mehr cAMP hergestellt wird. Erregungen, die durch Schmerzen ausgelöst werden, können dann wieder gut weitergeleitet werden. Im Laufe der sogenannten Gewöhnung oder Toleranzbildung steigt die cAMP-Konzentration in den Neuronen wieder auf die Konzentration vor der Opiat-Einnahme an. Um eine schmerzlindernde Wirkung zu erreichen, muss die Dosis des Opiats erhöht werden. Der Konsument ist abhängig.
Bei Entzug des Opiats steigt die cAMP-Konzentration in den betreffenden Neuronen rapide an. Durch die erhöhte Anzahl von Adenylatcyclase-Molekülen in den Neuronen, von denen nicht mehr ein Teil durch Opiate gehemmt ist, wird übermäßig viel cAMP hergestellt. Die durch die Opiateinnahme gewünschten Wirkungen sind daher beim Entzug oft gegenteilig.
Im Verlauf der Zeit fällt die cAMP-Konzentration wieder auf den Ausgangswert. Die Neurone stellen sich auf die erhöhte cAMP-Konzentration ein und reduzieren die Anzahl an Adenylatcyclase-Molekülen, sodass nach einer bestimmten Zeit die physiologisch normale cAMP-Konzentration in den Neuronen vorliegt.

Die euphorisierende Wirkung von Opiaten ist darauf zurückzuführen, dass sie an Rezeptoren binden, die normalerweise die Dopamin-produzierenden Neuronen im Nucleus accumbens hemmen. Sie verhindern diese Hemmung, sodass die Zellen des Nucleus accumbens verstärkt Dopamin ausschütten.
Auch die Hemmung der Dopaminsynthese und ihrer Freisetzung erfolgt über intrazelluläre Botenstoffe wie cAMP. Bei Konsum eines Opiats sinkt deren Konzentration, sodass in Folge Dopamin produziert und freigesetzt wird. Durch die erhöhte Dopaminkonzentration zwischen Nervenzellen des Nucleus accumbens werden die euphorischen Gefühle erzeugt.
Zusatzinformation: Für Menschen mit chronischen Schmerzen (z. B. Rückenschmerzen als Folge von degenerativen Erkrankungen oder bei unerträglichen Schmerzen im Zusammenhang mit einer Krebserkrankung) ist die Einnahme von Opiaten oft die einzige Möglichkeit, ein menschenwürdiges Leben - frei von quälenden Schmerzen - zu führen. Hierbei kommt es auch nicht zur Ausbildung der typischen Suchtsymptome. Es zeigt, dass nicht nur das Suchtmittel, sondern auch die Faktoren „Persönlichkeit" und „soziales Umfeld" für die Entstehung einer Sucht entscheidende Faktoren sind.

c) Erklären Sie anhand der Abbildung 2 die Wirkung von Kokain im Belohnungssystem. K/I
Kokain hemmt die Wiederaufnahme von Dopamin in die Präsynapse bei Synapsen im Belohnungssystem. Dadurch bleibt die Dopaminkonzentration im synaptischen Spalt nach einer Erregungsweiterleitung länger erhöht. Dopamin-Moleküle setzen sich an Rezeptoren der postsynaptischen Membran und bewirken dort die Bildung von intrazellulären Botenstoffen, etwa cAMP. Durch die erhöhte Dopaminkonzentration zwischen Nervenzellen des Nucleus accumbens werden die „angenehmen Gefühle" ausgelöst oder halten länger an.
Zusatzinformation: Kokain erzeugt in einer ersten Phase euphorische Gefühle, danach wird eine gesteigerte Leistungsfähigkeit und Ausdauer bemerkbar. Müdigkeit und Hungergefühle werden unterdrückt.

Seite 270 bis 271

AUFGABEN Informationsverarbeitung

1 Wärme gegen Bauchschmerzen

a) Benennen Sie die mit Ziffern markierten Strukturen. F/I
1 Vorderwurzel; 2 Hinterwurzel; 3 weiße Substanz; 4 graue Substanz; 5 Spinalganglion

b) Ordnen Sie die mit unterschiedlichen Farben gekennzeichneten Neurone den verschiedenen Bereichen des Nervensystems zu. Orientieren Sie sich dabei an den Abbildungen auf den Seiten 254 und 255. Begründen Sie Ihre Entscheidung. F/II
Rot: Sensorisches Neuron des PNS, da sein Zellkörper im Spinalganglion liegt.
Blau: Interneuron des ZNS, da es zwei Neurone innerhalb des Rückenmarks verbindet.
Grün: Motorisches Neuron des vegetativen Nervensystems, Teil des Sympathikus, da es die Darmmuskulatur entspannt.

c) Erklären Sie anhand der Abbildung die wohltuende Wirkung der Wärmflasche. E/II
Die Erwärmung der Bauchhaut durch die Wärmflasche erregt Wärmerezeptoren, die ihre Erregung über ein sensorisches Neuron zum Rückenmark leiten. Dort wird die Erregung nicht nur über ein Neuron zum Gehirn geleitet, sodass man die Wärme wahrnimmt, sie wird auch über ein Interneuron auf eine sympathische Faser übertragen, die die Darmmuskulatur innerviert. Die Erregung dieser Faser entspannt die Darmmuskulatur und löst so die Verkrampfung.

d) Erläutern Sie die Wirkung eines Eisbeutels auf der Bauchdecke. Diskutieren Sie diesen Sachverhalt. F/I
Ein Eisbeutel auf der Bauchdecke kann Schmerzen lindern, die auf einer Entzündung - beispielsweise des Blinddarms - beruhen. Bei unklaren Schmerzen im Bauchraum sollte eine solche unspezifische Behandlung bis zum Eintreffen eines Arztes unterbleiben, weil sonst die Diagnose erschwert wird.

2 Gekreuzter Streckreflex

a) Nennen Sie die typischen Kennzeichen eines Reflexes. F/I
Die Reaktion auf den auslösenden Reiz ist unwillkürlich und stereotyp, d. h. immer gleichartig, ohne Einbeziehung von Erfahrungswerten.

b) Beschreiben Sie anhand der Abbildung die Fortleitung der Erregung bei der Reizung des Fußes und die Bewegungen des rechten und linken Beines. F/II

Die schmerzhafte Reizung des rechten Fußes führt zur Erregung sensorischer Neurone, die daraufhin Aktionspotentiale in das Rückenmark leiten. Hier wird die Erregung über Interneurone auf verschiedene Motoneurone übertragen:

Erregende Interneurone aktivieren Motoneurone, die den Beugemuskel des rechten Beins zur Kontraktion veranlassen. Die daraus resultierende Beugung des rechten Beins wird dadurch erleichtert, dass hemmende Interneurone die Motoneurone inaktivieren, die zum Strecker des rechten Beins führen.

Außerdem aktivieren erregende Interneurone Motoneurone, die ihrerseits den Strecker des linken Beins zur Kontraktion bringen. Dies führt zur Streckung des linken Beins. Diese Streckung wird dadurch erleichtert, dass über hemmende Interneurone die Motoneurone inaktiviert werden, die den Beugemuskel des linken Beins zur Kontraktion bringen könnten.

c) Erklären Sie die Bedeutung dieses gekreuzten Streckreflexes. F/II

Die Bedeutung des gekreuzten Streckreflexes besteht darin, dass eine Beugung des rechten Beins aufgrund der Reizung des rechten Fußes die Stabilität des betreffenden Menschen gefährden könnte. Eine gleichzeitig erfolgende Streckung des linken Beins begünstigt einen sicheren Stand.

d) Vergleichen Sie den gekreuzten Streckreflex mit dem Kniesehnenreflex. F/II

Gemeinsam ist beiden Reflexen, dass die Reizung einer Extremität unwillkürlich und stereotyp beantwortet wird. Ein wesentlicher Unterschied besteht darin, dass beim Kniesehnenreflex der gereizte Muskel selbst reagiert, während beim gekreuzten Streckreflex ein Fuß gereizt wird und beide Beine reagieren. Damit zusammen hängt der zweite wesentliche Unterschied: Der Kniesehnenreflex ist monosynaptisch, der gekreuzte Streckreflex benötigt dagegen eine Vielzahl von Synapsen, ist also polysynaptisch.

e) Erklären Sie das antagonistische Bewegungsprinzip anhand des gekreuzten Streckreflexes. F/II

Das antagonistische Prinzip zeigt sich schon an einem einzigen Gelenk, etwa dem Kniegelenk. Muskeln können sich aktiv nur kontrahieren, verkürzen. Sie benötigen daher einen Gegenspieler-Muskel, der durch seine Kontraktion wieder für die Verlängerung des anderen Muskels sorgt. Wenn sich beispielsweise der Beinstrecker kontrahiert, wird durch die Streckung des Beins der Beinbeuger in die Länge gezogen. Das antagonistische Bewegungsprinzip gilt aber auch – wie der gekreuzte Streckreflex zeigt – für das Zusammenspiel beider Beine: Wird das eine Bein reflektorisch (oder auch willkürlich) gebeugt, um den entsprechenden Fuß anzuheben, so wird reflektorisch das andere Bein gestreckt, um die Standfestigkeit zu sichern.

3 Parkinson-Patienten – süchtig nach Medikamenten

a) Erklären Sie, was Dopamin-Agonisten sind und welche Wirkung sie bei Parkinson-Patienten haben. F/I

Dopamin-Agonisten sind Stoffe, die nicht nur an Dopamin-Rezeptoren binden, sondern auch die gleiche Reaktion in der betreffenden Zelle auslösen wie Dopamin. Da Parkinson-Patienten an einem Dopamin-Mangel in bestimmten Bereichen des Gehirns leiden, kann die Verabreichung von Dopamin-Agonisten diesen Mangel kompensieren.

b) Entwickeln Sie eine Hypothese, warum die Senkung der Dopamin-Agonisten bei vielen Patienten zu Entzugssymptomen führt. E/II

Bei einem Drogenabhängigen sorgt die Droge für einen hohen Dopamin-Spiegel, der zu den gewünschten Empfindungen führt. Die betroffenen Nervenzellen im Gehirn passen ihren Stoffwechsel dieser hohen Konzentration von Dopamin an. Die Droge wird sozusagen Bestandteil des „normalen" Stoffwechsels. Entzieht man dem Abhängigen seine Droge, so wird der neuronale Stoffwechsel gestört, was zu den körperlichen Entzugserscheinungen führt.

Verabreicht man Parkinson-Patienten Dopamin-Agonisten, so wird ein etwa normaler Dopamin-Spiegel erreicht. Der Dopamin-Agonist wird Bestandteil des neuronalen Stoffwechsels. Senkt man nun die Dosis des Medikaments, so wird – wie beim Drogenentzug – der Stoffwechsel gestört und es kommt zu physischen Entzugserscheinungen.

4 Ortslernen bei Ratten

a) Vergleichen und erklären Sie die Versuchsergebnisse. E/II

Die Versuchsergebnisse zeigen, dass die Ratte nach mehrmaligen Versuchsdurchgängen die Plattform ohne langes Suchen anschwimmt. Offensichtlich hat sie den Weg gelernt und in ihrem Gedächtnis gespeichert.

b) Verwendet man im Wasserlabyrinth Ratten, bei denen beide Hippocampi beschädigt sind, so verkürzen sich die Wege auch nach vielen Versuchsdurchführungen nicht.
Deuten Sie das Ergebnis im Hinblick auf die Bedeutung des Hippocampus bei Ratten. E/II
Da die Ratten nach einer Beschädigung beider Hippocampi offenbar nicht mehr in der Lage sind, den Weg zu lernen, kann darauf geschlossen werden, dass die Hippocampi zumindest bei bestimmten Lernvorgängen eine entscheidende Rolle spielen.

5 Gehirn und Sprache

a) Erklären Sie, wie man mithilfe von PET die Stoffwechselaktivität des Gehirns untersuchen kann. F/I
Man markiert Glucose mit 18F, das beim Zerfall γ-Strahlung abgibt, und injiziert es den Probanden in die Blutbahn. Die Bereiche des Gehirns, die besonders aktiv sind, haben einen höheren Stoffumsatz und nehmen daher mehr Glucose auf als andere. Misst man nun die Stärke der von den verschiedenen Arealen des Gehirns ausgehenden γ-Strahlung, so erkennt man am Grad der Strahlung, wie hoch die jeweilige Stoffwechselaktivität ist.

b) Überprüfen Sie, ob die aktivierten Gehirnbereiche in den PET-Bildern bei den verschiedenen Aufgaben mit den Bereichen der Großhirnrinde übereinstimmen, die für diese Funktion zuständig sind. E/II
In Abbildung A zeigen sich Bereiche des Hinterhauptlappens als besonders aktiv. Das entspricht der Kenntnis, dass in dieser Region das Sehzentrum liegt.
In Abbildung B sind Bereiche des Schläfenlappens als besonders aktiv erkennbar. Das passt zu der allgemeinen Annahme, dass dort ein Hörzentrum liegt.
In Abbildung C wird die stärkste Aktivität unmittelbar vor der Zentralfurche gemessen. Das stimmt mit den Untersuchungen überein, die dort das motorische Rindenfeld und speziell die Bereiche für die Motorik von Lippen und Zunge nachgewiesen haben.
Abbildung D zeigt eine besonders hohe Stoffwechselaktivität im Bereich des Stirnlappens. Das ist nicht überraschend, da dieser Bereich als Assoziationsregion angesehen wird.

6 Wirkung von Opiaten

a) Beschreiben Sie, wie das Opiat die Hemmung des Dopamin-Neurons verhindert. E/II
Opiate docken an speziellen Rezeptorproteinen in der Zellmembran ihrer Zielzellen an. Dies führt dazu, dass Kalium-Ionenkanäle geöffnet und Calcium-Ionenkanäle an der Öffnung gehindert werden. Die Öffnung der Kalium-Ionenkanäle führt zu einem Ausstrom von Kalium-Ionen und somit zu einer Depolarisierung des Neurons. Dadurch wird eine Aktivierung dieses Neurons über eine erregende Synapse erschwert.
Die Hemmung der Calcium-Ionenkanäle bewirkt, dass – falls das Neuron doch erregt werden sollte – keine Ausschüttung von Transmittern erfolgen kann.
Beide Eingriffe in die Aktivität von Ionenkanälen durch ein Opiat verhindern die Exocytose von Transmittern, durch die das Dopamin-Neuron inaktiviert würde.

b) Erklären Sie, wie durch diese Wirkung des Opiats Abhängigkeit entsteht. F/II
Dopamin wird natürlicherweise nur als Verstärker eines als positiv gewerteten Verhaltens im Belohnungszentrum ausgeschüttet. Die damit einhergehenden Glücksgefühle können künstlich durch Einnahme von Substanzen erreicht werden, die die Ausschüttung von Dopamin verstärken, beispielsweise durch Opiate. Da sich die betroffenen Neurone auf die erhöhte Dopamin-Menge einstellen – beispielsweise durch Reduzierung der Anzahl von Dopamin-Rezeptoren – muss die Opiat-Dosis ständig erhöht werden, um die gewünschten Empfindungen zu erhalten. Das Denken des Betreffenden kreist nur noch um die Droge. Er ist psychisch abhängig. Da aber ein Fehlen der Droge, die Teil des Stoffwechsels geworden ist, zu Störungen führt, ist er auch körperlich abhängig.

4 Hormonale und neuronale Steuerung

Seite 275

1 Vergleichen Sie die Wirkung von Insulin und Testosteron auf ihre Zielzellen. F/I,II
Insulin ist ein Peptidhormon. Sein Wirkungsmechanismus ist aufgrund seines hydrophilen Charakters eine Enzymaktivierung.
Testosteron hingegen ist ein Steroidhormon. Es ist lipophil und entfaltet seine Wirkung daher über den Genaktivierungsmechanismus.
Zum genauen Ablauf der beiden Mechanismen siehe Text im Buch auf den Seiten 274 und 275.

2 Erläutern Sie am Beispiel der Hormonwirkung das Basiskonzept „Information und Kommunikation". F/II

Lebewesen nehmen Informationen aus der Umgebung auf, speichern und verarbeiten sie und kommunizieren miteinander.

Ausgehend von dieser Definition, stellen im Rahmen der zellulären Hormonwirkung die von den Hormondrüsen gebildeten Hormone die Informationen der Umgebung für die Zielzellen dar. Die Aufnahme der Informationen, also der Hormone, erfolgt über die Anlagerung des Hormonmoleküls an den Rezeptor im Cytoplasma (Genaktivierungsmechanismus bei lipophilen Hormonen) oder an den Rezeptor auf der Zellmembran (bei der Enzymaktivierung durch hydrophile Hormone). Eine Speicherung ist darin zu sehen, dass die Information in Form von Molekülen eine bestimmte Halbwertszeit besitzt, in der das Molekül noch nicht abgebaut ist und seine Wirkung entfalten kann. Die Verarbeitung der Hormoninformation geschieht dadurch, dass der Hormonrezeptorkomplex (bei lipophilen Hormonen) in den Zellkern wandert und dort als Transkriptionsfaktor Gene aktiviert. Bei hydrophilen Hormonen wird die Adenylatcyclase aktiviert und über eine Signalverstärkung werden intrazelluläre inaktive Enzyme aktiviert. Ob in der Aktivierung der Gene bzw. der inaktiven Enzyme eine „Kommunikation auf intrazellulärer Ebene" zu sehen ist, ist schwer zu sagen. Interzellulär findet über Rückkopplungsmechanismen sicherlich eine Kommunikation statt.

Zusatzinformation: Im nachfolgenden Kapitel (4.2 Hierarchie der Hormondrüsen) kann das Basiskonzept erneut aufgegriffen werden. Dort erhält der Hypothalamus als oberste Schaltzentrale die Informationen anderer Hirnregionen und übermittelt die Informationen in Form von Hormonen an den Hypophysenvorderlappen. Die „Informationen aus der Umgebung" werden hier nicht primär auf zellulärer Ebene verarbeitet, sondern auf Ebene von komplexeren Zellverbänden des Gehirns.

Seite 277

AUFGABEN Schilddrüsenfunktionsstörungen

a) Erklären Sie anhand der Abbildungen die Konzentrationen der Schilddrüsenhormone sowie von TSH im Verlauf der Entwicklung einer Über- und Unterfunktion der Schilddrüse. E/III

Bei der vorliegenden Schilddrüsenüberfunktion steigt die Konzentration von Schilddrüsenhormonen im Blut über den Normbereich hinaus an. Im Gegensatz dazu fällt die TSH-Konzentration unter dem Normbereich ab. Die Freisetzung von Schilddrüsenhormonen wird nicht mehr durch TSH gesteuert. Die Schilddrüse gibt eigenständig Thyroxin frei. Die hohen Schilddrüsenhormonkonzentrationen hindern den Hypothalamus und die Hypophyse, Steuerungshormone freizusetzen. Durch diese negative Rückkopplung sinkt die TSH-Konzentration im Blut kontinuierlich.

Bei der vorliegenden Schilddrüsenunterfunktion sinkt die Konzentration von Schilddrüsenhormonen im Blut im Verlauf der Zeit unter den Normbereich. Im Gegensatz dazu steigt die TSH-Konzentration über den Normbereich hinaus. Bei einer primären Schilddrüsenunterfunktion kann die Schilddrüse selbst keine Hormone mehr bilden. Bei sekundären Formen ist die Kontrolle der Hormonausschüttung durch den Hypothalamus oder die Hypophyse gestört. Zum Beispiel können die Rezeptoren der Schilddrüsenzellen infolge einer Mutation nicht mehr TSH binden. Die Freisetzung von Schilddrüsenhormonen wird nicht mehr durch TSH gesteuert. Die Schilddrüse reagiert nicht auf die hohen TSH-Konzentrationen im Blut. Die niedrigen Schilddrüsenhormonkonzentrationen stimulieren den Hypothalamus und die Hypophyse, mehr Steuerungshormone freizusetzen. Durch diese negative Rückkopplung steigt die TSH-Konzentration im Blut kontinuierlich.

b) Bei der BASEDOWschen Krankheit produziert der Körper Antikörper, die an die TSH-Rezeptoren der Schilddrüse binden und diese zur Ausschüttung von Schilddrüsenhormonen stimulieren. Die andere Form der Überfunktion beruht darauf, dass sich in der Schilddrüse Knoten entwickeln, die eigenständig ohne Stimulation durch TSH Schilddrüsenhormone freisetzen. Erklären Sie, dass man bei beiden Formen der Schilddrüsenüberfunktion im Vergleich zum Gesunden erniedrigte TSH-Konzentrationen im Blut feststellt. E/II

In beiden Fällen hemmen die hohen Schilddrüsenhormonkonzentrationen sowohl den Hypothalamus als auch die Hypophyse, Steuerungshormone freizusetzen. Durch diese negative Rückkopplung sinkt die TSH-Konzentration im Blut kontinuierlich.

Seite 279

AUFGABEN Diabetes

a) Beschreiben Sie die Diagramme und ordnen Sie sie begründet einer der folgenden Personengruppen zu: gesunde Person, Diabetiker Typ 1, normalgewichtiger Diabetiker Typ 2, übergewichtiger Diabetiker Typ 2. F/II-III

Bei Person A steigt nach Glucosezufuhr der Blutzuckerspiegel innerhalb von 90 Minuten von 100 auf ungefähr 270 mg/100 ml an. Danach sinkt er innerhalb von 60 Minuten auf ungefähr 170 mg/100 ml ab. Der Insulingehalt steigt kontinuierlich von ungefähr 30 auf 100 μU/ml an.

Bei Person B steigt nach Glucosezufuhr der Blutzuckerspiegel innerhalb von 90 Minuten von 140 auf ungefähr 330 mg/100 ml an. Danach sinkt er innerhalb von 60 Minuten auf ungefähr 230 mg/100 ml ab. Der Insulingehalt bleibt konstant bei Null.

Bei Person C steigt nach Glucosezufuhr der Blutzuckerspiegel innerhalb von 30 Minuten von 100 auf ungefähr 250 mg/100 ml an, schwankt die nächsten 90 Minuten und steigt in den nächsten 30 Minuten auf ungefähr 260 mg/100 ml an, bevor er auf den endgültigen Wert von ungefähr 180 mg/100 ml absinkt. Der Insulingehalt steigt innerhalb von 60 Minuten von ungefähr 50 auf 270 μU/ml an, bleibt kurz konstant und steigt bis zur 120sten Minute noch einmal stark auf ungefähr 350 μU/ml an, bevor er zum Versuchsende auf ungefähr 200 μU/ml absinkt.

Bei Person D steigt nach Glucosezufuhr der Blutzuckerspiegel innerhalb von 30 Minuten von ungefähr 80 auf ungefähr 160 mg/100 ml an. Danach sinkt er innerhalb von 120 Minuten auf den Ausgangswert zurück. Der Insulingehalt steigt innerhalb der ersten Stunde von ungefähr 10 auf ungefähr 100 μU/ml an und sinkt innerhalb einer Stunde wieder auf den Ausgangswert.

Person D ist die gesunde Person. Nach Glucosezufuhr schüttet die Bauchspeicheldrüse Insulin aus (Zunahme der Insulinkonzentration), woraufhin in den Zielzellen verstärkt Glucose aufgenommen wird, sodass der Blutzuckerspiegel wieder auf den Ausgangswert sinkt.

Person B leidet unter Typ-1-Diabetes. Durch Zerstörung der β-Zellen ist die Bildung von Insulin gestört (Insulinkonzentration bei Null), sodass die Glucose im Blut nicht von den Zellen aufgenommen werden kann (Anstieg des Blutzuckerspiegels).

Person A ist der normalgewichtige Typ-2-Diabetiker (Typ-2a). Zwar wird Insulin gebildet (Zunahme der Insulinkonzentration), aber die Wirkung an den Zielzellen ist gestört, sodass die Aufnahme der Glucose gestört ist (starke Zunahme des Blutzuckerspiegels). Der Rückgang des Blutzuckerspiegels erfolgt erst nach über 90 Minuten und zudem viel langsamer als normal. Dies könnte daran liegen, dass diese Glucoseaufnahme insulinunabhängig über die anderen Glucosetransporter (GLUT1; die insulinabhängigen heißen GLUT4) verläuft.

Person C schließlich ist der übergewichtige Typ-2-Diabetiker (Typ-2b). Durch das verstärkt produzierte Hormon Leptin wurde die Empfindlichkeit der Zielzellen für Insulin noch weiter gesenkt, sodass die β-Zellen mit verstärkter Insulinproduktion reagieren.

b) Erklären Sie die proximaten und ultimaten Ursachen für den konstanten Blutzuckerspiegel. F/II-III

Eine proximate Erklärung (vgl. Buch S. 10) beschreibt die unmittelbar wirkenden Ursachen, wohingegen eine ultimate (oder funktionale) Erklärung darlegt, worin der Zweck eines Sachverhaltes, vor allem aus Sicht der Evolution, liegen könnte.

Die proximate Ursache für einen konstanten Blutzuckerspiegel besteht im Regelkreis des Blutzuckers (vgl. Buch S. 278, Abb. 1).

Die ultimate Ursache ist darin zu sehen, dass ein konstanter Blutzuckerspiegel die Zellen des Körpers stets ausreichend mit Glucose versorgt, sodass in Belastungssituationen alle Organe energetisch funktionsfähig bleiben. Vor allem mit Blick auf lebensbedrohliche Situationen ist eine ausreichende Glucoseversorgung der Muskulatur äußerst wichtig.

Zusatzinformation: Im nachfolgenden Kapitel wird bei der Behandlung des Stresssystems (vgl. Buch S. 280, Abb. 1) die Bedeutung der Leistungsfähigkeit behandelt, die auf einer ausreichenden Sauerstoff- und Glucoseversorgung der Zellen beruht.

Seite 281

AUFGABEN **Zusammenhang von Stress und Schweißbildung**

a) Erklären Sie anhand der Abbildung die Steuerung der Schweißdrüsen über freie Nervenendigungen. F/II

Mithilfe von Neurotransmittern aus freien Nervenendigungen kann der Sympathikus Einfluss auf die Schweißdrüsen nehmen. Der Neurotransmitter für die Steuerung der Schweißdrüsen ist Acetylcholin. Es bindet an die Rezeptoren der postsynaptischen Zellen, der Schweißdrüsen, und dient somit der Erregungsübertragung. Die Schweißdrüsen reagieren daraufhin mit der Produktion von Schweiß, der über Ausfuhrgänge zur Hautoberfläche gelangt, man schwitzt. Entsprechend der Anzahl der Neurotransmitter wird viel oder wenig Schweiß produziert. Bei Hyperhidrose wird übermäßig viel Schweiß produziert, was auf eine erhöhte Neurotransmitterausschüttung an den freien Nervenendigungen schließen lässt.

b) Viele Menschen fangen bei Stress an zu schwitzen. Erklären Sie den biologischen Sinn. F/II

Die Schweißproduktion unter Stresseinwirkung setzt ein, da die Hormone des Nebennierenmarks eine Erhöhung der Leistungsbereitschaft in Gang setzen. Körperliche Reaktionen sind eine Steigerung der Herzaktivität und damit ein erhöhter Blutdruck und Pulsschlag. Außerdem erhöht sich die Körpertemperatur und dadurch bedingt wird mehr Schweiß abgesondert (kühlender Effekt).

c) Erläutern Sie mithilfe der Abbildung 1 auf Seite 240 die Injektion von Botox® oder Curare als Therapiemaßnahme. F/II

Botox (bzw. das Botulinum-Toxin) wirkt als Synapsengift in der Weise, dass es die Freisetzung von Acetylcholin verhindert. So wird der Ausschüttung von Acetylcholin aus den freien Nervenendigungen entgegengewirkt.

Curare, ebenfalls ein Synapsengift, blockiert die Acetylcholin-Rezeptoren. Es kommt somit zu einer Blockade der Erregungsübertragung auf die postsynaptische Zelle. Durch die Verabreichung von Botox als auch von Curare lässt sich übermäßiges Schwitzen reduzieren oder gar stoppen.

Seite 283

AUFGABEN **Hormonelle Regulation der Keimzellenbildung beim Mann**

Erklären Sie anhand der Abbildung die Wirkung der Testosteroninjektionen bei Männern auf die Spermienproduktion. E/II

(*Hinweis:* In der Abbildung muss das Pluszeichen zwischen Testosteron und dem Hypothalamus durch ein Minuszeichen ersetzt werden.)

Der Hypothalamus gibt normalerweise das Steuerungshormon GnRH ab. Es gelangt über das Blut zur Hypophyse und stimuliert dort die Freisetzung von LH (luteinisierendes Hormon) und FSH (follikelstimulierendes Hormon). LH regt im Hoden die Testosteronsynthese der LEYDIG-Zellen an, FSH regt die Teilung der Spermatogonien zu Spermien an.

Die regelmäßigen Testosteroninjektionen bewirken hohe Testosteronkonzentrationen im Blut. Dadurch wird die Hypophyse gehemmt, FSH und LH auszuschütten. Gleichzeitig wirken hohe Testosteronkonzentrationen hemmend auf den Hypothalamus, sodass dieser kein oder nur wenig GnRH ins Blut freisetzt. Dadurch entfällt die Stimulierung der LH- und FSH-Freisetzung durch die Hypophyse.

Da sich bei niedrigen FSH-Konzentrationen die Spermatogonien nicht teilen, produziert der Mann keine Spermien mehr.

Seite 284 bis 285

AUFGABEN vernetzt **Untersuchungen von Schilddrüsenerkrankungen**

1 Die Wirkung von Thyroxin auf den Stoffwechsel

a) Beschreiben Sie anhand der Abbildung B die dargestellte intrazelluläre Wirkung von Thyroxin auf Leberzellen. Erklären Sie in diesem Zusammenhang, wie der extrazelluläre Botenstoff Thyroxin intrazellulär die Proteinkinase A aktivieren kann. K/I, F/II

Thyroxin regt in den Leberzellen den Abbau von Glykogen zu Glucose an. Dies geschieht durch die Aktivierung der Glykogenphosphorylase, das Enzym, das den Glykogenabbau katalysiert. Gleichzeitig erfolgt eine Hemmung der Glykogensynthetase, des Enzyms, das den Aufbau von Glykogen aus Glucose katalysiert. Die Aktivierung und Hemmung der Enzyme erfolgt über die Proteinkinase A.

Das Hormon Tyroxin bindet an den spezifischen Hormonrezeptor auf der Oberfläche von Leberzellen. Der Hormonrezeptorkomplex aktiviert das an der Innenseite der Membran befindliche Hormon Adenylatcyclase. Dieses Enzym bewirkt die Umwandlung von ATP in cAMP. Der intrazelluläre Botenstoff cAMP aktiviert die Proteinkinase A. Dieses Enzym wiederum beeinflusst durch Anlagerung von Phosphatgruppen verschiedene andere Enzyme. Es aktiviert so die Glykogenphosphorylase und hemmt gleichzeitig die Glykogensynthetase. Über eine Signalkaskade wird die Wirkung eines einzelnen Thyroxinmoleküls in der Zelle vielfach verstärkt.

b) Deuten Sie die Versuchsergebnisse in Abbildung A im Hinblick auf die Wirkung von Thyroxin auf den Gesamtstoffwechsel der Ratten. E/II

Nach der Thyroxininjektion sind im Blut der Ratten erhöhte Konzentrationen von Glucose und Lactat festzustellen, während die Glykogenkonzentration in der Leber abgenommen hat. Thyroxin regt in den Leberzellen den Abbau von Glykogen zu Glucose an.

Thyroxin beeinflusst insbesondere den Energiestoffwechsel. Es erhöht den Grundumsatz und steigert die Wärmeproduktion. Dafür wird verstärkt Glucose von den Zellen verstoffwechselt. Die erhöhten Lactatwerte lassen erkennen, dass Glucose infolge des erhöhten Umsatzes nicht nur aerob, sondern auch anaerob abgebaut wird.

c) Bei der Untersuchung der Mitochondrien aus den Rattenzellen fand man in den inneren Mitochondrienmembranen sogenannte UC-Proteine (engl. *uncoupling protein:* entkoppelndes Protein). Beschreiben Sie anhand der Abbildung 1 auf Seite 72 die Atmungskette und ATP-Bildung in den Mitochondrien und erklären Sie unter Berücksichtigung der Abbildung C, wie UC-Proteine die Atmungskette und ATP-Bildung beeinflussen. F/II, E/II

Beschreibung der Atmungskette: Der Mechanismus der ATP-Bildung in der Atmungskette beginnt mit dem Aufbau eines Protonengradienten an der inneren Mitochondrienmembran. Treibende Kraft für den Protonentransport durch die innere Membran ist der Elektronentransport über die Atmungskette. An der Atmungskette sind vier große Multienzymkomplexe sowie Ubichinon und Cytochrom c als mobile Elektronentransporter beteiligt. Komplex I, III und IV sind zudem Protonenpumpen.

Komplex I leitet Elektronen von NADH + H^+ an Ubichinon weiter. Komplex II dient dazu, die Elektronen von $FADH_2$ aufzunehmen und in die Elektronentransportkette einzuspeisen. Komplex III übernimmt Elektronen von Ubichinon und leitet sie weiter an Cytochrom c. Komplex IV übernimmt die Elektronen von Cytochrom c und überträgt sie auf Sauerstoff. Die Elektronenabgabe der Komplexe I, III und IV liefert Energie, sodass Protonen durch die Membran in den Intermembranraum gepumpt werden können.

Dadurch werden ein Protonengradient und ein elektrischer Gradient an der inneren Mitochondrienmembran erzeugt. Voraussetzung hierfür ist eine für Protonen nicht permeable Membran. Wenn die Protonen durch den Kanal der ATP-Synthase in die Matrix zurückfließen, wird der elektrochemische Gradient an der Membran abgebaut und die dabei frei werdende Energie dazu genutzt, eine Phosphatgruppe an ADP zu binden, also ATP zu synthetisieren.

Erklärung der Bedeutung der UC-Proteine: UC-Proteine ermöglichen, dass Protonen aus dem Intermembranraum der Mitochondrien in die Matrix zurückdiffundieren, ohne durch den Kanal der ATP-Synthase zu strömen. Die im elektrochemischen Gradienten der Membran gespeicherte Energie wird abgebaut, ohne dass ATP gebildet wird. Sie wird in Wärme umgewandelt.

d) Begründen Sie die in Abbildung D dargestellten charakteristischen Symptome einer Schilddrüsenüber- und -unterfunktion auf der Basis der Versuchsergebnisse. F/II

Thyroxin erhöht insbesondere den Energiestoffwechsel eines Menschen, seinen Umsatz von Nährstoffen sowie den Wärmehaushalt.

Die Beeinflussung des Nährstoffumsatzes macht sich bei einer Schilddrüsenüberfunktion in Form einer erhöhten Atemfrequenz bemerkbar und dementsprechend bei einer Schilddrüsenunterfunktion an einer erniedrigten Atemfrequenz. Für den Abbau der Nährstoffe wird Sauerstoff gebraucht. Die Beeinflussung des Wärmeumsatzes erkennt man bei einer Schilddrüsenüberfunktion an der erhöhten Wärmeproduktion und dementsprechend bei einer Schilddrüsenunterfunktion an der erniedrigten Wärmeproduktion. Die erhöhte Wärmeproduktion eines von einer Schilddrüsenüberfunktion betroffenen Menschen zeigt sich an seiner warmen und feuchten Haut bzw. an der kühlen und trockenen Haut bei einem Menschen, der an einer Unterfunktion der Schilddrüse leidet.

Das vergleichsweise geringe Körpergewicht eines von einer Schilddrüsenüberfunktion betroffenen Menschen ist auf den erhöhten Energiestoffwechsel, seinen

erhöhten Nährstoffumsatz sowie seine erhöhte Wärmeproduktion zurückzuführen. Dementsprechend ist bei einer Schilddrüsenunterfunktion das Körpergewicht eher erhöht.
Unruhe und Nervosität ergeben sich bei einer Schilddrüsenüberfunktion aus dem erhöhten Energieumsatz. Dementsprechend sind Müdigkeit und Schwäche Symptome einer Unterfunktion der Schilddrüse.

e) Erklären Sie das Basiskonzept „Steuerung und Regelung" an der Wirkung von Thyroxin auf den Stoffwechsel. F/II
Der Energieumsatz eines Menschen muss an den jeweiligen Bedarf angepasst werden. Schilddrüsenhormone beeinflussen insbesondere den Energieumsatz eines Menschen, seinen Umsatz von Nährstoffen sowie seinen Wärmehaushalt. Wird in bestimmten Phasen mehr Energie benötigt, etwa in Wachstumsphasen, kann durch eine erhöhte Thyroxinfreisetzung der Umsatz von Nährstoffen und der Sauerstoffverbrauch erhöht und die ATP-Bildung stimuliert werden. Ist der Energieumsatz eines Menschen in bestimmten Phasen erniedrigt, hemmt die hohe Thyroxinkonzentration im Blut die Freisetzung von TRH und TSH, sodass infolgedessen weniger Thyroxin von der Schilddrüse freigesetzt wird.
Diese negative Rückkopplung ist das typische Prinzip einer Regulation. Durch eine Regulation wird bewirkt, dass verschiedene Zustände, etwa die Blutzuckerkonzentration, die Körpertemperatur oder bestimmte Hormonkonzentrationen, in bestimmten Grenzen gehalten werden, auch wenn sie durch Einflussfaktoren verändert werden. Steuerung beschreibt dagegen die einseitig gerichtete Beeinflussung eines Vorganges. Die Thyroxinbildung der Schilddrüse wird durch das schilddrüsenstimulierende Hormon TSH gesteuert. Dieses wird von der Hirnanhangsdrüse gebildet und gelangt über das Blut zur Schilddrüse. Die TSH-Ausschüttung wiederum wird durch das Thyreotropin-Releasing-Hormon TRH gesteuert.

2 Schilddrüsenunterfunktionen

a) Stellen Sie die Regulation der Schilddrüsenhormonkonzentration im Blut durch den Hypothalamus und die Hypophyse grafisch dar. K/II

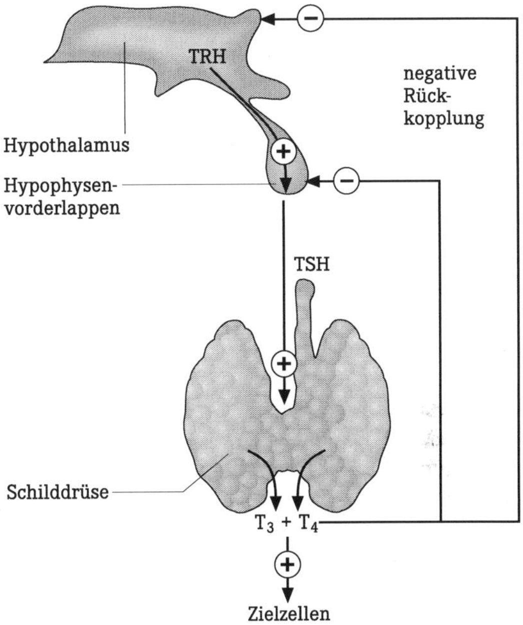

b) Leiten Sie aus den Ergebnissen des TRH-Tests die möglichen Ursachen für die Schilddrüsenunterfunktion bei den verschiedenen Patienten a, b und c ab. E/II
Beim Gesunden steigt nach der TRH-Injektion die TSH-Konzentration innerhalb von 30 Minuten um etwa 30 Prozent des Ausgangswertes an. Sie fällt danach wieder ab und erreicht nach etwa 180 Minuten den Ausgangswert. Der TSH-Anstieg ist auf die Wirkung von TRH auf die Hypophyse zurückzuführen. TRH regt die Hypophyse zur Synthese und Sekretion von TSH an. Der Abfall der TSH-Konzentration resultiert aus der Bindung von TSH an die spezifischen Rezeptoren der Schilddrüse. Freies TSH wird zudem durch Leber und Niere abgebaut.
Das Ergebnis des TRH-Tests bei Patient b entspricht dem Ergebnis eines gesunden Menschen. Daraus kann man schließen, dass bei ihm kein Mangel an TRH vorliegt (sekundäre Hypothyreose). Sowohl seine Hypophyse als auch seine Schilddrüse reagieren auf das injizierte TRH funktionsgerecht mit der entsprechenden Hormonfreisetzung.

Bei Patient a kommt es nach der TRH-Injektion zu keinem nennenswerten TSH-Anstieg. Daraus ist zu folgern, dass die Hypophyse nicht ausreichend TSH ausschütten kann. Seine Schilddrüsenunterfunktion ist also auf eine Störung im Bereich der Hypophyse zurückzuführen (sekundäre Hypothyreose).
Bei Patient c liegt bereits vor der Injektion des TRHs ein stark erhöhter TSH-Wert im Blut vor. Nach der TRH-Injektion kommt es bei ihm zu einem stark erhöhten TSH-Anstieg. Die TSH-Konzentration fällt danach ab und erreicht nach etwa 180 Minuten wieder den erhöhten Ausgangswert. Aus dem Kurvenverlauf ist zu folgern, dass die Hypophyse ausreichend TSH ausschütten kann. Seine Schildrüsenunterfunktion basiert auf einer Störung im Bereich der Schilddrüse (primäre Hypothyreose). Da die Thyroxinkonzentration im Blut nicht ansteigt, schütten Hypothalamus und Hypophyse verstärkt Steuerungshormone aus. So ist der hohe TSH-Spiegel zu erklären.

3 Untersuchungen der HASHIMOTO-Thyreoiditis

a) Erklären Sie, wie sich die Fähigkeit des Immunsystems zur Selbsttoleranz entwickelt. F/II
Bei jedem Menschen werden zunächst potentiell autoreaktive B- und T-Lymphocyten in großer Zahl aus den Stammzellen des Knochenmarks gebildet. Autoreaktive T-Lymphocyten werden gezielt bei der Reifung im Thymus eliminiert. So entwickelt sich die Fähigkeit des Immunsystems zur Selbsttoleranz. Entgehen potentiell autoreaktive T-Zellen dieser Selektion im Thymus, werden sie später im Körper durch zirkulierende regulatorische T-Zellen, den sogenannten Tregs, mithilfe von Botenstoffen ständig gehemmt.

b) Stellen Sie eine Hypothese dazu auf, wie eine Autoimmunerkrankung gegen Schilddrüsenzellen bei einem Menschen entstehen könnte. E/III
Bestimmte Viren oder Bakterien könnten Epitope besitzen, die einigen Oberflächenstrukturen der Schilddrüsenzellen ähneln. Infolge einer Infektion mit solchen Viren oder Bakterien greifen T-Killerzellen nicht nur die Infektionserreger an, sondern auch die Schilddrüsenzellen. Bei der Lysis der Schilddrüsenzellen werden Proteine freigesetzt, die B-Lymphocyten aktivieren, sodass auch Antikörper gegen Proteine der Schilddrüsenzellen gebildet werden.

c) Die Krankheit wurde durch verschiedene Versuche erforscht. Beschreiben Sie die Durchführung des dargestellten Versuchs an Mäusen und geben Sie an, welche Hypothese dadurch überprüft werden sollte. K/I, E/II
In dem Versuch wurde einer Maus A mit einer Autoimmunreaktion gegen Schilddrüsenzellen Serum entnommen und einer gesunden Maus B gespritzt.
Im Blutserum befinden sich Antikörper, aber keine Zellen, also auch keine B-Lymphocyten und T-Lymphocyten. Durch den Versuch sollte die Hypothese überprüft werden, ob die Autoimmunreaktion gegen die Schilddrüsenzellen durch Antikörper erfolgt.

d) Erklären Sie, warum Maus B keine Autoimmunerkrankung entwickelte. F/II
Maus B entwickelt keine Autoimmunreaktion gegen Schilddrüsenzellen, da Zellen im Rahmen der zellulären Immunantwort durch T-Killerzellen zerstört werden. Antikörper sind für die humorale Immunantwort verantwortlich und richten sich gegen Antiköper, die in Körperflüssigkeiten wie Blut und Lymphe vorkommen.

e) In weiteren Versuchen zur HASHIMOTO-Thyreoiditis transplantierte man bei Mäusen die Schilddrüse. Erklären Sie das Ergebnis des dargestellten Versuchs bei Maus A. E/III
Die transplantierte Schilddrüse von der gesunden Maus wird in Maus B mit der beginnenden Autoimmunreaktion gegen Schilddrüsenzellen zerstört. Die Autoimmunreaktion gegen Schilddrüsenzellen erfolgt im Rahmen der zellulären Immunantwort durch T-Killerzellen. Diese binden an spezifische Epitope auf Schilddrüsenzellen und zerstören sie nach der Aktivierung durch T-Helferzellen. Da sich sowohl aktivierte T-Helferzellen als auch aktivierte T-Killerzellen in Blut und Lymphe von Maus A befinden, wird auch das Transplantat von der gesunden Maus B zerstört.

f) Welches Ergebnis erwarten Sie im Versuch 2 B? Begründen Sie Ihre Erwartungen. E/III
Da sich weder aktivierte T-Helferzellen noch aktivierte T-Killerzellen in Blut und Lymphe der gesunden Maus B befinden, wird die transplantierte Schilddrüse von Maus A mit der beginnenden Autoimmunreaktion gegen die Schilddrüse nicht weiter zerstört.

g) Erklären Sie, warum man für den Versuch Tiere mit identischen MHC-Proteinen verwenden musste. F/II

Mäuse tragen auf allen Körperzellen ein einzigartiges Muster an MHC-Proteinen. Das Immunsystem kann daran sicher zwischen „fremd“ und „selbst“ unterscheiden. Fremde MHC-Proteine eines transplantierten Organs sind Antigene und würden eine Immunreaktion der Mäuse und somit eine Transplantatabstoßung auslösen. Um die Gefahr der Transplantatabstoßung zu minimieren, muss eine möglichst hohe Gewebeverträglichkeit zwischen Spender und Empfänger bestehen. Deshalb müssen für den Versuch Mäuse aus Inzuchtlinien mit möglichst identischen MHC-Proteinen verwendet werden.

Neurobiologie

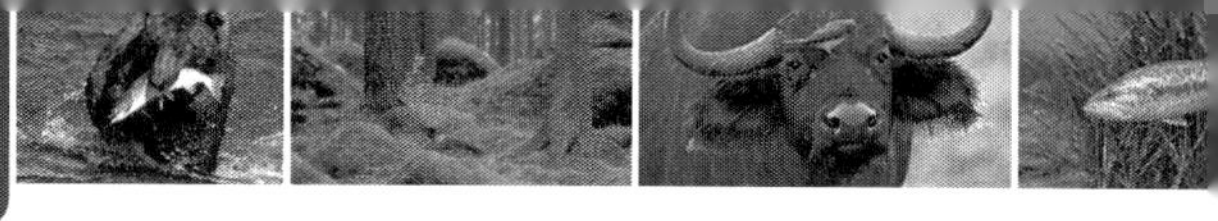

1 Einwirkung abiotischer und biotischer Umweltfaktoren auf Lebewesen

Seite 291

(1) Stellen Sie ein Ökosystem unter Einbeziehung von mindestens fünf abiotischen und fünf biotischen Faktoren vor. F/I
Erwartet wird die Vorstellung eines geeigneten Ökosystems unter Verwendung von mindestens fünf abiotischen (z. B. Temperatur, Licht, Wasser, pH-Wert, Wind, chemische Faktoren) und fünf biotischen Faktoren (z. B. Pflanzen- und Tierarten) sowie der eingeführten Fachbegriffe wie Biotop, Biozönose, Standort, Habitat, Produzent, Konsument und Destruent.

(2) Erklären Sie am Beispiel Ökosystem die Kennzeichen eines Systems. F/II
Ökosysteme sind offene Systeme. Sie tauschen mit ihrer Umgebung Stoffe und Energie aus. So werden in einen See z. B. Stickstoffverbindungen aus der Luft und aus angrenzenden terrestrischen Ökosystemen eingetragen oder umgekehrt auch an diese abgegeben. Ebenso nimmt das Ökosystem See z. B. Energie in Form von Licht auf und gibt sie in Form von Wärme wieder ab.
Das Ökosystem See besteht aus Systemelementen, die zusammenwirken. Nur dadurch ist das System funktionsfähig. So ist das Ökosystem See eine Einheit aus Lebensraum und Lebensgemeinschaft. Ein Beispiel für eine Lebensgemeinschaft im See ist eine Nahrungskette: Algen → Wasserflöhe → Rotfedern → Hecht (→ = werden gefressen von). Fällt ein Glied in der Nahrungskette aus, kann sie nachhaltig gestört werden. In der Realität existieren neben recht einfachen Nahrungsketten komplexe Nahrungsnetze. Bei einem Nahrungsnetz ernährt sich ein Lebewesen von mehreren verschiedenen Pflanzen oder Tieren.

2 Abiotische Umweltfaktoren

Seite 292

(1) Erklären Sie anhand der Abbildung 2, wie sich Stieleiche und Waldkiefer in einem Biotop mit unterschiedlich feuchten Böden verbreiten. F/II
Die Waldkiefer hat eine größere physiologische Potenz als die Stieleiche. Die Stieleiche toleriert weder extrem trockene noch extrem nasse Standorte, die von der Waldkiefer noch besiedelt werden. Bei mittleren Feuchtigkeiten verdrängt die Stieleiche jedoch die Waldkiefer, weil sie mit ihrem höheren Optimum konkurrenzstärker ist. Die Waldkiefer ist somit nur auf den sehr trockenen und sehr nassen Standorten anzutreffen.

Seite 293

AUFGABEN Forschen und Erkennen
Hohenheimer Grundwasserversuch

a) Geben Sie an, welche Frage mit dem Versuch geklärt werden sollte. E/II
Mögliche Fragen, die mit dem Versuch geklärt werden können:
- Welchen Einfluss hat die Bodenfeuchtigkeit auf das Wachstum der drei Grasarten?
- Welchen Einfluss hat die Konkurrenz mit zwei Grasarten auf das Wachstum der dritten Art?
- Kommt es zur interspezifischen Konkurrenz zwischen den Gräsern (Konkurrenzausschlussprinzip/ Konkurrenzverminderung)?
- Welche ökologische und physiologische Potenz haben die drei Gräser?

b) Ermitteln Sie, welche der Hypothesen durch das Versuchsergebnis bestätigt, welche nicht bestätigt wurden. E/II
Die Gräser haben unterschiedliche Toleranzbereiche hinsichtlich der Bodenfeuchte: Die Hypothese kann nicht bestätigt werden, denn die Toleranzbereiche hinsichtlich der Bodenfeuchte sind bei den drei Gräsern nahezu identisch.
Die Aufrechte Trespe bevorzugt trockene Böden: Die Hypothese kann nicht bestätigt werden, denn das Optimum hinsichtlich des abiotischen Faktors Bodenfeuch-

te liegt bei der Aufrechten Trespe im mäßig feuchten Bereich. Lediglich in Mischsaat ist das Optimum der Aufrechten Trespe im trockenen Boden, da sie vom Glatthafer verdrängt wird.

Der Wiesenfuchsschwanz bevorzugt feuchte Böden: Die Hypothese kann nicht bestätigt werden, denn das Optimum hinsichtlich des abiotischen Faktors Bodenfeuchte liegt beim Wiesenfuchsschwanz im mäßig feuchten Bereich. Lediglich in Mischsaat ist das Optimum des Wiesenfuchsschwanzes im feuchten Boden, da er vom Glatthafer verdrängt wird.

Ihr Wachstum wird von anderen Gräsern beeinflusst: Diese Hypothese kann bestätigt werden, denn in Reinsaat zeigen die drei Grasarten jeweils andere Wachstumsoptima als in Mischsaat.

Ihr Wachstum wird nicht von anderen Gräsern beeinflusst: Diese Hypothese kann nicht bestätigt werden, denn in Reinsaat zeigen die drei Grasarten jeweils andere Wachstumsoptima als in Mischsaat.

c) Formulieren Sie die wesentlichen Erkenntnisse, die man aus dem Versuch gewonnen hat. F/II, E/II

In Reinsaat zeigen alle drei Gräser die gleichen Ansprüche an den abiotischen Faktor Bodenfeuchtigkeit. Sie gedeihen auf feuchten bis trockenen Böden, wobei ihr Optimum im mäßig feuchten Bereich liegt. In Mischsaat hingegen sind die Optima der Toleranzkurven deutlich im Vergleich zu den Versuchen in Reinsaat verschoben. Während der Glatthafer sein Optimum weiterhin im mäßig feuchten Bereich hat, liegt das Optimum des Wiesenfuchsschwanz nun im feuchten und das der Aufrechten Trespe im trockenen Bereich. Anhand dieser Versuchsergebnisse kann man ablesen, dass die drei Grasarten bezüglich der Bodenfeuchtigkeit eine sehr große Toleranzbreite aufweisen. Gäbe es keine anderen Grasarten, könnten alle drei Gräser alle Böden unterschiedlicher Feuchtigkeit besiedeln. Sie haben alle eine breite physiologische Potenz. Durch die Konkurrenz zwischen den drei Gräsern werden jedoch einzelne Arten auf andere Standorte abgedrängt. Wenn die physiologische Potenz durch Konkurrenz zwischen Arten eingeschränkt wird, spricht man von ökologischer Potenz. Das Zusammenwirken abiotischer und biotischer Umweltfaktoren entscheidet über das Vorkommen und Gedeihen einer Pflanzenart an einem Standort.

d) Das Versuchsergebnis führte zu einer Erweiterung der Frage. Es wurde untersucht, wie die Gräser miteinander konkurrieren. Erklären Sie, wie man mit der dargestellten Methode ermittelt hat, ob zwischen dem Glatthafer und dem Wiesenfuchsschwanz eine Konkurrenz im Wurzel- oder im Sprossbereich vorliegt. F/II, E/II

Es wurden drei verschiedene Versuchsansätze aufgebaut.

In Versuch A wurden der Wiesenfuchsschwanz und der Glatthafer in ein gemeinsames Gefäß gepflanzt und die Sprossbereiche der beiden Gräser nicht voneinander getrennt. Mithilfe dieses Versuchs lässt sich untersuchen, ob es zur Konkurrenz zwischen den beiden Gräsern im Wurzel- und im Sprossbereich kommt.

In Versuch B wurden der Wiesenfuchsschwanz und der Glatthafer erneut in ein gemeinsames Gefäß gepflanzt, aber die Sprossbereiche wurden durch zwei weitere Gefäße voneinander getrennt. Mithilfe dieses Versuchs lässt sich untersuchen, ob es zur Konkurrenz zwischen den beiden Gräsern im Wurzelbereich kommt.

In Versuch C wurden der Wiesenfuchsschwanz und der Glatthafer in zwei separate Gefäße gepflanzt, die Sprossbereiche jedoch nicht voneinander getrennt. Mithilfe dieses Versuchs lässt sich untersuchen, ob es zur Konkurrenz zwischen den beiden Gräsern im Sprossbereich kommt.

e) Am Ende der Wachstumsphase der Gräser bestimmte man ihre Trockenmasse und verglich sie. Erklären Sie, wie man die Trockenmasse von Pflanzen ermitteln kann. F/I

Unter Trockenmasse versteht man die Substanz, die nach Abzug des Wassers zurückbleibt. Der Trockenmassegehalt (TM) und der Wassergehalt (W) ergänzen sich demnach zu 100 % (TM + W = 100 %).

f) Das Versuchsergebnis führte zu der Erkenntnis, dass bei den beiden Grasarten eine Wurzelkonkurrenz vorliegt. Erklären Sie, welches Ergebnis man in dem Versuch erhielt, sodass diese Erkenntnis gewonnen wurde. F/II, E/II

Der Glatthafer setzt sich gegenüber dem Wiesenfuchsschwanz in Versuch A und B durch. Bereits der vorangegangene Versuch zur physiologischen Potenz der verschiedenen Gräser hat ergeben, dass sich der Glatthafer auf mäßig feuchtem Boden gegenüber den anderen Arten durchsetzt. In Versuch A und B verkümmert der Wiesenfuchsschwanz daher. Lediglich in Versuch C gedeihen beide Gräser gleichermaßen gut, da sie in separaten Gefäßen wachsen und somit nicht im Wurzelbereich miteinander konkurrieren.

Seite 296

AUFGABEN Angepasstheiten von Pflanzen

a) Skizzieren Sie den Querschnitt eines normalen Laubblattes. Vergleichen Sie ihn mit den Blattquerschnitten in Abbildung 2 und beschreiben Sie die Unterschiede. F/I, E/II

Skizze eines Laubblattes: siehe Buch S. 83.
Unterschiede zwischen den Blattquerschnitten:
Blattquerschnitt A: herausgestülpte Stomata, dünne Cuticula, lebende Haare in der unteren und oberen Epidermis, große Hohlräume im Schwammparenchym, einschichtiges Palisadenparenchym
Blattquerschnitt B: eingesenkte Stomata, tote Haare in den Vertiefungen (Krypten) der Stomata, stark verdickte Cuticula an der oberen Epidermis
Blattquerschnitt Laubblatt: Stomata schließen mit der unteren Epidermis ab, leicht verdickte Cuticula an der oberen Epidermis, ein- bis dreischichtiges Palisadenparenchym

b) Ordnen Sie die abgebildeten Blattquerschnitte den entsprechenden Pflanzen zu und begründen Sie Ihre Zuordnung. F/II

Blattquerschnitt A gehört zur Sumpfdotterblume (Feuchtpflanzen/Hygrophyten).
Begründung: Die Sumpfdotterblume besitzt zarte dünne Blätter mit einem einschichtigen Palisadenparenchym und einem mit vielen Hohlräumen durchzogenen Schwammparenchym. Außerdem besitzt sie lebende Haare zur Oberflächenvergrößerung, eine dünne Cuticula und aus der Blattfläche herausgestülpte Stomata, wodurch jeweils die Transpiration gefördert wird. Pflanzen mit einem derartigen Blattaufbau sind optimal an feuchte Lebensräume angepasst.
Blattquerschnitt B gehört zum Oleander (Trockenpflanzen/Xerophyten).
Begründung: Der Oleander besitzt dicke, ledrige Blätter mit einem zweischichtigen Palisadenparenchym und einem stark ausgebildeten Schwammparenchym mit vergleichsweise kleineren Hohlräumen. Außerdem zeichnen sich die Blätter des Oleanders durch eine sehr dicke Cuticula auf der oberen Epidermis aus. Die in der unteren Epidermis vorhandenen Stomata sind in die Blattfläche eingesenkt, sodass die Transpiration reduziert wird. Pflanzen mit einem derartigen Blattaufbau sind optimal an trockene Lebensräume angepasst.

Wasserpflanzen (Hydrophyten) wie die Wasserpest besitzen keine Spaltöffnungen an den untergetauchten Organen und keine Cuticula. Die Aufnahme von Wasser und Mineralstoffen erfolgt über die gesamte Oberfläche. Durchlüftungsgewebe mit großen Hohlräumen erleichtern den Gasaustausch und erhöhen die Schwimmfähigkeit. Die Wasserpest lässt sich keinem der Blattquerschnitte zuordnen.

c) Erklären Sie, wie durch die besonderen Blattstrukturen die Transpiration beeinflusst wird. F/II

Hygrophyten besitzen einen Blattaufbau, der die Transpiration fördert. Ihre Blätter sind zart und dünn, sodass viel Wasser verdunstet und als Wasserdampf aus den Blättern in die umgebende Luft diffundiert. Hierzu tragen auch die erhobenen Spaltöffnungen bei. Die Blattoberfläche wird dadurch vergrößert und die Transpiration erhöht.
Xerophyten besitzen einen Blattaufbau, der die Transpiration bzw. die Wasserabgabe reduziert. Ihre Blätter sind meist derbledrig und saftarm. Durch eine stark verdickte Cuticula mit massiver Wachseinlagerung wird die Verdunstung reduziert und die Wasserabgabe in Form von Wasserdampf somit stark eingeschränkt. Zusätzlich weisen viele Xerophyten noch eine dichte Behaarung auf. Auch in den tief eingesenkten Stomata gibt es Vertiefungen (Krypten), in denen tote Haare Luftkonvektionen verringern. Durch die Schaffung konvektionsfreier Räume unmittelbar an der Blattoberfläche kann feuchte Luft gestaut und somit die Wasserabgabe reduziert werden.

Seite 297

AUFGABEN Angepasstheiten des Kamels

a) Erklären Sie anhand der Abbildung die Angepasstheiten des Kamels an den Wassermangel in seinem Lebensraum. F/III

Ein Kamel mit einer Körpertemperatur von 41 °C (dürstend) nimmt bei 45 °C Außentemperatur aufgrund der geringeren Temperaturdifferenz weniger Wärme auf als bei einer Körpertemperatur von 37 °C (getränkt). Demzufolge muss ein dürstendes Kamel mit einer Körpertemperatur von 41 °C weniger Wasser zur Transpiration verbrauchen als ein getränktes Kamel mit einer Körpertemperatur von 37 °C. Die im Körper gespeicherte Wärme ist bei einem Kamel mit der höheren Körpertemperatur größer als bei einem Kamel mit der niedrigeren Körpertemperatur. Ein Kamel mit einer Körpertemperatur von 41 °C strahlt bei 45 °C Außentemperatur aufgrund der geringeren Temperaturdifferenz weniger Wärme ab als ein Kamel mit einer Körpertemperatur von 37 °C. Indem das Kamel bei hohen Außentemperaturen eine Erwärmung der Körpertemperatur auf 41 °C toleriert, spart es tagsüber Wasser. (Durch die Wasserverdunstung wird Wärme abgegeben.) Demzufolge ist das Kamel sehr gut an den Lebensraum Wüste angepasst.

b) Nachts sinken die Temperaturen in der Wüste bis nahe 0 °C. Beschreiben Sie, wie das Kamel an diese niedrigen Temperaturen angepasst ist. F/II
Das Kamel besitzt ein Fell. Dieses schützt vor der Wärmeabgabe in den kalten Wüstennächten. Das Haar ist nicht gleichmäßig über den Körper verteilt. Besonders an den Flanken und am Bauch ist das Haarkleid dünner, sodass durch diese Wärmefenster tags Wärme abgegeben werden kann. Die fehlende Haarschicht am Bauch kann nachts dadurch wettgemacht werden, dass sich das Kamel wie andere Säugetiere auch zum Schlafen zusammenkrümmt und so der Bauchteil umhüllt wird.

Seite 298

1 Erklären Sie anhand der Abbildung 2 die Aktivität eines Buchfinks unter den angegebenen Bedingungen. F/I
Die Aktivität des Buchfinks bei natürlichem Tag-Nacht-Wechsel bleibt in dem Untersuchungszeitraum von acht Tagen relativ konstant. Nach einer Ruhephase steigt die Aktivität des Buchfinks bei Beginn des Tages stark an, erreicht ihren Höhepunkt, bevor sie erneut abfällt und der Vogel bei Einbruch der Dunkelheit wieder zur Ruhe kommt. Tagsüber ist das Tier also aktiv und schläft in der Nacht. Setzt man den Buchfink in seinem Lebensraum hingegen einer konstanten Beleuchtung aus, wird sein regelmäßiger Wechsel zwischen Aktivitäts- und Ruhephasen gestört und das Tier zeigt an Tag 2 und 3 eine verminderte Aktivität im Vergleich zu den Normalbedingungen. Am Tag 4 stellt sich jedoch wieder ein regelmäßiger Rhythmus zwischen Aktivität und Ruhe ein, der in etwa mit dem Normalzustand bei einem natürlichen Tag-Nacht-Wechsel übereinstimmt. Trotz veränderter, unnatürlicher Lebensbedingungen pendelt sich wieder ein regelmäßiger Rhythmus der Aktivitäts- und Ruhephasen des Buchfinks ein. Die innere „biologische Uhr" des Buchfinks funktioniert trotz konstanter Beleuchtung weiterhin und reguliert die Stoffwechselprozesse, welche zu einem geregelten Aktivitäts- und Ruherhythmus führen. Diese sogenannten „circadianen Rhythmen" werden zwar durch äußere Reize in der Umgebung synchronisiert, laufen aber auch unabhängig von ihnen ab.

2 Erklären Sie die Bedeutung von „inneren Uhren und Kalendern" für Lebewesen. F/I
Die „innere Uhr" sorgt dafür, dass jedes Lebewesen einen konstanten Rhythmus von Aktivitäts- und Ruhephasen durchlebt. Hierfür muss kein äußerer Zeitgeber vorhanden sein. Die Ruhephasen sind zwingend wichtig zur Regeneration des Organismus. Der „innere Kalender" vieler Lebewesen sorgt dafür, dass die Fortpflanzung nur zu bestimmten Zeitpunkten erfolgt, wenn die äußeren Bedingungen günstig sind und möglichst viele Nachkommen überleben können. Auch der Vogelzug oder die Anpassung an sich ändernde Umweltbedingungen werden durch den „inneren Kalender" gesteuert.

Seite 299

AUFGABEN Abiotische Umweltfaktoren

1 Das Zusammenwirken mehrerer Umweltfaktoren

a) Skizzieren Sie auf der Basis der Abbildung zwei Toleranzkurven zum Schlupferfolg der Raupen. Stellen Sie in der ersten Kurve den Schlupferfolg in Abhängigkeit von der Temperatur bei 60 Prozent relativer Luftfeuchtigkeit dar, in der zweiten Kurve seine Abhängigkeit von der relativen Luftfeuchtigkeit bei einer von Ihnen gewählten Temperatur. Beschriften Sie Ihre Kurven mit den Fachbegriffen für Toleranzkurven. E/II

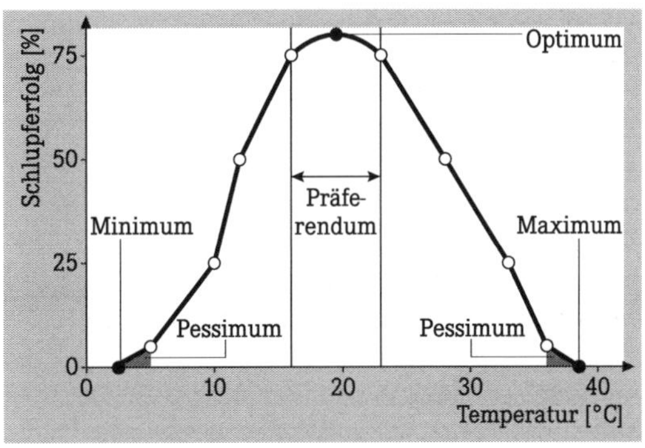

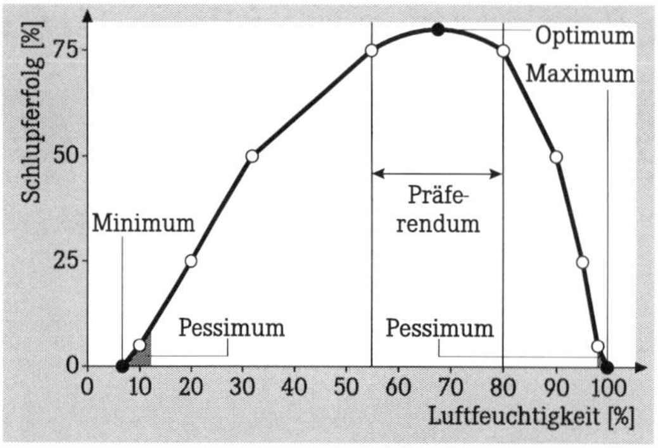

b) Beim Zusammenwirken mehrerer Umweltfaktoren wirkt jeweils derjenige Faktor am stärksten begrenzend, dessen Ausprägung am weitesten vom optimalen Wert abweicht. Er ist der sogenannte limitierende Faktor. Verdeutlichen Sie diese Aussage am LIEBIG-Fass-Modell sowie am Beispiel des Schlupferfolges der Raupen von der Grasglucke. F/II, E/II

Jeder Organismus stellt spezifische Anforderungen an die abiotischen Umweltfaktoren wie Licht, Wasser, Temperatur, Gase, pH-Wert oder Schadstoffbelastung. Im LIEBIG-Fass-Modell steht jeweils ein Element des Fasses für einen abiotischen Faktor. Der abiotische Faktor, der am weitesten vom optimalen Wert abweicht (limitierender Faktor ist hier der Wasserstand) hat im Fass-Modell die kürzeste Planke. Deshalb kann der Inhalt des Fasses an dieser Stelle auslaufen. Selbst wenn alle anderen abiotischen Faktoren im optimalen Bereich sind, kann das Fass an dieser Stelle auslaufen. Das Überleben eines Organismus hängt also in erster Linie von dem Umweltfaktor ab, der am weitesten vom Optimum entfernt ist.

Auch wenn die Luftfeuchtigkeit für den Schlupferfolg der Grasglucke im optimalen Bereich (von 55 bis 80 %) liegt, schlüpfen keine oder nur sehr wenige Raupen bei einer Temperatur von unter 10 °C. Die niedrige Temperatur wäre in diesem Fall mit der kürzesten Planke im LIEBIG-Fass-Modell gleichzusetzen.

2 Energieumsatz von Tieren

a) Würfel können als Modelle für Tierkörper betrachtet werden. Berechnen Sie für die drei Würfel jeweils das Verhältnis von Oberfläche zu Volumen. Erklären Sie unter Berücksichtigung dieser Werte den Energieumsatz der in der Tabelle genannten Lebewesen in Bezug auf die unterschiedlichen Einheiten. F/III

Würfel mit der Kantenlänge 4 cm:
Volumen = 4^3 = 64 cm^3
Fläche = 4 cm x 4 cm x 6 Seiten = 96 cm^2
Verhältnis von Oberfläche zu Volumen = 1,5 : 1 (3 : 2) = 1,5

Würfel mit der Kantenlänge 2 cm:
Volumen = 8 cm^3
Fläche = 24 cm^2
Verhältnis von Oberfläche zu Volumen = 3 : 1 = 3

Würfel mit der Kantenlänge 1 cm:
Volumen = 1 cm^3
Fläche = 6 cm^2
Verhältnis von Oberfläche zu Volumen = 6 : 1 = 6

Je kleiner ein Lebewesen ist, umso größer ist sein Oberflächenvolumenverhältnis. Das Volumen eines Tieres umfasst die Anzahl der Zellen, die Stoffwechselwärme produzieren und speichern, die aber auch mit Energie versorgt werden müssen. Über die Oberfläche wird Wärme abgegeben. Ein großes Tier erzeugt mit dem großen Volumen viel Stoffwechselwärme und kann diese gut speichern. Allerdings müssen auch viele Zellen mit Nährstoffen versorgt werden. Deshalb steigt mit zunehmender Körpermasse bzw. Gewicht der Tiere (1. Spalte der Tabelle) der Energieumsatz der Tiere in 24 Stunden (2. Spalte). Über seine im Verhältnis zum Volumen relativ kleine Oberfläche verliert ein großes Tier im Vergleich zum kleinen Tier weniger Wärme. Daher ist der Energieumsatz des großen Tieres in Ruhe bei 22 °C pro Kilogramm Körpergewicht kleiner als bei einem kleinen Tier (3. Spalte). Das heißt, ein großes Tier muss pro Kilogramm Körpermasse weniger Nahrung aufnehmen, als ein kleines Tier mit wenig Zellen und einer im Verhältnis zum Volumen großen Oberfläche. Vergleicht man den Energieverbrauch von großen und kleinen Tieren pro Oberfläche (4. Spalte), erkennt man, dass ein kleines Tier pro Oberfläche einen geringeren Energieumsatz in Ruhe bei 22 °C hat als ein großes Tier. Das ist verständlich, denn unter der gleich großen Oberfläche eines großen Tieres befindet sich mehr Körpermasse, also müssen mehr Zellen mit Energie versorgt werden als bei einem kleinen Tier.

b) Erklären Sie, welche Bedeutung das Verhältnis von Oberfläche zu Volumen für die Verbreitung von homoiothermen Tieren in den verschiedenen Klimazonen hat. F/II

Die homoiothermen Individuen einer Art oder nahe verwandter Arten sind in kalten Regionen größer als in warmen Gebieten. Die Wärmeabgabe erfolgt über die Oberfläche. Diese ist bezogen auf das Körpervolumen bei großen Tieren geringer als bei kleinen. Kleine Körper kühlen also schneller aus als große. Diesen Zusammenhang erkannte der Zoologe Carl BERGMANN, weshalb man von der BERGMANN-Regel spricht.

c) Begründen Sie, dass die globale Verbreitung von größeren poikilothermen Tieren wie Alligatoren, Krokodilen und Leguanen im Wesentlichen auf die Subtropen und Tropen beschränkt ist. F/II
In Gebieten der Tropen und Subtropen sind die Vertreter poikilothermer Arten wie Alligatoren, Krokodile und Leguane deutlich größer als ihre Artgenossen oder andere nahe verwandte Arten. Reptilien sind poikilotherm und ektotherm, d. h. sie können ihre Körperwärme nur in sehr geringem Maße selbst produzieren. Sie sind also in hohem Maße von der Umgebungstemperatur abhängig. Es dauert länger, einen großen Körper zu erwärmen als einen kleinen Körper. Große Reptilien können nur in warmen Gebieten wie den Tropen und Subtropen überleben, da sie hier weniger schnell auskühlen und weniger Wärme an die Umgebung abgeben als kleinere Vertreter ihrer Art.

d) Beschreiben und erläutern Sie die Stoffwechselrate in Ruhe bei Homoiothermen bei variierenden Umgebungstemperaturen anhand der Abbildung. F/II
Innerhalb des thermoneutralen Bereiches ändert sich die Stoffwechselrate eines homoiothermen Tiers kaum. Unterhalb einer kritischen Temperatur nimmt die Stoffwechselrate (Energieumsatz eines Organismus bezogen auf die Zeit) mit sinkender Temperatur stetig zu. Das Tier setzt mehr energiereiche Stoffe um, um Wärme zu erzeugen (Muskelzittern) und dadurch die Körpertemperatur konstant zu halten. Auch oberhalb einer kritischen Temperatur nimmt die Stoffwechselrate mit steigender Temperatur stetig zu. Das Tier setzt mehr energiereiche Stoffe um, um Wärme abzuführen (verstärkte Transpiration) und dadurch die Körpertemperatur konstant zu halten.

Seite 300

PRAKTIKUM selbstorganisiert
Ermittlung von Toleranzkurven

1 Bau einer Temperaturorgel

Bauen Sie nach der Anleitung eine Temperaturorgel, mit der man Temperaturtoleranzkurven von relativ kleinen Lebewesen ermitteln kann. E/I
–

2 Ermittlung der Temperaturtoleranz

a) Stellen Sie Ihre Ergebnisse in Form von Temperaturtoleranzkurven grafisch dar. E/I
Exemplarisches Ergebnis eines Schülerversuchs:

Abschnitt	**1**	**2**	**3**	**4**	**5**	**6**	**7**	**8**
Temperatur (°C)	19	22	24	25	27	29	33	40
Mehlkäferlarven (Anzahl)	6	2	2	1	2	2	5	0
Kellerasseln (Anzahl)	17	2	1	0	0	0	0	0

Die Werte der Tabelle werden in Temperaturtoleranzkurven umgesetzt. Die Temperatur wird auf der x-Achse, die Anzahl jeweils auf der y-Achse abgetragen.

b) Informieren Sie sich über die Lebensweisen der beiden Arten und erklären Sie vergleichend die Toleranzkurven. F/II
Mehlkäfer und ihre Larven ernähren sich von Getreide, Mehl, Backwaren und ähnlichen Stoffen. Man findet sie u. a. in Bäckereien. Kellerasseln ernähren sich vom Detritus und kommen bevorzugt in der Streuschicht von Wäldern und unter der Rinde abgestorbener Gehölze vor. Die Toleranzkurve der Mehlkäferlarven kennzeichnet diese eher als eurytherm, während man die Kellerasseln aufgrund der Versuchsbeobachtungen als kaltstenotherm bezeichnen kann.

c) Nehmen Sie Stellung zu möglichen Fehlerquellen in diesem Versuch. E/III
Fehler können in diesem Versuch z. B. durch genetische Unterschiede der Individuen einer Art, kranke oder geschädigte Tiere, eine nicht eingehaltene Konstanz der übrigen Umweltfaktoren in der Versuchsapparatur oder durch Störungen der Versuchstiere auftreten.

3 Ermittlung der Lichttoleranz

Durchführung: Die Temperaturorgel wird zur Lichtorgel umgebaut, indem man die Maßnahmen zur Erzeugung des Temperaturgefälles in der Versuchsapparatur beseitigt und die Seitenteile der Temperaturorgel mit schwarzem Karton lichtdicht abklebt. Die Oberseite des Gerätes wird in verschiedenen Abschnitten mit unterschiedlich vielen Schichten von Schreibmaschinenpapier abgedeckt, sodass ein Lichtgradient in der

Orgel entsteht. Die von der als Lichtquelle eingesetzten Schreibtischlampe ausgehende Wärme wird durch eine Chromatografiekammer von der Lichtorgel abgeschirmt.

a) Stellen Sie Ihre Ergebnisse in Form von Lichttoleranzkurven dar. E/I
Die Messwerte werden in Lichttoleranzkurven umgesetzt. Die Lichtstärke wird in relativen Einheiten auf der x-Achse, die Anzahl der Tiere jeweils auf der y-Achse abgetragen.

b) Informieren Sie sich über die Lebensweisen der beiden Arten und erklären Sie vergleichend die Toleranzkurven. F/II
Mehlkäfer und ihre Larven ernähren sich von Getreide, Mehl und anderen kohlenhydrathaltigen Resten. Man findet sie als Vorratsschädlinge überall dort, wo mit Mehl gearbeitet wird. In ihrer Umgebung herrschen mittlere bis höhere Temperaturen vor; niedrige Temperaturen werden gemieden. Kellerasseln dagegen bevorzugen feuchte, humusreiche und das grelle Licht aussparende Lebensräume, sowohl innerhalb als auch außerhalb von Gebäuden. Kellerasseln leben tagsüber in dunklen Verstecken, die sie nur nachts verlassen. Diese Lebensbedingungen für Mehlkäfer und Kellerasseln stehen in Übereinstimmung mit den Ergebnissen der Lichttoleranzkurven: Mehlkäfer sind lichttoleranter als Asseln.

c) Nehmen Sie Stellung zu möglichen Fehlerquellen in diesem Versuch. E/III
Fehler können in diesem Versuch z.B. durch genetische Unterschiede der Individuen einer Art, kranke oder geschädigte Tiere, eine nicht eingehaltene Konstanz der übrigen Umweltfaktoren in der Versuchsapparatur oder durch Störungen der Versuchstiere auftreten.

Seite 301

PRAKTIKUM Abiotische Umweltfaktoren

1 Modellversuch zur Wärmeabgabe homoiothermer Tiere

Hinweis: Der Versuch sollte in arbeitsgleicher Gruppenarbeit von jeweils etwa vier Schülern durchgeführt werden.
Volumen = 1,333 π r^3
Oberfläche = 4 π r^2

a) Stellen Sie Ihre Versuchsbeobachtungen grafisch dar und erklären Sie die Versuchsergebnisse. Berechnen Sie dazu das Verhältnis von Oberfläche zu Volumen für jeden Kolben. E/II
Eine Messreihe könnte etwa zu folgenden Ergebnissen führen:

Volumen (cm^3)	Temperaturdifferenz (°C/min)	Radius (cm)	Oberfläche (cm^2)	Volumen / Oberfläche (cm)
100	0,9	2,88	104,2	0,96
250	0,7	3,91	192,0	1,30
500	0,5	4,92	304,6	1,64
1000	0,3	6,20	483,1	2,07

In der Grafik kann man entweder die Temperaturdifferenz gegen den Quotienten Volumen durch Oberfläche darstellen oder die Wassertemperatur gegen die Zeit für jeden Kolben. Es zeigt sich, dass die Temperaturverluste pro Zeiteinheit bei größeren Kolben kleiner sind und bei kleineren Kolben größer. Bei größerem Volumen in Relation zur Oberfläche wird also weniger Wärmeenergie abgegeben. Dies gilt auch für gleichwarme Tiere (BERGMANN-Regel).

b) Entwickeln Sie einen Modellversuch zur ALLEN-Regel. Ihnen stehen genügend Bechergläser jeder Größe, Teelöffel, Esslöffel, Thermometer und heißes Wasser zur Verfügung. E/II
Im Modellversuch werden zwei gleich große Bechergläser mit Thermometern versehen und mit heißem Wasser gleicher Temperatur gefüllt. Anschließend stellt man sofort in eines der Bechergläser zwei Teelöffel, in das andere zwei Esslöffel und verfolgt die Temperaturen. Im Becherglas mit den Esslöffeln sinkt die Temperatur schneller als im Becherglas mit den Teelöffeln. Bei gleichwarmen Tieren fördern große Körperanhänge entsprechend die Wärmeabgabe, während kleine Körperanhänge diese reduzieren (ALLEN-Regel).

2 Anpassungen an die Verfügbarkeit von Wasser

a) Zeichnen Sie einen Ausschnitt des Blattquerschnittes, der in der Breite etwa fünf Epidermiszellen umfasst. Beschriften Sie Gewebe und Strukturen. E/I

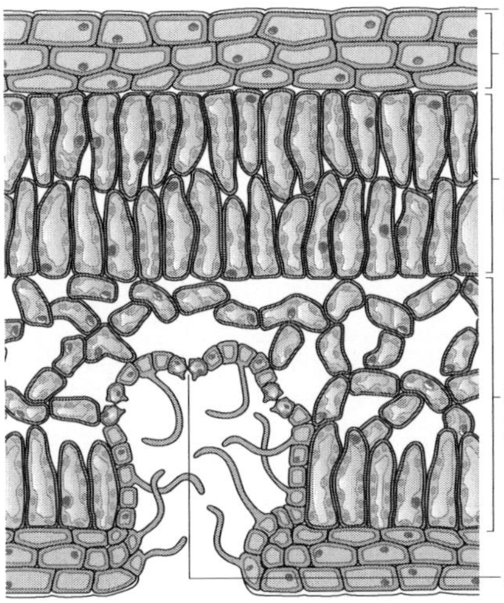

b) Nennen Sie Besonderheiten des Oleanderblattes im Vergleich zum Buchenblatt und erklären Sie diese als Angepasstheiten an den trockenen Standort der Pflanze. F/II

Der Oleander ist ein Xerophyt und kommt natürlicherweise im Mittelmeerraum vor. Er ist an die dortigen trockenen Standortbedingungen angepasst.

Makroskopisch betrachtet hat das Blatt des Oleanders eine lanzettartige Form. Die Blattfläche ist also, im Vergleich zum Buchenblatt, deutlich reduziert. Zudem ist es dicker und fühlt sich derber an.

Betrachtet man das mikroskopische Bild eines Blattquerschnitts des Oleanders, erkennt man eine im Vergleich zum Buchenblatt dickere Cuticula und eine mehrschichtige Epidermis, die den Verdunstungsschutz verbessern. Auffallend sind die eingesenkten Spaltöffnungen und der Filz von toten Haaren in den Vertiefungen. Hierdurch werden die Spaltöffnungen vor Wind geschützt, wodurch die Verdunstungsrate reduziert wird. Das mehrschichtige Palisadengewebe des Oleanders nutzt tiefer in das Blatt vordringendes Licht besser aus als das einschichtige der Buchenblätter. Der Oleander kann mehr Fotosynthese in einem kürzeren Zeitraum betreiben und so die Öffnungszeit der Spaltöffnungen reduzieren. Durch diese effizientere Nutzung wird auch einem übermäßigen Wasserverlust durch Verdunstung entgegengewirkt. Mithilfe des gut ausgebildeten Schwammgewebes kann das Wasser im Oleanderblatt effektiv gespeichert werden.

c) Ordnen Sie die folgenden Pflanzen anhand ihrer Blattquerschnitte den Standorten ① bis ③ im Bulten-Schlenken-Bereich des Moores zu und begründen Sie Ihren Vorschlag. F/II

Rosmarinheide: Blatt kaum eingerollt (geringster Verdunstungsschutz), Schlenke (Standort 1): Standort sehr feucht bis nass

Glockenheide: Blatt stärker eingerollt, Übergangsbereich zwischen Bult und Schlenke (Standort 2): Standort trockener

Krähenbeere: eingerolltes Blatt (größter Schutz vor Austrocknung), Bult (Standort 3): trockener Standort

3 Biotische Umweltfaktoren

Seite 302

AUFGABEN Konkurrenz bei Bakterien

Deuten Sie das Ergebnis. F/II

Die Arten A, B und C wachsen in unterschiedlichem Abstand zu *Streptomyces*. *Streptomyces* bildet offenbar einen Hemmstoff, der in den Nährboden diffundiert und das Wachstum der anderen Arten unterschiedlich stark hemmt. Bei B wirkt der Hemmstoff kaum, bei A am stärksten.

Seite 303

1 Erklären Sie die Coevolution von Räuber und Beute an einem Beispiel. F/II

Räuber und Beute stehen in ständiger Wechselbeziehung zueinander. Räuber üben einen Selektionsdruck auf ihre Beute aus, die zur Ausbildung von Angepasstheiten wie Schutzmechanismen auf Seiten der Beute beiträgt. Aber auch die Beute übt einen Selektionsdruck auf ihren Räuber aus. Durch Misserfolge bei der Jagd zum Beispiel wird die Ausbildung weiterer Angepasstheiten begünstigt. So etablieren sich beispielsweise neue Jagdstrategien.

Ein mögliches Beispiel für die Coevolution von Räuber und Beute stellen die Raupen des Maracuja-Falters *(Heliconius melpomene)* dar. Sie sind spezialisierte Pflanzenfresser und ernähren sich fast ausnahmslos von Passionsblumen. Die erwachsenen Schmetterlinge legen ihre Eier auf den Blättern genau dieser Pflanzen ab. Um sich gegen den Fraßfeind zu wehren, entwickelten sich bei der Passionsblume verschiedene Angepasstheiten zur Abwehr der Raupen. So lagerte die Pflanze Stoffe ein, die für die Raupen toxisch waren. Mit der Zeit entwickelten die Raupen eine Immunität gegen das Gift der Passionsblume, sodass diese Art der Verteidigung wirkungslos wurde. Die Passionsblumen entwickelten daraufhin weitere Schutzmechanismen. So produzieren einige Arten Nektar, um Fraßfeinde der *Heliconius*-Raupen, zum Beispiel Ameisen, anzulocken. Eine andere Art bildete große „Scheinranken" aus, auf die die Schmetterlingsweibchen ihre Eier ablegen. Nach kurzer Zeit vertrocknen die Ranken und fallen zusammen mit den Eiern ab. Andere Passionsblumenarten entwickelten gelbe Flecken auf ihren Blättern, die den Eiern der Schmetterlinge ähneln und vortäuschen, dass auf den Blättern bereits Eier abgelegt worden sind.

Seite 305

AUFGABEN vernetzt Die Zecke, ein Parasit

1 Entwicklungszyklus einer Zecke

a) Beschreiben Sie den Entwicklungszyklus einer Zecke anhand der oberen Abbildung. F/I

Aus den Eiern schlüpfen Larven, die nach einer Blutmahlzeit an geeigneten Wirten eine Häutung zu Nymphen vollziehen. Die Nymphen saugen ebenfalls Blut und nach einer weiteren Häutung entstehen daraus männliche und weibliche adulte Tiere. Diese befallen danach den Endwirt (Mensch, Rind), lassen sich nach dieser letzten Blutmahlzeit fallen und verpaaren sich. Das Weibchen legt kurz darauf bis zu 3000 Eier auf Grashalmen ab. Die männlichen Zecken sterben nach der Begattung, die Weibchen erst nach der Eiablage. Je nach Zeckenart kann der gesamte Zyklus zwischen einem halben und knapp zwei Jahren betragen.

b) Erklären Sie auf dieser Basis und der unteren Abbildung das Vorkommen von Zecken, ihren Larven und Nymphen im Jahresverlauf. F/II

Unter günstigen Temperaturbedingungen kommen zunächst die erwachsenen Zecken und die Nymphen aus ihren Überwinterungsverstecken. Die Larven folgen erst Ende April, ihre Dichte steigt dann sehr schnell an. Da die abiotischen Faktoren Temperatur und Feuchtigkeit im April und Mai optimal sind, ist in diesen Monaten die Populationsdichte sehr hoch. Im Sommer fällt die Aktivität aufgrund der geringeren Feuchtigkeit deutlich ab. Im Herbst, Ende September und Oktober, gibt es einen erneuten Populationsanstieg bei allen Stadien. Dieser fällt aber weniger stark aus als im Frühjahr.

c) Erläutern Sie vor dem Hintergrund, dass Zecken, ihre Larven und Nymphen erst ab einer Temperatur von 7 °C aktiv werden, die Auswirkungen der zunehmenden Klimaerwärmung. F/II

Steigt die Jahresdurchschnittstemperatur, verlängert sich die Aktivitätszeit der Tiere im Verlauf des Jahres und damit auch die potentielle Gefahr für den Menschen, in einer längeren Zeitperiode von einer Zecke befallen zu werden. Zugleich steigt die Populationsdichte an, da sich die einzelnen Entwicklungsstadien verkürzen.

2 Zecken übertragen Krankheiten

a) Erklären Sie den Unterschied zwischen einer aktiven und passiven Immunisierung. F/I

Bei einer aktiven Immunisierung wird dem Menschen das Antigen, etwa ein Giftstoff oder ein abgetötetes Virus, gegen das er immunisiert werden soll, eingespritzt, sodass sein Immunsystem aktiviert wird, selbst Antikörper zu bilden. Bei der passiven Immunisierung verabreicht man dem Menschen bereits fertige Antikörper, sodass das Immunsystem diese nicht selbst bildet. Nachteil dieser Methode ist, dass die passive Immunisierung im Gegensatz zur aktiven Immunisierung nicht lange vorhält, da die Antikörper schnell abgebaut werden. Vorteilhaft ist der sofortige Schutz gleich nach der Verabreichung.

b) Erklären Sie, warum man gegen FSME mehrfach impfen muss und die Impfungen aufgefrischt werden müssen. F/II

Man muss mehrfach gegen FSME impfen, da die gebildeten Antikörper relativ rasch abgebaut werden.

Zusatzinformation: Früher setzte man eine passive Impfung gegen FSME ein, da dadurch die Erreger auch nach dem Stich abgefangen werden konnten. Aufgrund zahlreicher Nebenwirkungen wird heute nur noch aktiv mit FSME-Viren, welche die Krankheit nicht mehr auslösen können, geimpft.

Die FSME-Impfung besteht aus drei Injektionen: Die ersten beiden werden im Abstand von ein bis drei Monaten verabreicht, die dritte Impfung folgt nach neun bis zwölf Monaten. Der Impfschutz beginnt etwa 14 Tage nach der zweiten Impfung und hält bei Personen unter 60 Jahren rund fünf Jahre an.

c) Die Borreliose kann erfolgreich mit Antibiotika bekämpft werden. Begründen Sie, warum Antibiotika bei der FSME unwirksam sind. B/I

Da es sich um Viren und nicht um Bakterien handelt, wirken Antibiotika nicht. Viren haben keinen eigenen Stoffwechsel, in den das Antibiotikum hemmend eingreifen könnte.

3 FSME-Test

Erklären Sie die Verfahrensschritte, die nötig sind, um nachzuweisen, dass sich in der gewonnenen Gesamt-DNA Nucleotidsequenzen von FSME-Viren befinden. F/III

Da die Basensequenz des Virus bekannt ist, kann man eine Gensonde herstellen, die mit einem Fluoreszenzfarbstoff markiert wird. Dann wird die Gesamt-DNA mit einer PCR und den Gensonden vervielfältigt. Bei Vorhandensein der Viren-Nucleotidsequenzen dockt die einzelsträngige Gensonde in der Hybridisierungsphase an und wird bei entsprechender Beleuchtung im Gel sichtbar.

Zusatzinformation: FSME-Viren sind RNA-Viren. Daher muss die Viren-RNA zuerst in DNA umgeschrieben werden (Reverse Transkription). Dabei wird folgendes Verfahren angewandt: Im ersten Schritt wird die RNA durch Reverse Transkription in cDNA umgeschrieben. Eine Unmenge an kurzen zufallsgenerierten Primern garantiert, dass sämtliche vorhandene RNA, sowohl FSME-virenspezifische als auch zeckeninterne für die Positivkontrolle transkribiert wird. Im zweiten Schritt schließt sich eine normale PCR an, in der die eben erzeugte cDNA als Vorlage verwendet wird. Erst bei diesem Schritt wird selektiv mit passenden Primern die gesuchte cDNA-Sequenz amplifiziert.

Seite 307

1 Fassen Sie die Vor- und Nachteile biologischer Maßnahmen zur Schädlingsbekämpfung zusammen. F/I

Vorteile: keine Umweltbelastung durch Schadstoffe, keine Resistenzbildung bei den Schädlingen, gezielte Bekämpfung bestimmter Schädlinge möglich
Nachteile: Die eingesetzten Nützlinge können bei Abnahme der Schädlingsdichte auch auf andere Arten ausweichen und damit das natürliche ökologische Gleichgewicht stören.

Seite 308

AUFGABEN Forschen und Erkennen
Konkurrenzausschlussprinzip

a) Beschreiben und deuten Sie die Versuchsergebnisse. F/II, E/II

Die einzelnen Graphen zeigen jeweils die Entwicklung der Populationen des Amerikanischen und des Rotbraunen Reismehlkäfers in Anzahl pro 100 g Mehl in einem Zeitraum von jeweils 800 Tagen bei unterschiedlichen abiotischen Umweltbedingungen (Temperatur und Luftfeuchtigkeit).

34 °C / 70 % Luftfeuchtigkeit, Käferarten getrennt gehalten:

Zu Beginn des Versuchs umfasste die Population des Amerikanischen Reismehlkäfers 20 Käfer pro 100 g Mehl. Sie stieg in den ersten 100 Tagen auf etwa 28 Käfer pro 100 g Mehl an und erreichte hier ihren Maximalwert. Zwischen dem 200sten und dem 600sten Tag lag die Anzahl der Käfer in etwa konstant bei 20 Käfern pro 100 g Mehl, bevor sie in etwa auf 25 Käfer anstieg bis Tag 700.

Zu Beginn des Versuchs umfasste die Population des Rotbraunen Reismehlkäfers ca. 18 Käfer pro 100 g Mehl. Sie stieg in den ersten 100 Tagen auf 25 Käfer pro 100 g Mehl an und erreichte hier ihren Maximalwert, bevor sie bis zum 300sten Tag auf etwa 13 Käfer pro 100 g Mehl absank. Bis zum 400sten Tag stieg die Anzahl noch einmal auf knapp 18 Käfer pro 100 g Mehl an, bevor sich die Populationsgröße erneut auf ca. 14 Käfer pro 100 g Mehl einpendelte und im weiteren Verlauf konstant blieb.

Anhand der Versuchsergebnisse wird deutlich, dass beide Reismehlkäferarten unter den gegebenen abiotischen Umweltfaktoren leben und sich vermehren können. Die Population des Amerikanischen Reismehlkäfers ist jedoch größer als die des Rotbraunen Mehlkäfers, da ersterer offenbar an die hier vorherrschenden Bedingungen angepasst ist.

24 °C / 30 % Luftfeuchtigkeit, Käferarten getrennt gehalten:

Die Population des Amerikanischen Reismehlkäfers stieg innerhalb der ersten 100 Tage des Versuch von ca. zwei auf 28 Tiere pro 100 g Mehl stark an und erreichte ihr Maximum. Bis zum 500sten Tag fiel die Anzahl der Käfer auf ca. neun Tiere pro 100 g Mehl ab, bevor sie erneut anstieg und sich zwischen Tag 600 bis 700 auf ca. 15 Tiere pro 100 g Mehl einstellte.

Die Population des Rotbraunen Reismehlkäfers umfasste zu Beginn des Versuchs ca. zwei Tiere pro 100 g Mehl und stieg im weiteren Versuchsverlauf nicht deutlich an, bis die Population des Reismehlkäfers schließlich am 500sten Tag ausstarb.
Der starke Anstieg der Anzahl der Amerikanischen Reismehlkäfer weist auf eine gute Anpassung an die gegebenen Umweltbedingungen hin. Der darauf folgende Rückgang der Population lässt auf eine Begrenzung des Lebensraums schließen. Daraufhin vermehrten sich die Käfer jedoch wieder.
Der Rotbraune Reismehlkäfer kann sich unter den gegebenen Bedingungen kaum vermehren und stirbt schließlich aus. Er ist an die Temperatur von 24 °C und eine Luftfeuchtigkeit von 30 % nicht angepasst.

34 °C / 70 % Luftfeuchtigkeit, Käferarten gemeinsam gehalten:
Die Ausgangspopulation des Rotbraunen Reismehlkäfers liegt zu Beginn des Versuchs bei ca. fünf Käfern pro 100 g Mehl. Sie steigt kontinuierlich im Zeitraum von 800 Tagen an und erreicht ca. 22 Tiere pro 100 g Mehl.
Die Population des Amerikanischen Reismehlkäfers liegt zu Beginn bei etwa drei Käfern pro 100 g Mehl. Im Zeitraum von 500 Tagen stirbt die Population letztendlich ganz aus.
Die beiden Reismehlkäferarten nutzen die gleichen Ressourcen, wobei sich der Rotbraune Reismehlkäfer gegenüber dem Amerikanischen Reismehlkäfer durchsetzt und diesen schließlich aus dem Lebensraum verdrängt. Der Rotbraune Reismehlkäfer ist besser an die vorherrschenden Bedingungen angepasst.

24 °C / 30 % Luftfeuchtigkeit, Käferarten gemeinsam gehalten:
Die Population des Amerikanischen Reismehlkäfers steigt von etwa drei Käfern zu Beginn des Versuchs auf bis zu 17 Käfern pro 100 g Mehl am 300sten Tag. Danach sinkt die Anzahl bis Tag 400 auf etwa zehn Käfer und steigt im weiteren Verlauf auf etwa 14 Käfer pro 100 g Mehl an.
Die Population des Rotbraunen Reismehlkäfers liegt anfangs bei etwa drei Käfern pro 100 g Mehl und sinkt bis zum 300sten Tag auf Null ab.
Beide Käferarten nutzen im vorgegebenen Lebensraum die gleichen Ressourcen, sodass sich der Amerikanische Reismehlkäfer nicht so stark vermehren konnte, wie in Reinkultur unter den gleichen abiotischen Bedingungen. Der Rotbraune Reismehlkäfer, der ohnehin nicht an die äußeren Bedingungen angepasst ist, stirbt in Mischkultur noch schneller aus als in Reinkultur, da ihm jetzt für das Wachstum der Population weniger Ressourcen zur Verfügung stehen, weil er diese mit dem Amerikanischen Reismehlkäfer teilen muss.

b) Formulieren Sie die wesentlichen Erkenntnisse, die man aus den Versuchsergebnissen gewinnt. F/II, E/II
Neben den abiotischen Umweltfaktoren, wie z. B. Temperatur und Luftfeuchtigkeit, spielen auch biotische Faktoren, wie die Konkurrenz mit einer anderen Art, eine entscheidende Rolle für die Entwicklung einer bestimmten Population. Teilen sich zwei Arten, wie hier der Amerikanische und der Rotbraune Reismehlkäfer, einen Lebensraum und nutzen die gleichen, begrenzt vorhandenen Ressourcen, dann stirbt eine der beiden Arten im Laufe der Zeit aus. Die andere Art, die besser an die jeweiligen abiotischen Faktoren angepasst ist, setzt sich gegenüber der anderen Art durch und verdrängt diese. Man spricht in diesem Fall vom Konkurrenzausschlussprinzip. Langfristig betrachtet können zwei um Ressourcen miteinander konkurrierende Arten nur überleben, wenn sie unterschiedliche ökologische Nischen besetzen.

Seite 310 bis 311

AUFGABEN Biotische Umweltfaktoren

1 Mimikry bei Schlangen

Werten Sie das Versuchsergebnis aus. F/II
Beschreibung: In North Carolina, wo es weniger Korallenschlangen gibt, werden gute Nachbildungen deutlich weniger angegriffen. In Florida, wo viele Korallenschlangen und weniger Dreiecksnattern vorkommen, werden alle Nachbildungen gleich häufig attackiert.
Erklärung: In Florida unterscheiden Feinde durch die hohe Zahl an giftigen Korallenschlangen nicht selektiv, daher sind auch schlechte Nachahmer geschützt. In North Carolina mit wenigen giftigen Vorbildern sind gute Nachahmer selektionsbegünstigt; sie werden deutlich seltener angegriffen als schlechte Nachahmer.

2 Versuche mit Wasserlinsengewächsen

Beschreiben und erläutern Sie die Versuchsergebnisse. F/II
Beide Wasserlinsenarten zeigen in Reinkulturen ähnliches Wachstum (logistisch). In Mischkultur dagegen verdrängt *Lemna gibba* die andere Art. *Lemna polyrhiza* stagniert nach einer kurzen Wachstumsphase und

nimmt zahlenmäßig schließlich ab. In diesem Beispiel einer interspezifischen Konkurrenz weist die eine Art *Lemna gibba* Anpassungen auf, die es ihr ermöglichen, die andere Art zu verdrängen. Aufgrund der unterschiedlichen Positionen der Linsenarten lässt sich vermuten, dass *Lemna gibba* bei hoher Dichte der anderen, tiefer lebenden Art das Licht wegnimmt.
Zusatzinformation: Die Gewebe von *Lemna gibba* besitzen luftgefüllte Säckchen, die es ihnen ermöglichen, eine im Wasser über den Individuen der anderen Art treibende Masse auszubilden und diesen das einfallende Licht wegzunehmen. Das führt im Experiment schließlich dazu, dass in den gemischten Kulturen *Lemna polyrhiza* wegen der Beschattung allmählich ausstirbt.

3 Gentechnik in der Schädlingsbekämpfung
Werten Sie die in der Abbildung dargestellten Befunde aus. F/II
Die Ergebnisse zeigen, dass der Befall durch die Wanzen bei BT-Pflanzen und normalen Baumwollpflanzen etwa gleich hoch ist. Im Jahre 2007 ist der Befall bei BT-Pflanzen sogar höher. Dagegen steigt der Befall bei normalen Baumwollpflanzen mit unterstützendem Einsatz von Pestiziden nur gering an. Das Beispiel zeigt, dass die Verwendung von BT-Pflanzen problematisch sein kann, da Resistenzen bei Schädlingen nicht ausgeschlossen werden können. In diesem Fall kommt erschwerend hinzu, dass der Schädling, der zuvor Baumwollpflanzen nur selten aufsuchte, sich nun aufgrund der Konkurrenzvorteile ganz auf diese Pflanzen konzentriert.

4 Einsatz von Nützlingen gegen Forstschädling
a) Werten Sie die Versuchsergebnisse aus. F/II
Nach anfänglichem Anstieg der Wirtspopulation (Frostspanner) folgt der Anstieg der Parasitenpopulation *Cyzenis*. Dieses führt ab dem dritten Jahr zur Abnahme der Wirtspopulation. Der Parasitierungsgrad durch *Cyzenis* nimmt weiter zu, erreicht im fünften Jahr einen Hochpunkt und nimmt dann deutlich ab. Die Population des zweiten Parasiten, der Schlupfwespe *Agrypon,* steigt erst im vierten Jahr an und erreicht erst nach Rückgang der Frostspannerpopulation höhere Parasitierungsgrade. Dies könnte an einer höheren Effektivität der Parasitierung liegen, da die Larven der Schlupfwespe direkt im Wirt schlüpfen.

b) Formulieren Sie eine Hypothese über eine mögliche Weiterentwicklung der drei Insektenpopulationen. F/I
Da es nach Abnahme der Wirtspopulation für die Parasiten keine hinreichenden Eiablagemöglichkeiten mehr gibt, wird sich auch ihre Anzahl verringern.
Zusatzinformation: Die Daten beziehen sich auf eine Felduntersuchung in Nova Scotia in Kanada in den 1960er Jahren. Nach starkem Frostspannerbefall hatte man die beiden Parasiten gezielt eingebürgert. Nach dem Zusammenbruch der Frostspannerpopulation wurde in der Region nie wieder eine Massenvermehrung beobachtet.

5 Schnabelgröße bei Darwinfinkenarten
Erklären Sie die Befunde. F/II
Bei getrenntem Vorkommen haben beide Arten etwa die gleiche Schnabelhöhe (8 bis 12 mm und 7 bis 10 mm). Bei gemeinsamem Vorkommen auf der Insel Santa Cruz hat der kleine Grundfink eine geringere durchschnittliche Schnabelhöhe (5 bis 9 mm) als der mittlere Grundfink (9 bis 15 mm). Die Schnabelhöhe hängt mit der Konsistenz der Nahrung zusammen. Je geringer die Schnabelhöhe, umso weicher müssen die Samen sein. Das Beispiel zeigt das Prinzip der Konkurrenzvermeidung. Ohne Konkurrenz auf verschiedenen Inseln ist die realisierte Nische bei beiden Vögeln sehr ähnlich. Unter Konkurrenzbedingungen kommt es zur Nischendifferenzierung durch unterschiedliche Nahrung (weichere Körner beim kleinen Grundfink).

4 Populationsökologie

Seite 315

AUFGABEN Populationsökologie

1 Versuchsreihen von Huffaker
a) Erklären Sie die Populationsentwicklung in der Versuchsreihe 1 und ordnen Sie Art A und Art B in das Räuber-Beutesystem ein. F/I
Bei Abbildung A wächst die Population zunächst exponentiell an. Ab dem 25. Tag schwankt die Populationsdichte um die Kapazitätsgrenze. Aus Abbildung B ist zu ersehen, dass nach dem 1. Gesetz nach Lotka-Volterra Art B der Räuber und Art A die Beute sein muss, da Art B phasenversetzt der Entwicklung von Art A folgt. Der Räuber dezimiert die Beute so stark, dass beide Populationen noch vor dem 50. Tag absterben.

b) Erklären Sie die unterschiedliche Populationsentwicklung in Versuchsreihe 2. F/III
Die Versuchsreihe 2 zeigt einen typischen Verlauf der Populationsdichte von Beute und Räuber nach LOTKA-VOLTERRA, da die Spinnmilben bei zu hoher Räuberpopulationsdichte über die Gummibälle auf andere Orangen ausweichen. Die Raubmilben brauchen aufgrund der Fortbewegungsweise länger, um andere Orangen zu finden, sodass sich die Beute dort zunächst erholen kann.

c) Entwickeln Sie eine Hypothese, wie die Entwicklung der beiden Milbenarten verlaufen wäre, wenn man am 100. Tag ein Insektizid ausgebracht hätte, dass beide Milbenarten gleichermaßen um 80 Prozent reduziert hätte. E/III
Unter den angegebenen Bedingungen wird sich die Beutepopulation schneller erholen (3. Gesetz nach LOTKA-VOLTERRA).

d) Erläutern Sie unter Berücksichtigung der HUFFAKER-Versuche, warum bei der Einrichtung von Naturschutzgebieten heute zunehmend auf eine Verbindung zwischen den einzelnen Schutzgebieten geachtet wird. F/II
Über Verbindungsbrücken zwischen einzelnen Naturschutzgebieten können ähnlich dem Gummiballmodell bei HUFFAKER Beutearten aus einem Gebiet mit höherem Räuberdruck in ein Gebiet mit geringerem Druck ausweichen. Folgt ihnen zeitversetzt der Räuber, verringert sich dann im ursprünglichen Gebiet der Räuberdruck und das Gebiet kann erneut von der Beute besiedelt werden.

2 Populationsdichte und Konkurrenz

a) Beschreiben Sie die Kurvenverläufe der beiden Abbildungen und fassen Sie ihre wesentlichen Aussagen zusammen. F/I
Bei zunehmender Populationsdichte steigt die Sterberate beim Reismehlkäfer exponentiell an. Beim Dünengras nimmt die Samenproduktion bei zunehmender Populationsdichte ab. Beide Arten haben mit steigender Populationsdichte eine steigende Sterberate.

b) Nennen Sie mögliche Ursachen für die Veränderungen der Sterberate von Reismehlkäfern und der Samenproduktion von Dünengras. Prüfen Sie, welche Umweltfaktoren und Ressourcen dafür ursächlich sein könnten, und welche Phasen der Veränderungen von dichteabhängigen oder dichteunabhängigen Faktoren bestimmt werden. F/II
Reismehlkäfer: Die Sterberate steigt bei zunehmender Populationsdichte, da der Einfluss dichteabhängiger Faktoren zunimmt:
- Das Nahrungsangebot sinkt.
- Die intraspezifische Konkurrenz wächst.
- Die Anzahl möglicher Fressfeinde steigt.
- Die Anzahl von Parasiten oder Krankheitserregern nimmt zu.

Dünengras: Auch hier sind dichteabhängige Faktoren, wie die Konkurrenz um Mineralstoffe, Licht und Wasser, für die Verringerung der Samen- und damit der Nachkommenproduktion verantwortlich.

c) Erklären Sie die Veränderungen der Sterberate und der Samenproduktion zusammenfassend. F/II
Das Ansteigen der Sterberate der Reismehlkäfer oberhalb einer Ausgangszahl von ungefähr 40 Eiern ist auf intraspezifische Konkurrenz um die lebensnotwendigen Ressourcen zurückzuführen. Während die Konkurrenz unterhalb der genannten Schwelle noch indirekt ist, lässt die erhöhte Sterberate darauf schließen, dass die Konkurrenz mit steigender Populationsdichte immer stärker zu einer direkten Konkurrenz um die Ressourcen wird, wobei die Intensität der Konkurrenz zunimmt.
Auch zwischen den Dünengras-Pflanzen herrscht intraspezifische Konkurrenz, die sich mit zunehmender Dichte der Pflanzen immer stärker zu einer direkten Konkurrenz entwickelt.

5 Ökosysteme

Seite 317

1 Beschreiben Sie die Entstehung der Garrigue im Mittelmeerraum. F/I
Die Garrigue, eine Vegetation aus kleinwüchsigen Sträuchern, Kräutern und Gräsern, die stellenweise unbedeckten Boden durchscheinen lässt, ist im Mittelmeerraum durch die Übernutzung der in früheren Zeiten vorherrschenden immergrünen Eichenwälder entstanden. Die Übernutzung durch Holzeinschlag zur Gewinnung von Brenn- und Baustoffen verhinderte die Regeneration der Wälder und ließ zuerst eine sogenannte Macchie aus niedrig wachsenden Bäumen und Sträuchern entstehen. Fortgesetzte Rodung und Weidung verhinderte die Regeneration der Macchie und führte auch

zu einer Abtragung der oberen, nährstoffreichen Bodenschicht. Auf diesen Flächen können nur noch die für die Garrigue typischen niedrigwüchsigen Pflanzen gedeihen.

2 Erläutern Sie den Stoffkreislauf im Wald und den Stoffaustausch mit dessen Umgebung. F/II

Die Pflanzen des Waldes erhalten das von ihnen benötigte Wasser durch Niederschläge aus der Atmosphäre. Das durch die Wurzeln aufgenommene Wasser enthält auch Mineralstoffe, die zum Aufbau der pflanzlichen Biomasse benötigt werden. Pflanzen können ganz oder in Teilen von Tieren gefressen werden, die unverdauliche Reste ausscheiden. Diese Reste werden ebenso wie abgestorbene Pflanzen oder Pflanzenteile von im Boden lebenden Bakterien und Pilzen zersetzt. Die bei der Zersetzung freigesetzten Mineralstoffe können wiederum von den Pflanzen aufgenommen werden. Ein weiterer Teil des aus der Atmosphäre stammenden Wassers geht – zusammen mit von ihm aus dem Boden gelösten Mineralstoffen – in das Grundwasser über.

3 Erklären Sie die Begriffe Biotop, Biozönose und Ökosystem am Beispiel einer Wiese. F/II

Das Biotop einer Wiese ist deren unbelebter Lebensraum von der Luftschicht ober- und innerhalb der Wiese bis zu den unbelebten Bodenbestandteilen (mineralische Bestandteile und tote organische Stoffe sowie im Boden enthaltene Luft- und Wasseranteile) in ihrem Wurzelraum. Die Gesamtheit der in einer Wiese regelmäßig anzutreffenden Lebewesen, d. h. sämtliche Pflanzen, Tiere, Pilze und Bakterien einschließlich der im durchwurzelten Boden vorkommenden Lebewesen, bildet die Lebensgemeinschaft oder Biozönose der Wiese. Zusammen bilden Biotop und Biozönose das Ökosystem Wiese, dessen Funktion durch den Kreislauf von Stoffen einschließlich deren Auf-, Ab- und Umbaus gekennzeichnet ist.

4 Verdeutlichen Sie am Beispiel des Ökosystems Wald die Kennzeichen eines Systems. F/II

Ein System wird durch verschiedene Merkmale gekennzeichnet. So besteht es aus zahlreichen Elementen, die eng miteinander in Beziehung stehen und zusammenwirken. Das Ökosystem Wald bietet Lebensraum für viele Tiere und Pflanzen, die an das Zusammenleben angepasst sind. So gedeihen manche Pflanzen nur im Schatten der Bäume. Auch Tiere wie Nager, Rehe oder Vögel sind an die Pflanzen des Waldes angepasst und finden hier ihre Nahrung, z. B. Eicheln oder Fichtensamen. Gleichzeitig tragen sie durch den Verzehr zur Ausbreitung der Samen bei.

Bäume und Sträucher sorgen zudem mithilfe der Fotosynthese für die Produktion von Biomasse, die, falls verdaut oder abgestorben, von Mikroorganismen und Bakterien im Boden zersetzt und so in Form von Mineralstoffen den Pflanzen wieder verfügbar gemacht wird. Ohne dieses Zusammenwirken der Systemelemente wäre eine Nährstoffversorgung der Lebewesen nicht möglich.

Das Ökosystem Wald ist ein offenes System. Nicht nur Sonnenenergie aus der Biosphäre wird genutzt, auch Niederschläge werden eingetragen oder Nährstoffe des Bodens ausgewaschen und durch den Abtransport in Flüssen anderen Ökosystemen zur Verfügung gestellt. Durch Artenwechsel, beispielsweise das Abwandern von Jägern wie dem Luchs, oder den Eintrag oder die Verdrängung von Pflanzenarten sowie Sukzession befinden sich der Wald und seine Lebensgemeinschaften in einem ständigen Wechsel und Austausch mit angrenzenden Ökosystemen. Demnach ist der Wald nicht nur ein offenes, sondern auch ein dynamisches System.

Systeme sind unterschiedlich komplex. Nach ihrer Komplexität ordnet man sie in eine Hierarchie der Systeme ein. In dieser Hierarchie gehören sie einer bestimmten Ebene an, einer Systemebene. Komplexer als ein Ökosystem ist die Biosphäre - der Bereich der Erde, der für das Leben geeignet ist. Weniger komplex als ein Ökosystem ist eine Population, also eine Gruppe von Individuen einer Art, die in einem zusammenhängenden Gebiet lebt. In einem Wald gibt es zum Beispiel Populationen von Buchen, Waldmeister oder Waldameisen. Der nächst niedrigeren Systemebene gehören einzelne Organismen an. Diese sind komplexer als Zellen, die der zellulären Systemebene angehören. Für alle Systeme gilt, dass sie gegenüber der Umgebung abgegrenzt sind, über diese Abgrenzung hinweg Stoffe und Energie austauschen und Eigenschaften haben, die jedes seiner Bestandteile für sich nicht hat.

Seite 319

1 Beschreiben Sie eine Nahrungskette in einem Waldökosystem und erklären Sie deren Aufbau. F/I

Ein Laubblatt einer Rotbuche kann von einem Buchenspringrüssler, einer Käferart, befressen werden. Der Buchenspringrüssler kann einem Fitis, einem Vogel aus der Familie der Grasmücken, als Nahrung dienen, der wiederum von einem Habicht erbeutet werden kann. Das Blatt der Rotbuche ist Teil eines Primärproduzenten, während die anderen Glieder dieser Nahrungskette zu den Konsumenten gehören. Der Buchenspringrüssler ist ein Primärkonsument, der Fitis ein Sekundärkonsument und der Habicht ein Tertiärkonsument.

2 Erläutern Sie am Beispiel der in der Abbildung dargestellten ökologischen Pyramiden, warum es keine Trophiestufe oberhalb der Tertiärkonsumenten gibt. F/II

Von einer trophischen Ebene zur nächsthöheren gehen nur ungefähr 10 Prozent der Biomasse und der Energie über. Somit nimmt ein Tertiärkonsument im Durchschnitt nur ein Tausendstel der Biomasse und der Energie auf, die von den Primärproduzenten zur Verfügung gestellt werden. Die Zahl der Individuen auf der Ebene der Tertiärkonsumenten ist deshalb sehr gering. Individuenzahl, Biomasse und Energie auf der Ebene der Tertiärkonsumenten reichen somit nicht aus, um als Nahrungsgrundlage für eine noch höhere trophische Ebene zu dienen.

AUFGABEN **Energienutzung durch Nahrung beim Menschen**

a) Erläutern Sie, warum die Ernährung eines Menschen durch reine Pflanzenkost aus energetischer Sicht günstiger ist als die Ernährung durch tierische Kost. F/I

Nur etwa 10 % der Energie gehen von einer trophischen Ebene zur nächsthöheren über. Daher nehmen Menschen nur ungefähr 1 % der von den Primärproduzenten bereitgestellten Energie auf, wenn sie sich durch tierische Kost ernähren, da sich die Tiere zuvor selbst von Pflanzennahrung ernährt haben und dabei nur etwa 10 % der Primärproduktion zum Wachstum nutzen konnten. Leben Menschen direkt von pflanzlicher Kost, nutzen sie das Zehnfache dieses Anteils, nämlich etwa 10 % der Nettoprimärproduktion. Ernährung durch pflanzliche Kost ist also aus energetischer Sicht günstiger als Ernährung durch tierische Kost.

b) Erörtern Sie Vor- und Nachteile der dargestellten Ernährungsweisen. F/II, B/II

Ernährung durch pflanzliche Kost ist energetisch günstiger: Mit der gleichen Menge an pflanzlicher Nahrung können zehnmal mehr Menschen ernährt werden als bei ausschließlicher Nutzung tierischer Kost. Für Menschen, die keine schwere körperliche Arbeit verrichten, ist pflanzliche Ernährung oft auch gesünder, weil dadurch eine übermäßige Aufnahme von Fetten und Proteinen leichter vermieden werden kann und ballaststoffhaltige pflanzliche Nahrung die Gefahr von Erkrankungen des Verdauungstraktes verringert. Nachteile rein pflanzlicher Ernährung bestehen in der Gefahr einer Unterversorgung mit lebensnotwendigen Mineralstoffen wie Calcium und Eisen und mit bestimmten Aminosäuren.

Seite 320

1 Beschreiben Sie den Abbau der Laubstreu anhand von Abbildung 1. F/I

Am Abbau der Streu ist eine große Vielfalt von Bodenlebewesen aus unterschiedlichen systematischen Gruppen beteiligt. Aufgrund ihrer Körperlänge teilt man die streuabbauenden Bodentiere in Makro-, Meso- und Mikrofauna ein.

Die Arten der Makrofauna weisen Körperlängen von vier bis über 80 Millimetern auf. Zu dieser Gruppe gehören in der Streuschicht lebende Bodentiere wie Schnecken, Asseln, Hundertfüßer, Tausendfüßer (einschließlich der Doppelfüßer und Saftkugler) sowie die grabenden Bodentiere wie die Regenwürmer. Die Arten der Makrofauna stellen in der Abfolge der Streuzersetzung in der Regel die ersten tierischen Zersetzer dar (Erst- oder Primärzersetzer). Auf sie ist der größte Teil des Massenverlustes der Streu zurückzuführen. Sie ernähren sich von großen Humusteilen, Streuresten und ähnlichen Substanzen samt anhaftenden Pilzhyphen und Bakterien. Dabei können wie im Fall des Regenwurms auch Bodenteilchen aufgenommen werden. Bei ihrer Fraßtätigkeit sorgen die Makrofauna-Arten auch für eine Durchmischung der Bodenbestandteile. Dies fördert die weitere Zersetzung des organischen Materials.

Die Arten der Mesofauna weisen Köperlängen von 0,2 bis 4 Millimetern auf. Dazu gehören unter

anderem Springschwänze und andere flügellose Urinsekten, Hornmilben und Fadenwürmer. Von diesen Arten gehören vor allem die Hornmilben und Springschwänze zu den Zweit- oder Sekundärzersetzern, die bereits vorzerkleinerte organische Substanz weiter abbauen. In Rohhumusböden, in denen die Artenzahl der Zersetzer geringer ist, können aber auch die Hornmilben die Rolle der Erstzersetzer übernehmen. Zur Mikrofauna zählen Organismen bis zu etwa 0,2 Millimetern Länge. Diese Gruppe wird hauptsächlich durch Protozoen (heterotrophe Einzeller) gebildet. Meso- und Mikrofauna haben eine große Bedeutung für die Mobilisierung von Mineralstoffen.
Neben der direkten Aufnahme und Zersetzung des Bestandabfalls fördern die Bodentiere den Stoffumsatz vor allem durch die Schaffung günstiger Bedingungen für Kleinstlebewesen. Dies wird durch eine Durchmischung und Bearbeitung der Bodenbestandteile erreicht.

2 In Wachstums- und Zerfallsphasen eines Waldes sind Aufnahme und Abgabe von Kohlenstoffdioxid nicht ausgeglichen.
Erklären Sie dieses Ungleichgewicht. F/II
In der Wachstumsphase eines Waldes kann Wachstum nur erreicht werden, wenn in der Jahresbilanz mehr Kohlenstoff in Biomasse gebunden wird, als bei der Zellatmung sämtlicher Lebewesen freigesetzt wird. In dieser Phase nimmt das Ökosystem daher mehr Kohlenstoffdioxid auf, als es abgibt: Es ist eine Senke für Kohlenstoffdioxid. In der Zerfallsphase eines Waldes bauen die Zersetzer weiterhin organische Substanz ab, während kein Wachstum mehr stattfindet und somit auch kein Kohlenstoffdioxid durch Fotosynthese mehr festgelegt wird. Das Ökosystem gibt dann in der Bilanz Kohlenstoffdioxid ab. Es ist eine Quelle für Kohlenstoffdioxid.

Seite 321

AUFGABEN Struktur und Funktion eines Ökosystems

1 Struktur einer Lebensgemeinschaft in der Antarktis

a) Nennen Sie die Vorteile für die Algen beziehungsweise Cyanobakterien und die Pilze in der Symbiose der Flechten. F/I
Vorteile der Algen bzw. Cyanobakterien: Die Grünalgen bzw. Cyanobakterien erhalten durch den Pilz Schutz vor schädlichen äußeren Einflüssen wie z. B. mechanischen Beschädigungen oder zu intensiver Sonneneinstrahlung. Außerdem bildet der Pilz die äußere Form und die Struktur der Flechte und verankert sie auf ihrem Untergrund.
Vorteile des Pilzes: Der in der Flechte vorkommende Pilz ist nur in Flechten überlebensfähig. Er erhält von den Grünalgen oder Cyanobakterien Kohlenhydrate, die er für seinen Bau- und Betriebsstoffwechsel verarbeiten kann. Die Kohlenhydrate werden von den Grünalgen oder Cyanobakterien durch Fotosynthese gebildet.
Die hier genannten Vorteile der Symbiosepartner gelten für alle Flechten. Bei den endolithischen (innerhalb von Gestein lebenden) Flechten spielt der Schutz der Grünalgen vor äußeren Einflüssen natürlich eine geringere Rolle als bei freilebenden Formen.

b) Erläutern Sie, wie diese Lebewesen an die abiotischen Bedingungen der Antarktis angepasst sind. Leiten Sie aus ihrer Lebensweise Vermutungen zu ihren Wachstumsraten ab. F/I, E/II
Flechten können Trockenperioden unbeschadet überstehen: Sie trocknen dann nahezu völlig aus und können Wasser, wenn es wieder zur Verfügung steht, durch Quellung aufnehmen. Sie sind resistent sowohl gegen hohe (bis +70 °C) als auch gegen sehr tiefe Temperaturen (bis -196 °C, die Temperatur flüssigen Stickstoffs). So können sie trockene und extrem kalte Perioden in der Antarktis überstehen. Da physiologische Aktivität an eine ausreichende Verfügbarkeit von Wasser gebunden ist, sind Flechten im ausgetrockneten Zustand physiologisch inaktiv und können in dieser Zeit nicht wachsen. Daher sind die Wachstumsraten von Flechten sehr gering.

c) Erklären Sie die Begriffe „Biotop" und „Biozönose" am Beispiel der in der Ross-Wüste existierenden Lebewesen. F/II
Das Biotop ist die ungefähr einen Zentimeter dicke äußere Gesteinsschicht von an der Oberfläche liegenden Felsen. Die Lebensgemeinschaft oder Biozönose besteht aus Flechten sowie freilebenden Pilz-, Algen-, Cyanobakterien- und Bakterienarten.

2 Stoffflüsse im antarktischen Ökosystem

a) Erstellen Sie ein Schema zu den Flüssen von Kohlenstoffdioxid, Sauerstoff, Wasser und organischem Material in dieser Lebensgemeinschaft. K/II

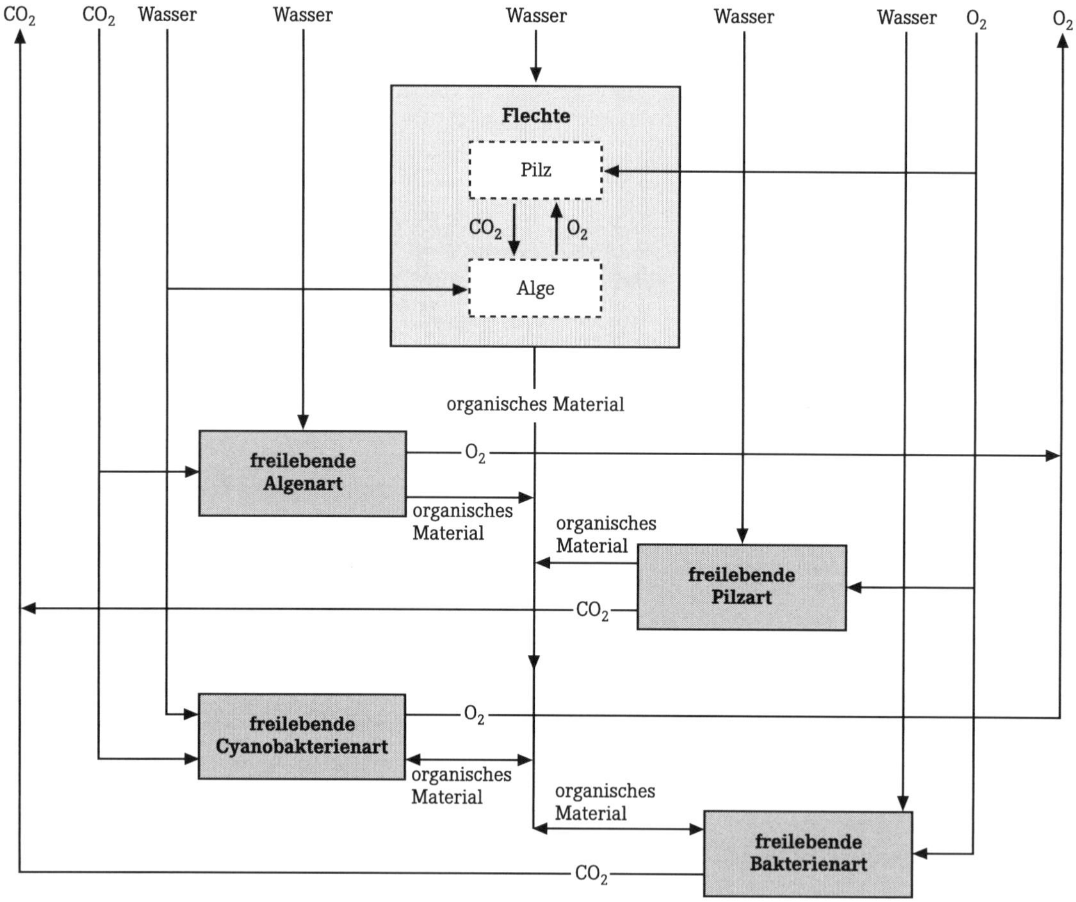

b) Begründen Sie, warum man diese Lebensgemeinschaft mit ihrem Biotop als Ökosystem bezeichnen kann. F/II

Die einzelnen Glieder der Lebensgemeinschaft sind durch den Auf-, Ab- und Umbau organischer Stoffe miteinander verbunden: Der in Grünalgen und Cyanobakterien durch Fotosynthese in Form von Kohlenhydraten gebundene Kohlenstoff kann mehrfach umgebaut werden und wird durch die Mineralisierer – freilebender Pilz und freilebende Bakterienart – in Form von Kohlenstoffdioxid wieder frei gesetzt. Im Gegenzug setzen die autotrophen Lebewesen bei der Fotosynthese molekularen Sauerstoff frei, der bei der Atmung der auto- und heterotrophen Lebewesen wieder verbraucht werden kann. Bei diesen Produktions- und Zersetzungsvorgängen zirkulieren auch Wasser und Mineralstoffe zwischen den Gliedern der Lebensgemeinschaft. Aufgrund dieser langfristig funktionierenden Stoffkreisläufe zwischen den Gliedern der Lebensgemeinschaft kann man die Lebensgemeinschaft zusammen mit dem Biotop, in dem sie lebt, als Ökosystem bezeichnen.

c) Vergleichen Sie das antarktische Ökosystem mit einem Laubwaldökosystem Mitteleuropas nach Artenzahl, Aufbau, Biomasse und Wachstumsgeschwindigkeit. F/II

Betrachtet man die in der obersten Schicht antarktischer Felsen lebende Flechte als eine Art, besteht das antarktische Ökosystem nur aus fünf Arten. Die Laubwaldökosysteme Mitteleuropas sind dagegen viel artenreicher: Je nach Waldtyp kommen dort nicht nur mehrere Pflanzenarten, sondern auch verschiedene Tierarten sowie etliche im Boden lebende Pilz- und Bakterienarten vor. Mitteleuropäische Wälder sind auch stärker strukturiert als das antarktische Ökosystem: Neben ein oder zwei Baumschichten gibt es häufig auch noch eine Strauch-, Kraut- und Moosschicht sowie verschiedene Schichten belebten Bodens, während im antarktischen Ökosystem neben der Flechte nur die freilebenden Algen als eigene Schicht erkennbar sind. Die Biomasse mitteleuropäischer Laubwaldökosysteme, die vor allem durch die Biomasse der Bäume bestimmt wird, ist um mehrere Größenordnungen größer als die Biomasse der antarktischen Ökosysteme. Allein aus den Unterschieden in der Biomasse und im Alter der beiden Ökosystemtypen (die mitteleuropäischen Wälder konnten erst nach der letzten Eiszeit entstehen, die vor ungefähr 12 000 Jahren zu Ende ging, während die antarktischen Ökosysteme etliche Millionen Jahre alt werden können) lässt sich schließen, dass die Wachstumsgeschwindigkeit mitteleuropäischer Wälder viel größer ist als die der antarktischen Ökosysteme.

Seite 322

1 Berechnen Sie den prozentualen Beitrag der Ökosystem-Typen aus Abbildung 2 zur globalen Nettoprimärproduktion. F/I

Die jährliche globale Nettoprimärproduktion (NPP) beträgt 170 Milliarden Tonnen.

Ökosystem-Typ	globale NPP (Milliarden t pro Jahr)	Beitrag zur jährlichen NPP (%)
Tropischer Wald	49,4	29,1
Wald gemäßigter Zonen	14,9	8,8
Nadelwald nördlicher Breiten	9,6	5,6
Grasland gemäßigter Zonen	5,4	3,2
Kulturland	9,1	5,4
Wüste	1,7	1,0
Sümpfe und Marschland	4,0	2,4
Seen und Flüsse	0,5	0,3
offener Ozean	41,5	24,4
Kontinente, insgesamt	115	67,6
Meere, insgesamt	55	32,4

(Die Summe der Prozentwerte über die hier aufgeführten Ökosystem-Typen ergibt nicht 100 %, da nicht alle Ökosystem-Typen der Erde aufgelistet sind. Es fehlen z. B. Buschland und Savanne, die zusammen 11,5 % zur jährlichen globalen NPP beitragen. Der Beitrag der hier ebenfalls nicht genannten marinen Kontinentalschelfbereiche beträgt 5,6 %.)

2 Erläutern Sie den Begriff „ökologische Effizienz" anhand einer Energiepyramide. F/II

Der Begriff „ökologische Effizienz" bezeichnet den Prozentsatz der auf einer bestimmten trophischen Ebene vorhandenen Energie, der zur nächsthöheren trophischen Ebene weitergegeben wird. In der Energiepyramide, die in Abbildung 1 auf Seite 318 dargestellt ist, gehen von einer trophischen Ebene zur nächsten (d. h. von der Ebene der Primärproduzenten [hier: Eichen] zu den Primärkonsumenten [hier: Frostspannerraupen], von dort zu den Sekundärkonsumenten [hier: Zilpzalp] und von dort zu den Tertiärkonsumenten [hier: Sperber]) nur jeweils 10 % der Energie über. Eine ökologische Effizienz von 10 % entspricht dem Durchschnittswert, den man für eine Vielzahl unterschiedlicher Energiepyramiden erhält. Bei einzelnen Energiepyramiden kann die ökologische Effizienz aber durchaus von diesem Zehn-Prozent-Mittelwert abweichen.

Seite 323

1 Erklären Sie anhand der Abbildung 1 den Energiefluss durch ein Ökosystem am Beispiel des Waldes. F/I

Dem Ökosystem Wald wird Energie durch Sonneneinstrahlung zugeführt, wobei jedoch von den 100 000 kJ / (m^2 x Tag) nur 10 000 kJ / (m^2 x Tag) wirklich auf die Erdoberfläche treffen. Der Rest geht größtenteils über Wärme und Verdunstung (60 000 kJ / (m^2 x Tag)) sowie durch Reflexion (30 000 kJ / (m^2 x Tag)) verloren. Von der auftreffenden Energie werden wiederum nur ca. 2 % von den Produzenten, z. B. Bäumen oder Sträuchern, genutzt und durch Fotosynthese in chemische Energie umgewandelt und fixiert. Diese Produktion wird als Bruttoprimärproduktion bezeichnet. Die Hälfte der anfallenden 200 kJ / (m^2 x Tag) werden jedoch wieder als Wärmeenergie von den Produzenten abgegeben, sodass die Nettoprimärproduktion nur noch 100 kJ / (m^2 x Tag) beträgt. Diese

Energie ist in Form von Biomasse gespeichert und wird nun auf verschiedenen Wegen genutzt. Zum einen speichert die Pflanze selbst einen kleinen Teil (5 %) in Form von neuer Biomasse. Durch die Abgabe von toter organischer Substanz, beispielweise durch den Laubabfall, werden 85 % der Energie Destruenten wie Regenwürmern, Milben oder Tausendfüßern zugeführt, die durch ihre Zellatmung die Energie in Wärmeenergie umwandeln und abgeben. Zum anderen wird ein Teil der Nettoprimärproduktion (10 %) Konsumenten erster Ordnung, z. B. Raupen, zur Verfügung gestellt. Diese verbrauchen wiederum die Hälfte der Energie selbst und geben sie in Form von Wärmeenergie ab. Nur 1 kJ / (m^2 x Tag) bleibt nach Abzug der den Destruenten zukommenden toten organischen Substanz den Konsumenten 2. Ordnung. Beim Übergang zum Konsumenten 3. Ordnung gehen wieder 90 % der Energie durch Wärmeabgabe und tote organische Substanz verloren. So bleiben den Endkonsumenten wie Raubvögeln noch 0,1 kJ / (m^2 x Tag). Diese Energiemenge wird danach zu gleichen Teilen als tote organische Substanz den Destruenten zugeführt oder als Wärme an die Biosphäre abgegeben. Es geht also ständig Energie durch Wärmeabgabe verloren (in den Weltraum sowie durch den Energiebedarf für Lebensvorgänge und der daraus entstehenden Wärme). Daher muss dem System ständig neue Energie zugeführt werden, was durch die Sonne geschieht.

2 Verdeutlichen Sie auf dieser Grundlage das Basiskonzept „Stoff- und Energieumwandlung". F/II

Anhand des Energieflusses im Ökosystem Wald wird deutlich, dass Stoffe und Energie aus der Umgebung in Form von Sonnenenergie und Biomasse aufgenommen und umgewandelt werden. Sonnenenergie wird in chemische Energie umgewandelt und letztendlich durch den Aufbau von Biomasse in den Produzenten gespeichert. Konsumenten und Destruenten wandeln die durch die Produzenten in Form von Biomasse zur Verfügung gestellte Energie in Wärmeenergie um, die dann an die Umgebung abgegeben wird.

Seite 325

1 Vergleichen Sie Kohlenstoff- und Stickstoffkreislauf nach folgenden Merkmalen: Ort des größten Vorrats, Aufnahme durch Pflanzen, menschlicher Einfluss. F/II

	Kohlenstoffkreislauf	**Stickstoffkreislauf**
Ort des größten Vorrats	Gestein (Kalkstein aus Calciumcarbonat)	Atmosphäre (molekularer Stickstoff)
Aufnahme durch Pflanzen	gasförmig (als Kohlenstoffdioxid)	als in Wasser gelöste Ionen (Ammonium- und Nitrat-Ionen)
menschlicher Einfluss	Erhöhung der atmosphärischen Kohlenstoffdioxid-Konzentration durch Verfeuerung fossiler Brennstoffe und Entwaldung (vor allem in den Tropen)	industrielle Fixierung von Luftstickstoff, Ausbringung von stickstoffhaltigem Dünger auf landwirtschaftliche Flächen, Erhöhung des Eintrags von Nitrat-Ionen in das Grundwasser und in Gewässer sowie Verstärkung der Denitrifikation durch den übermäßigen Einsatz von Dünger und durch große, intensiv genutzte landwirtschaftliche Flächen

2 Erklären Sie, warum die Verbrennung fossiler Brennstoffe im Gegensatz zur Verbrennung nachwachsender Rohstoffe zum Anstieg der Kohlenstoffdioxid-Konzentration in der Atmosphäre beiträgt. F/III

Bei der Verbrennung von nachwachsenden Rohstoffen wie Holz oder Raps wird nur soviel Kohlenstoffdioxid frei, wie vorher von der Pflanze während ihres Wachstums aus der Atmosphäre aufgenommen wurde. Dieses kann dann wieder von Pflanzen zum Aufbau neuer Biomasse genutzt werden. Somit stellt die Verbrennung nachwachsender Rohstoffe einen geschlossenen Kohlenstoffkreislauf dar und die Kohlenstoffdioxidbilanz ist ausgeglichen.

Bei fossilen Brennstoffen wurde auch Kohlenstoffdioxid gespeichert. Diese Speicherung hat jedoch, im Gegensatz zu nachwachsenden Rohstoffen, über einen Zeitraum von mehreren hunderttausend bis Millionen Jahren unter besonderen geologischen und chemischen Bedingungen stattgefunden. Es ist nicht möglich, diese Rohstoffe zu erneuern. Dementsprechend kann auch das durch die Verbrennung entstehende Kohlenstoffdioxid nicht wieder aufgenommen werden und die Kohlenstoffdioxid-Konzentration in der Atmosphäre steigt.

Seite 327

(1) Erklären Sie den Unterschied zwischen primärer und sekundärer Sukzession. F/I

Eine primäre Sukzession ist eine zeitliche Abfolge von Lebewesen an einem bestimmten Ort, die auf einer Fläche beginnt, die von Lebewesen frei ist, wie z.B. neu entstandener vulkanischer Boden. Eine sekundäre Sukzession ist eine zeitliche Abfolge von Lebewesen an einem bestimmten Ort, der zuvor schon von Lebewesen besiedelt war und einen Restbestand an Arten der vorherigen Lebensgemeinschaften enthält.

(2) Begründen Sie, warum im Gegensatz zur Sukzession in Wäldern die Sukzession nach der Verlandung von Seen nicht wieder von vorn beginnen kann. F/II

In Wäldern findet Sukzession auf Flächen statt, die durch das Fällen von Bäumen, durch Windwurf oder durch das Absterben alter, geschädigter oder kranker Bäume frei von Bäumen geworden sind. Auf und im Waldboden sowie in unmittelbarer Umgebung der baumfreien Flächen sind noch Arten der vorherigen Lebensgemeinschaften vorhanden, die auf der baumfrei gewordenen Fläche keimen und aufwachsen und damit eine Abfolge von Lebensgemeinschaften einleiten können, bis schließlich wieder die Baumarten des Klimaxwaldes vorherrschen.

Das Endstadium der Sukzession in einem See ist dagegen ein Flach- bzw. Niedermoor oder ein Hochmoor. In einem Niedermoor ist auch nach Regenfällen der Wasserstand so niedrig, dass sich dort kein neuer See mit seiner typischen Lebensgemeinschaft ausbilden kann. Ein Hochmoor ist durch seine mächtige, uhrglasförmig gewölbte Torfschicht sogar vollständig vom ursprünglichen Seeboden getrennt. Auch dort kann deshalb keine Sukzession zu einem See mehr stattfinden.

(3) Begründen Sie, warum auf einem Acker der Wechsel von Getreide- zu Rapsanbau von einem Jahr zum nächsten keine Sukzession darstellt. F/II

Der Wechsel von Feldfrüchten auf einem Acker wird gezielt von Menschen herbeigeführt und gesteuert und mit nur sehr wenigen Pflanzenarten durchgeführt. Eine Sukzession dagegen ist eine weitgehend natürliche, von Menschen nicht bewusst gesteuerte Abfolge ganzer Lebensgemeinschaften. Die Dauer der Abfolge von Arten bis zum Erreichen des Endstadiums spielt dagegen für die Definition der Sukzession keine Rolle. Eine Sukzession kann vollständig innerhalb von Tagen bis Wochen ablaufen, wie z.B. bei der Abfolge verschiedener Gruppen von Lebewesen bei dem Abbau eines toten Tierkörpers. Sie kann sich aber auch über Jahrzehnte bis Jahrhunderte erstrecken, beispielsweise bei der Sukzession in Wäldern.

Seite 329

(1) Beschreiben Sie anhand der Abbildung 2 die Zustände eines Sees im Jahresverlauf. Erklären Sie dabei die Veränderungen der Wassertemperatur und der Sauerstoffkonzentration im Epi- und Hypolimnion. F/II

Sommer: Im Epilimnion beträgt die Temperatur ca. 22 °C, wobei sie im Metalimnion sprunghaft absinkt, sodass sie im Hypolimnion lediglich noch 4 °C beträgt. Aufgrund dieser Temperaturunterschiede kommt es im See zu einer charakteristischen Schichtung des Wassers. Das Epilimnion wird erwärmt und durchmischt, während im Hypolimnion eine Stagnation zu beobachten ist. Bei 4 °C hat Wasser seine größte physikalische Dichte, ist damit „schwerer" als höher oder niedriger temperiertes Wasser und befindet sich am Boden des Sees. Diese stabile Schichtung im See wird als Sommerstagnation bezeichnet. Hiermit lassen sich auch die unterschiedlichen Werte des Sauerstoffgehalts innerhalb der Schichten des Sees erklären. Im Epilimnion liegt der Sauerstoffgehalt bei etwa 11 mg/l, sinkt im Metalimnion stark ab und erreicht im Hypolimnion Werte zwischen etwa 5 und 1 mg/l. Aufgrund der stabilen Schichtung des Sees kann keinerlei Stoff- und damit auch kein Sauerstoffaustausch zwischen den verschiedenen Schichten des Sees erfolgen. Der hohe Sauerstoffgehalt im Epilimnion ist durch die hohe Fotosyntheserate der Produzenten zu erklären. Aufgrund der günstigen Licht- und Temperaturverhältnisse und bei ausreichender Versorgung mit Nährsalzen wird hier intensiv Fotosynthese betrieben. Durch die Zirkulation im Epilimnion wird der Sauerstoff gleichmäßig in dieser Schicht verteilt. Im dunklen und kühleren Hypolimnion hingegen findet kaum noch Fotosynthese statt, weshalb der Sauerstoffgehalt stark absinkt. In dieser Schicht überwiegen Sauerstoff-verbrauchende Vorgänge wie Atmung und Stoffabbau.

Frühjahr und Herbst: Die Temperatur im See beträgt in allen Schichten durchgehend 4 °C. In diesen kühleren Jahreszeiten nimmt auch die Wassertemperatur ab. Erreicht sie 4 °C, hat der Wasserkörper dieselbe Dichte, sodass die Wärmeschichtung aufgehoben wird. Es kommt im Frühjahr und Herbst zur Vollzirkulation. Dabei wird das gesamte Wasser des Sees durchmischt, sodass auch die physikalischen und chemischen Parameter des Sees überall die gleichen Werte annehmen. Dies erklärt auch den in allen Schichten konstanten Sauerstoffgehalt, der 10 mg/l beträgt.

Winter: Die kühleren Temperaturen im Winter sorgen dafür, dass das Wasser an der Oberfläche des Sees noch weiter abkühlt als im Herbst. Wasser, welches kühler als 4 °C ist und damit eine geringere Dichte aufweist, sammelt sich in stabiler Schichtung im oberen Bereich des Sees, über dem 4 °C warmen Wasser. Eis mit einer noch geringeren Dichte schwimmt direkt an der Oberfläche, sodass das Wasser des Sees vom Wärme- und Gasaustausch mit der Umgebung weitestgehend abgeschirmt ist. Es kommt zu einer stabilen Schichtung zwischen dem oberen und unteren Bereich des Sees, sodass erneut von einer Stagnation gesprochen werden kann. Der Sauerstoffgehalt des Sees liegt in den oberen 2 m zwischen 10 und 6 mg/l und fällt bis zum Seeboden schließlich auf etwa 3 mg/l noch weiter ab. Der Sauerstoffgehalt ist im oberen Bereich des Sees direkt unter der Eisdecke höher, da die Sauerstofflöslichkeit mit abnehmender Temperatur steigt. Im unteren Teil des Sees und am Gewässerboden ist der Sauerstoffgehalt aufgrund der hier dominierenden aeroben Abbauvorgänge und wegen der fehlenden Durchmischung geringer als im oberen Bereich.

Seite 330 bis 331

AUFGABEN Ökosystem See

1 Netto- und Bruttoprimärproduktion

a) Erläutern Sie, warum man in aquatischen Ökosystemen die Primärproduktion anhand der Konzentration des gelösten Sauerstoffs im Wasser ermitteln kann. F/I

Sauerstoff ist eine der am einfachsten messbaren Reaktionsgrößen der Fotosynthese. Deshalb kann man die Primärproduktion in aquatischen Ökosystemen gut anhand der Konzentration des gelösten Sauerstoffs im Wasser messen.

b) Erklären Sie, wie man mithilfe dieses Modellversuchs die Nettoprimärproduktion, Bruttoprimärproduktion und Atmung des Phytoplanktons in den Flaschen ermitteln kann. F/II, E/II

Vor der Bestrahlung befanden sich in der Wasserprobe in der lichtdurchlässigen Flasche 5 mg/l Sauerstoff und nach der Bestrahlung 10 mg/l. Die Differenz des Sauerstoffgehalts von 5 mg/l gibt die Nettoprimärproduktion an. Während der Beleuchtung hat das Phytoplankton Fotosynthese betrieben und dabei Sauerstoff freigesetzt, dabei wurde jedoch auch Sauerstoff für die Zellatmung verbraucht. Wie hoch der Anteil des in dieser Zeit veratmeten Sauerstoffs ist, lässt sich mithilfe des Versuchsansatzes in der lichtundurchlässigen Flasche ermitteln. Das Phytoplankton konnte während der Versuchsdurchführung aufgrund der unterbundenen Lichtzufuhr keine Fotosynthese betreiben. Zu Beginn des Versuchs befanden sich 5 mg/l Sauerstoff in der Flasche und am Ende nur noch 1 mg/l. Das bedeutet, dass das Phytoplankton 4 mg/l Sauerstoff veratmet hat.

Die Bruttoprimärproduktion des Phytoplanktons lässt sich nun aus beiden Versuchsansätzen ermitteln. Das Bruttoprimärprodukt ist die Gesamtmenge des bei der Fotosynthese freigesetzten Sauerstoffs. Wird also zu der Nettoprimärproduktion von 5 mg/l Sauerstoff aus dem Ansatz mit der lichtdurchlässigen Flasche die Menge des veratmeten Sauerstoffs (4 mg/l) aus dem Ansatz mit der lichtundurchlässigen Flasche dazu addiert, dann erhält man das Bruttoprimärprodukt von 9 mg/l Sauerstoff.

c) Erklären Sie, in welchen Aspekten der Modellversuch von den Verhältnissen in einem natürlichen See abweicht. E/III
Ökosysteme sind nicht geschlossen, so wie es der Modellversuch vermittelt. Es werden also stets Stoffe von außen in das Ökosystem eingetragen und auch wieder an die Umgebung abgegeben. Außerdem wurden hier außer dem Licht andere abiotische Faktoren, wie z. B. die Temperatur, nicht berücksichtigt, die ebenfalls Einfluss auf die Fotosynthese des Phytoplanktons nehmen. Ebenso fehlen die biotischen Faktoren gänzlich. Die Destruenten und Konsumenten nehmen den bei der Fotosynthese freigesetzten Sauerstoff auf.

d) Erklären Sie auf der Basis des Modellversuchs die Primärproduktion in einem See in Abhängigkeit von der Wassertiefe anhand der Abbildung. F/II
Bei einer Wassertiefe von bis zu ca. 1,5 m liegt die Bruttoprimärproduktion zwischen 70 bis 10 %. Sie hat ihr Optimum bei einer Tiefe zwischen ca. 2 bis 3,5 m und einer Lichtintensität von 50 bis 20 %. In diesem Bereich ist die Bruttoprimärproduktion am größten, da das hier vorkommende Phytoplankton ideale Bedingungen vorfindet. In den tieferen Bereichen des Sees sinkt die Bruttoprimärproduktion immer weiter. Aufgrund der geringeren Lichtintensität kann in diesen Tiefen keine oder nur noch in sehr geringem Maße Fotosynthese betrieben werden.

2 Algenwachstum und abiotische Faktoren in der Nährschicht eines Sees im Jahresverlauf

a) Werten Sie die Grafiken zusammenhängend aus und erklären Sie sowohl das Algenwachstum als auch die Sauerstoff- und Kohlenstoffdioxid-Konzentrationen im Jahresverlauf. F/II
Im Frühjahr ist der Gehalt an Mineralstoffen besonders hoch. In Verbindung mit der steigenden Temperatur und den guten Lichtverhältnissen kommt es zu einem starken Anstieg der Phytoplanktondichte. Das vermehrte Phytoplankton verbraucht auch mehr Mineralstoffe, sodass es in seiner Dichte mit der Zeit wieder abnimmt, da weniger Mineralstoffe zur Verfügung stehen. Die im Sommer und Herbst auftretenden kleinen Maxima der Phytoplanktonkonzentration kommen durch andere Algengruppen zustande, die andere Ansprüche haben. Obwohl das Nährsalzangebot gut ist, sinkt die Phytoplanktonkurve im Spätherbst ab. Dies lässt sich durch die schwächeren Lichtverhältnisse und die sinkenden Temperaturen erklären, die ein weiteres Phytoplanktonwachstum verhindern (RGT-Regel).

b) Stellen Sie eine Hypothese zum Algenwachstum und zur Sauerstoff- und Kohlenstoffdioxid-Konzentration im Jahresverlauf auf, wenn während des Sommers durch eine Zufuhr von außen, etwa durch Düngemittel aus der Landwirtschaft, die Mineralstoff-Konzentration gleichbleibend hoch ist. F/II, E/II
Bei gleichbleibend hoher Mineralstoffkonzentration im See steigt die Phytoplanktondichte bedeutend höher an als dies ohne zusätzliches Düngemittel aus der Landwirtschaft in dieser Jahreszeit der Fall wäre. Daher kommt es auch zunächst zu einem starken Anstieg der Sauerstoffkurve und einer abfallenden Kohlenstoffdioxidkurve. Sauerstoff wird durch die Fotosynthese von den Primärproduzenten freigesetzt und Kohlenstoffdioxid wird aufgenommen. Das vermehrte Phytoplankton konkurriert jedoch um Licht. Außerdem führt die hohe Phytoplanktondichte dazu, dass wiederum viele organische Abfallstoffe entstehen, die von den Destruenten zersetzt werden müssen. Hierfür ist Sauerstoff nötig. Aufgrund der Sommerstagnation kommt es jedoch nicht zu einem Austausch der gelösten Gase und anderer Stoffe zwischen den einzelnen Schichten des Sees. In der Zehrschicht wird somit bei der Zersetzung der anfallenden toten Biomasse fast der gesamte Sauerstoff verbraucht, sodass die Sauerstoffkurve stark sinkt. Der See kann „umkippen".

c) Auch die Zufuhr von ansonsten unbelastetem aber warmem Wasser, etwa Kühlwasser aus einem Kraftwerk, beeinflusst das Algenwachstum. Stellen Sie eine Hypothese zum Algenwachstum und zur Sauerstoff- und Kohlenstoffdioxid-Konzentration im Jahresverlauf auf, wenn die Temperatur im See um etwa 3 °C erhöht ist. F/II, E/II
Wenn die Temperatur im See um 3 °C erhöht ist, steigt die Phytoplanktondichte stark an, wenn ausreichend Mineralstoffe vorhanden und die Lichtverhältnisse günstig sind. Aufgrund der erhöhten Temperatur steigt die Fotosyntheserate. Dies hat einen starken Anstieg des Sauerstoffgehalts und einen sinkenden Kohlenstoffdioxidgehalt zur Folge. Durch die erhöhte Temperatur ist eine größere Algendichte zu beobachten als es sonst in den kühleren Monaten des Jahres der Fall wäre (RGT-Regel).

d) Leiten Sie aus den biotischen und abiotischen Faktoren die jahreszeitliche Entwicklung des Zooplanktons in dem See ab, und erklären Sie Ihren Vorschlag. F/II

Nach dem Anstieg der Phytoplanktondichte im Frühjahr erhöht sich auch die Individuenzahl des Zooplanktons, das sich von Algen ernährt. Im Spätherbst nimmt die Phytoplanktondichte wegen der ungünstigen Lichtverhältnisse und der niedrigen Temperaturen ab. Es folgt eine sinkende Dichte des Zooplanktons, hauptsächlich bedingt durch die Verschlechterung der Nahrungsbedingungen.

3 Stickstoffkreislauf im See

a) Beschreiben Sie anhand der Abbildung rechts den Ausschnitt aus dem Stickstoffkreislauf in einem See. F/I

Der Stickstoff gelangt auf unterschiedlichen Wegen in den See. Luft besteht zu 78 % aus Stickstoff, der durch Diffusion ins Gewässer gelangt und sich im Wasser löst. Hierbei spielen stickstofffixierende Bakterien, wie z. B. manche Cyanobakterien, eine bedeutende Rolle. Sie binden den Stickstoff und bauen ihn in ihre Biomasse ein. Durch elektrische Entladungen bei Gewittern herrschen hohe Temperaturen und/oder ein hoher Druck, sodass der Luftstickstoff mit dem Luftsauerstoff zu Stickstoffoxiden reagiert. Außerdem reagieren Stickstoffoxide, die z. B. von Industrieanlagen und Kraftwerken ausgestoßen werden, mit Regenwasser zu Säuren wie Salpetersäure und Salpetriger Säure. Auf diese Weise tragen sie zur Entstehung des sauren Regens bei, der ins Gewässer gelangt. Nitrat (NO_3^-)- und Ammonium (NH_4^+)-Ionen werden vom Phytoplankton als Nährsalze aufgenommen. Sie bauen den Stickstoff in körpereigene organische Verbindungen wie Proteine und Nucleinsäuren ein. Über die Nahrungskette gelangen die Stickstoffverbindungen ins Zooplankton, das sich vom Phytoplankton ernährt. Fische fressen schließlich das Zooplankton. Zudem scheiden Fische Stickstoff teilweise auch in Form von Harnsäure aus. Abgestorbenes Phytoplankton, Zooplankton sowie tote Fische und Bakterien bilden gemeinsam die organischen Abfallstoffe innerhalb des Sees. Die Zersetzer (Destruenten) im See wie Bakterien und Pilze zerlegen tote Pflanzen und Tiere sowie deren Ausscheidungen. Bei der Eiweißzersetzung dieser toten organischen Substanz durch Mikroorganismen entstehen Ammoniak (NH_3) bzw. Ammonium-Ionen (NH_4^+). Diese stehen in einem chemischen Gleichgewicht, wobei der pH-Wert eine entscheidende Rolle spielt. Liegt der pH-Wert über 7, werden Ammonium-Ionen (NH_4^+) zunehmend in Ammoniak (NH_3) umgewandelt. Ab einem pH-Wert von 12 liegt nur noch Ammoniak vor. In einem sauerstoffreichen Gewässer werden Ammonium-Ionen (NH_4^+) von Nitritbakterien zu Nitrit-Ionen (NO_2^-) und weiter von Nitratbakterien zu Nitrat-Ionen (NO_3^-) oxidiert. Diese können dann wieder vom Phytoplankton als Nährsalze aufgenommen werden, sodass sich der Stickstoffkreislauf schließt.

b) Erklären Sie auf dieser Basis die Konzentrationen von Nitrat- und Ammonium-Ionen in den Schichten des Sees. F/II

In der Nährschicht und in der Sprungschicht beträgt der Gehalt von Ammonium-Ionen (NH_4^+) ca. 0,5 mg/l. In der Zehrschicht steigt er jedoch bis zu 6 mg/l an. Die geringe Konzentration an Ammonium-Ionen in den oberen Schichten lässt sich dadurch erklären, dass die Pflanzen die verfügbaren Ammonium-Ionen als Nährsalz sofort aufnehmen und den Stickstoff in körpereigene organische Stickstoffverbindungen wie Proteine und Nucleinsäuren einbauen. In der Nährschicht und der Sprungschicht wird von den Fotosynthese-treibenden Pflanzen Sauerstoff freigesetzt. Bei Vorhandensein von Sauerstoff werden Ammonium-Ionen durch Bakterien zu Nitrit-Ionen und weiter zu Nitrat-Ionen oxidiert. In der Zehrschicht ist nicht genügend Sauerstoff für diesen Umsetzungsprozess vorhanden, weshalb die Ammonium-Ionen-Konzentration deutlich höher ist. Fast der gesamte Sauerstoff wird hier für den Abbau toter Biomasse verbraucht. Außerdem wird in der Zehrschicht viel Ammonium bei der Zersetzung toter organischer Substanzen durch die als Destruenten tätigen Mikroorganismen wie Bakterien und Pilze freigesetzt. Dies ist ein weiterer Grund für den deutlich höheren Ammoniumgehalt in der Zehrschicht. Der Gehalt von Nitrat-Ionen (NO_3^-) beträgt in der Nährschicht ca. 1 mg/l, steigt in der Sprungschicht auf ca. 4 mg/l an und fällt in der Zehrschicht wieder auf bis zu 1 mg/l ab. In der Nährschicht ist reichlich Sauerstoff vorhanden (12 mg/l), da viele Pflanzen Fotosynthese betreiben und die Nitrat-Ionen genau wie die Ammonium-Ionen als Nährsalze aufnehmen. Auch in der Sprungschicht ist noch Sauerstoff vorhanden (zwischen 12 bis 4mg/l). Hier kommt es zur Nitrifikation, d. h. Ammonium-Ionen werden von Bakterien zu Nitrit-Ionen (NO_2^-) und weiter zu Nitrat-Ionen (NO_3^-) oxidiert. Deshalb steigt die Nitrat-Konzentration in der Sprungschicht an. In der sauerstoffarmen Zehrschicht sinkt der Nitratgehalt, da Bakterien Nitrat zu Ammonium reduzieren.

c) Erklären Sie am Stickstoffkreislauf das Basiskonzept „Stoff- und Energieumwandlung". F/II
Unterschiedliche Stickstoffverbindungen gelangen in den See. Das Phytoplankton nimmt Ammonium und Nitrat als Nährsalze auf, die dann für Stoffwechselvorgänge benötigt werden. Das Zooplankton wiederum ernährt sich einerseits vom Phytoplankton und dient andererseits selbst als Nahrung für im See lebende Fische. Die Organismen nehmen Stoffe aus der Umgebung auf, die sie für ihr Überleben brauchen, und geben auch wieder Stoffe an die Umgebung in Form von Ausscheidungen und toter Biomasse ab. Diese organischen Abfallstoffe werden wiederum von den Destruenten zersetzt und damit umgewandelt, wobei die Mikroorganismen Energie für die Aufrechterhaltung ihrer eigenen Lebensprozesse gewinnen. Die bei der Zersetzung frei werdenden Ammonium- und Nitrat-Ionen werden von nitrifizierenden Bakterien zu Nitrit und weiter zu Nitrat oxidiert, also umgewandelt. Dieses steht dann wiederum dem Phytoplankton als Nährsalz zur Verfügung.

4 Eutrophierung und Gegenmaßnahmen

a) Vergleichen Sie anhand der Abbildungen links einen oligotrophen und eutrophen See während der Sommerstagnation. E/II

	oligotropher See	eutropher See
Gemeinsamkeiten	typische Schichtung des Sees in drei deutlich voneinander unterscheidbare Zonen, zwischen denen es keine Durchmischung gibt	
Unterschiede	Tiefe: ca. 95 m	Tiefe: 20 m
	geringe Produktion von Biomasse in der Nährschicht	hohe Produktion von Biomasse in der Nährschicht
	geringerer Anteil toter Biomasse in der Zehrschicht	hoher Anteil toter Biomasse in der Zehrschicht
	keine Faulschlammbildung	Faulschlammbildung am Seegrund
	Sauerstoffkonzentration: Nährschicht: ca. 10 mg/l Sprungschicht: ca. 9 mg/l Zehrschicht: ca. zwischen 2–9 mg/l	Sauerstoffkonzentration: Nährschicht: ca. 11–16 mg/l Sprungschicht: ca. 7–11 mg/l Zehrschicht: ca. zwischen 2–7 mg/l
Unterschiede	Temperatur: Nährschicht: ca. 21 °C Sprungschicht: ca. zwischen 12–20 °C Zehrschicht: 5–12 °C	Temperatur: Nährschicht: ca. zwischen 18–21 °C Sprungschicht: ca. zwischen 15–18 °C Zehrschicht: 5–15 °C

b) Begründen Sie die Maßnahmen zur Verhinderung des übermäßigen Algenwachstums in einem See unter Berücksichtigung der Abbildung rechts. F/II
Anlegen von fischfreien Zonen in abgegrenzten Bereichen des See mithilfe von Netzen: Durch fischreiche Zonen kann sich das Zooplankton stärker vermehren, sodass mehr Phytoplankton als Nahrung vom Zooplankton verbraucht wird.
Besatz von Raubfischen: Eine höhere Anzahl von Raubfischen minimiert die Zahl der Friedfische, sodass es mehr Zooplankton im See gibt. Dieses kann wiederum das Phytoplankton reduzieren.
Abfischen der Friedfische: Je weniger Friedfische im See sind, desto stärker kann sich das Zooplankton vermehren. Durch einen hohen Zooplanktonanteil wird der Phytoplanktonanteil reduziert.
Zufuhr von Sauerstoff: Durch Zufuhr von Sauerstoff ist das Überleben der heterotrophen Organismen gesichert. Sie können sich stärker vermehren und das Phytoplankton wird reduziert. Außerdem steht Sauerstoff für die Zersetzung toter organischer Substanz zur Verfügung und verhindert die Faulschlammbildung am Boden des Sees.
Ausbaggern des Faulschlamms: Durch das Ausbaggern des Faulschlamms wird verhindert, dass bei der Zersetzung organischen Materials durch anaerobe Bakterien Giftstoffe wie Ammoniak und Schwefelwasserstoff entstehen, welche die heterotrophen Organismen abtöten. Bei deren Ableben käme es außerdem zu einer starken Vermehrung des Phytoplanktons im See.

c) Erörtern Sie die Vor- und Nachteile der verschiedenen Maßnahmen. F/III
Sämtliche Maßnahmen sind sehr zeit- und z.T. auch kostenintensiv, wie z.B. das Ausbaggern des Faulschlamms. Hinzu kommt, dass sie massive Eingriffe in das Ökosystem See darstellen und es zu anderen unerwünschten Begleiterscheinungen (z.B. übermäßige Vermehrung einer anderen Art) kommen kann. Das Auslegen von Netzen ist nur in kleineren Seen möglich und nimmt viel Zeit in Anspruch, bis sich das Zooplank-

ton in Abwesenheit von Fressfeinden ausreichend vermehrt hat, um das Phytoplankton zu reduzieren. Durch die Netze werden die Fische außerdem in ihrem Lebensraum eingeschränkt. Der Besatz eines Sees mit Raubfischen sowie das Abfischen der Friedfische stellen relativ leicht umzusetzende Maßnahmen dar, die den Phytoplanktonanteil reduzieren können. Jedoch muss auch hier darauf geachtet werden, das ökologische Gleichgewicht nicht nachhaltig zu stören. Die Zufuhr von Sauerstoff muss dauerhaft in den heißen Sommermonaten erfolgen oder zumindest regelmäßig durchgeführt werden, um Erfolge zu verzeichnen. Der See regeneriert sich nicht von selbst, sondern durch äußere Einflüsse. Auch das Ausbaggern des Faulschlamms löst die Problematik nicht dauerhaft, da die Gefahr der Eutrophierung nur für kurze Zeit gebannt ist und die Maßnahme regelmäßig durchgeführt werden muss.

Seite 333

1 Erklären Sie die Veränderungen eines Fließgewässers von der Quelle bis zur Mündung anhand der Abbildung 1. F/II

Das Gefälle des Fließgewässers nimmt vom Oberlauf zum Unterlauf hin ab, da die Höhenunterschiede im meist hügeligen Oberlauf größer sind als im eher dem Flachland zuzuordnenden Unterlauf. Während bei hohen Fließgeschwindigkeiten Felsen und Geröll zurückbleiben, setzen sich bei niedrigeren Fließgeschwindigkeiten zunächst Kiese, dann Sande und bei sehr geringen Geschwindigkeiten zuletzt die besonders feinen Sedimente ab. Die Wassertemperaturen entsprechen in Quellnähe noch etwa denen des Grundwassers und liegen oft in Größenordnungen von 4 bis 8 °C. Je weiter man sich von der Quelle entfernt, umso deutlicher werden die Einflüsse der Lufttemperatur und im Sommerhalbjahr steigen somit die Wassertemperaturen. Der Sauerstoffgehalt des Grundwassers ist gering und somit auch derjenige in Quellnähe. Bei hohen Fließgeschwindigkeiten diffundiert dennoch Sauerstoff in großen Mengen in das Wasser und der Sauerstoffgehalt ist entsprechend hoch. Meistens liegt er in der Nähe des Sättigungswertes. Mit zunehmender Menge an organischen Stoffen, Mikroorganismen, Pflanzen und Tieren gewinnen Fotosynthese und Atmung hin zur Mündung einen immer größeren Einfluss und der Sauerstoffgehalt sinkt im Mittel wieder ab. Wassertrübung durch Schwebstoffe, Mineralsalzgehalt und organisches Material nehmen durch Einträge auf dem Weg von der Quelle zur Mündung zu.

2 Erklären Sie die unterschiedliche Verteilung der Ernährungstypen in der Abbildung 3. F/II

Eine wichtige Angepasstheit an die herrschenden Lebensbedingungen ist die Ernährungsweise einer Tierart.

Die Zerkleinerer beißen Teile aus Pflanzen und Falllaub heraus und fressen diese. Häufige Vertreter sind Köcherfliegenlarven, Bachflohkrebse und Wasserasseln. Sie leben besonders im Oberlauf, wo viel Laub von den dicht stehenden Uferbäumen in den Bach eingetragen wird. Je lockerer der Baumbestand am Ufer wird und je weniger Grobdetritus sich im Gewässer befindet, umso weniger Zerkleinerer kommen vor. Im Unterlauf sind sie nur selten zu finden.

Weidegänger raspeln oder schaben den Algenaufwuchs von Substraten ab. Zu ihnen gehören verschiedene Schneckenarten sowie viele Eintagsfliegen- und kleinere Steinfliegenlarven. Weil im dicht bewaldeten Quellbereich wenig Algenaufwuchs vorhandenen ist, sind sie hier selten, nehmen aber mit zurücktretendem Baumbestand und damit zunehmendem Algenbestand im Mittellauf zu. Im Unterlauf gibt es kaum noch Aufwuchsflächen. Außerdem deckt Feindetritus die Hartsubstrate ab, sodass hier nur noch sehr wenige Weidegänger leben.

Sedimentfresser ernähren sich von Detritus, den die Zerkleinerer bereitstellen, sowie von Mikroorganismen. Die meisten Zuckmückenlarven gehören in diese Gruppe. Filtrierer sind teilweise ortsgebunden und filtrieren Feindetritus und Plankton aus dem fließenden Wasser. Muscheln, Kriebelmücken- und manche Köcherfliegenlarven ernähren sich so. Im Quellbereich sind beide Gruppen selten vertreten. Ihre Dichte nimmt mit Zunahme des Feindetritus und des Planktons zum Unterlauf hin zu.

Räuber fangen andere Tiere als Nahrung. Zu diesem Ernährungstyp gehören Libellenlarven und räuberisch lebende Fischarten. Sie kommen in allen Gewässerabschnitten vor.

Seite 335

AUFGABEN **Fließgewässer**

1 Köcherfliegenlarven als Bioindikatoren

a) Erläutern Sie die dargestellte Abhängigkeit der Atembewegungen der Köcherfliegenlarven vom Sauerstoffgehalt des Wassers. F/II

Mit abnehmendem Sauerstoffgehalt des Wassers nimmt die Zahl der Atembewegungen zunächst zu, danach wieder ab. Je höher die Wassertemperatur ist, desto mehr Atembewegungen werden durchgeführt. Die Anzahl der Atembewegungen pro Minute liegt bei einer Temperatur von 10 °C zwischen 5 und 20, bei 25 °C zwischen 50 und 70.
Die Atembewegungen können solange zunehmen, wie bei abnehmendem Sauerstoffgehalt noch genügend Sauerstoff für die Zellatmung bereitgestellt werden kann. Bei weiterer Verringerung des Sauerstoffgehalts geht die Atmung zurück. Das ist darauf zurückzuführen, dass nicht mehr genug Sauerstoff für die Zellatmung zur Verfügung steht. Zudem wird bei höherer Temperatur aufgrund der RGT-Regel der Sauerstoff schneller umgesetzt.

b) Begründen Sie, dass Bioindikatoren, etwa Wirbellose, über einen längeren Zeitraum Auskunft hinsichtlich des Zustands eines Ökosystems geben, chemische Parameter dagegen oft nur eine Momentaufnahme sind. F/II

Die Bewertung der Gewässergüte durch Bioindikatoren stellt im Gegensatz zu den chemischen Parametern nicht nur eine Momentaufnahme dar. Die Zeigerorganismen können in Abhängigkeit von der Länge ihres Lebenszyklus die jeweiligen Lebensbedingungen im Gewässer und damit die Wasserqualität über einen längeren Zeitraum dokumentieren. Hinzu kommt, dass die ausgebildeten Lebensgemeinschaften auch ein wichtiger Hinweis für die Funktionsfähigkeit des Ökosystems sind.

c) Geben Sie an, welche Schlussfolgerung man hinsichtlich der Qualität des Wassers ziehen kann, wenn Köcherfliegenlarven vermehrt in einem Fließgewässer vorkommen. F/I

Das vermehrte Vorkommen von Köcherfliegenlarven lässt auf ein gering belastetes Gewässer mit relativ hohem Sauerstoffgehalt schließen. Im Gewässer finden sich mehr als 20 verschiedene Arten, insbesondere viele Flohkrebse. Es entspricht der Güteklasse 2 (gut).

2 Stoffumsetzung in Fließgewässern

a) Beschreiben und erklären Sie die Konzentrationsveränderungen der Stoffe und Lebewesen im Verlauf der Fließstrecke. F/II

Wenn Abwässer mit organischen Stoffen in ein vorher unbelastetes Gewässer eingeleitet werden, dann steigt die Konzentration an Abfallstoffen und an Nährstoffen wie Ammonium sprunghaft an. Die Ammonium-Ionen gelangen nicht nur mit dem Abwasser in den Fluss. Ihre Konzentration erhöht sich auch bei der zunächst herrschenden Sauerstoffarmut durch den Abbau organischer Stoffe sowie durch die Reduktion anorganischer Stickstoffverbindungen. Die Konzentration an Ammonium-Ionen nimmt durch die zunehmende Verdünnung innerhalb des Fließgewässers wieder ab. Weitere Gründe für den verringerten Ammonium-Gehalt sind die Aufnahme der Ionen als Nährstoffe durch Pflanzen sowie die durch die steigende Sauerstoffkonzentration bedingte Oxidation der Ammonium-Ionen zu Nitrat.
Im sauerstoffarmen Abwasser sind kaum Nitrat-Ionen vorhanden. Die Konzentration der Nitrat-Ionen nimmt zunächst ab, da diese nach der Einleitung des Abwassers reduziert werden. Der Gehalt steigt daraufhin jedoch stark an, da die Nitrat-Ionen mit zunehmender Sauerstoffkonzentration unter den oxidierenden Bedingungen beim Abbau der Abfallstoffe wieder gebildet werden. Letztendlich sinkt der Nitrat-Gehalt durch die Verdünnung im Fließgewässer und die Aufnahme des Nitrats durch die Pflanzen als Nährsalz wieder ab.
Nach der Abwassereinleitung ist auch eine steigende Konzentration von Phosphat-Ionen nachweisbar. Sie entstehen beim Abbau von Nucleinsäuren und anderen organischen Schmutzstoffen. Ihre Konzentration sinkt daraufhin wieder mit der zunehmenden Verdünnung und durch die Aufnahme des Phosphats als Nährsalz durch die im Gewässer befindlichen Pflanzen.
Im Abwasser ist der Sauerstoffgehalt sehr niedrig, da Sauerstoff bei den mikrobiellen Abbauvorgängen verbraucht wird. Mit abnehmender Konzentration organischer Stoffe im Verlauf der Fließstrecke nimmt die Sauerstoffkonzentration im Wasser wieder stark zu, da weniger Sauerstoff verbraucht wird als vor der Abwassereinleitung. Außerdem setzen Algen bei der Fotosynthese Sauerstoff frei, der auch durch Diffusion ins Gewässer eingetragen wird.
Direkt nach der Abwassereinleitung ist die Algenentwicklung gering. Da die eingeleiteten Schmutzstoffe das Wasser trüben, wird das Eindringen von Licht verhindert, sodass die Algen keine Fotosynthese betreiben können. Mit zunehmendem Abbau und der Ver-

dünnung der Schmutzstoffe steigt jedoch die Algendichte an, weil sich dadurch die Lichtverhältnisse bessern. Außerdem stehen viele Nährsalze für die Algen zur Verfügung. Im weiteren Verlauf des Fließgewässers sinkt die Nährsalzkonzentration ab und damit verringert sich auch wieder die Algendichte.
Bakterien finden im Abwasser optimale Lebensbedingungen. Sie ernähren sich von organischen Abfallstoffen. Mit zunehmendem Abbau der Abfallstoffe im Fließgewässer sinkt somit auch ihre Dichte wieder deutlich ab. Einzeller, wie z. B. das Pantoffeltierchen, ernähren sich von Bakterien und folgen daher in ihrer Populationsdichte der Populationsdichte ihrer Beute.
Die Konzentrationsveränderungen der Stoffe und Lebewesen stellen sich mit fortschreitender Selbstreinigung des Fließgewässers teilweise wieder ein. Jedoch erlangt der Fluss nicht wieder seinen ursprünglichen Gütezustand.

b) Der BSB_5-Wert (Biochemischer Sauerstoffbedarf) gibt an, wie viel Milligramm Sauerstoff in einem Liter einer Wasserprobe in 5 Tagen bei einer Temperatur von 20 °C von den in der Wasserprobe vorhandenen Zersetzern verbraucht wird, um die Stoffe im Wasser aerob abzubauen. Erklären Sie, wie sich der BSB_5-Wert nach dem Einleiten der Abwässer im Verlauf der Fließstrecke verändert. F/III
Zu Beginn der Abwassereinleitung ins Fließgewässer ist der biochemische Sauerstoffbedarf (BSB_5-Wert) sehr hoch, da sehr viel Sauerstoff bei den mikrobiellen Abbauvorgängen verbraucht wird. Mit abnehmender Konzentration organischer Stoffe im Verlauf der Fließstrecke sinkt der biochemische Sauerstoffverbrauch. Die Sauerstoffkonzentration im Wasser nimmt wieder zu. Durch Fotosynthese und Diffusion wird Sauerstoff ins Gewässer eingetragen.

c) Begründen Sie, warum die Länge der Selbstreinigungsstrecke nicht nur von der eingeleiteten Abwassermenge, sondern auch entscheidend von der Gewässerstruktur abhängt. F/II
Die Länge der Selbstreinigungsstrecke hängt entscheidend von der Gewässerstruktur ab. So sind z. B. der Gewässerverlauf, das Strömungsbild, die Tiefenvarianz, die Strömungsgeschwindigkeit, Durchgängigkeit, Uferstruktur und der Uferbewuchs entscheidend für den Sauerstoffeintrag und die Temperatur des Wassers. Beide Faktoren sind wiederum wichtig für den Abbau der eingetragenen Schadstoffe.

Seite 337

PRKTIKUM Fließgewässer

Ökologische Gewässergütebewertung

a) Beurteilen Sie die physikalisch-chemische Gewässergüte anhand der erfassten Merkmale. E/III
individuelle Lösung

b) Beurteilen Sie die biologische Gewässergüte anhand des Vorkommens und der Häufigkeit von Bioindikatoren. Verwenden Sie geeignete Bestimmungsbücher. E/III
individuelle Lösung

c) Berechnen Sie den Mittelwert der Beurteilungen für die zehn Gewässerstrukturgüteparameter und beurteilen Sie die Gewässerstrukturgüte insgesamt unter Verwendung der Tabelle rechts. E/II
individuelle Lösung

d) Beurteilen Sie das Fließgewässer anhand der ermittelten Werte an der Probestelle. E/III
individuelle Lösung
Zusatzinformation: Die sorgfältige Vorbereitung einer Exkursion ist Bedingung für erfolgreiche Freilandarbeit. Die Auswahl der Geräte und Hilfsmittel steht dabei am Anfang. Überlegen Sie zunächst, welche Rahmenbedingungen Sie vor Ort erwarten, was Sie untersuchen wollen und in welchen Größenordnungen die Messwerte der zu erfassenden physikalischen und chemischen Parameter liegen. Informationen hierzu erhalten Sie in der Regel auf den Internetseiten der Umweltministerien und Fachbehörden der Bundesländer. Entscheiden Sie danach, welches Exkursionszubehör benötigt wird und welche witterungsgerechte Kleidung Sie mitnehmen müssen. Zur Dokumentation der Daten sind eine Schreibunterlage, Erfassungsbögen, Bleistift, Lineal und Fotoapparat hilfreich. Gläser und Tüten werden für Aufbewahrung und Transport von Probenmaterial benötigt. Die Auswahl der Bestimmungsbücher richtet sich nach den zu untersuchenden Organismen und der geplanten Bestimmungsgenauigkeit.
Die meisten chemischen Parameter werden im Freiland mit Schnelltests erfasst. Messgeräte und Testkits müssen die im Untersuchungsgebiet zu erwartenden Messgrößen abdecken. So liegen Nitratgehalte im Oberflächenwasser oft unter 10 mg/l, seltener zwischen 10 und 50 mg/l. Ein kolorimetrischer Nitrattest für entsprechende Messungen sollte also eine hohe

Genauigkeit im Bereich von 0 bis 10 mg/l haben. Noch genauer ist bei kolorimetrischen Tests die Auswertung mit einem Taschenfotometer. Sind die Messwerte einer Probe größer als der Messbereich des Testkits, so verdünnt man 10 ml des zu untersuchenden Wassers mit 90 ml destilliertem Wasser und multipliziert die so ermittelten Werte mit dem Faktor Zehn. Lupen, Stereolupen und Mikroskope ermöglichen eine erste Untersuchung von Kleinstorganismen im Gelände. Alle Geräte und Hilfsmittel werden während der Exkursion in Rucksäcken oder geeigneten Kisten transportiert.
Messgeräte und Testkits werden entsprechend der zugehörigen Bedienungsanleitung benutzt. Sie sind vor der Exkursion auf Funktionstüchtigkeit zu prüfen. Die Batterien sollten auf ihren Ladungszustand getestet werden. Um pH-Messgeräte zu eichen, werden drei Pufferlösungen mit genau bekannten pH-Werten verwendet. Zur Eichung von Leitfähigkeitsmessgeräten verwendet man eine 0,01-molare Kaliumchlorid-Lösung, die bei 25 °C eine Leitfähigkeit von 1,413 mS/cm aufweist, bei 20 °C eine Leitfähigkeit von 1,278 mS/cm. Zur Überprüfung der Testkits kauft man Checklösungen oder stellt von den zu untersuchenden Ionen Lösungen bekannter Konzentrationen her. Auch wenn das Verfallsdatum von Testkits überschritten ist, können sie noch funktionstüchtig sein. Dies gilt besonders, wenn sie im Kühlschrank gelagert wurden.

6 Nachhaltige Entwicklungskonzepte

Seite 341

AUFGABEN Ökologisches Bewerten und Nachhaltigkeit

1 Flächennutzungskonkurrenz beim Baumwollanbau

a) Erklären Sie an diesem Beispiel die Struktur und die Fallen eines ökologisch-sozialen Dilemmas. F/II

Bei diesem Beispiel konkurrieren ökologische, soziale und ökonomische Aspekte miteinander. Der Anbau und spätere Verkauf verschiedener Exportprodukte wie Baumwolle oder auch Tee, Kaffee und Tabak stellen für viele Entwicklungs- und Schwellenländer eine wichtige Einnahmequelle dar. Allein 60 % der Baumwolle stammt aus diesen Ländern. Der Export dieser Güter ist mittlerweile ein wichtiger Wirtschaftszweig geworden, der auch Arbeitsplätze schafft, sodass viele Menschen dadurch ihren Lebensunterhalt finanzieren können. Den Großteil des Profits erhalten jedoch die Plantagenbesitzer und größeren Exportfirmen. Der Anbau der verschiedenen Exportgüter steht jedoch in Konkurrenz zur Produktion von Lebensmitteln. Je mehr Exportwaren produziert werden, umso mehr Flächen werden notwendig. Diese stehen dann nicht mehr dem Anbau von Nahrungsmitteln zur Verfügung, die für das Überleben der Bevölkerung dringend notwendig sind. Als ökologischer Aspekt kommt hinzu, dass die Flächen, die mit Baumwolle oder auch Tee, Kaffee und Tabak bepflanzt werden, zunehmend an Fruchtbarkeit verlieren. Daher muss der Boden mit Pestiziden und Düngemitteln belastet werden, die nicht nur teuer sind, sondern auch den Boden für einen Anbau mit anderen Pflanzen unbrauchbar machen.
Die soziale Falle bei diesem ökologisch-sozialen Dilemma besteht darin, dass der Gewinn bei der Nutzung der Ressource in diesem Fall nur den großen Exportfirmen zu Gute kommt und in geringerem Maße auch den Menschen, die auf den Plantagen arbeiten. Die anderen Menschen, die dort leben, profitieren nicht von dem intensiven Anbau der Kulturpflanzen.
Als räumliche Falle kommt hinzu, dass sämtliche Menschen in den Entwicklungs- und Schwellenländern unter der kleineren Anbaufläche für Nahrungsmittel leiden werden, da sie nicht am Anbau der Kulturpflanzen beteiligt sind. Hinzu kommt, dass das jetzige Handeln von großer Bedeutung für die Zukunft ist.
Die zeitliche Falle ist offensichtlich. Selbst wenn momentan noch ausreichend Nahrungsmittel zur Verfügung stehen und der Export von Kulturpflanzen viel Gewinn abwirft, ist auf lange Sicht abzusehen, dass die Bodenfruchtbarkeit mehr und mehr abnimmt und der Einsatz von Pestiziden und Düngemitteln den Boden stark belastet. Nachfolgende Generationen werden durch die zunehmende Umweltzerstörung weniger Flächen zur Deckung ihres Nahrungsbedarfs zur Verfügung haben.

b) Bewerten Sie die Flächenkonkurrenz unter dem Prinzip der Nachhaltigkeit. B/II

Das Prinzip der Nachhaltigkeit wird in dem vorliegenden Beispiel des Intensivanbaus von Kulturpflanzen in Entwicklungs- und Schwellenländern nicht berücksichtigt. Die gegenwärtige Generation profitiert zwar vom Anbau der Exportgüter und kann ihren Nahrungsmittelbedarf noch durch die verbleibenden Anbauflächen decken, aber die nachfolgende Generation kann dies womöglich nicht mehr. Da nur wenige Menschen direkt vom Export profitieren, kann nicht von einer gerechten Verteilung der Ressourcen gesprochen werden. Durch eine angestrebte Gewinnmaximierung der großen Konzerne werden durch den Einsatz von Pestiziden und Düngemitteln die Felder zunehmend unfruchtbar. Sie stehen nicht mehr zum Anbau von Nahrungsmitteln zur Verfügung und das Ökosystem wird mehr und mehr zerstört. Die Grundversorgung der dort lebenden Menschen ist gefährdet.

c) Nennen Sie ein weiteres Beispiel, bei dem eine Flächenkonkurrenz die Grundlage für ein ökologisch-soziales Dilemma ist. F/I

Ein weiteres Beispiel für ein ökologisch-soziales Dilemma, bei dem die Flächenkonkurrenz die Grundlage bildet, ist die Herstellung des neuen Treibstoffs Bioethanol. Dieser wird ausschließlich aus Biomasse oder den biologisch abbaubaren Anteilen von Abfällen hergestellt. Es stehen also weniger Anbauflächen für Nahrungsmittel zur Verfügung.

2 Mode kontra Nachhaltigkeit?

a) Erklären Sie an dem Schema den Kleidungskonsum. F/I, K/I

Nach der Produktion der Kleidungsstücke gelangen diese in den Verkauf. Man kann sie in Markenläden, Billigläden, Secondhandgeschäften, Ökoläden, Schneidereien oder Läden mit Waren aus dem Fairen Handel käuflich erwerben. Die einzelnen Kleidungsstücke werden unterschiedlich lange vom Verbraucher getragen, je nach Modetrend, Qualität und Pflege der Produkte. Alte und kaputte Kleidungsstücke oder solche, die nicht mehr gefallen, können auf unterschiedlichen Wegen entsorgt werden. Sie können in einem Secondhandgeschäft verkauft, in die Altkleidersammlung gegeben oder in den Müll geworfen werden. Nachdem alte Kleidungsstücke entsorgt worden sind, werden wieder neue Produkte eingekauft. Durch die ständig vorhandene Nachfrage wird auch die Produktion neuer Kleidungsstücke in Gang gehalten.

b) Erstellen Sie einen Fragebogen, mit dem der Kleidungskonsum bei Jugendlichen Ihres Alters ermittelt werden soll. K/II

Mögliche Fragen für den Fragebogen zum Kleidungskonsum bei Jugendlichen:

- Wie viel Geld gibst du im Monat/Jahr für Kleidung aus?
- Wo kaufst du deine Kleidung (z. B. Markenläden, Secondhandgeschäfte, usw.)?
- Nach welchen Kriterien kaufst du deine Kleidung (z. B. Farbe, Qualität, Pflege, Modetrend, persönlicher Geschmack, Markenware, Preis, Fair-Trade-Siegel, usw.)?
- Wie lange trägst du bestimmte Kleidungsstücke, bevor du sie entsorgst?
- Wo entsorgst du alte Kleidungsstücke?
- Wie viele Kleidungsstücke besitzt du (z. B. Anzahl Hosen, T-Shirts, Pullover)?
- Trägst du sämtliche Kleidungsstücke regelmäßig?
- Was ist dein Lieblingskleidungsstück?

c) Erklären Sie unter Berücksichtigung des Schemas, wie man in jeder Phase des Kleidungskonsums das Prinzip der Nachhaltigkeit berücksichtigen könnte. F/II

Beim Kauf neuer Kleidungsstücke sollte darauf geachtet werden, dass sie z. B. das Fair-Trade-Siegel tragen. Dieses steht für Waren, bei deren Erzeugung soziale Aspekte beachtet worden sind. Hinzu kommt, dass man lieber weniger Kleidung und dafür qualitativ hochwertigere Produkte kaufen sollte, da diese in der Regel länger halten. Außerdem kann der Verbraucher seine Kleidung in Secondhandgeschäften oder Ökoläden erwerben. Es ist nicht ratsam jedem Modetrend hinterherzulaufen, der schnell wieder abebbt, sodass die Kleidungsstücke möglicherweise nicht mehr getragen werden. Auch eine gute Pflege der Kleidung erhöht deren Haltbarkeit. Bei der Entsorgung sollten die Produkte nicht achtlos in den Müll geworfen, sondern lieber in die Altkleidersammlung gegeben oder im Secondhandladen oder über das Internet weiter verkauft werden.

3 Baumwolljeans

a) Nehmen Sie Stellung zur Zusammensetzung des Ladenpreises einer Jeans. B/II

Obwohl der Hauptteil der Arbeit in der eigentlichen Herstellung der Jeans liegt, macht der Arbeitslohn nur ein Prozent des Ladenpreises aus. Den größten Gewinn machen mit 50 % des Ladenpreises hingegen die Einzelhändler, die davon allerdings noch Kosten für die Ladenmiete und das Personal tragen müssen. Ihre Gewinnspanne ist jedoch unverhältnismäßig groß in Anbetracht des geringen Lohns der Arbeiter. Für die Vermarktung der Jeans werden wiederum 25 % des Ladenpreises aufgewendet. Auf diese Weise wird der Verbraucher auf das Produkt aufmerksam gemacht und zum Kaufen animiert. Dieser Anteil für Werbung sollte ebenso wie die Gewinne der Einzelhändler drastisch reduziert werden. Die Materialkosten und die Gewinne der Produktionsfirmen machen 13 % des Ladenpreises aus und Transport und Zoll 11 %.

b) Erstellen Sie ein Poster, das die Transportwege einer Jeans vom Baumwollanbau bis zum Verkauf zeigt. K/II
individuelle Lösung

c) Erörtern Sie auf dieser Basis die Aussage: „Es gibt keine billige Kleidung. Irgendwer muss immer dafür bezahlen." F/II
Viele Kleidungsstücke, die wir günstig im Laden erwerben können, wurden nicht nach dem Prinzip der Nachhaltigkeit hergestellt. Wie die Aufschlüsselung der einzelnen Anteile des Ladenpreises einer Jeans verdeutlicht, verdienen die Arbeiter in den Jeansfabriken ausgesprochen wenig, denn ihr Lohn macht nur ein Prozent des Ladenpreises aus. Der Großteil des Gewinns liegt im Einzelhandel.

d) Erklären Sie, was unter einem fairen Handel bei Textilien zu verstehen ist. F/I
Bei Produkten aus dem fairen Handel wird darauf geachtet, dass Umwelt- und Sozialstandards eingehalten werden. Die Produkte werden also unter Aspekten einer nachhaltigen Entwicklung hergestellt und verkauft. Die Bewegung des fairen Handels konzentriert sich hauptsächlich auf Waren, die in Entwicklungsländern produziert und danach in Industrieländer exportiert werden.

e) Erstellen Sie ein Poster, das über verschiedene Gütesiegel für Textilien und ihre Bedeutung informiert. K/II
individuelle Lösung

4 Altkleider in Afrika

a) Verdeutlichen Sie an diesem Beispiel die Struktur und die verschiedenen Fallen eines ökologisch-sozialen Dilemmas. F/II
Gemäß dem Prinzip der Nachhaltigkeit und aus ökologischen Gründen ist es sinnvoll, alte Kleider nicht einfach wegzuwerfen, sondern an Organisationen abzugeben, sodass sie noch anderen Menschen zu Gute kommen. Auf diese Weise werden die Ressourcen zur Herstellung von Kleidungsstücken effektiv genutzt.
Aus ökonomischen Gründen ist es für die Textilindustrie in Afrika jedoch schädlich, dass die Kleider aus Deutschland auf den Markt gelangen und die heimischen Produkte verdrängen. Dies hat zur Folge, dass sehr viele Afrikaner, die in der Textilbranche tätig waren, ihre Arbeit verloren haben.
Die soziale Falle besteht darin, dass nur wenige Menschen von Kleidung aus Deutschland profitieren, während die ansässige Textilindustrie dadurch erheblichen Schaden nimmt. Hält dieser Zustand langfristig an, ist als zeitliche Falle dieses Dilemmas zu befürchten, dass die Textilindustrie in Afrika weiter geschädigt und letztendlich komplett verdrängt wird. Die dadurch verlorengegangenen Arbeitsplätze stehen auch nachfolgenden Generationen nicht mehr zur Verfügung. Von diesem Verlust ist die ganze Wirtschaft betroffen. Der Schaden bleibt nicht auf eine bestimmte Region begrenzt. Dies ist die räumliche Falle des Dilemmas. Es werden insgesamt bei sinkender Nachfrage an in Afrika gefertigter Kleidung weniger Rohstoffe zu deren Produktion benötigt, sodass der Arbeitsmarkt einen weiteren Einbruch zu verkraften hat.

b) Entwickeln Sie dafür verschiedene Handlungsmöglichkeiten und treffen Sie eine Entscheidung, welche der Handlungsmöglichkeiten durchgeführt werden soll. Begründen Sie Ihre Entscheidung. B/II
Handlungsmöglichkeiten:
- Man gibt keine Altkleider an Sammelorganisationen, um in Afrika keine Arbeitsplätze zu gefährden.
- Man gibt Altkleider weiterhin an Sammelorganisationen, um Ressourcen zu schonen.
- Man gibt Altkleider als Spende an die Kleiderkammern überregionaler Hilfsorganisationen, beispielsweise dem Deutschen Roten Kreuz (DRK), die abgegebene Kleidung zum größten Teil direkt an bedürftige Menschen weitergeben.
- Man gibt Altkleider als Spende an Organisationen, deren Erträge aus den Sammlungen nachweislich sozialen, diakonischen oder karikativen Aufgaben zugute kommen.
- Man gibt Altkleider nur an FairWertungs-Sammler ab. Diese Organisationen haben sich auf verbindliche Standards für die Sammlung und Vermarktung von Gebrauchtkleidung verpflichtet.
- Man gibt Altkleider selbst an Secondhandgeschäfte oder in einem Sozialkaufhaus ab.
- Man verkauft Altkleider selbst auf Flohmärkten oder im Internet.

Persönliche Entscheidung: Ich gebe meine Altkleider in die Sammelcontainer des DRKs, da sie leicht zu erreichen sind und immer zur Verfügung stehen. Zudem ist beim DRK die Verwendung der Altkleider transparent.

7 Gefährdung und Schutz der Biosphäre

Seite 342

AUFGABEN Luftschadstoffe im Vergleich

a) Vergleichen Sie die Emissionen von Luftschadstoffen in Deutschland von 1975 bis 2010 und nennen Sie Ursachen für die beobachteten Veränderungen. F/I
Von 1975 bis 1985 waren die Konzentrationen an SO_2 und NO_x konstant bzw. stiegen nur leicht an. Die CO_2-Konzentration stieg hingegen vermutlich durch eine Zunahme des Straßenverkehrs deutlich an. Die durch das Bundesimmissionsschutzgesetz 1974 verordneten Maßnahmen wie der Bau von Filteranlagen wirkten sich erst mit Verzögerung Mitte der 1980er Jahre aus. Neben diesen Maßnahmen trug auch die Einführung des Autokatalysators 1989 wesentlich zur Abnahme aller Schadstoffkonzentrationen ab den 1990er Jahren bei.

b) Diskutieren Sie unter Berücksichtigung der oberen Abbildung, ob die Einrichtung von Umweltzonen in Städten sinnvoll ist. B/II
Mit Ausnahme der NO_x-Konzentration, die zu 43 % vom Verkehr verursacht wird, werden die CO_2-Konzentration und Feinstaub-Konzentration im Wesentlichen von Haushalten, Industrie und Kraftwerken bestimmt und stammen nur zu 20 % aus Autoabgasen. Da NO_x ein gesundheitsgefährdender Schadstoff ist, ist die Einrichtung von Umweltzonen für die Reduktion der NO_x-Konzentration sicherlich sinnvoll, trägt aber kaum zur Senkung des CO_2-Gehaltes in der Atmosphäre bei.

Seite 343

1 Erklären Sie anhand der Abbildung die Wirkung der CFKWs auf das Ozongleichgewicht in der Stratosphäre. F/I
Durch den Einfluss von UV-Strahlen werden CFKW-Moleküle gespalten. Cl-Radikale entstehen, die mit O_3 reagieren. Dadurch entsteht O_2, aber auch ein ClO-Radikal, das wiederum mit einem O-Radikal aus dem natürlichen Ozonkreislauf reagieren kann. Neben einem O_2-Molekül entsteht dabei auch wieder ein Cl-Radikal. Dadurch werden ständig Ozonmoleküle aus dem natürlichen Ozonkreislauf abgezogen; die Ozonkonzentration nimmt ab.

2 Erläutern Sie, warum in ländlichen Gebieten der Ozongehalt nachts nicht abnimmt. F/II
In ländlichen Gebieten nimmt der Ozongehalt nachts nicht ab, da hier aufgrund geringeren Verkehrsaufkommens nur wenig NO-Radikale vorliegen.

Seite 344

AUFGABEN Temperaturschwankungen

a) Beschreiben und erklären Sie die in der Abbildung dargestellten Kurven zu den Temperaturschwankungen auf der Erde. F/II
Bis zum Ende der 60er Jahre des vorigen Jahrhunderts stimmen die Modellberechnungen mit den beobachteten Werten weitgehend überein. Ab den 60er Jahren weicht die Modellberechnung für die natürlichen Einflüsse von der der anthropogenen Einflüsse ab. Die Schwankungen werden zwar größer, der Durchschnittswert bleibt aber gleich. Die Modellberechnungen und die gemessenen Werte für die anthropogenen Einflüsse decken sich und steigen drastisch an.

b) Erklären Sie in diesem Zusammenhang die Zielsetzung von Modellberechnungen. B/II
Aufgrund der Vielzahl und der Vernetzung von Klimafaktoren ist es sehr schwierig, ihren Einfluss allein anhand von Messdaten abzuschätzen. Mithilfe von Rechenmodellen dagegen kann man viele Parameter berücksichtigen und durch Variation einzelner Werte verschiedene Szenarien darstellen. Durch einen Vergleich dieser Modellvariationen mit realen Beobachtungsdaten aus der Vergangenheit und Gegenwart lassen sich unrealistische Rechenvarianten ausselektieren. Die übriggebliebenen Varianten bilden die Basis für Prognosen zur Klimaentwicklung.

Seite 345

1 Erläutern Sie den Zusammenhang zwischen der Kohlenstoffdioxid-Konzentration in der Atmosphäre und dem Meeresspiegelanstieg. B/II
Kohlenstoffdioxid ist ein Treibgas und somit mitverantwortlich für den Treibhauseffekt. Eine weitere Zunahme der Kohlenstoffdioxid-Konzentration in der Atmosphäre führt zur Verstärkung des Treibhauseffekts und damit zu einem Temperaturanstieg. Dieser wird zum Abschmelzen der Eis-

bedeckung der Polkappen, aber auch zum Rückgang der Gletscher führen. Dadurch wird der Meeresspiegel weiter ansteigen.

Seite 346

AUFGABEN Belastung und Schutz der Atmosphäre

1 Smogverhältnisse an einem Sommertag

a) Beschreiben Sie die Bedingungen, unter denen eine solche Smoglage entstehen kann. F/I

Die in der Abbildung gezeigten Smogverhältnisse an einem Sommertag entstehen unter windstillen Bedingungen in verkehrsreicher Umgebung.

b) Begründen Sie die Veränderungen der Schadstoffkonzentrationen im Verlauf des Tages. F/III

Durch den zunehmenden Straßenverkehr entsteht NO_x. Dieses wird unter UV-Wirkung gespalten. Das entstehende Sauerstoffradikal reagiert mit einem Sauerstoffmolekül zu O_3. Dadurch steigt die Ozonkonzentration ab 10.00 Uhr an. Gleichzeitig verringert sich auch die NO_x-Konzentration. Da Ozon aber in einer Rückreaktion auch mit Stickstoffmonoxid wieder zu NO_x und Sauerstoff reagieren kann, verringert sich die Ozonkonzentration wieder, wenn die UV-Strahlung nachlässt und kein neues Ozon gebildet werden kann. Diese Reaktion findet daher vornehmlich nachts statt.

2 Ozonverhältnisse

Werten Sie die Bilder aus und erklären Sie den Zusammenhang zwischen der Ozonschichtdicke und der CFKW-Konzentration. F/II

Die oberen Abbildungen zeigen die Verringerung der Ozonschichtdicke in den Jahren 1974 bis 1989 über der Antarktis. Der Grund hierfür liegt in der Reaktion des Ozons mit den CFKWs. Die unteren Modellberechnungen sollen demonstrieren, dass bei einer erfolgreichen Kontrolle des CFKW-Einsatzes bis zum Jahre 2054 die Ozonschichtdicke wieder zunimmt. Ohne Kontrolle ist eine weitere Verringerung zu erwarten, die nicht nur die Antarktis, sondern auch Teile Südamerikas und Australiens betreffen würde.

3 Versuch zur Kohlenstoffdioxid-Fixierung

Überprüfen Sie die Hypothese anhand der dargestellten Versuchsergebnisse. F/III

Die Ergebnisse zeigen, dass die erhöhte CO_2-Konzentration nur im Wurzelbereich zu einer Steigerung der Biomasse führt. Bei den oberirdischen Pflanzenteilen ist keine Zunahme festzustellen. Die Stickstoffdüngung dagegen fördert deutlich das Wachstum sowohl im oberirdischen Bereich als auch im Wurzelbereich. Die Hypothese, dass eine erhöhte CO_2-Konzentration auch zu einer vermehrten Kohlenstoffdioxid-Speicherung führt, konnte nicht bestätigt werden, wohl aber die Bedeutung der Stickstoffdüngung als begrenzender Faktor für das Pflanzenwachstum. Die Versuche zeigen weiterhin, dass eine Kohlenstoffdioxid-Speicherung hauptsächlich in den unterirdischen Pflanzenteilen erfolgt. Werden diese nach Absterben der Pflanzen durch die Destruenten abgebaut, würde das CO_2 erneut freigesetzt werden.

Seite 347

EXKURS Wachstum der Erdbevölkerung

1 Erklären Sie den Zusammenhang zwischen Geburtenrate und Familieneinkommen. B/II

Ein geringes Familieneinkommen führt zu einer höheren Geburtenrate, da z. B.:

- durch Kinderarbeit das Familieneinkommen erhöht werden kann.
- viele Kinder die Versorgung im Alter sichern.
- Bildungschancen für Frauen fehlen.
- viele Kinder hohes Ansehen bedeuten.
- fehlende Kenntnisse über Verhütung vorliegen.
- hohe Kindersterblichkeit besteht.

Ein höheres Einkommen führt zu einer niedrigeren Geburtenrate, da z. B.:

- das Einkommen der Eltern zur Versorgung der Familie ausreicht.
- die Frau genügend Arbeitsmöglichkeiten hat.
- eine Sicherung der Altersversorgung durch Renten und Pensionen besteht.
- viele Kinder Einschränkungen bei Beruf und Freizeit bedeuten.

Seite 348

1 Beschreiben Sie, welche Maßnahmen im ökologischen Landbau zu einer nachhaltigen Nutzung des Bodens beitragen. F/I

Maßnahmen:

- weitgehender Verzicht auf synthetische Dünger und chemische Pflanzenschutzmittel, stattdessen Gründüngung als natürliche Mineralstoffquelle

- Fruchtwechsel zur Verringerung einseitiger Mineralstoffbelastung der Böden
- spezielle Landmaschinen, durch die beispielsweise die Bodenverdichtung verringert wird

Seite 349

1 Erklären Sie die Entstehung der Kronenverlichtung eines Baumes als Folge der Luftschadstoffe. F/I
Luftschadstoffe wie das Ozon schädigen direkt die Blätter etwa durch Zerstörung des Chlorophylls. Andere wie etwa das SO_2 führen zu einer Versauerung des Bodens und damit zu einem Ungleichgewicht bestimmter Mineralsalze im Boden. Dieses führt direkt aber auch indirekt über die Schädigung im Feinwurzelbereich zu einer verringerten Mineralsalzaufnahme und dadurch zu suboptimalen Stoffwechselbedingungen in den Blättern.

Seite 350

AUFGABEN Wasserverbrauch

Vergleichen Sie anhand der Abbildung die Unterschiede im Wasserverbrauch in den einzelnen Kontinenten. F/I
In allen Ländern ist der Anteil der privaten Haushalte am Gesamtwasserverbrauch am geringsten. Allerdings zeigt der im Vergleich mit allen anderen Ländern deutlich höhere Verbrauch in Europa, dass hier noch weitere Einsparmaßnahmen notwendig und möglich sind. Den größten Anteil am Wasserverbrauch hat, mit Ausnahme Europas, die Landwirtschaft. Dieses gilt in besonderem Maße für die Länder Afrikas und Asiens, in denen viele Gebiete nur mit großem Bewässerungsaufwand landwirtschaftlich genutzt werden können. Hier ist der Anteil der Industrie am Wasserverbrauch nur sehr gering. In Europa dagegen, einem hoch industrialisierten Kontinent, wird mehr als die Hälfte des Wassers durch die Industrie genutzt.

Seite 351

1 Beurteilen Sie die Maßnahmen der Flussbegradigung vor dem Hintergrund der Nachhaltigkeit. B/I
Durch Maßnahmen der Flussbegradigung wird langfristig die Strömungsgeschwindigkeit von Gewässern geändert. Dieses führt nicht nur zu Überschwemmungen, sondern auch etwa zur Absenkung des Grundwasserspiegels mit negativen Folgen für die Trinkwasserversorgung.

Seite 352

1 Erläutern Sie die Bedeutung der Belüftung in der biologischen Reinigungsstufe. F/I
In der biologischen Reinigungsstufe nutzt man die Tätigkeit der Destruenten, um aerob oder anaerob organische Stoffe abzubauen. Da die aeroben Destruenten Sauerstoff benötigen, würde es ohne ständige Belüftung nur zu einem anaeroben geringen und unvollständigen Umsatz kommen.

Seite 354

AUFGABEN Ökoeffizienzanalyse

Beurteilen Sie anhand der Grafik die Umweltfreundlichkeit der verschiedenen Getränkeverpackungen. F/II
Die Grafik zeigt, dass 1,0 l Kartonverpackungen die ungünstigste Bilanz zeigen, da sie neben relativ hohen Kosten auch eine hohe Umweltbelastung aufweisen. Der 5 l Mehrweg-Wasserspender dagegen zeigt die günstigste Bilanz.
Aufgrund der geringen Umweltbelastung (geringeres Transportgewicht) schneidet die 1,0 l PET-Einwegflasche gegenüber der Glasflasche etwas besser ab. Das würde sich ändern, wenn der Transportweg unter 300 km liegt, dann wäre die Ökobilanz der Glasflasche besser.

Seite 355

AUFGABEN Belastung und Schutz des Bodens und des Wassers

1 Düngung

a) Erklären Sie, warum Düngung in der Landwirtschaft wichtig ist, in der Forstwirtschaft aber darauf verzichtet werden kann. F/III
In der Landwirtschaft ist der Dünger notwendig, um die Mineralstoffe, die dem Boden regelmäßig durch das Abernten der Produkte entnommen werden, wieder zurückzuführen. In der Forstwirtschaft ist das nicht nötig, da die Hauptmasse, die Blätter, abgebaut werden

und dabei Mineralstoffe frei werden. Man könnte von „recyceln" sprechen.

b) Erklären Sie, welche Düngermenge ein Landwirt bei einem Düngemittelpreis von 0,70 €/kg ausbringen sollte. F/I
Bei einem Düngemittelpreis von 0,70 €/kg erzielt man den höchsten Gewinn, etwa 1300 €/ha, bei einem Düngemitteleinsatz von 210 kg/ha.

2 Versauerung
a) Werten Sie die Abbildung aus. F/I
Die Anzahl der Fischarten steigt mit Zunahme des pH-Wertes. In saurer Umgebung ist die Artenzahl am geringsten, im neutralen Bereich am höchsten.

b) Erklären Sie, wie es zur Versauerung eines Sees kommen kann und erläutern Sie mögliche Folgen für das Ökosystem. F/II
Zur Versauerung eines Sees kann es z. B. durch saure Niederschläge oder Säureeinträge über Industrieabwässer kommen. Der Säuregehalt des Regens ist hauptsächlich auf die Emissionen von Stickoxiden, vor allem von Kraftfahrzeugen, und Schwefeloxiden, durch die Verbrennung von Erdölprodukten und Kohle, zurückzuführen. In einem stark versauerten See kann als Folge der Großteil der Pflanzen und Tiere absterben.

3 Waldschäden
a) Beschreiben Sie vergleichend die Entwicklung der Baumschäden bei Buche, Eiche, Fichte und Kiefer im dargestellten Zeitraum. F/I
Die mittlere Kronenverlichtung bei den Nadelbäumen hält sich relativ konstant zwischen 17 und 20 %. Bei den beiden Laubbäumen dagegen stieg die Schadenshäufigkeit nicht nur deutlich an, auch die Schadenshöhe liegt über der der Nadelbäume. So stieg etwa bei der Buche die mittlere Kronenverlichtung von 16 % im Jahre 1984 auf über 30 % im Jahre 2003. Während in den letzten Jahren die Schäden bei der Buche aber deutlich zurückgingen bzw. gehen (mittlere Kronenverlichtung 2010 23 %), bleiben sie bei der Eiche weiterhin auf hohem Niveau (2010 30 %).
Die Eiche ist damit die mit Abstand am stärksten von Kronenverlichtungen betroffene Baumart.

b) Erklären Sie das Zusammenwirken verschiedener schädlicher Faktoren auf die Kronenverlichtung der Bäume. F/II
Luftschadstoffe wie das Ozon schädigen direkt die Blätter etwa durch Zerstörung des Chlorophylls. Andere wie etwa das SO_2 führen zu einer Versauerung des Bodens und damit zu einem Ungleichgewicht bestimmter Mineralsalze im Boden. Dieses führt direkt aber auch indirekt über die Schädigung im Feinwurzelbereich zu einer verringerten Mineralsalzaufnahme und letztlich zur Kronenverlichtung. Witterungsextreme wie etwa anhaltende Trockenheit führen zu Schäden im Wurzelbereich und beeinflussen dadurch die Mineralstoffversorgung des Baumes und damit auch die Blattbildung. Fraßschäden durch Insekten oder Pilzbefall führen ebenfalls zu einem Blattverlust.

4 Pflanzenkläranlage
a) Erklären Sie die verschiedenen Prozesse der Abwasserreinigung in der Pflanzenkläranlage. Unterscheiden Sie dabei die mechanische und biologische Reinigung. F/I
Mechanische Trennung der festen Bestandteile: In Kammergruben setzen sich die festen Stoffe ab. Wenn die erste Kammer voll ist, wird die zweite benutzt.
Biologische Reinigung: Das Wasser aus den Kammergruben wird über ein Gefälle in das Pflanzenbeet geleitet. Dieses ist meistens ein mit Schilf bewachsenes, mit Kies und Sand gefülltes Becken. Hier wird das organische Material durch Mikroorganismen abgebaut. Im unteren Bereich des Beckens verlaufen Drainagerohre, über die das gereinigte Wasser in den Ablaufschacht gelangt.

b) Erklären Sie, warum eine Pflanzenkläranlage nur für Abwässer geeignet ist, die keine Industrieabwässer enthalten. F/II
Da eine chemische Reinigungsstufe fehlt, können die Mikroorganismen durch die Schadstoffe der Industrieabwässer abgetötet werden.

1 Evolutionstheorie

Seite 363

1 Erläutern Sie den Begriff „gemeinsame Abstammung". F/I

Gemeinsame Abstammung bedeutet, dass unterschiedliche Arten ebenso wie unterschiedliche Individuen von gemeinsamen Vorfahren abstammen und dadurch miteinander verwandt sind. Vollgeschwister sind beispielsweise deshalb miteinander verwandt, weil sie dieselben Eltern haben. Die Hypothese der gemeinsamen Abstammung und damit der Verwandtschaft aller heute lebenden Arten war ein zentrales Element von DARWINS Evolutionstheorie, wie aus seiner im Schülerband zitierten Aussage, „dass die zu einer Gattung gehörenden [Arten] die Nachkommen anderer, meist schon erloschener Arten sind", hervorgeht. Dabei stützte er sich auf die Erkenntnis, dass „gemeinsame Abstammung die einzige bekannte Ursache großer Ähnlichkeit zwischen Lebewesen" ist.

2 Beschreiben Sie die Transformationstheorie LAMARCKS. F/I

LAMARCKS Transformationstheorie beruht ebenso wie die Evolutionstheorie DARWINS auf Beobachtungen und Schlussfolgerungen, enthält aber zusätzlich noch einige Annahmen:

Beobachtung 1: „Primitive" Lebewesen entstehen ständig durch „Urzeugung". [Die Beobachtung bestand darin, dass beispielsweise aus verdorbenen Lebensmitteln oder Kot Fliegenlarven schlüpfen. Die daraus entstehende Vermutung der „Urzeugung" war schon in der Antike verbreitet. Die Madentheorie wurde zwar schon 1668 von dem italienischen Arzt Francesco REDI experimentell widerlegt, das Konzept der Urzeugung erhielt aber durch VAN LEEUWENHOEKS Beschreibung von „Tierchen" (Mikroorganismen) im Jahre 1673 neuen Auftrieb. Endgültig widerlegt wurde das Konzept der Urzeugung erst im 19. Jahrhundert durch PASTEUR und andere.]

Beobachtung 2: Lebewesen lassen sich in einer Stufenleiter anordnen, bei der „primitive" Arten an der Basis, „höher entwickelte" an der Spitze stehen. [Die Idee der „scala naturae", auch „große Stufenleiter des Lebendigen" oder „große Seinskette" genannt, stammt von ARISTOTELES.]

Aus diesen beiden Beobachtungen folgerte LAMARCK, dass in der Natur eine Tendenz zu stetiger Vervollkommnung (*„Fortschritt"*) zu erkennen ist.

Eng verbunden hiermit war *Annahme I:* Alle Lebewesen besitzen eine innere Anlage zur Vervollkommnung.

Leichter nachzuvollziehen ist LAMARCKS *Annahme II:* Veränderte Lebens- und Umweltbedingungen führen zu veränderten Bedürfnissen und damit auch zu Änderungen im Verhalten.

Diese durchaus plausible Annahme verband LAMARCK mit *Beobachtung 3:* Gebrauch oder Nichtgebrauch führt zur Veränderung von Organen wie beispielsweise Muskeln.

Solche im Laufe eines Lebens erworbenen Eigenschaften waren nach damaliger Überzeugung erblich *(Annahme III).*

Setzt man voraus, dass diese diversen Beobachtungen und Annahmen stimmen, ergibt sich daraus zwingend, dass sich Arten im Laufe der Generationen im Sinne einer „Höherentwicklung" verändern und somit eine *Evolution* stattfindet.

3 Beschreiben Sie die Evolutionstheorie DARWINS. F/I

DARWINS Evolutionstheorie lässt sich auf fünf (beobachtbare) Tatsachen und drei daraus logisch ableitbare Schlussfolgerungen reduzieren:

Tatsache 1: Überproduktion an Nachkommen (potentiell exponentielles Populationswachstum)

Tatsache 2: Populationen sind im Mittel stabil.

Tatsache 3: Ressourcen sind begrenzt.

Schlussfolgerung 1: Es herrscht Konkurrenz um knappe Ressourcen („Kampf ums Dasein").

Tatsache 4: Individuen unterscheiden sich.

Tatsache 5: Viele Unterschiede sind erblich und damit zumindest teilweise genetisch bedingt.

Schlussfolgerung 2: Es findet Selektion statt; Individuen, die aufgrund ihrer genetischen Anlagen besser an die jeweils herrschenden Umweltbedingungen angepasst sind als andere, hinterlassen mehr überlebende Nachkommen.

Schlussfolgerung 3: Unterschiedlicher Fortpflanzungserfolg aufgrund unterschiedlicher Angepasstheit führt zur Veränderung des Genpools einer Population und damit langfristig zur Veränderung von Arten; es findet Evolution statt.

(4) Vergleichen Sie die Evolutionstheorien von LAMARCK, CUVIER und DARWIN. F/II, E/I

	LAMARCK	DARWIN	CUVIER
allmähliche (graduelle) Veränderung von Arten	ja	ja	nein
Anlage zur Vervollkommnung	ja	nein	nein
„Fortschritt"	ja	nein	nein
gemeinsame Abstammung	nein	ja	ja
Vererbung erworbener Eigenschaften	ja	ja (im Text nicht ausdrücklich erwähnt)	nein
natürliche Selektion	nein	ja	nein

Seite 364

(1) Erklären Sie, warum man die Synthetische Theorie der Evolution auch als Neodarwinismus bezeichnet. F/II
Die Synthetische Theorie der Evolution basiert auf DARWINS Selektionstheorie, erweitert diese aber um die Erkenntnisse aus verschiedenen biologischen Teildisziplinen wie Genetik, Populationsbiologie oder Paläontologie. Die Synthetische Theorie stellt damit eine Weiterentwicklung der Theorie DARWINS dar.

Seite 365

AUFGABEN Evolutionstheorien

1 Modellhafte Darstellungen zur Evolution

a) Vergleichen Sie die Darstellungen, die den Verlauf der Evolution veranschaulichen sollen. E/I
Nach der oberen Darstellung sind die gegenwärtig vorhandenen Arten unverändert aus der jeweiligen Urform entstanden. Dabei hat weder eine Artumwandlung noch eine Artaufspaltung stattgefunden. Auch sind keine Arten im Laufe der Zeit ausgestorben. Diese Darstellung verdeutlicht damit die Lehre von der Konstanz der Arten.

In der mittleren und der unteren Darstellung wird davon ausgegangen, dass alle heute vorhandenen Arten aus einem gemeinsamen Ursprung hervorgegangen sind. Alle Arten sind demnach miteinander verwandt. Durch Artumwandlung haben sie sich im Laufe der Zeit verändert, durch Artaufspaltung hat sich ihre Anzahl vergrößert. Beide Abbildungen unterscheiden sich lediglich darin, dass bei der unteren Darstellung auch von dem Aussterben einzelner Arten ausgegangen wird.

b) Prüfen Sie, ob sie die evolutionsbiologischen Zusammenhänge nach der Synthetischen Theorie der Evolution aufzeigen. E/II
Nur die mittlere und die untere Abbildung gehen sowohl von einer Artumwandlung als auch von einer Artaufspaltung aus. Diese Vorstellungen stehen im Einklang mit der Synthetischen Theorie der Evolution. Auf die Evolutionsfaktoren, die einen solchen Wandel hervorbringen, wird dabei nicht eingegangen. Die obere Abbildung zur Artkonstanz steht eindeutig im Widerspruch zur Synthetischen Theorie der Evolution.

2 Blinde Tiere

Erklären Sie, wie LAMARCK und DARWIN die Entstehung blinder Fische erklärt hätten. F/II
Nach LAMARCK besitzen sämtliche Lebewesen einen Trieb zur Vervollkommnung. Änderungen der Umwelt bewirken veränderte innere Bedürfnisse und beeinflussen so deren Verhalten: Tiere, die in Höhlen gelangen, haben das innere Bedürfnis dort Nahrung zu finden und sich zu orientieren. Dies führt zu einem stärkeren Gebrauch des Tastsinnes. Die Augen werden dagegen nicht benötigt. Nach LAMARCK führt der ständige Gebrauch bzw. Nichtgebrauch von Organen zu deren Stärkung bzw. Rückbildung. *(1. Naturgesetz).* Die so erworbenen Fähigkeiten werden dann an die Nachkommen, die einen ausgeprägten Tastsinn besitzen und zudem blind sind, vererbt. *(2. Naturgesetz).*
Nach DARWIN weisen die Individuen einer Art erbliche Unterschiede auf. Sie führen dazu, dass einzelne Individuen an die jeweils herrschenden Umweltbedingungen besser angepasst sind als andere und darum mehr Nachkommen haben. So besitzen etwa Tiere mit einem ausgeprägten Tastsinn in Höhlen einen Selektionsvorteil. Für blinde Tiere ergibt sich hier zumindest kein Selektionsnachteil. Möglicherweise ist dies sogar von Vorteil, da blinde Höhlenbewohner Zellmaterial und Stoffwechselressourcen für Augen sparen, die ihnen in dunklen Höhlen sowieso nichts nützen würden. Im Verlauf von vielen Generationen ist es dann durch

natürliche Selektion zu den beschriebenen Veränderungen bei den Höhlentieren gekommen.

3 Giraffe und Okapi

Erklären Sie die mögliche Entwicklung dieser Vorfahren zum Okapi beziehungsweise zur Langhalsgiraffe durch das Zusammenwirken verschiedener Evolutionsfaktoren. F/II

Die Population der Urgiraffe zeichnete sich vermutlich durch einen großen Genpool aus. Hier traten Mutationen und Rekombinationen auf. Vor etwa 4,5 Millionen Jahren änderten sich die Umweltbedingungen, der Regenwald dehnte sich aus und die Steppenlandschaft verkleinerte sich. So stieg der Konkurrenzdruck zwischen den Steppentieren um Nahrung und Lebensraum. Einige Tiere wiesen neue Merkmale auf wie eine geringere Körpergröße, kürzere Halswirbel und eine braunrote bis schwarze Fellfarbe. Diese Merkmale boten einen Selektionsvorteil für das Überleben im Regenwald. Die Tiere waren so im Dickicht beweglicher und besser getarnt. Individuen mit diesen Merkmalen pflanzten sich vermutlich erfolgreicher fort, da sie mehr Nahrung und Schutz fanden als Populationsmitglieder ohne diese Merkmale. Sie gaben ihre Gene häufiger in die nächste Generation weiter. Da der Selektionsdruck bestehen blieb, entwickelten sich die Vorfahren dann, räumlich isoliert von den Giraffen der Steppenlandschaft, allmählich zum Okapi. Zusätzlich wirkte beschleunigend, dass sich zunächst kleine Teilpopulationen im Regenwald ansiedelten. Als Folge dieses Gendrifts konnten sich Mutationen im Genpool schneller durchsetzen.

2 Belege für die Evolution

Seite 368

(1) Begründen Sie, warum Fossilien für CUVIER kein Beleg für eine Evolution waren und warum sie heute zu den wichtigsten Belegen für die Evolution zählen. F/I

Gemäß der Katastrophentheorie von CUVIER sind Fossilien keine Belege für die Evolution. Der Paläontologe nahm an, dass Arten durch verschiedenste globale Katastrophen ausgerottet wurden und danach neue Arten entstanden sind, die an die veränderten Umweltbedingungen wieder angepasst waren. CUVIER lehnte die Vorstellung ab, dass sich neue Arten aus vorherigen Arten entwickeln und auf gemeinsame Vorfahren zurückgehen. Nach jeder Katastrophe entstanden neue Arten. Daher sah er Fossilien nicht als Evolutionsbelege an.

Heute zählen Fossilien jedoch zu den wichtigsten Belegen für die Evolution. Sie liefern Zeugnis über längst ausgestorbene Arten. Durch den Vergleich der fossilen Funde mit heutigen Lebewesen können die Paläontologen zumindest im Ansatz den evolutionären Wandel der Lebewesen der Erde rekonstruieren. Die Fossilien treten in der Erdgeschichte in einer systematischen Reihenfolge auf. Durch Altersbestimmung der Gesteinsschichten, in denen Fossilien gefunden worden sind, lässt sich auch das Alter der fossilen Funde ermitteln. Leitfossilien bieten hierbei einen wichtigen Orientierungspunkt.

(2) Erklären Sie anhand der Abbildung 3 auf Seite 367 die Evolution der Pferde. F/II

Einer der frühesten bekannten Vertreter der Verwandten unserer heutigen Pferde ist Hyracotherium. Es lebte vor 57 Millionen Jahren im Zeitalter des Eozäns. Hyracotherium war ein vierzehiger Laubfresser, der in Amerika sowie in Eurasien und Afrika zu Hause war. Ausgehend von dieser Art entwickelten sich im Eozän unabhängig voneinander Propalaeotherium und später Palaeotherium in Eurasien und Afrika einerseits und das Orohippus in Amerika andererseits. Aus dem Orohippus ging in Amerika das Epihippus und im Oligozän vor 34 Millionen Jahren das Mesohippus hervor. Letzteres überlebte als einziger Nachfahre, während die anderen Abstammungszweige im Eozän endeten. Das Mesohippus war ein dreizehiger Laubfresser. Aus ihm entwickelte sich vor 23 Millionen Jahren im Miozän das Parahippus in Amerika. Hierbei handelte es sich um einen dreizehigen Grasfresser, dessen direkte Nachkommen das Merychippus und das Callipus waren. Außerdem entwickelte sich im Miozän eine zweite Abstammungslinie ausgehend vom Miohippus. Aus ihm gingen das Anchitherium und das Hypohippus in Eurasien und Afrika sowie das Archaeohippus und das Megahippus in Amerika hervor. Diese Arten starben alle im Miozän aus. Aus dem Merychippus entwickelte sich im Pliozän vor 5 Millionen Jahren das Pliohippus, ein einzehiger Grasfresser. Außerdem bildete sich hier eine zweite Abstammungslinie mit dem Nannipus, dem Neohipparion in Amerika sowie dem Hipparion und dem Stylohipparion in Eurasien und Afrika. Im Pleistozän vor 1,3 Millionen Jahren entstanden ausgehend vom Pliohippus des Pliozän das Hippidium und andere Gattungen sowie das Equus, unser heutiges Pferd.

(3) Erklären Sie unter Berücksichtigung der Fossilgeschichte des Pferdes das Basiskonzept „Geschichte und Verwandtschaft". F/II
Anhand der Fossilgeschichte des Pferdes wird deutlich, dass unser heutiges Pferd auf einen gemeinsamen Vorfahren, das Hyracotherium, zurückgeht. Ausgehend von diesem Lebewesen entwickelten sich in den verschiedenen Erdzeitaltern unterschiedliche Arten, die an die jeweiligen Bedingungen angepasst waren. Einige von den Verwandten des Pferdes starben im Laufe der Entwicklungsgeschichte aus. Alle Vorfahren zeigten gewisse Ähnlichkeiten im Körperbau und der Lebensweise. Nach und nach entwickelten sich aber auch neue körperliche Eigenschaften wie die Einzehigkeit oder andere Ernährungsweisen.

Seite 369

EXKURS Radiometrie

(1) Beschreiben Sie das Prinzip der Radiometrie. F/I
Grundlage der Radiometrie ist die Tatsache, dass bestimmte, in der Natur vorkommende Isotope spontan und mit konstanter Geschwindigkeit zerfallen und sich dabei chemisch umwandeln (radioaktiver Zerfall). Die Zerfallsgeschwindigkeit wird mit der Halbwertszeit angegeben. Zur Altersdatierung kann die Radiometrie genutzt werden, indem man die Menge des radioaktiven Ausgangsisotops und seiner Zerfallsprodukte misst. Beispiel: Kohlenstoff ist in der Atmosphäre in Form von drei Isotopen vorhanden: ^{12}C, ^{13}C und ^{14}C. Während ^{12}C und ^{13}C stabil sind, zerfällt das viel seltenere instabile ^{14}C mit einer Halbwertszeit von 5730 Jahren durch β-Zerfall zu ^{14}N-Kernen. Alle drei Isotope nehmen Lebewesen über ihren Stoffwechsel auf, solange sie am Leben sind. Mit dem Zeitpunkt des Todes endet die Aufnahme. Das instabile ^{14}C beginnt zu zerfallen, die Menge der bis dahin aufgenommenen stabilen Kohlenstoffisotope ändert sich dagegen nicht mehr. Mit der Zählung der noch vorhandenen ^{14}C-Isotope in einer Probe, die dann zu den stabilen Kohlenstoffisotopen in Beziehung gesetzt werden, lässt sich somit zurückrechnen, wann der Tod eingetreten ist.

(2) Vergleichen Sie die Radiokarbonmethode mit der Kalium-Argon-Methode. F/II

	Radiokarbon-methode	Kalium-Argon-Methode
Gemeinsamkeiten	Beide Methoden dienen der Altersbestimmung und basieren auf dem Zerfall radioaktiver Isotope.	
Unterschiede	Messung des Zerfalls von Radiokarbon bzw. des Mengenverhältnisses von ^{12}C und ^{14}C	Messung des Zerfalls von ^{40}K zu ^{40}Ca und dem Edelgas-Isotop ^{40}Ar
	Altersbestimmung von organischem Material	Altersbestimmung von Gesteinen (indirekte Altersbestimmung von Fossilien, die in den entsprechenden Gesteinsschichten gefunden worden sind)
	Datierung junger Fossilien (bis zu 50 000 Jahre alt)	Datierung älterer Fossilien (bis zu 4,6 Milliarden Jahre alt)

(3) Begründen Sie, warum sich die Radiokarbonmethode nur zur Datierung relativ junger Fossilien eignet. F/II
Da die Halbwertszeit von ^{14}C „nur" 5 730 Jahre beträgt, ist die in einer Probe verbleibende Menge nach 50 000 Jahren so gering, dass sie unterhalb der Nachweisgrenze liegt. Die weitaus meisten Fossilien sind jedoch viel älter. Sie enthalten demnach nicht mehr genug ^{14}C, um eine Altersbestimmung mit der Radiokarbonmethode durchzuführen.

Seite 370

(1) Die Verbreitung von Lebewesen wird nicht nur durch ökologische Faktoren beeinflusst. Begründen Sie diese Aussage. F/II
Für die Verbreitung von Lebewesen spielen nicht nur ökologische Faktoren eine bedeutende Rolle. Wie der Naturforscher RUSSEL herausfand, hängt das Vorkommen spezieller Arten auch von der Geografie der Erde ab, die sich im Laufe der Jahre stark verändert hat. Auf den einzelnen Kontinenten und den aus ihnen entstandenen Inseln entwickelten sich verschiedene Tier- und Pflanzenarten. So waren die westlichen Inseln im Indischen

Ozean wie z. B. Bali während der letzten Eiszeit mit dem asiatischen Festland verbunden und die östlichen Inseln wie Lombok mit Australien. Dies erklärt die Unterschiede in der Tier- und Pflanzenwelt auf diesen heute eng benachbarten Inseln. Dagegen gibt es große Ähnlichkeiten zwischen den Lebewesen auf dem Festland und denen auf den einst mit ihnen verbundenen Inseln, sodass man auf verwandtschaftliche Beziehungen schließen kann. Die Erde lässt sich in verschiedene biogeografische Regionen einteilen, die Aufschluss über die Verbreitung der verschiedenen Lebewesen geben.

Seite 371

EXKURS Kontinentalverschiebung

1 Begründen Sie, warum die Kontinentalverschiebungstheorie ein Beleg für die Evolutionstheorie ist. F/II

Die Kontinentalverschiebung ist ein Beleg für die Evolutionstheorie, weil mit ihrer Hilfe erklärt werden kann, dass verwandtschaftliche Beziehungen zwischen verschiedenen Lebewesen bestehen. Als der Superkontinent Pangaea zu kleineren Kontinenten zerbrach, welche schließlich auseinander drifteten, entwickelten sich die Arten getrennt voneinander unter den jeweiligen Umweltbedingungen weiter. Große Ähnlichkeiten zwischen den Lebewesen der verschiedenen Kontinente können als Beleg für gemeinsame Vorfahren gewertet werden.

Seite 373

1 Erklären Sie die Unterschiede zwischen Homologien und Analogien und warum sie die Evolution belegen. F/II

Homolog sind Organe und Strukturen, die vom Bau, ihrer Lage im Bauplan und der zeitlichen Abfolge ihrer Entwicklung einander entsprechen. Analog dagegen sind Organe und Strukturen, die nicht homolog sind und sich vom Bau, ihrer Lage im Bauplan und der zeitlichen Abfolge ihrer Entwicklung einander nicht entsprechen. Zentrales Merkmal ist die Funktionsgleichheit von Organen bzw. Strukturen. Beide Phänomene stützen die Evolutionstheorie. Ihr Zustandekommen kann durch Anpassungsvorgänge im Verlaufe der Entwicklung erklärt werden. Die durch die Anpassungsvorgänge hervorgebrachten Organe und Strukturen sind einander mehr oder weniger ähnlich. Im Falle der Homologie geht die Ähnlichkeit auf verwandtschaftliche Beziehungen, also letztlich auf einen genetischen Zusammenhang zurück. Für die Herausbildung analoger Organe und Strukturen ist nicht der genetische Zusammenhang bedeutsam, sondern die Funktionsgleichheit.

2 Erklären Sie, wie man das Vorkommen der menschlichen Weißheitszähne evolutionsbiologisch deutet. F/II

Die ursprünglichen höheren Säugetiere hatten die Zahnformel 3 · 1 · 4 · 3 (Zahnzahl 44). Der heute lebende Mensch hat dagegen die Zahnformel 2 · 1 · 2 · 3 (Zahnzahl 32). Die reduzierte Zahnzahl lässt sich auf eine Verkleinerung der Schnauze und der Eckzähne zurückführen. Vor dem Hintergrund werden die menschlichen Weißheitszähne als Rudimente betrachtet und sind ein Beleg für die Evolution.

Seite 374 bis 375

AUFGABEN Belege für die Evolution

1 Der große Flachwasserfisch

a) *Tiktaalik* und *Ichthyostega* sind Mosaikformen oder Zwischenformen, die Fische und Landwirbeltiere miteinander verbinden. Begründen Sie diese Aussage, indem sie an beiden Tieren Merkmale aufzeigen, die fischähnlich sind, und Merkmale, die eher Landwirbeltieren zugeordnet werden können. F/I

	Tiktaalik	*Ichthyostega*
Merkmale von Fischen	- Kiemen - Flossen/Flossenstrahlen - Schuppen	- Flossensaum am Schwanz
Merkmale von Landwirbeltieren	- Lungen - flacher Schädel - nach oben gerichtete Augen - beweglicher Hals - Gliederung der Brustflossen in Oberarm, Unterarm und Handwurzelknochen	- Zehen bzw. Finger an den Enden der Extremitäten - Lungen - starke Wirbelsäule - vier Gliedmaßen zur Fortbewegung an Land

b) Durch *Tiktaalik* und *Ichthyostega* wird die Abstammungstheorie als wesentliches Element der Evolutionstheorie gestützt. Erklären Sie diese Aussage. F/I
Sowohl *Tiktaalik* als auch *Ichthyostega* besitzen Merkmale von Fischen als auch von Landwirbeltieren wie z. B. den Amphibien. Es ist eine deutliche Entwicklung vom Fisch hin zum Landlebewesen zu erkennen. *Ichthyostega* hat sich über viele Generationen an den neuen Lebensraum Land angepasst, weist aber auch noch Merkmale von Fischen auf, die zu seinen Vorfahren gehören.

c) Begründen Sie, warum Anhänger des Intelligent Designs die Existenz solcher Zwischenformen leugnen. F/I
Anhänger des Intelligent Designs vertreten die Ansicht, dass das Leben auf der Erde durch das schöpferische Handeln eines intelligent handelnden Urhebers entstanden sei. Sie lehnen die Evolutionstheorie ab, welche die Entstehung und Entwicklung der Lebewesen durch beobachtbare Vorgänge wie Selektion, Mutation und Rekombination erklärt und wissenschaftliche Daten sammelt und prüft. Nach der Vorstellung des Intelligent Designs können solche Zwischenformen wie *Tiktaalik* und *Ichthyostega* nicht existieren, da sie eine von einem intelligenten Schöpfer unabhängige Entwicklung darstellen. Anhänger des Intelligent Designs glauben nicht an eine eigenständige Weiterentwicklung und Anpassung der Arten an ihren Lebensraum.

2 Ein lebendes Fossil

a) *Latimeria* wird häufig als lebendes Fossil bezeichnet. Erklären Sie, was mit dieser Bezeichnung gemeint ist. F/I
Unter einem lebenden Fossil wie *Latimeria* versteht man rezente Arten, die seit Millionen von Jahren in ihrem Aussehen unverändert blieben.

b) Vergleichen Sie die Gliedmaßen von *Latimeria, Panderichthys, Tiktaalik* und *Ichthyostega* unter evolutionsbiologischen Aspekten. F/II, E/II
Beginnend bei *Latimeria* über *Panderichthys* und *Tiktaalik* bis zum *Ichthyostega* ist eine deutliche Entwicklung vom Wasser- zum Landlebewesen erkennbar. Während sich bei *Latimeria*, einem Wasserbewohner, lediglich Ober- und Unterarmknochen finden lassen, zeigen die Flossen von *Panderichthys* bereits erste Anlagen von Handwurzelknochen. Letztere sind bei *Tiktaalik* schon deutlich differenzierter ausgeprägt. Beim *Ichthyostega* sind schon deutliche Anlagen von Fingerknochen zu sehen, die eine Anpassung an die Lebensweise an Land darstellen und dort die Fortbewegung erleichtern.

3 Mimik bei Primaten

a) Vergleichen Sie die Mimik von Javaneraffe und Mensch und beurteilen Sie, ob es sich dabei um eine Analogie oder eine Homologie handelt. F/II
Die Mimik stimmt bis in die Einzelheiten bei den verschiedenen Arten überein. Damit ist das Kriterium der speziellen Qualität erfüllt. Es handelt sich also um ein homologes Merkmal.

b) Entwickeln Sie eine Hypothese, die die Entwicklung des Zähnezeigens bei Javaneraffen und Menschen in den verschiedenen Situationen erklärt. E/II
Der Javaneraffe will durch das Zeigen seiner Zähne mögliche Feinde abschrecken und seine Stärke demonstrieren. Im Kampf stellen die Zähne eine wichtige Waffe dar. Der Mensch hingegen kann sich in Konfliktsituationen mit anderen Mitteln zur Wehr setzen und ist nicht auf seine Zähne als Drohgebärde oder Waffe angewiesen. Gepflegte Zähne beim Menschen sind außerdem ein Zeichen von Attraktivität. Durch das Lächeln strahlt man Freude und Sympathie aus und signalisiert möglicherweise auch Interesse an einem Partner.

4 Biogeografie der Laufvögel

a) Beurteilen Sie, ob es sich bei den Gemeinsamkeiten der Laufvögel um analoge oder homologe Merkmale handelt. F/II
Flugunfähigkeit könnte prinzipiell unabhängig voneinander als Anpassung an gleichartige Lebensbedingungen entstanden sein (Analogie). Die teilweise sehr unterschiedlichen Lebensräume der einzelnen Arten sprechen jedoch dagegen. Außerdem würde man erwarten, dass die Flugunfähigkeit nicht nur bei jeweils einer Gruppe pro Lebensraum entstanden sein sollte. Auch der gemeinsame Besitz eines Penis ist ein Indiz dafür, dass die Laufvögel von einem gemeinsamen Vorfahren abstammen (Homologie).

b) Erklären Sie das Vorkommen der fossilen und rezenten Laufvögel auf weit auseinander liegenden Kontinenten unter evolutionsbiologischen Gesichtspunkten. F/I
Die Tatsache, dass sämtliche Laufvögel auf südlichen Kontinenten verbreitet sind, deutet darauf hin, dass sie von dem urzeitlichen Südkontinent Gondwana stammen, der vor 150 Millionen Jahren begann auseinan-

derzubrechen. Die Verbreitung der Laufvögel ist damit ein Beleg für die Kontinentalverschiebungstheorie. Voraussetzung dafür ist die Abstammung von einem gemeinsamen Vorfahren (Homologie).

5 Kamel- und Menschenläuse

Geben Sie an, welche Schlussfolgerungen man aus der Beziehung zwischen den genannten Läusen und ihren Wirten für deren jeweilige Evolution ziehen kann. F/II

Läuse sind an eine bestimmte Wirtsart angepasst, sie sind wirtsspezifisch. Die Tatsache, dass phänotypisch sehr unterschiedliche Arten wie Menschen und Schimpansen oder Kamele und Lamas (die noch dazu auf unterschiedlichen Kontinenten leben) von nahe verwandten Läusen (gleiche Gattungen) parasitiert werden, ist ein Hinweis darauf, dass auch die Wirtsarten nahe miteinander verwandt sind (von einem gemeinsamen Vorfahren abstammen).

Seite 376

AUFGABEN DNA-DNA-Hybridisierung

a) Beschreiben Sie anhand der Abbildung das Prinzip des Verfahrens der DNA-DNA-Hybridisierung. F/I

Zunächst werden die zu untersuchenden DNA-Doppelstränge aus den Zellen der entsprechenden Lebewesen extrahiert und anschließend in kleinere, gleich lange Abschnitte zerschnitten. Um die jeweiligen DNA-Doppelstränge in Einzelstränge aufzutrennen, werden diese erhitzt, sodass sich die Wasserstoffbrücken, die sich zwischen den komplementären Basen gebildet haben, gelöst werden. Auf diese Weise erhält man einzelsträngige DNA-Abschnitte. Diese werden zum Hybridisieren abgekühlt und mit den anderen DNA-Strängen vermischt. Hier gibt es wieder drei Versuchsansätze. In dem ersten Ansatz werden zur Kontrolle lediglich Einzelstränge einer Art gegeben. In dem zweiten Ansatz befindet sich einzelsträngige DNA von Art eins und zwei und im dritten Ansatz von Art eins und drei. Im Kontrollansatz bildet sich wie zu erwarten erneut ein lückenloser DNA-Doppelstrang aufgrund der komplementären Basenpaarung. Je nachdem wie hoch die Übereinstimmung komplementärer Basen in den Einzelsträngen ist, bilden sich lange oder kurze Doppelstrangabschnitte aus. So wird im Versuchsansatz zwei deutlich, der DNA-Abschnitte von Art eins und zwei enthält, dass lediglich im oberen Bereich der Stränge keine komplementäre Basenpaarung möglich ist, da verschiedene Basensequenzen vorliegen. Im unteren Bereich kommt es aufgrund der Übereinstimmung der Sequenzen zur Doppelstrangbildung. Im dritten Versuchsansatz, in dem sich DNA von Art eins und drei befinden, zeigt sich, dass bis auf einen sehr kleinen Abschnitt keine Basenpaarungen möglich sind, sodass es nicht zur Bildung eines Doppelstrangs kommt. Im nächsten Schritt werden die drei Ansätze zur Ermittlung des Hybridisierungsgrades erhitzt, sodass erneut Einzelstränge vorliegen. Hierbei wird die Schmelztemperatur der freigesetzten DNA-Stränge ermittelt. Je näher die Schmelztemperaturen der DNA-Stränge beieinander liegen, umso größer ist die verwandtschaftliche Nähe zwischen den einzelnen Arten. In diesem Beispiel zeigt sich, dass Art eins und zwei dichter miteinander verwandt sind als die Art drei, da die DNA in diesem Ansatz eine sehr viel geringere Schmelztemperatur aufweist.

b) Erklären Sie, warum die DNA-Hybride bei unterschiedlichen Temperaturen schmelzen. F/II

Je mehr komplementäre Basenpaarungen zwischen den DNA-Strängen in einem Versuchsansatz möglich sind, desto mehr Wasserstoffbrücken werden zwischen den Basen ausgebildet, welche den DNA-Doppelstrang fest zusammenhalten. Um einen solchen Doppelstrang in Einzelstränge zu zerlegen, ist eine sehr hohe Schmelztemperatur notwendig. DNA-Stränge, bei denen nur wenige komplementäre Basenpaarungen möglich sind, bilden weniger Wasserstoffbrücken aus und sind demnach schon durch geringere Temperaturen voneinander zu trennen.

c) Erklären Sie die Verwandtschaftsverhältnisse der Arten. F/II

Art eins ist mit der Art zwei wesentlich dichter verwandt als mit der Art drei, worauf die ähnliche Schmelztemperatur der DNA-Hybride von Art zwei im Vergleich zur Art eins schließen lässt. Zwischen den DNA-Einzelsträngen von Art eins und Art drei ist fast keine Basenpaarung möglich, da unterschiedliche Basensequenzen vorliegen. Die Stränge sind nur sehr locker verbunden, da kaum Wasserstoffbrücken zwischen komplementären Basen ausgebildet werden, sodass sie sich schon bei sehr geringen Temperaturen lösen. Art eins und Art zwei weisen eine große verwandtschaftliche Nähe auf, da sich zwischen den Einzelsträngen dieser beiden Arten aufgrund übereinstimmender Basensequenzen lange, doppelsträngige Bereiche bilden. Um diesen entstandenen Hybrid-Doppelstrang voneinander zu trennen, sind höhere

Schmelztemperaturen nötig, da hier viel mehr Wasserstoffbrücken gelöst werden müssen. Die Schmelztemperatur des DNA-Hybrids, welches aus einem Einzelstrang von Art eins und zwei besteht, ist annähernd so hoch wie die des Doppelstrangs von Art eins. Je dichter die Schmelztemperatur beieinander liegt, umso größer ist die Verwandtschaftsnähe zwischen den Arten.

Seite 377

1 Erläutern Sie, welche Schlussfolgerungen sich aus dem Vergleich der Aminosäuresequenz des Kollagens von *Tyrannosaurus* und der der genannten rezenten Landwirbeltiere ergeben. F/I
Anhand des Sequenzvergleichs von Aminosäuren lassen sich Verwandtschaftsbeziehungen zwischen unterschiedlichen lebenden oder auch ausgestorbenen Arten wie dem *Tyrannosaurus* analysieren. Beim Vergleich der Aminosäuresequenz des Kollagens beim *Tyrannosaurus* sowie bei rezenten Eidechsen und Krokodilen stellte man große Übereinstimmungen fest. Dies kann als Beleg für die Verwandtschaft der Arten gewertet werden. Da die Aminosäuresequenz des Kollagens beim Haushuhn und dem *Tyrannosaurus* eine noch größere Übereinstimmung aufwies als bei den Reptilien, kann man in diesem Fall von einem noch höheren Verwandtschaftsgrad ausgehen.

2 Veränderungen in der Aminosäuresequenz eines Proteins sind immer Folge von Mutationen. Dennoch spiegeln sie die tatsächliche Mutationsrate im Verlauf der Evolution nicht direkt wider. Begründen Sie diese Aussage. F/I
Obwohl Veränderungen in der Aminosäuresequenz eines Proteins immer Folge von Mutationen sind, spiegeln sie die tatsächliche Mutationsrate im Verlauf der Evolution nicht direkt wider, da stille Mutationen nicht zum Austausch einer Aminosäure führen. Außerdem werden Mutationen, die das Überleben oder die Fortpflanzung des Organismus beeinträchtigen, nicht oder nur in geringem Maße an die Nachkommen weitergegeben.

3 Die Primärstruktur von Cytochrom c hat sich im Verlauf vieler hundert Millionen Jahre kaum verändert. Erklären Sie diesen Befund. F/II
Beim Cytochrom c kann nicht nur ein kleines funktionelles Zentrum für das Funktionieren des Enzyms verantwortlich sein, sondern das ganze Molekül. Für diese Erklärung spricht, dass auch die Tertiärstruktur hochgradig konserviert ist.

Seite 379

1 Begründen Sie die Aussage: „Die Evolution ist ein Flickschuster. Sie bedient sich nur dessen, was sie gerade zur Hand hat." F/I
Gemäß der evolutionären Entwicklungsbiologie hängt die Entwicklung verschiedener Arten weniger mit dem Erwerb neuer Gene zusammen, sondern beruht vielmehr auf einer neuen Nutzung bereits vorhandener Gene. Daher sind für den evolutionären Wandel auch Veränderungen in der Genregulation verantwortlich. Für diese Annahmen sprechen auch die gefundenen Homöobox-Gene, welche in Clustern zusammenliegen. Es handelt sich hierbei um Entwicklungskontrollgene, die für Transkriptionsfaktoren codieren, mit deren Hilfe bestimmte Gene an- und abgeschaltet werden. Durch die Aktivierung alter Gene oder das Ausschalten anderer Gene kann es folglich zu neuen Merkmalsausprägungen und damit zur Entwicklung unterschiedlicher Arten kommen.

Seite 380

AUFGABEN Stammbäume

Prüfen Sie, welcher der beiden Stammbäume die Evolutionstheorie beziehungsweise den Glauben der Kreationisten verdeutlicht und erklären Sie daran die unterschiedlichen Auffassungen zur Entstehung der heute lebenden Arten. F/III
Der linke Stammbaum verdeutlicht den Glauben der Kreationisten. Sie gehen davon aus, dass ein Schöpfer die verschiedenen existierenden Arten unabhängig voneinander erschaffen hat. Die einzelnen Arten gehen demnach nicht auf einen gemeinsamen Vorfahren zurück und sind auch nicht miteinander verwandt. Im Stammbaum wird diese Ansicht durch die einzelnen, nicht miteinander verbundenen Zweige der verschiedenen Arten dargestellt. Neue Arten können nur vom Schöpfer erschaffen werden und sich nach Vorstellung der Kreationisten nicht aus bereits bestehenden Arten entwickeln. Sterben Arten aus, werden neue erschaffen, was durch eine Lücke im Stammbaum deutlich gemacht wird. Der rechte Stammbaum steht für die Evolutionstheorie. Alle Lebewesen gehen auf einen

gemeinsamen Vorfahren zurück und sind somit miteinander verwandt. Anhänger der Evolutionstheorie sehen Mutation, Selektion und Rekombination als Ursache für die Entstehung neuer Arten an. Die Individuen, welche am besten an ihre Umwelt angepasst sind, haben die größten Überlebens- und damit Fortpflanzungschancen und geben somit ihre Merkmale an die nächste Generation weiter. Lebewesen konkurrieren miteinander um die begrenzten Ressourcen. Manche Arten sterben dabei aus, weil sie weniger gut an die herrschenden Umweltbedingungen angepasst sind (grünes Rechteck). Die einzelnen Arten verändern sich über viele Generationen hinweg und es können auch neue Arten sowie Variationen innerhalb einer Art entstehen.

Seite 381

AUFGABEN vernetzt Globine

1 Struktur von Hämoglobin und Myoglobin

Erklären Sie am Beispiel von Myo- und Hämoglobin den Aufbau und die Struktur von Proteinen. F/I

Proteine sind Polypeptide, die aus mehr als 100 Aminosäuren bestehen. Die Reihenfolge der Aminosäuren bestimmt die Primärstruktur der Polypeptidkette. Diese Strukturebene ist von der Auswahl und der Anzahl der verknüpften Aminosäuren abhängig. Die Polypeptidketten falten oder drehen sich zu einer weiteren Strukturebene auf. Dabei können Sekundärstrukturen in Form von Schrauben ausgebildet werden. Eine solche α-Helix wird durch Wasserstoffbrückenbindungen zusammengehalten. Eine zweite Möglichkeit ist die Faltblattstruktur. Hier sind die Polypeptidketten zickzackförmig nebeneinander angeordnet. Sind die Polypeptidketten weiter zu einer unregelmäßigen räumlichen Gestalt verdreht, so entsteht eine Tertiärstruktur. Hier wirken weitere chemische Bindungen stabilisierend zwischen den Polypeptidketten. So bilden sich zwischen den Resten zweier Cystein-Aminosäuren stabile Elektronenpaarbindungen aus, die so genannten Disulfidbrücken (-S-S-). Das Protein Myoglobin stellt eine solche Tertiärstruktur dar. Es verfügt zudem über eine Hämgruppe. Hier erfolgt die Bindung des Sauerstoffs. Einige Proteine können aus zwei oder mehr Polypeptidketten bestehen. Die so gebildete Quartärstruktur ist also die Gesamtstruktur eines Proteins, das aus mehreren Untereinheiten besteht. Hämoglobin, das sauerstoffbindende Protein der roten Blutzellen, ist ein Beispiel für eine Quartärstruktur.

2 Aminosäuresequenzvergleich

a) Ermitteln Sie die Anzahl identischer Aminosäurepositionen zwischen der α- und β-Kette sowie zwischen Hämoglobin und Myoglobin. E/I

Der Anteil identischer Aminosäurepositionen zwischen α- und β-Kette beträgt etwa 45 %, in absoluten Zahlen 64 Übereinstimmungen. Zwischen Hämoglobin und Myoglobin sind dies 15 % oder 22 Übereinstimmungen.

b) Entwickeln Sie eine begründete Hypothese zur Erklärung der Übereinstimmungen und Unterschiede. E/III

Bei den beobachteten Übereinstimmungen handelt es sich um Sequenzhomologien, die Ausdruck der stammesgeschichtlichen Verwandtschaft sind. Die Unterschiede in den Sequenzen sind Folge von Punktmutationen in den Globingenen, die sich im Laufe der Stammesgeschichte ereignet haben.

3 Evolution der Globine

a) Skizzieren Sie einen möglichen Stammbaum der Globine ausgehend vom Ur-Globin. E/I

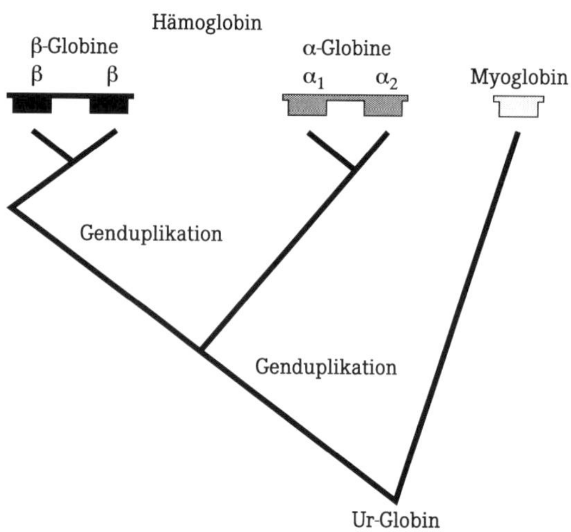

b) Erklären Sie anhand der Abbildung, wie es beim Crossing-over zu Genduplikationen kommen kann und erläutern Sie in diesem Zusammenhang, welche Bedeutung Genduplikationen für die Evolution haben. F/II

Ungleiches Crossing-over zwischen homologen Chromosomen führt zur Genduplikation auf dem einen Chromosom und gleichzeitig zur Gendeletion auf dem anderen Chromosom.

Die Genduplikation gilt als ein wesentlicher Mechanismus der Evolution. Durch Mutationen der Gen-Kopie können funktionell neue Gene entstehen bzw. das Spektrum der ursprünglichen Genaktivität erweitert werden.

c) Beim Menschen liegen die Gene für die α-Ketten des Hämoglobins auf Chromosom 16, die Gene der β-Ketten auf Chromosom 11. Entwickeln Sie eine Hypothese, die die Lokalisation der Globin-Gene auf unterschiedlichen Chromosomen erklärt. E/II
Nachdem das Urgen für Hämoglobin durch ungleiches Crossing-over dupliziert auf einem Chromosom vorlag, erfolgte zu einer späteren Zeit die Trennung beider Gene. Ein denkbarer Mechanismus hierfür ist ein Crossing-over zwischen nicht homologen Chromosomen. Durch diese Translokation lag nun ein Gen auf Chromosom 16, das andere auf Chromosom 11. Aus diesen entwickelten dann sich im Laufe der Zeit die Gene für die α- bzw. die β-Kette.

3 Evolutionsmechanismen

Seite 383

1 Erklären Sie den Unterschied zwischen phänotypischer und genetischer Variabilität. F/I
Unter der genetischen Variabilität versteht man die Tatsache, dass alle Individuen einer Art in ihrer genetischen Ausstattung variieren. Jedes Individuum besitzt einen individuellen Genotyp. Ein Gen, das für ein bestimmtes Merkmal codiert, kann in unterschiedlichen Zustandsformen, den Allelen, vorliegen.
Die genetische Variabilität ist die Grundlage für die phänotypische Variabilität. Die Individuen einer Art sind in ihren körperlichen und physiologischen Merkmalen nicht identisch. So können zum Beispiel Unterschiede in der Fellfarbe und Felldichte bei Mäusen auftreten. Trotz dieser äußerlichen Unterschiede innerhalb einer Population lassen sich die einzelnen Individuen problemlos einer bestimmten Art zuordnen.

2 Erklären Sie am Beispiel der Fellfarbe von Mäusen das Basiskonzept „Variabilität und Angepasstheit". F/II
Das Gen, welches für das Merkmal Fellfarbe codiert, kann in unterschiedlichen Zustandsformen, den Allelen, vorliegen. Aufgrund dieser genetischen Variabilität gibt es Abweichungen in der Fellfarbe, die zum Beispiel von weiß über braun, grau und schwarz reichen kann. Die Fellfarbe ist also variabel und individuell verschieden. Sie stellt eine Anpassung der Maus an ihre Umwelt dar. So überleben die Individuen einer Art, die am besten an ihre Umwelt angepasst sind. Mäuse mit einer grauen oder braunen Färbung können sich zum Beispiel auf Waldböden besser tarnen und somit besser vor Fressfeinden schützen als die auffällig weiß gefärbten Artgenossen. Letztere werden eher gefressen und können daher ihre Merkmale nicht an die nachfolgende Generation vererben.

3 Erklären Sie anhand der Abbildung 3 die Bedeutung von Mutationen für die Evolution. F/I
Ein Gen auf einem Chromosom codiert für ein RNA-Molekül oder ein Polypeptid. Wie in der Abbildung dargestellt ist das Gen B auf dem Chromosom für die Codierung des Enzyms b verantwortlich. Bei der Duplikation ist zu erkennen, dass ein Gen auf dem Chromosom verdoppelt wurde. Beide Gene codieren für das Enzym b, das jetzt in größerer Menge vorliegt. Duplikationen bieten die Möglichkeit zur Veränderung und Entwicklung des Individuums, denn das nun vorliegende zusätzliche genetische Material kann durch eine Punktmutation zu einem Gen führen, dass für ein anderes Enzym (Enzym d) codiert. Das neu gebildete Enzym d, das in seinen Eigenschaften vom Enzym b abweicht, kann neue Merkmalsausprägungen beim betroffenen Individuum hervorrufen. Diese können im Lebensraum von Vorteil sein und zu einer besseren Angepasstheit führen. Auf diese Weise können sich Individuen weiter entwickeln und ihr verändertes genetisches Material auch an die nachfolgende Generation weitergeben.

Seite 385

1 Erklären Sie das HARDY-WEINBERG-Gleichgewicht anhand der Abbildung 2. E/II
In einer idealen Population entspricht einer bestimmten Allelfrequenz jeweils eine bestimmte Genotypenfrequenz. Bei $q = 1$ ist zum Beispiel die Genotypenfrequenz $q^2 = 1$, bei $p = 1$ die Genotypenfrequenz $p^2 = 1$ und bei $p = 0,5$ sind die Genotypenfrequenzen $p^2 = 0,25$, $2\,pq = 0,5$ und $q^2 = 0,25$.

(2) Berechnen Sie die Frequenzen der Genotypen bei der Allelfrequenz p = 0,3 und vergleichen Sie Ihr Ergebnis mit den Werten in Abbildung 2. F/I
$p^2 = 0{,}09$, $2\,pq = 0{,}42$, $q^2 = 0{,}49$
Die Werte können entsprechend in Abbildung 2 abgelesen werden.

(3) Erklären Sie, dass der Heterozygotenanteil in einer idealen Population nie größer als 50 % sein kann. F/III
Der Heterozygotenanteil ist 2 pq. Bei gleichen Frequenzen von p und q (jeweils 0,5) ist 2 pq = 0,5. Wenn die Frequenz eines Allels niedriger ist, sinkt der Heterozygotenanteil, weil zwangsläufig mehr homozygote Genotypen auftreten müssen. In Abbildung 2 ist dieser Zusammenhang deutlich zu erkennen. Er gilt allerdings nur in idealen Populationen. Wenn z. B. Selektion oder Zufallsereignisse (Eliminierung bestimmter Genotypen) wirken, kann in einer nichtidealen Population der Anteil heterozygoter Genotypen höher sein.

(4) Phenylketonurie (PKU) ist die häufigste angeborene Stoffwechselstörung. Sie wird autosomal-rezessiv vererbt. Betroffene Patienten können die Aminosäure Phenylalanin nicht abbauen. Unbehandelt führt PKU zu schweren Entwicklungsstörungen. In Europa tritt PKU mit einer Häufigkeit von einer auf etwa 8000 Geburten auf. Berechnen Sie, wie viel Prozent der europäischen Bevölkerung das Gen für PKU in heterozygoter Form trägt. F/III
PKU-Kranke haben den Genotyp aa (die rezessiven Allele liegen homozygot vor). Entsprechend ist die Häufigkeit dieses Genotyps: $q^2 = 1/8000 = 0{,}000125$. Die Quadratwurzel aus 0,000125 ist q, also 0,0112. Dann ist p = 0,9888 und 2 pq = 0,0222. Etwas über zwei Prozent der europäischen Bevölkerung tragen also das Gen für PKU in heterozygoter Form.

(5) Begründen Sie, warum die HARDY-WEINBERG-Gleichung nur für Idealpopulationen gilt. F/II
In nichtidealen Populationen können durch Mutationen neue Allele auftreten. Zufällig oder durch Selektion bedingt verändern sich die Allelhäufigkeiten in aufeinander folgenden Generationen. Die Bevorzugung bestimmter Sexualpartner verändert ebenfalls die Allelfrequenzen in der nächsten Generation. Das gleiche gilt für Zu- oder Abwanderungen.

Seite 386

(1) Erklären Sie die Unterschiede zwischen Flaschenhals- und Gründereffekt. F/II
Der Unterschied liegt darin, dass bei einem Flaschenhalseffekt der Gendrift (also die zufällige Veränderung der Allelfrequenzen) die gesamte Population betrifft, während beim Gründereffekt die Ursprungspopulation erhalten bleibt. Der Flaschenhalseffekt führt also zur genetischen Verarmung der Gesamtpopulation, der Gründereffekt nicht.

Seite 387

AUFGABEN **Evolutionsmechanismen**

1 Variabilität

a) Ermitteln Sie die Fragestellung, die dem Versuch zugrunde lag. E/III
Der Versuch sollte die Frage klären, ob die beobachtete phänotypische Variabilität der Wuchshöhe durch Umwelteinflüsse oder durch eine unterschiedliche genetische Ausstattung hervorgerufen wird, ob also eine modifikatorische oder genetische Variabilität vorliegt.

b) Werten Sie die Versuchsergebnisse aus. E/II
Unter natürlichen Bedingungen variiert die Wuchshöhe der Schafgarbe mit der Lage des Standortes: Mit zunehmender Höhe nimmt sie nach und nach ab. Ein vergleichbares Ergebnis zeigt sich auch bei den Versuchen im Flachland. So wachsen etwa aus Samen von Pflanzen, die unter natürlichen Bedingungen nur geringe Wuchshöhen zeigen, auch im Flachland nur Pflanzen mit geringer mittlerer Wuchshöhe. Da im Flachland gleiche Umweltbindungen vorherrschen, kann die beobachtete Variabilität nicht durch Umwelteinflüsse bedingt sein. Es liegt somit eine genetisch bedingte Variabilität der Wuchshöhe vor.

2 Fluktuationstest

a) Beschreiben Sie die Versuchsansätze und deren Ergebnisse. F/I
Eine Ausgangskultur wird in zwei Ansätze aufgeteilt: In Ansatz A werden Bakterien in einem Erlenmeyerkolben vermehrt und anschließend auf 50 Petrischalen mit Antibiotikum ausplattiert. Die Anzahl resistenter Kolonien in den verschiedenen Petrischalen variiert in diesem Ansatz nur geringfügig. In Ansatz B werden die Bakterien der Ausgangskultur direkt auf 50 Kulturröhrchen verteilt. Erst dort erfolgt die Vermehrung der

Bakterien. Anschließend erfolgt die Ausplattierung der Bakterien auf 50 antibiotikahaltige Nährböden. Die Anzahl resistenter Kolonien in den verschiedenen Petrischalen variiert jetzt in erheblichem Maße.

b) Deuten Sie die Versuchsergebnisse im Hinblick auf die oben angesprochene Frage. F/II
Die Versuchsergebnisse zeigen eindeutig, dass die Antibiotikaresistenz zufällig entsteht und nicht Folge einer gerichteten Anpassung ist. Träfe letzteres zu, so dürfte die Zahl der resistenten Kolonien in Ansatz B nicht so stark schwanken, denn sämtliche Bakterien kommen hier in Kontakt mit dem Antibiotikum und müssten als Folge der gerichteten Anpassung an diese Umweltbedingungen eine Resistenz entwickeln.

c) Erklären Sie, in welcher Phase des Versuchs die Mutation erfolgt sein muss, die die Resistenzbildung der Bakterien verursacht. F/II
Die Mutationen, die Resistenzbildung verursachen, müssen in beiden Ansätzen während der Vermehrung der Bakterien erfolgt sein. In Ansatz A findet diese im Erlenmeyerkolben statt. Die möglichen Mutanten werden anschließend zufällig auf die verschiedenen Petrischalen verteilt. So erklärt sich die geringe Variation resistenter Kolonien in Ansatz A. In Ansatz B werden die Bakterien in den 50 Kulturröhrchen vermehrt. Hierbei finden die Mutationen statt. Erfolgen diese zufällig zu einem frühen Zeitpunkt der Vermehrung, so finden sich in dem jeweiligen Kulturröhrchen zahlreiche resistente Bakterien. Sie führen nach dem Ausplattieren auf dem Nährboden zu einer Vielzahl resistenter Kolonien. Erfolgt die Mutation zu einem späteren Zeitpunkt, so finden sich in dem Kulturröhrchen nur wenige resistente Bakterien, die auf dem Nährboden nur wenige resistente Kolonien hervorbringen.

d) Begründen Sie, dass das Ergebnis des Fluktuationstests einer Anpassung im Sinne LAMARCKS widerspricht. B/II
Die Fluktuation in Ansatz B ist Folge zufälliger Mutationen, die zu unterschiedlichen Zeitpunkten in den verschiedenen Kulturröhrchen erfolgen. Läge eine Anpassung im Sinne LAMARCKS vor, so müsste die Zahl resistenter Kolonien in den verschiedenen Petrischalen von Ansatz B etwa gleich groß sein.

Seite 389

AUFGABEN Natürliche Selektion bei Stichlingen

Werten Sie die Untersuchungsergebnisse unter evolutionsbiologischen Gesichtspunkten aus. E/II
Die Stichlinge im Lake Washington zeigten im Jahr 1957 eine gute Angepasstheit an ihre Umwelt. Die Stichlinge waren durch die eingeschränkte Sichttiefe im See gut vor Fressfeinden geschützt. Folglich dominierten in der Stichlingspopulation zu diesem Zeitpunkt Individuen mit schwacher Panzerung. Tiere mit starker Panzerung fehlten gänzlich. Dies änderte sich mit der Verbesserung der Sichttiefe des Sees. Durch die Fressfeinde erfolgte nun eine Selektion gegen die Individuen mit schwacher Panzerung. Diese besaßen im Vergleich zu Individuen mit stärkerer Panzerung eine geringere reproduktive Fitness. Als Folge dieses einseitigen Selektionsdrucks kam es zu einer gerichteten Selektion: Der Anteil der Stichlinge mit schwacher Panzerung nahm in der Population im Verlauf der folgenden Jahre deutlich ab, gleichzeitig nahm der Anteil der Stichlinge mit mittlerer und starker Panzerung deutlich zu.

Seite 391

1. Vergleichen Sie die künstliche mit der natürlichen Selektion. F/II
Bei der künstlichen wie auch bei der natürlichen Selektion kommt es zur Auswahl von Individuen, die bestimmte vorteilhafte Merkmale aufweisen. Diese Auswahl erfolgt bei der künstlichen Selektion durch den Menschen; er wählt Individuen mit Merkmalen, die seinen Wünschen entsprechen, und vermehrt diese Individuen dann gezielt. Im Laufe der Zeit kommt es so zu einer besseren Angepasstheit der Lebewesen an die Bedürfnisse des Menschen.
Bei der natürlichen Selektion liest dagegen die Umwelt aus: Einzelne Individuen besitzen in einer gegebenen Umwelt aufgrund bestimmter Merkmale höhere Überlebens- und Fortpflanzungschancen. Sie vermehren sich stärker als Individuen ohne diese Merkmale und bringen somit mehr Gene in den Genpool der Folgegeneration ein. Dadurch kommt es im Laufe der Zeit zu einer besseren Angepasstheit der Lebewesen an ihre Umwelt.

2 Erklären Sie, warum sich der Heterosiseffekt in den nachfolgenden Generationen allmählich abschwächt. F/II
Entsprechend der 2. MENDELschen Regel nimmt der Anteil der heterozygoten Merkmale und damit der Heterosiseffekt nach der F_2-Generation allmählich ab. Die Nachkommen von Hybriden gleichen sich damit in nachfolgenden Generationen zunehmend ganz normalen Tieren oder Pflanzen an.

3 Erklären Sie anhand von Abbildung 3 das Prinzip der Protoplastenfusion. F/II
Zellen einer Kartoffelpflanze und einer Tomatenpflanze werden aus den jeweiligen Geweben herausgelöst. Durch Zugabe von Enzymen baut man ihre Zellwände ab und erhält so die Protoplasten beider Arten. Bei der anschließenden Fusion verschmelzen die Kerne beider Protoplasten zum Hybridprotoplasten. Durch mitotische Teilungen bildet sich dann zunächst ein Kallus aus undifferenzierten Zellen. Aus diesem entwickelt sich nach Zugabe von Pflanzenhormonen mithilfe spezieller Kulturverfahren die Tomoffel, ein Hybrid aus Tomate und Kartoffel.

Seite 393

AUFGABEN Partnerwahl bei Hahnschweif-Widafinken

a) Beschreiben und erklären Sie die Ergebnisse des Versuchs. E/II, K/I
Vor Beginn des Versuchs betrug die durchschnittliche Nestzahl in allen vier Versuchsgruppen etwa 1,5 Nester pro Männchen. Nach der Gefiederbehandlung lag die Anzahl der hinzugekommenen Nester in Gruppe 1 bei etwa 0,5 und in Gruppe 2 bei etwa 1,8 Nestern pro Männchen. In den Kontrollgruppen 3 und 4 waren durchschnittlich 0,8 bzw. 0,4 Nester hinzugekommen. Die Schwanzfederlänge ist demzufolge ein sekundäres Geschlechtsmerkmal, dass bei der intersexuellen Selektion von großer Bedeutung ist: Männchen mit verlängerter Schwanzfeder (Gruppe 2) werden von den Weibchen häufiger ausgewählt und können mehr Nester vorweisen als Männchen mit verkürzter (Gruppe 1) oder unveränderter Schwanzfederlänge (Gruppe 3 und 4).

b) Erklären Sie die Bedeutung der Gruppen ③ und ④ für den Versuch. F/II
Bei den Gruppen 3 und 4 handelt es sich um Kontrollgruppen: In Gruppe 3 blieben die Schwanzfedern unbehandelt. Auf diese Weise konnte als Referenzgröße die Zahl der Nester pro Männchen nach zwei Monaten bestimmt werden. In Gruppe 4 wurden die Federn zunächst abgeschnitten und anschließend an gleicher Stelle wieder angeklebt. Damit konnte überprüft werden, ob die eigentliche Manipulation an den Schwanzfedern bereits eine Veränderung hervorrief.

c) Entwickeln Sie eine Hypothese, wie sich in der Evolution die langen Schwanzfedern der Hahnenschweif-Widafinken entwickelt haben könnten. E/III
Geringfügig längere Schwanzfedern bei männlichen Hahnschweif-Widafinken waren möglicherweise für die Weibchen Indikatoren guter Gene. So ist es denkbar (und mittlerweile auch experimentell bestätigt), dass Männchen mit längeren Schwanzfedern seltener von Parasiten befallen werden. Sie verfügen demzufolge über ein stärkeres Immunsystem. Indem Weibchen Männchen mit längeren Schwanzfedern auswählen, stellen sie sicher, dass auch ihre Nachkommen über eine gute Veranlagung mit einem starken Immunsystem verfügen. Im Laufe der Zeit hat so die Wiederholung dieses weiblichen Partnerwahlverhaltens zu den extrem langen Schwanzfedern männlicher Hahnschweif-Widafinken geführt.

Seite 395

1 Erklären Sie, welche Kosten und Nutzen sich für beide Partner in einer Polygynie ergeben. F/II
In einer Polygynie bestehen die möglichen Kosten für ein Männchen darin, dass es beispielsweise vorhandene Ressourcen, wie ein großes Revier oder den Zugang zu den Weibchen, gegen andere Männchen verteidigen muss. Sein Nutzen besteht darin, dass es die eigene reproduktive Fitness durch Verpaarung mit zahlreichen Weibchen in erheblichem Maße steigern kann. Für das Weibchen ergeben sich Kosten aus der Tatsache, dass es nicht die uneingeschränkte Fürsorge des Männchens bei der Aufzucht der Nachkommen erhält, sondern diese mit zahlreichen anderen Weibchen teilen muss. Der mögliche Nutzen des Weibchens besteht darin, dass es die eigene reproduktive Fit-

ness erhöht, indem es sich mit einem Männchen verpaart, das Ressourcen besitzt, die es für die erfolgreiche Aufzucht der Nachkommen benötigt.

(2) Nennen Sie weitere Beispiele für die verschiedenen Paarungssysteme. F/I
Monogamie ist am häufigsten bei Vögeln anzutreffen. Beispiele sind Mandarinente, Storch, Papageien, Gänse, Weißkopfseeadler, Kea, Möwe, Kondor, Pinguine. Zu den monogamen Säugern zählen Gibbons, Roter Panda, Biber, Dachse und Marderhunde. Polygynie findet sich bei fast allen Hühnervögeln, vielen Säugetierarten wie Robben und Rothirschen, aber auch bei Insekten wie den Feldwespen oder Ameisen. Polyandrie ist dagegen im Tierreich sehr selten, etwa bei Goldschnepfen, Steißhühnern und Laufhühnchen. Promiskuität ist weit verbreitet. Beispiele sind Schimpansen, Geparde, Wildhunde, Fruchtfliegen oder die Bienenkönigin.

Seite 396

(1) Erörtern Sie, ob das Verhalten des Belding-Ziesels altruistisch ist. F/II
Das Verhalten des Belding-Ziesels ist altruistisch, verzichtet er doch auf eigene Vorteile zugunsten anderer. Allerdings steigert der Ziesel die eigene Fitness auf indirektem Wege, indem er die Fortpflanzung Verwandter fördert. Somit zieht er selbst auch Vorteile aus seinem Verhalten.

(2) Auf die Frage, ob er sein Leben für einen Bruder opfern würde, antwortete der Genetiker John HALDANE scherzhaft: „Für einen nicht, wohl aber für drei." Erklären Sie diese Aussage. F/II
Aus Sicht der Gesamtfitness sollte eine Person ihr Leben opfern, wenn sie dadurch mehr als zwei ihrer Vollgeschwister rettet, da ein Vollgeschwister 50 % der Gene mit ihr gemeinsam hat.

Seite 397

AUFGABEN Paarungssysteme

1 Paarungssysteme bei der Heckenbraunelle

Werten Sie das Diagramm aus und erklären Sie die erkennbaren Unterschiede. E/II
In einem polygynen Paarungssytem kann sich das Männchen mit zwei Weibchen paaren. Der Fortpflanzungserfolg des Männchens ist daher genau doppelt so groß wie der eines einzelnen Weibchens. Bei Heckenbraunellen entspricht ein polygynes Paarungssystem also eindeutig männlichen Fortpflanzungsinteressen.
In einer Monogamie besitzen beide Geschlechter den gleichen Fortpflanzungserfolg. Dieser liegt genau zwischen den jeweiligen Werten eines polygynen Systems. Ein monogames Paarungssystem stellt also einen Kompromiss unterschiedlicher Fortpflanzungsinteressen dar.
In der kooperativen Polyandrie paaren sich nacheinander das dominante α-Männchen und das β-Männchen mit einem Weibchen. Der Fortpflanzungserfolg des Weibchens liegt folglich über dem der Polygynie oder der Monogamie. Heckenbraunellen-Weibchen können demzufolge ihre reproduktiven Interessen am besten in einer kooperativen Polyandrie realisieren. Die Männchen, die sich ein Weibchen teilen müssen, erleiden demgegenüber einen erheblichen Fitnessverlust. Dieser ist besonders stark beim β-Männchen, da dieses – im Vergleich zum α-Männchen – seltener Zugang zum Weibchen hat.
In der eigennützigen Polyandrie ist der Fortpflanzungserfolg des β-Männchens gleich Null, da es vom anderen Männchen an der Verpaarung gehindert wird. Das verbliebene α-Männchen und das Weibchen weisen eine gleich große Anzahl an flügge gewordener Jungtiere auf. Insofern entspricht diese Situation der bei einer Monogamie. Im Vergleich zu dieser liegt der Fortpflanzungserfolg etwas niedriger. Möglicherweise führen die Auseinandersetzungen mit dem β-Männchen zu einem geringfügigen Fitnessverlust.

2 Helfer am Nest

a) Erklären Sie die Untersuchungsergebnisse für die verschiedenen Männchentypen. E/II
Männchen, die ausschließlich brüten, erzielen im ersten und zweiten Jahr einen etwa gleichgroßen direkten Fitnessgewinn. Da sie nicht als Helfer in Erscheinung treten, liegt ihr indirekter Fitnessgewinn in beiden Jahren bei Null. Bei Brütern entspricht der Gesamtfitnessgewinn also dem direkten Fitnessgewinn.

Primäre Helfer erzielen im ersten Jahr keinen direkten Fitnessgewinn, da sie nicht brüten, sondern lediglich beim Verteidigen der Bruthöhle und beim Füttern helfen. Der indirekte Fitnessgewinn ist in diesem Jahr vergleichsweise hoch, da sie mit dem Brutpaar eng verwandt sind. Im zweiten Jahr werden einige der primären Helfer zu Brütern, ihr direkter Fitnessgewinn steigt folglich. Durch Förderung und Unterstützung Verwandter erzielen primäre Helfer zudem einen indirekten Fitnessgewinn im zweiten Jahr. Im Vergleich zum Gesamtfitnessgewinn eines Brüters liegt dieser beim primären Helfer bei 65 %. Helfen ist also ein lohnendes Verhalten, wenn die Alternative ein vollständiger Ausschluss vom Paarungsgeschehen ist.
Sekundäre Helfer erzielen im ersten Jahr weder direkt noch indirekt einen Fitnessgewinn, da sie weder brüten noch mit dem Brutpaar enger verwandt sind. Erst im zweiten Jahr ergibt sich für sie ein beträchtlicher direkter Fitnessgewinn. Dieser erklärt sich dadurch, dass sie sich mit den Weibchen, die sie im Vorjahr unterstützt haben, verpaaren und die Brutmännchen aus dem Vorjahr vertreiben. Der Gesamtfitnessgewinn sekundärer Helfer entspricht insgesamt etwa dem der primären Helfer. Helfen ist also auch dann ein lohnendes Verhalten, wenn keine enge Verwandtschaft zum Brutpaar besteht.
Männchen, die weder brüten noch helfen, weisen naturgemäß im ersten Jahr keinerlei Fitnessgewinn auf. Im zweiten Jahr ergibt sich ein begrenzter direkter Fitnessgewinn. Offenbar gelingt es einigen Männchen sich mit Weibchen zu verpaaren und Nachwuchs aufzuziehen. Der Gesamtfitnessgewinn von Männchen, die weder brüten noch helfen, liegt aber deutlich unter dem der Brüter und/oder Helfer.

b) Stellen Sie eine Hypothese dazu auf, warum sich Helfersysteme bei Vogelarten wie dem Graufischer entwickeln konnten. E/III
Helfersysteme können sich dort etablieren, wo die Weitergabe der Gene durch eigene Nachkommen eingeschränkt oder die Aufzucht mit erheblichen Schwierigkeiten verbunden ist. Dies ist dann gegeben, wenn etwa ein erheblicher Überschuss an männlichen Tieren besteht oder aber insgesamt ungünstige Umweltbedingungen für die Jungenaufzucht als Folge von Nahrungsmangel gegeben sind. Unter diesen Bedingungen verspricht ein „Helfen am Nest" einen möglicherweise höheren Gesamtfitnessgewinn als vergebliches Bemühen um die eigene Fortpflanzung.

4 Artbildung

Seite 398

AUFGABEN Reproduktive Isolation

Beschreiben und deuten Sie die Untersuchungsergebnisse. E/II
Die Blüte- und Fruchtzeiten der verschiedenen *Miconia*-Arten überschneiden sich nicht oder allenfalls geringfügig. Durch diese zeitliche Isolation wird vermieden, dass die Bestäuber Pollen von einer Art auf eine andere Art übertragen.

Seite 401

AUFGABEN Artbildung bei Salamandern

a) Analysieren Sie die evolutionäre Entwicklung der verschiedenen Salamander-Populationen. E/II
Die Ausgangspopulation der verschiedenen Salamander-Populationen breitete sich vermutlich von Oregon kommend südwärts nach Kalifornien aus. Die kalifornische Population spaltete sich anschließend in eine Population an der Küste und eine im Binnenland. Es entstanden zwei getrennte Ketten von Teilpopulationen. In den Teilpopulationen fanden Mutationen und Rekombinationen statt, durch unterschiedliche Selektionsbedingungen, aber auch durch Gendrift, änderte sich allmählich der Genpool der Teilpopulationen. Es kam zur Bildung lokaler Unterarten, die sich in ihrer Färbung unterschieden. Diese waren und sind durch Mischformen miteinander verbunden. Nach und nach bildeten die beiden Ketten von Salamanderpopulationen einen Ring um das zentral gelegene Sacramento- und San-Joaquin-Valley. Schließlich trafen die Endglieder der beiden Ketten aufeinander, der Ring schloss sich. Im Überlappungsgebiet von Monterey-Salamander und groß geflecktem Salamander findet keine Hybridisierung mehr statt, da sich ihre Populationen im Laufe ihrer evolutionären Entwicklung weit genetisch voneinander entfernt haben.

b) Erklären Sie den systematischen Status der verschiedenen Populationen zueinander. F/II
Legt man den biologischen Artbegriff zugrunde, so handelt es sich bei den Populationen im nördlichen und mittleren Bereich um Vertreter einer Art, da sie Mischformen bilden, sich also untereinander erfolg-

reich paaren. Im Überlappungsgebiet der beiden südlichen Populationen erfolgt hingegen keine Hybridisierung. Es liegt eine reproduktive Isolation vor. Die beiden südlichen Populationen stellen somit verschiedene Arten dar.

Seite 403

1 Begründen Sie, warum auf der 1000 km vom Galapagos-Archipel entfernten Cocos-Insel nur eine Finkenart existiert. E/II
Die große Entfernung erschwerte eine Neubesiedlung der Cocos-Insel durch auf dem Galapagos-Archipel heimische Finkenarten. Denkbar ist auch, dass die ökologischen Bedingungen auf der Cocos-Insel ungünstig waren und so eine adaptive Radiation kaum oder überhaupt nicht möglich war. Letztlich mag auch der Zufall eine Rolle gespielt haben. Bei der Neubesiedlung der Cocos-Insel gelang nur einer Art der „Sprung“ auf die Insel.

AUFGABEN Lemuren auf Madagaskar

a) Erläutern Sie die Entstehung der Artenvielfalt der Lemuren aus evolutionsbiologischer Sicht und begründen Sie, warum Lemuren nur auf Madagaskar vorkommen. F/III
Als frühe Stammformen der Lemuren vom ostafrikanischen Festland kommend die isolierte Insel Madagaskar erreichten, fanden diese Gründerindividuen weder Konkurrenten noch Fressfeinde vor. Sie konnten sich daher rasch vermehren. Der entstandene innerartliche Konkurrenzdruck führte zur Erweiterung ihrer ökologischen Nische. Durch Mutationen, Rekombinationen und Selektion entwickelten sich Angepasstheiten an bestimmte Umweltbedingungen, etwa an Nahrungsquellen. Vom Festland durch die Straße von Mosambik geografisch separiert führte diese Einnischung zusammen mit der Entwicklung einer reproduktiven Isolation zur Bildung einer neuen Art. Diese konnte sich in dem gegebenen Gebiet vermehren. Der entstehende innerartliche Konkurrenzdruck führte dann vermutlich dazu, dass einzelne Individuen in neue Gebiete der Insel mit neuen abiotischen und biotischen Umweltfaktoren auswichen. Es folgten Einnischung und die Entwicklung einer reproduktiven Isolation. Die mehrfache Wiederholung dieser Vorgänge führte dann zur bekannten Artenvielfalt bei Lemuren. Zusammenfassend liegt also eine adaptive Radiation vor, bei der es zur Aufspaltung einer Art in zahlreiche neue Arten unter Anpassung an verschiedene ökologische Nischen kommt.

b) Begründen Sie, warum die aufgeführten Lemurenarten im selben Lebensraum koexistieren können. E/II
Die Koexistenz der sechs Lemurenarten im selben Lebensraum ist möglich, da diese im Hinblick auf ihre Aktivitätszeiten und Nahrungsquellen unterschiedliche Nischen besetzen. So sind beispielsweise Roter Mausmaki und Großer Katzenmaki beide nachtaktiv, sie erreichen aber aufgrund ihres deutlich unterschiedlichen Gewichts jeweils andere Bereiche der Nahrungsbäume und stehen somit nicht in Konkurrenz um Nahrung. Die etwa gleichschweren Arten Halbmaki, Wieselmaki und Wollmaki entgehen der Konkurrenz, indem sie entweder nacht- oder tagaktiv sind, oder, indem sie auch Blätter mit Alkaloiden als Nahrungsquelle tolerieren.
Der Indri ist mit seinen 10 kg Körpergewicht deutlich schwerer als alle hier aufgeführten Arten. Er erreicht daher nur bestimmte Bereiche der Nahrungsbäume und ist so kein Nahrungskonkurrent für die anderen Arten.

Seite 404

AUFGABEN Artbildungen

1 Rassen- und Artbildung bei Eisvögeln

a) Beschreiben Sie die Verbreitung der Eisvögel auf Neu-Guinea. F/I
Die Art *Tanysiptera hydrocharis* ist lediglich auf den Aru-Inseln und in einem begrenzten Raum im Süden von Neu-Guinea zu finden.
Die Art *Tanysiptera galatea* besiedelt in drei Festlandformen getrennte Bereiche von Neu-Guinea außerhalb der Gebirgszüge. Weiterhin kommt sie im Süden gemeinsam mit der Art *Tanysiptera hydrocharis* vor. Außerdem besiedelt sie in fünf weiteren Formen einen Teil der umliegenden Inseln.

b) Entwickeln Sie eine Hypothese, die die evolutionäre Entwicklung der verschiedenen Eisvogelformen erklärt. Gehen Sie dabei von einer Stammform der Eisvögel aus, die Neu-Guinea vor mehr als 10 000 Jahren besiedelte. E/III

Die Stammform der Eisvögel Neu-Guineas wurde durch den Meeresarm geografisch in zwei Teilpopulationen separiert. Dadurch wurde der Genfluss zwischen diesen Teilpopulationen unterbunden. Im Laufe der Zeit entstanden in den getrennten Gebieten zunächst verschiedene Unterarten. Nachfolgende reproduktive Isolation führte im Norden zur Art *Tanysiptera galatea,* auf der gemeinsamen Insel aus Aru-Inseln und Süd-Neu-Guinea bildete sich die Art *Tanysiptera hydrocharis.*

Nach der Aufhebung der geografischen Schranke konnte sich die *Tanysiptera galatea* ausbreiten, eventuell aufgrund einer höheren ökologischen Potenz. *Tanysiptera hydrocharis* überlebte auf den Aru-Inseln und in dem begrenzten Raum im Süden Neu-Guineas.

Die nur geringen Unterschiede der drei Festlandformen von *Tanysiptera galatea* sprechen für eine gemeinsame Stammpopulation auf dem Festland. Auf den Inseln ist der Genfluss zum Festland eingeschränkt, sodass auffallende Unterschiede der Inselpopulationen für eine frühe Besiedlung und damit lange andauernde getrennte Entwicklungen sprechen. Möglicherweise sind sie auch auf den Gründereffekt zurückzuführen. Auch unterschiedliche Selektionsfaktoren auf den Inseln können eine Rolle gespielt haben.

2 Sympatrische Artbildung

a) Erklären Sie anhand der Abbildung die Polyploidisierung als Mechanismus der sympatrischen Artbildung bei Pflanzen. F/II

Bei einer diploiden Art A mit 2n = 6 Chromosomen entstanden durch einen Meiosefehler gleichfalls diploide Keimzellen. Anschließende Selbstbefruchtung führte zu einer tetraploiden Art B mit 4n = 12 Chromosomen. Diese ist reproduktiv von Art A isoliert, da die Kreuzung beider Arten zu einem triploiden und damit sterilen Individuum führt. Die neu entstandene Art B ist fertil, da sie bei der Meiose diploide Keimzellen bildet, die nach anschließender Selbstbefruchtung wieder zur tetraploiden Art B führen. Bei dieser sympatrischen Artbildung ist demnach aus der Art A ohne vorherige geografische Separation die Art B entstanden.

b) Zeichnen Sie den Verlauf der Meiose ausgehend von einer triploiden Urkeimzelle mit zwei Chromosomen und erklären Sie darauf aufbauend, warum triploide Hybride steril sind. F/II

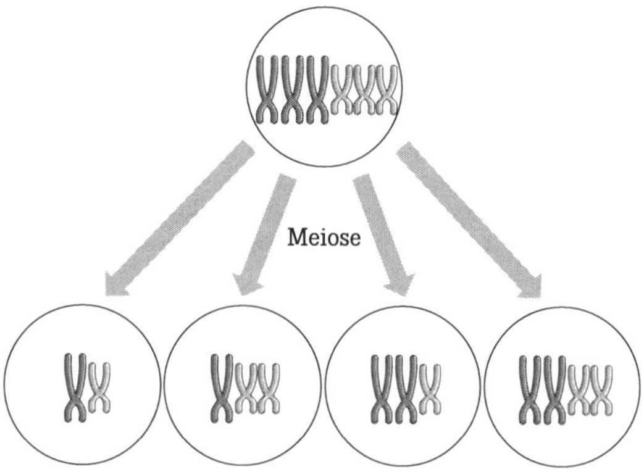

Bei der Meiose einer triploiden Urkeimzelle lassen sich die Chromosomen nicht geregelt auf die Keimzellen verteilen. Es entstehen Keimzellen mit unterschiedlichen Chromosomenzahlen. Eine geregelte Reduktion des Chromosomensatzes ist bei einem triploiden Hybrid also nicht möglich. Nach erfolgter Selbstbefruchtung entstünden Pflanzen mit gestörter Genbalance.

Seite 405

AUFGABEN Coevolution bei Webervögeln

a) Erklären Sie die evolutionäre Anpassung der Dorfwebervögel an den Parasitismus durch den Goldkuckuck und den durch eigene Artgenossen in Afrika. F/II

Die spezifischen Eimerkmale der Dorfwebervögel sind als evolutionäre Gegenstrategie zum Brutparasitismus durch den Goldkuckuck und den durch eigene Artgenossen aufzufassen: Eier eines Geleges gleichen sich so sehr, dass ein fremdes Ei sofort auffällt und dann vom Wirtsvogel entfernt werden kann. Eier verschiedener Gelege unterschieden sich hingegen sehr stark. Der Goldkuckuck kann sich daher nicht an eine bestimmte Eifärbung aller Dorfwebervögel anpassen.

b) Werten Sie die Diagramme aus und erklären Sie die Befunde. E/II
Die Eier verschiedener Gelege von Dorfwebervögeln Hispaniolas unterscheiden sich, bezogen auf die Merkmale Helligkeit und Farbton, nicht so stark wie die in der Ursprungspopulation Westafrikas. Dagegen sind die Merkmalsunterschiede innerhalb eines Geleges im Vergleich zur Ursprungspopulation stark gestiegen. Diese Veränderungen sind mit dem Fehlen von Brutparasiten auf Hispaniola zu erklären. Der Selektionsdruck im Hinblick auf einheitliche Eimerkmale innerhalb eines Geleges und unterschiedlicher Merkmale zwischen den Gelegen entfällt, die Merkmalsausprägung verschiebt sich.

5 Die Stammesgeschichte der Lebewesen

Seite 407

AUFGABEN Modellexperiment von MILLER

a) Beschreiben Sie das Modellexperiment von MILLER anhand der Abbildung. Geben Sie dabei an, welche Teile der Apparatur die unterschiedlichen Bereiche der Urerde modellhaft darstellen sollen. F/I, E/II
In seinem Experiment leitete Stanley MILLER 1953 Gase, von denen er annahm, dass diese in der Uratmosphäre vorkamen, über einen Gashahn in eine Glasröhre. Der Gashahn stellte in seinem Experiment das Erdinnere dar, denn von hier und aus dem sich verfestigenden Gestein der Erde wurden verschiedene Gase freigesetzt. Das eingeleitete Gasgemisch, das die Uratmosphäre bilden sollte, gelang von hier aus in einen Rundkolben, in dem mithilfe zweier Elektroden elektrische Entladungen freigesetzt wurden. Diese sollten die Ereignisse auf der Erde wie Gewitter oder Vulkanausbrüche simulieren. Im Gasgemisch waren Wasserdampf, Methan und Ammoniak zu finden. Mithilfe erhöhter Temperaturen im Kolben konnte MILLER schließlich die Entstehung verschiedener Bausteine organischer Moleküle nachweisen. Die Erde kühlte sich zunehmend ab, was MILLER durch einen Kühler mit Kühlwasserzufuhr in seinem Experiment simulierte. Der Wasserdampf kondensierte und es sammelte sich abgekühltes Wasser mit den zuvor entstandenen organischen Verbindungen in einem weiteren Glasrohr, das letztendlich in einen weiteren Rundkolben geleitet wurde. Das aufgefangene Wasser im Experiment von MILLER steht für die Urozeane, die sich mit der Zeit bildeten und in denen sich Gase und Mineralien lösten. Durch einen an das Glasroh angeschlossenen Erlenmeyerkolben konnte MILLER tropfenweise Wasserproben für chemische Analysen entnehmen. Das im Rundkolben befindliche Wasser erhitzte MILLER mithilfe eines Heizpilzes, sodass es erneut zur Bildung von Wasserdampf kam, der zusammen mit dem eingeleiteten Gasgemisch in die Glaskugel geleitet wurde, sodass sich der Kreislauf schloss.

b) Prüfen Sie die Ergebnisse hinsichtlich ihrer Bedeutung für die Evolutionstheorie. F/II, E/II
Mithilfe des Experiments von Stanley MILLER aus dem Jahre 1953 kann nachgewiesen werden, dass sich aus anorganischen Molekülen wie Wasserstoff, Ammoniak, Methan usw. tatsächlich organische Moleküle wie Bausteine von Nucleinsäuren, Fetten, Kohlenhydraten und Proteinen bilden konnten, indem er die auf der Urerde vermutlich vorherrschenden Bedingungen simuliert hat. Dies ist ein wichtiger Hinweis, wie das Leben auf der Erde entstanden sein könnte. Jedoch herrscht Uneinigkeit darüber, ob die von Miller in seinem Experiment eingeleiteten Gase auch tatsächlich Bestandteile der Uratmosphäre waren.

Seite 409

1 Erklären Sie anhand der Abbildung 1, wie sich in der präbiotischen Umgebung Kompartimente mit einer Phospholipid-Doppelschicht gebildet haben könnten. F/II
Phospholipide besitzen einen polaren, hydrophilen und einen unpolaren, hydrophoben Bereich. Daher ordnen sie sich in wässriger Umgebung stets so an, dass die hydrophile Phosphatgruppe nach außen zum Wasser zeigt und die hydrophoben Fettsäureketten vom Wasser abgewandt sind. Zwischen den einzelnen Phospholipidmolekülen bestehen Anziehungskräfte. Zwischen den polaren „Köpfen" herrschen Dipol-Dipol-Wechselwirkungen und zwischen den unpolaren „Schwänzen" VAN-DER-WAALS-Kräfte. Daher lagern sich die einzelnen Phospholipidmoleküle entsprechend aneinander und bilden auf einer Wasseroberfläche eine monomolekulare Schicht. Im Wasser lagern sich Phospholipide spontan zusammen und bilden kugelförmige Aggregate wie einschichtige Micellen oder

doppelschichtige Liposome – wobei immer der hydrophile Molekülteil mit dem polaren Lösungsmittel in Wechselwirkung tritt. Stülpt sich eine monomolekulare Schicht von Phospholipiden auf einer Wasseroberfläche ein und umschließt dabei eine Micelle, bilden sich Kompartimente mit einer Phospholipid-Doppelschicht, in denen spezifische Reaktionen ablaufen können.

2 Erklären Sie, welche Bedeutung Kompartimente für die Evolution der Zellen hatten. F/I

Mit der Bildung von Kompartimenten in Zellen wurden voneinander abgegrenzte Reaktionsräume geschaffen. Somit können innerhalb einer Zelle gleichzeitig verschiedene Reaktionen ablaufen. In den einzelnen Kompartimenten wird eine wesentlich engere Zusammenarbeit verschiedener Moleküle ermöglicht. Es können Stoffe konzentriert werden, die mit größerer Wahrscheinlichkeit auf die entsprechenden Enzyme treffen. Somit kann die Effektivität der einzelnen Stoffwechselschritte gesteigert werden.

3 Erklären Sie anhand der Abbildung 3 das Prinzip eines Hyperzyklus. F/I

Allgemein wird unter einem Hyperzyklus die Abfolge einer zyklischen Reaktion zwischen einer Nucleinsäure und einem Protein verstanden. Ein RNA-Molekül fungiert als Informationsträger (I_1). In der Basenabfolge der RNA liegt die Aminosäuresequenz eines Proteins (Enzym E_1) verschlüsselt. Das RNA-Molekül codiert also die Synthese des Enzyms E_1. Dieses Enzym katalysiert die Replikation eines weiteren RNA-Moleküls, das als Informationsträger (I_2) fungiert. I_2 codiert wiederum die Synthese eines weiteren Enzyms (E_2), welches schließlich die Replikation von I_1 katalysiert. Somit schließt sich der Zyklus. Sobald ein Bestandteil der Reaktionskette defekt ist, fällt der gesamte Zyklus aus.

Seite 412

1 Erläutern Sie das Basiskonzept „Variabilität und Angepasstheit" auf der Grundlage der Evolution der biologischen Vielfalt. F/II

Die verschiedenen Lebewesen sind in Bau und Funktion an ihre Umwelt angepasst. Durch einschneidende klimatische und geologische Ereignisse ist die Erde einem ständigen Wandel unterlegen, der unterschiedliche Lebensräume für verschiedene Arten bietet. Während manche Arten durch ein Massensterben ausgelöscht wurden, konnten andere überleben, da sie an die herrschenden Umweltbedingungen angepasst waren. Angepasstheit wird durch Variabilität ermöglicht. Kein Individuum einer Art ist identisch, sondern zeigt spezielle, mitunter auch geringfügige Abweichungen. Prokaryoten gehören zu den ersten Lebewesen der Erde. Einige von ihnen waren in der Lage, Fotosynthese zu betreiben, wodurch der Sauerstoffgehalt im Wasser und später auch in der Atmosphäre stetig zunahm. Für viele Prokaryoten war Sauerstoff giftig, sodass nur diejenigen überleben konnten, die sich an die sauerstoffreiche Atmosphäre anpassen und sie nutzen konnten, so z. B. im Rahmen der Zellatmung. Sie entwickelten sich schließlich zu vielen verschiedenen Arten weiter. Die Zellatmung stellt eine der bedeutendsten Anpassungen an die aerobe Atmosphäre dar. Nach den Prokaryoten entstanden die Eukaryoten, deren Entwicklung heute mit der Endosymbionten-Theorie erklärt wird. Vorteil der Eukaryoten ist z. B. ihr diploider Chromosomensatz und die sexuelle Fortpflanzung, sodass viele verschiedene Genotypen gebildet werden können und sich ihre genetische Variabilität erhöhte. Die Grundlage der Variabilität bei Lebewesen sind Mutation, Rekombination und Modifikation. In einer sich rasant verändernden Umwelt hatten die Eukaryoten gute Chancen zu überleben. Die Lebewesen, welche am besten an ihre Umwelt angepasst sind, haben die größten Überlebens- und Fortpflanzungschancen. Sie geben ihre Merkmale an die nächste Generation weiter. Aus den eukaryotischen Einzelzellen entwickelten sich schließlich Vielzeller. Ihr Vorteil lag in der Arbeitsteilung und Differenzierung der Zellen, wodurch die Effektivität bestimmter Vorgänge und Funktionen gesteigert werden konnte. In den folgenden Erdzeitaltern kam es zu einer zunehmenden Artenvielfalt. Es entwickelten sich Fische, Algen, erste Landpflanzen, Insekten und die ersten Wirbeltiere.

Seite 414 bis 415

AUFGABEN Stammesgeschichte der Lebewesen

1 Entwicklung von Tiergruppen nach erdgeschichtlichen Katastrophen

a) Erklären Sie anhand der Abbildung die Entwicklung der Tiergruppen im Verlauf der dargestellten Erdgeschichte. K/I

Trilobiten sind bereits zu Beginn des Kambiums nachweisbar. Ihre Anzahl und Artenvielfalt nahmen im mittleren Kambium zu. Trilobiten bevölkerten die Meere bis zu ihrem Aussterben am Ende des Perms.
Im anschließenden Ordovizium, das vor etwa 490 Millionen Jahren begann, traten die ersten Ammoniten auf. Sie überlebten mehrere Massensterben und starben erst am Ende der Kreidezeit vor etwa 65 Millionen Jahren aus.
Im Ordovizium traten auch die ersten Fische (gepanzerte Fische mit einer knorpeligen Wirbelsäule) auf. Die Anzahl und Artenvielfalt der Knorpelfische nahmen gegen Ende des Silurs und im anschließenden Devon stark zu. Nach einem geringen Rückgang zu Beginn des Karbons kam es zu einem weiteren Evolutionsschub im mittleren Karbon, zu einer erneuten Reduktion infolge von Massensterben am Ende des Perms sowie am Ende der Trias.

Zusatzinformation: Neben gut 20 000 Arten von Knochenfischen leben in den Gewässern der Erde heutzutage etwa 1000 Knorpelfischarten. Zu ihnen gehören Haie und Rochen. Knorpelfische besitzen im Gegensatz zu Knochenfischen ein Skelett, das hauptsächlich aus Knorpel besteht. Knorpel ist leichter als ein Knochenskelett. Sie besitzen keine Schwimmblase. Deshalb müssen sie selbst aktiv schwimmen und ihre Flossen bewegen. Sie können nicht im Wasser schweben wie die Knochenfische. Viele Arten haben aber eine stark ölhaltige Leber, die für etwas Auftrieb sorgt. Bei Knorpelfischen findet, im Gegensatz zu Knochenfischen, eine innere Befruchtung statt. Ihre Haut ist nicht von Schuppen, sondern von winzigen Zähnchen bedeckt.

In der mittleren Jura traten die ersten Knochenfische auf. Während der mittleren Kreide gab es eine bemerkenswerte Zunahme an Knochenfischenarten. Ein zweiter Evolutionsschub bei den Knochenfischen erfolgte im Paläogen, nach dem Massensterben am Ende der Kreidezeit.

Die ersten Dinosaurier traten während der mittleren Trias vor etwa 235 Millionen Jahren auf, nach dem Massensterben am Ende des Perms. Dinosaurier sind von der mittleren Trias bis zum Ende der Kreide fossil nachweisbar. Die Evolution der Vögel beginnt in der Jura. Eine erste große Artenexplosion erfolgt nach dem Massensterben am Ende der Kreidezeit, eine zweite etwa in der Mitte des Paläogens.
Erste Säugetiere traten zu Beginn der Jura auf. Die größte Artenexplosion erfolgte nach dem Massensterben am Ende der Kreidezeit, in der Erdneuzeit.

b) Erklären Sie in diesem Zusammenhang die adaptive Radiation. E/II

Die Aufspaltung einer Art in zahlreiche neue Arten unter Anpassung an unterschiedliche ökologische Bedingungen nennt man adaptive Radiation. Sie erfolgt insbesondere, wenn klimatische oder geologische Veränderungen neue Lebensräume mit freien ökologischen Nischen schaffen. Eine adaptive Radiation lässt sich oft nach dem Aussterben von Arten, etwa von Konkurrenten, und nach dem Massenaussterben in der Erdgeschichte beobachten. So entwickelten sich die Säugetiere erst nach dem Aussterben der Dinosaurier und fächerten dann in viele Arten auf. Adaptive Radiationen findet man auch nach der Besiedlung von neuen großen Lebensräumen (Großnischen), wie etwa die Besiedlung des Landes durch die Landwirbeltiere oder die Besiedlung des Luftraumes durch die Vögel.

c) Das Massensterben am Ende des Perms löschte 80 bis 90 Prozent aller marinen Tierarten aus und führte zu drastischen Veränderungen im Lebensraum Meer. Dichtemessungen der Erdoberfläche weisen darauf hin, dass vor etwa 250 Millionen Jahren ein riesiger Meteorit die Erde getroffen hat. Der mögliche zugehörige Krater mit einem Durchmesser von 480 Kilometern liegt im Osten der Antarktis.
Erläutern Sie mögliche sich daraus ergebende Umweltveränderungen, die das Massensterben im Perm ausgelöst haben könnten. E/III

Durch den Einschlag des Meteoriten könnte eine riesige Staub-Dampf-Wolke aufgestiegen sein, die die Sonne verdunkelt hätte. Dadurch könnten sich die Temperaturen und andere Klimadaten auf der Erde verändert haben. Infolgedessen könnte sich die Fotosyntheserate für viele fotoautotrophe Lebewesen erniedrigt haben. Dies wiederum hätte Einfluss auf die meisten Nahrungsketten. Vielleicht wurden auch giftiges Gas freigesetzt und Erdbeben ausgelöst.

2 Kontinentaldrift und Stammesgeschichte

a) Werten Sie die Abbildung im Hinblick auf die Frage aus, ob die Ähnlichkeiten beim Nandu und Strauß auf eine konvergente oder divergente Entwicklung zurückzuführen sind. E/II

Die Flügelskelette von Nandu und Strauß besitzen grundlegende Übereinstimmungen im Aufbau. Die Knochen sind in der gleichen Reihenfolge miteinander verbunden. Das Kriterium der Lage ist erfüllt. Die Flügelskelette sind also homolog. Homologe Organe zeugen von naher Verwandtschaft. Das Flügelskelett des Nandus ist im Vergleich zum Strauß allerdings deutlich rückgebildet. Die morphologischen Unterschiede zwischen Nandu und Strauß lassen sich auf eine divergente Entwicklung zurückführen.

b) Die evolutionären Beziehungen zwischen Greifstachler und Stachelschwein wurden unter anderem durch eine DNA-DNA-Hybridisierung untersucht. Dabei stellte man fest, dass Greifstachler enger mit Meerschweinchen verwandt sind als mit Stachelschweinen.

Erklären Sie das experimentelle Vorgehen des Verfahrens und beschreiben Sie die Versuchsergebnisse, aus denen man auf die genannten Beziehungen zwischen Greifstachler, Stachelschwein und Meerschweinchen schließen konnte. F/I, E/III

Für die DNA-DNA-Hybridisierung isoliert man die DNA der zu vergleichenden Arten und zerschneidet sie mithilfe von Enzymen in Fragmente. Danach werden die Fragmente durch Erhitzen in Einzelstränge aufgetrennt. Die einzelsträngigen Fragmente werden gemischt. Beim Abkühlen hybridisieren die Einzelstränge. Je mehr übereinstimmende Sequenzen in den DNA-Einzelsträngen vorliegen, desto mehr Wasserstoffbrücken können zwischen ihnen ausgebildet werden und umso stabiler sind die Hybrid-Doppelstränge. Durch erneutes Erhitzen ermittelt man, bei welcher Temperatur sich die Hybrid-Doppelstränge in Einzelstränge auftrennen. Je höher diese Schmelztemperatur ist, umso größer war der Hybridisierungsgrad. Die Differenz der Schmelztemperatur zwischen artreiner DNA (Kontrolle) und der Hybrid-DNA ist ein Maß für verwandtschaftliche Nähe.

Der Vergleich der Schmelztemperaturen muss eine kleinere Differenz zwischen der arteigenen DNA des Greifstachlers (Kontrolle) und dem DNA-Hybrid von Meerschweinchen/Greifstachler als zwischen der arteigenen DNA des Greifstachlers (Kontrolle) und dem DNA-Hybrid von Greifstachler/Stachelschwein gezeigt haben. Daraus lässt sich schließen, dass Greifstachler enger mit Meerschweinchen verwandt sind als mit Stachelschweinen.

c) Erklären Sie unter Berücksichtigung der Abbildung, dass entwicklungsgeschichtlich alte Tiergruppen in Afrika und Südamerika nahe miteinander verwandt sind, junge Tiergruppen dagegen nicht, obwohl auch diese viel Ähnlichkeit untereinander besitzen. E/II

In der frühen Erdgeschichte gab es noch keine getrennten Kontinente, sondern eine zusammenhängende Landmasse, die sich erst allmählich in die verschiedenen Kontinente trennte. In dem Südkontinent Gondwana waren Afrika und Südamerika noch verbunden. Phylogenetisch alte Tiergruppen in Afrika und Südamerika wie Nandu und Strauß oder Wabenkröte und Krallenfrosch, die nahe miteinander verwandt sind, gehen auf gemeinsame Vorfahren zurück, die zu Zeiten Gondwanas gelebt haben. Ihre Entwicklungslinien trennten sich entweder schon auf Gondwana oder erst mit der Trennung in unterschiedliche Kontinente, auf denen sie sich zu den heute lebenden Arten entwickelten.

Die großen äußerlichen Ähnlichkeiten von phylogenetisch jungen Tiergruppen in Afrika und Südamerika wie Kolibri und Nektarvögel oder Greifstachler und Stachelschwein sind nicht auf enge Verwandtschaft zurückzuführen, sondern darauf, dass sie ähnliche ökologische Nischen besetzen.

d) Erklären Sie, dass sich die Evolutionstheorie und die Theorie der Kontinentalverschiebung gegenseitig stützen. E/II

Die Theorie der Kontinentalverschiebung besagt, dass es vor 250 Millionen Jahren nur einen Urkontinent gegeben hat, der vor ca. 180 Millionen Jahren auseinander brach und zur gegenwärtigen Verteilung der Landmassen führte. Populationen von Arten, die in der Entwicklungsgeschichte früh entstanden sind, wurden durch das Auseinanderdriften der Kontinente geteilt. Sie durchliefen danach eine jeweils eigenständige Evolution auf den getrennten Kontinenten und entwickelten sich zu verschiedenen Arten. Zwischen den so entstandenen Arten besteht ein hoher Verwandtschaftsgrad, da sie gemeinsame Vorfahren haben, von denen sie sich erst in jüngster Zeit trennten und eine eigene Entwicklung begannen.

Entwicklungsgeschichtlich junge Tiergruppen, die erst nach der Trennung der Kontinente auf den unterschiedlichen Kontinenten entstanden sind, durchliefen

auf den durch das Meer getrennten Kontinenten eine eigenständige Evolution. Sie zeigen sehr geringe verwandtschaftliche Beziehungen, da sie (im engen Sinn betrachtet) keine gemeinsamen Vorfahren haben.
Der engere Verwandtschaftsgrad von entwicklungsgeschichtlich alten Tiergruppen auf unterschiedlichen Kontinenten und die allopatrische Artbildung durch die Trennung von Populationen nach dem Auseinanderdriften der Kontinente belegt, dass die Landmassen zuerst zusammenhingen und dann im Laufe der Erdgeschichte in die verschiedenen Kontinente getrennt wurden. So stützen sich die Evolutionstheorie und die Theorie der Kontinentalverschiebung gegenseitig.

3 Phylogenetischer Stammbaum von Laufvögeln

a) Erläutern Sie, wie man mithilfe molekularer Uhren evolutionäre Zeiträume bestimmen kann. F/II
Man geht davon aus, dass die Mutationsrate bei Genen konstant ist. Betrachtet man das gleiche Gen bei zwei verschiedenen Arten und zählt die Unterschiede in der Nucleotidsequenz (die ja im Laufe der Evolution durch Mutationen entstanden sein müssen), so lässt sich anhand der Unterschiede auf die Zeit schließen, die bis zu dem noch gemeinsamen Vorfahren dieser beiden Arten vergangen ist.

b) Erstellen Sie anhand der Zeitangaben ein Kladogramm der Laufvögel. K/II

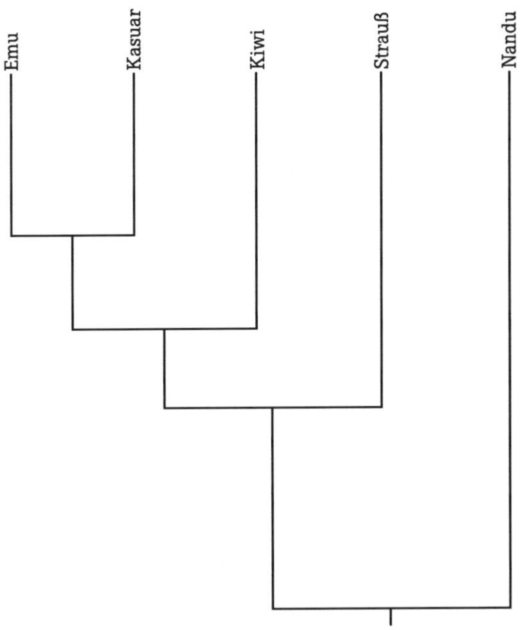

c) Entwickeln Sie unter Berücksichtigung der Kontinentalverschiebung eine Hypothese zur Evolution der Laufvögel. E/III
Die flugunfähigen Laufvögel könnten auf einem gemeinsamen Vorfahren, der bereits flugunfähig war und auf Gondwana gelebt hat, zurückgehen. Gondwana begann vor etwa 150 Millionen Jahren auseinanderzubrechen. Aus dem gemeinsamen Vorfahren entwickelten sich auf den unterschiedlichen Kontinenten die verschiedenen Laufvogelarten.
Zusatzinformation: Bisher gingen Wissenschaftler von der Hypothese aus, dass alle Laufvögel der südlichen Breiten, wie der afrikanische Strauß, der südamerikanische Nandu, der australische Emu, der neuseeländische Kiwi und der Moa sowie die Kasuare auf Neuguinea auf einen bereits flugunfähigen Vorfahren zurückgehen, der vor etwa 160 Millionen Jahren auf Gondwana gelebt hätte. Als der Südkontinent dann auseinanderbrach, entwickelten sich die Nachfahren dieses Laufvogels auseinander und es entstanden die unterschiedlichen Laufvogelarten.
Neuere molekulargenetische Untersuchungen zeigten, dass einige Laufvögel bestimmten fliegenden Vögeln genetisch viel ähnlicher sind als anderen Laufvögeln. Sie sind offensichtlich enger mit diesen verwandt als mit den Angehörigen ihrer vermuteten Verwandtschaftsgruppe, den Laufvögeln.
Aufgrund dieser Befunde geht man heute davon aus, dass sich nicht alle bekannten Laufvögel aus einem gemeinsamen flugunfähigen Vorfahren entwickelten, sondern dass sie zum Teil auf unterschiedliche fliegende Vorfahren zurückgehen, die sich nach dem Auseinanderbrechen von Gondwana wahrscheinlich auf fliegende oder auch auf schwimmende Weise verbreitetet haben. Auf den verschiedenen Kontinenten verloren sie unabhängig voneinander ihre Flugfähigkeit und entwickelten eine ähnliche Lebensweise.
Die Evolution und Verbreitungsgeschichte der Laufvögel ist letztlich bis heute ungeklärt und Gegenstand der Forschung.

d) Erklären Sie in diesem Zusammenhang die allopatrische Artbildung. F/II
Bei der allopatrischen Artbildung werden zwei Populationen einer Art zunächst durch geografische Prozesse getrennt. Dadurch wird der Genfluss zwischen den Teilpopulationen unterbrochen. Die Individuen aus den verschiedenen Teilpopulationen können sich nicht mehr paaren.
Die Teilpopulationen entwickeln sich durch Mutationen, Rekombination und aufgrund von Gendrift aus-

einander, wodurch die genetische Übereinstimmung zwischen den Teilpopulationen immer mehr sinkt. Aus den Teilpopulationen bilden sich im Laufe der Zeit unterschiedliche Rassen. Die Individuen der unterschiedlichen Teilpopulationen unterschieden sich nach einiger Zeit genetisch so wesentlich, dass bei der Aufhebung der geografischen Trennung keine Paarung zwischen ihnen mehr möglich ist. Es hat eine reproduktive Isolation stattgefunden. Damit sind zwei unterschiedliche biologische Arten entstanden.

e) Begründen Sie, dass Moas und Elefantenvögel, die größten Laufvögel aller Zeiten, auf Inseln vorkamen, die sich vom Festland getrennt hatten, noch bevor die Säugetiere zur Entfaltung gekommen waren. E/II
Wenn es auf den Inseln keine Landsäugetiere gab, konnten sich in den entsprechenden ökologischen Nischen Vögel ausbreiten. So verlegten einige Vogelarten ihren Lebensraum vollständig auf den Boden, wo sie ihre Nahrung suchen und ihre Nester bauen. Sie mussten daher nicht mehr fliegen. Da sie sich nicht mehr in die Luft erheben mussten, haben einige Arten auch stark an Gewicht zugelegt und gehören nun zu den größten und schwersten Vertretern unter allen ihren Verwandten.

4 Merkmale von Säugetieren

a) Prüfen Sie, welche Merkmale apomorph oder plesiomorph für Säugetiere sind. F/I
Apomorph: Körperbedeckung, Fortpflanzung (insbesondere das Säugen der Jungtiere ist namensgebendes, apomorphes Merkmal)
Plesiomorph: Atmung (Lungen sind auch bei Vögeln und Reptilien vorhanden), Körpertemperatur (auch Vögel sind gleichwarme Tiere), Blutkreislauf (auch Vögel besitzen einen doppelten Blutkreislauf)

b) Erklären Sie die Bedeutung apomorpher und plesiomorpher Merkmale für die Kladistik. F/II
Aufgrund apomorpher und plesiomorpher Merkmale werden in der Kladistik phylogenetische Stammbäume (Kladogramme) erstellt, mit deren Hilfe Aussagen über verwandtschaftliche Beziehungen ermöglicht werden. Dabei zeigen plesiomorphe Merkmale die Zusammengehörigkeit verschiedener Arten auf und ihre jeweils apomorphen Merkmale werden genutzt, um entwicklungsgeschichtliche Abspaltungen innerhalb der zu vergleichenden Arten zu finden. Sie sind also evolutionäre Neuheiten der nachfolgenden Art(en) und bilden dementsprechend einen Verzweigungspunkt im Stammbaum.

5 Stammbaum ausgewählter Wirbeltiere

Erstellen sie auf der Basis der Merkmalstabelle einen phylogenetischen Stammbaum für die angegebenen Wirbeltiere. E/II, K/II

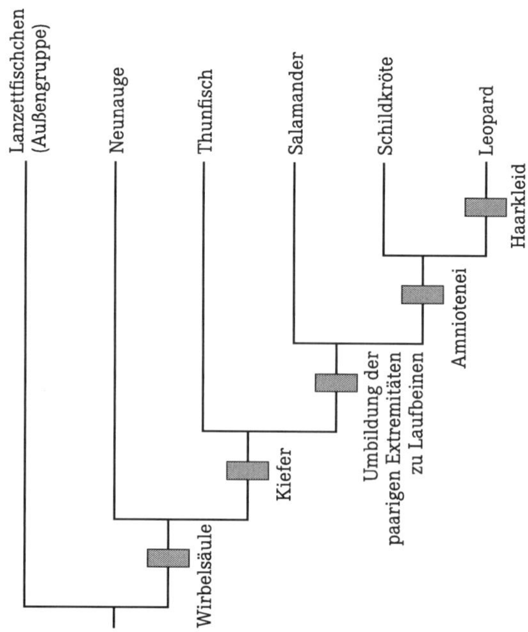

6 Die Evolution des Menschen

Seite 417

AUFGABEN Skelettvergleich

a) Vergleichen Sie tabellarisch die Skelettteile von Schimpanse und Mensch miteinander. F/I

	Schimpanse	Mensch
Körperhaltung	gebückt vierbeiniger Gang	aufrecht zweibeiniger Gang
Kopf	hängt am Körper	ruht auf dem Körper
Wirbelsäule	bogenförmig	doppelt S-förmig

	Schimpanse	Mensch
Gehirn/ Schädel	kleiner Gehirnschädel, Überaugenwülste, fliehende Stirn, Kinn fliehend, Vorkiefrigkeit/ „Schnauzenbildung“	großer Gehirnschädel, keine Überaugenwülste, steile Stirn, Kinn vorstehend, keine Vorkiefrigkeit/ „Schnauzenbildung“
Hinterhauptsloch	weit hinten	zentral
Gebiss	rechteckig, starke Eckzähne, Zahnlücken für Eckzähne	parabolisch, schwache Eckzähne, keine Zahnlücken
Becken	schmal, lang	verbreitert, schüsselförmig
Beine	O-förmige Stellung, kürzer als Arme	X-beinige Stellung, länger als Arme
Fußskelett	Greiffuß mit abspreizbarer Zehe	Standfuß ohne Greiffunktion

b) Erklären Sie, inwieweit die anatomischen Unterschiede von Schimpanse und Mensch im Zusammenhang mit dem aufrechten Gang stehen. F/II

Für den aufrechten Gang war eine Reihe von Veränderungen im Laufe der Evolution des Menschen nötig. So verlagerte sich das Hinterhauptsloch nach vorne in den zentralen Bereich des Schädels. Dadurch konnte der Schädel aufrecht auf der Wirbelsäule sitzen.

Die Wirbelsäule wurde doppelt S-förmig, um Stöße beim aufrechten Gang besser abfedern zu können. Das Becken bildete eine Art Schüssel, um den Eingeweiden einen besseren Halt beim aufrechten Gehen zu geben. Zusätzlich wurde die Hebelwirkung der ansetzenden Muskeln erhöht. Dies wirkte sich stabilisierend auf den aufrechten Gang aus, wie die am Becken ansetzenden nach innen eingewinkelten Oberschenkelknochen. Auch das zum Stand- und Lauffuß entwickelte Fußskelett unterstützte die aufrechte Fortbewegungsweise.

Seite 419

1 Erstellen Sie ein Fließdiagramm zu den wesentlichen Schritten der Menschwerdung. Beginnen Sie mit dem Grabenbruch. K/II

Grabenbruch (Rift Valley)

↓

Änderung des Lebensraumes durch Trennung von Regenwald und Savanne

↓

Entstehung des aufrechten Ganges

↓

Zunahme des Gehirnvolumens (Großhirnzunahme)

↓

Zunahme der kognitiven Fähigkeiten (Werkzeugherstellung, Feuergebrauch)

↓

Sozialisierung (Zusammenarbeit in sozialen Gruppen: Kooperation, Arbeitsteilung)

2 Erklären Sie die Vorteile des aufrechten Ganges in der Savanne für die frühen Homini. B/I

Das aufrechte Gehen und Laufen war eine Anpassung der frühen Homini an das Leben in der Savanne. Beim aufrechten Gehen ist der Energieaufwand deutlich geringer. Bei gleichem Energieaufwand lässt sich zweifüßig eine doppelt so lange Strecke zurücklegen wie bei einer vierfüßigen Fortbewegungsweise. Beute und auch Feinde konnten aufrecht besser und schneller erkannt werden. Arme und Hände wurden frei für die Jagd oder für den Transport von Nahrung, anderer Materialien oder von Kleinkindern.

Der Körper der aufrecht gehenden Homini erwärmte sich durch Sonnenstrahlen oder durch abgestrahlte Erdwärme weit weniger stark als bei vierfüßiger Fortbewegungsweise. Durch die kurze Körperbehaarung konnten die frühen Menschen besser schwitzen, sodass sie durch die entstehende Verdunstungskälte stärker in der heißen Savanne abgekühlt wurden.

Seite 421

AUFGABEN Ausbreitungswege von *Homo sapiens*

Werten Sie die Abbildung aus und beschreiben Sie die Ausbreitungsgeschichte des *Homo sapiens* nach der Out-of-Africa-Theorie. Nutzen Sie dazu den Atlas. K/III

Homo sapiens konnte vor etwa 200 000 Jahren im heutigen Äthiopien zum ersten Mal nachgewiesen werden. Von hier aus breitete er sich in den folgenden 100 000 Jahren sowohl nach Süden als auch nach Norden aus. Einige von ihnen wanderten schon vor 125 000 Jahren über die Landenge im Golf von Aden an der Küste der saudiarabischen Halbinsel entlang über die Straße von Hormus bis nach Indien. Die heutigen Landengen konnten noch über bestehende Landbrücken überwunden werden. Andere Gruppen wanderten über Asien bis nach Nord- und Südamerika. Ob sie den amerikanischen Kontinent schon vor 30 000 Jahren oder erst vor etwa 15 000 Jahren erreichten, ist noch nicht endgültig geklärt. Wesentlich früher erreichte *Homo sapiens* über Hinterindien, Birma, Thailand und der indonesischen Inselwelt vor 50 000 Jahren den australischen Kontinent. Nach Europa wanderte *Homo sapiens* über die Sinai-Halbinsel und Vorderasien vor etwa 40 000 Jahren nach Europa ein.

Seite 422

AUFGABEN Stammesgeschichtliche Verwandtschaft des Menschen

1 Knochenfunde

a) Beschreiben Sie auffällige Merkmale an den abgebildeten Knochenfragmenten. F/I

Das Hinterhauptsloch liegt schon ziemlich zentral. Der Oberkiefer weist eine gewisse Vorkiefrigkeit auf. Das Allesfressergebiss ist schon weitgehend parabolisch ausgebildet. Speziell ausgebildete Eckzähne fehlen. Das Becken ist mehr oder minder schüsselförmig ausgebildet. Der Oberschenkelknochen hat eine ähnliche Stellung wie beim Menschen. Das Fußskelett entspricht einem Greiffuß mit abspreizbarer Zehe.

b) Leiten Sie daraus ab, ob die Knochenfragmente einem aufrecht gehenden Homininen zugeordnet werden können. B/I

Die fast zentrale Lage des Hinterhauptsloches spricht dafür, dass der Kopf aufrecht auf einer entsprechend gebauten Wirbelsäule getragen wurde. Auch das weitgehend schüsselförmig ausgebildete Becken und die Stellung des Oberschenkelknochens sprechen für einen aufrecht gehenden Homininen. Dagegen würde das Fußskelett eher für einen Baumkletterer sprechen.

c) Ordnen Sie den Fund in den Stammbaum des Menschen auf den Seiten 418 und 419 ein. Begründen Sie Ihre Einordnung. F/I

Die Vorkiefrigkeit und der Aufbau des Fußskelettes sprechen für äffische und die übrigen eher für menschliche Merkmale. Der Fund weist also gewisse Übergangseigenschaften auf. Das Fehlen von Werkzeugen und die Datierung der Knochenfunde sprechen für einen Vertreter der *Australopithecinen* und nicht für einen Vertreter der Gattung *Homo*.

2 Verwandtschaft des Neandertalers

Werten Sie die Grafik aus und erläutern Sie auf dieser Basis den Verwandtschaftsgrad des *Neandertalers* und *Homo sapiens*. F/I

Aus der Grafik lässt sich ableiten, dass sich die heutigen Menschen durchschnittlich in 8, zum Neandertaler in 26 und zum rezenten Schimpansen in 55 der untersuchten 379 Basenpaaren unterscheiden. Daraus kann man schließen, dass der Verwandtschaftsgrad zwischen den rezenten Menschen am größten und rezenten Menschen und rezenten Schimpansen am niedrigsten ist. Der Neandertaler weist dagegen einen Verwandtschaftsgrad auf, der zwischen den beiden anderen Gruppen liegt. Er ist folglich mit uns stärker verwandt als mit den rezenten Schimpansen.

Zusatzinformation: Inzwischen ist es gelungen, zwei Drittel des Genoms des Neandertalers zu rekonstruieren. Dabei hat man festgestellt, dass etwa 99 % unseres Erbgutes mit dem des Neandertalers übereinstimmen. Im Erbgut der Europäer und Asiaten konnten 1 bis 4 % der Gene der Neandertaler nachgewiesen werden. Daraus kann geschlossen werden, dass es zu Vermischungen zwischen späten Neandertalern und Menschen gekommen ist. Die Tatsache, dass sich diese Gene nicht bei Afrikanern nachweisen lassen, kann als weiterer Beweis für die Out-of-Africa-Theorie angesehen werden.

3 Gene und Meme

a) Nennen Sie die Merkmale der biologischen Evolution und stellen Sie diese den Merkmalen der kulturellen Evolution tabellarisch gegenüber. F/III

Merkmale	biologische Evolution	kulturelle Evolution
Verlauf	darwinistisch	lamarkistisch
Informations-einheit	Gen	Mem
Gesamtheit der Informationen in einer Population	Genpool	Mempool
Evolutions-faktoren	Genmutation, Genfluss, Gendrift, Selektion, Rekombination	Memmutation, Memfluss, Selektion, Rekombination
Einnischung	Besetzung ökologischer Nischen	Besetzung von Marktlücken
Anpassung	durch Selektion	durch Lernen am Erfolg

b) Erörtern Sie den Begriff „Verwandtschaft" im biologischen und kulturellen Sinn. F/II

Verwandtschaft im biologischen Sinn bezieht sich auf das gemeinsame Erbgut. Je ähnlicher dieses zwischen Menschen ist, umso größer wäre ihre Verwandtschaft. Verwandtschaft im kulturellen Sinn bezieht sich auf eine bestimmte Kultur mit seinen Gebräuchen und religiösen, ethisch-moralischen Wertvorstellungen. Menschen, die in und mit einer bestimmten Kultur aufgewachsen sind, fühlen sich Menschen mit gleicher Kultur verwandt.

Seite 423

AUFGABEN Faktoren der Menschwerdung

a) Erklären Sie, wie die jeweiligen Faktoren den Prozess der Menschwerdung beeinflusst haben könnten. K/I

Die Umstellung der vierfüßigen auf die zweifüßige Fortbewegungsweise und die damit verbundene erhöhte Mobilität unter Freisetzung der universell einsetzbaren Hände waren wichtige Schritte auf dem Weg zur Menschwerdung. Die Zunahme des Gehirnvolumens und besonders die Zunahme des Großhirns bzw. die zunehmende Lernfähigkeit können als weitere wichtige Schritte auf dem Weg zur Menschwerdung angesehen werden. Die entstehende Sprache hat die Menschwerdung in besonderer Weise beeinflusst. Sie wurde dazu genutzt, um Werkzeuge herzustellen und zu gebrauchen, neue Jagdwaffen bzw. Jagdtechniken und soziale Strukturen zu entwickeln.

b) Beschreiben Sie, wie sich die Faktoren wechselseitig bedingt haben könnten. Zum Beispiel: Durch bessere Jagdtechniken verbesserte sich die Ernährung der Gruppenmitglieder. Ein guter Ernährungszustand ermöglichte, die Jagdtechniken zu verbessern. K/I

Der aufrechte Gang ermöglichte den Homininen eine größere Mobilität. Sie konnten dadurch größere Gebiete nach Nahrung durchstreifen. Die frei gewordenen, universell einsetzbaren Hände konnten zum Ausgraben von Nahrung, zum Fangen und Töten von Beutetieren oder zum Transport von Nahrung verwendet werden.

Die durch das zunehmende Großhirn wachsenden kognitiven Fähigkeiten ermöglichten ihnen, Gebrauchsgegenstände, Werkzeuge und Jagdwaffen zu entwickeln. Durch Lernen und Fixierung des Gelernten im Gedächtnis konnten alte und neue Fähigkeiten mithilfe der Sprache weitergegeben werden. In den sich bildenden Gruppen entstanden soziale Strukturen, die Kooperation, Arbeitsteilung und Tradition ermöglichten.

Das Jagen in der Gruppe verbesserte nicht nur den Jagderfolg, sondern auch die Kommunikation zur Verbesserung der Jagdwaffen und Jagdtechniken. Alles zusammen verbesserte die Ernährungssituation und damit die Energieversorgung der gesamten Gruppe.

Seite 425

1 Stellen Sie die wichtigsten Schritte der kulturellen Evolution in Form eines Fließdiagramms dar. K/II

einfache Steinwerkzeuge
(Geröllwerkzeuge)
↓
stärker bearbeitete Steinwerkzeuge
(Faustkeile)
↓
Feuergebrauch
↓
Entwicklung von weiteren Stein-, Knochenwerkzeugen, Jagdwaffen
↓
Erstellung von Kunstgegenständen
(Schmuck, Plastiken, Höhlenmalereien)
↓
Sesshaftigkeit
↓
Landwirtschaft, Siedlungen, Städte
↓
Entwicklung der Schrift
↓
Kupferzeit
↓
Bronzezeit
↓
Eisenzeit

2 Vergleichen Sie die biologische und kulturelle Evolution miteinander. B/I

Die biologische und kulturelle Entwicklung verliefen zunächst weitgehend parallel. Die Entwicklung des aufrechten Ganges führte zur Freisetzung der Hände für andere Tätigkeiten. Etwa gleichzeitig entwickelte sich ein größeres Gehirn, das zu einer Verbesserung der kognitiven Fähigkeiten und zur Entwicklung der Sprache führte. Beide Eigenschaften ermöglichten es den frühen Menschen, Werkzeuge zu entwickeln, zu verbessern und ihren Gebrauch mehr und mehr zu optimieren. Durch Lehren und Lernen wurden Informationen über diese Fähigkeiten an folgende Generationen weitergegeben.

Sie bildeten die Grundlage für Kultur und kulturelle Traditionen. Kooperation und Arbeitsteilung in den sich bildenden sozialen Gruppen beschleunigten die kulturelle Entwicklung. In den letzten 10000 Jahren hat sich die kulturelle Evolution mehr und mehr von der biologischen Evolution entkoppelt. Während sich die kulturelle Evolution in dieser Zeit in großen Schritten bis heute ständig weiterentwickelte, machte die biologische Evolution kaum Fortschritte.

Seite 426

AUFGABEN Die Evolution des Menschen

1 Homöotische Gene

a) Vergleichen Sie anhand der Abbildung die homöotischen Gene der Fruchtfliege *Drosophila* mit denen des Menschen. E/I

Sowohl bei *Drosophila* als auch beim Menschen bewirken die gleichen homöotischen Gene die Differenzierung der an der Längsachse ausgerichteten Kopf-, Brust- und Hinterleibsabschnitte. Während bei *Drosophila* sich diese Gene nur auf einem Chromosom befinden, sind sie beim Menschen auf vier Chromosomen verteilt. Bei der Expression des Abdomens ist bei *Drosophila* ein Gen und beim Menschen zur Ausbildung von Becken, Steiß- und Kreuzbein sind 15 homöotische Gene beteiligt. Für den übrigen Hinterleib sind bei *Drosophila* zwei weitere und beim Menschen für den Lendenwirbelbereich fünf weitere Gene verantwortlich. Zur Thoraxausbildung ist ein bzw. zur Brustkorbausbildung sind drei, für den Halsbereich (Pronotum) ein bzw. drei und für den Kopfbereich drei bzw. 12 Gene notwendig.

b) Erläutern Sie, inwiefern homöotische Gene einen Beleg für die Evolution liefern. K/I

Die große Übereinstimmung sowohl in der Anordnung als auch in der Abfolge ihrer Expression bei *Drosophila* und Mensch kann als Beleg dafür angesehen werden, dass sie auf gleiche stammesgeschichtliche Ursprünge zurückgehen. Aus diesen gleichen Ursprüngen haben sie sich dann im Laufe der Evolution entsprechend verändert.

c) Erklären Sie, wie die biogenetische Regel und homöotische Gene im Einklang stehen. F/II

Die homöotischen Gene zur Differenzierung der Körperabschnitte sind bei den meisten Lebewesen in ähnlicher Weise aufgebaut. Dies spricht für eine gemeinsame Phylogenese. Die Gene haben sich im Laufe der Phylogenese bei den verschiedenen Lebewesen verändert. Aus der heutigen Ontogenese der Lebewesen kann auf ihre Phylogenese geschlossen werden, so wie es die biogenetische Regel fordert.

2 Vergleich der Blutkreisläufe verschiedener Wirbeltiere

a) Vergleichen Sie tabellarisch die Blutkreisläufe von Fisch, Reptil und Mensch. E/I

	Knochenfisch	Reptil	Mensch
Herz	eine Vorkammer, eine Herzkammer	zwei Vorkammern, eine Herzkammer (fast vollständig in zwei Kammern getrennt)	zwei Vorkammern, zwei vollständig getrennte Herzkammern
Blutkreislauf	sauerstoffarmes Blut aus dem Körper nach vorn zu den Kiemen, in den Kiemenkapillaren Gasaustausch, von dort sauerstoffreiches Blut in den Körper, im Bereich Körperkapillaren Sauerstoffentzug und Anreicherung des Blutes mit Kohlenstoffdioxid	über rechte Vorkammer sauerstoffarmes Blut aus dem Körper, über linke Vorkammer sauerstoffreiches Blut, vom Herz weg: sauerstoffarmes Blut zur Lunge, sauerstoffreiches Blut zum Kopf und in den Körper, Mischblut zum Körper	rechte Vorkammer: sauerstoffarmes Blut aus dem Körper, linke Vorkammer: sauerstoffreiches Blut von der Lunge, rechte Herzkammer: sauerstoffarmes Blut über die Lungenarterie zur Lunge, linke Herzkammer: über Lungenvene sauerstoffreiches Blut und Weiterleitung über die Aorta in den Körper

b) Erklären Sie die Begriffe homolog, konvergent und divergent. F/I

Homologe Merkmale können auf einen gemeinsamen Ursprung zurückgeführt werden.

Konvergente Merkmale sind ähnliche Merkmale, die aber nicht einen gemeinsamen Ursprung haben. Ihre Ähnlichkeiten sind auf eine ähnliche Lebensweise zurückzuführen. Diese analogen Merkmale haben sich im Laufe der Evolution in Anpassung an eine ähnliche Lebensweise herausgebildet.

Divergente Merkmale sind durch Anpassung homologer Merkmale an unterschiedliche Funktionen entstanden.

c) Prüfen Sie, welche dieser Begriffe auf die Blutkreisläufe anwendbar sind. K/I

Die Blutkreisläufe sind als homolog anzusehen, da sie auf einen gemeinsamen Ursprung zurückgeführt werden können. Durch Anpassung an unterschiedliche Lebensräume und Lebensweisen haben sie sich unterschiedlich, also divergent entwickelt.

d) Erklären Sie, dass sowohl homologe als auch analoge Organe die Evolutionstheorie stützen. B/II

Sowohl die homologen als auch die analogen Organe der Pflanzen und Tiere können als Stützen der Evolutionstheorie angesehen werden. Sie sind im Laufe der Phylogenese durch Anpassung an die Umgebung entstanden, wie es die Evolutionstheorie annimmt.

3 Evolution des Menschen

a) Erklären Sie, wie die in der Abbildung angegebenen Evolutionsfaktoren die Evolution des Menschen bedingt haben könnten. F/III

Durch Mutationen konnten neue Merkmale entstehen. Brachten sie ihren Trägern Vorteile in der entsprechenden Umwelt, so konnten sie sich z.B. durch einen größeren Fortpflanzungserfolg stärker durchsetzen. Auch durch Rekombinationen im vorhandenen Genom konnten neue Merkmale auftreten. Bei einer Migration relativ kleiner Gruppen enthielten diese, wurden sie von der Ursprungspopulation isoliert, nur einen Teil des ursprünglichen Genpools. Durch Gendrift konnten bestimmte Gene in den kleinen Gruppen relativ schnell selektioniert werden und sich durchsetzen.

b) Beschreiben Sie, wie LAMARCK die Vergrößerung des Gehirns im Verlauf der Evolution des Menschen erklärt hätte. Wie hätte im Gegensatz dazu DARWIN dieses Phänomen erklärt? F/III

Nach LAMARCK hätten der Trieb zur Vervollkommnung, Veränderung der Bedürfnisse, Gebrauch oder Nichtgebrauch durch steigende Herausforderungen zu einer Vergrößerung des Gehirns geführt. Die eingetretenen Veränderungen würden an die folgenden Generationen weitergegeben.

Nach DARWIN wären individuelle Unterschiede bzw. Variabilitäten in der Gehirngröße, wie sie in einer Population immer auftreten, für eine Gehirnvergrößerung verantwortlich. Würden diese Veränderungen ihren Trägern einen Vorteil bringen, so würden sie mit der Zeit selektioniert werden.

Zusatzinformation: Wahrscheinlich ist die Gehirnentwicklung nicht so sehr durch Neuerwerb von Genen vorangetrieben worden, sondern eher durch Mutationen, Verlust und Duplikation von vorhandenen Genen. Höchstwahrscheinlich spielen auch auftretende Veränderungen in der Genregulation eine Rolle, die das Wachstum des Gehirns beeinflusst haben könnten.

Die Abbildung sollte zusätzlich problematisiert werden. Sie suggeriert eine direkte Entwicklung des Menschen vom aufrecht gehenden Affen bis zum rezenten Menschen.

Die tatsächliche Phylogenese des Menschen ist aber über mehrere Entwicklungslinien erfolgt. Es ist noch nicht abschließend geklärt, welche Art aus welcher anderen Art entstanden ist. Der Stammbaum des Menschen kann nur als vorläufig angesehen werden. Mit jedem neuen Fund kann sich die Notwendigkeit ergeben, ihn zu ändern.

Seite 427

AUFGABEN vernetzt Totale Farbenblindheit

1 Krankheitssymptome

a) Beschreiben Sie den Aufbau der verschiedenen Lichtsinneszellen im Auge sowie ihre Verteilung in der Netzhaut. F/I

Im Aufbau sind Stäbchen und Zapfen ähnlich organisiert. Sie bestehen aus einem Zellkörper, einer Synapse sowie dem Innen- und Außensegment. Im Innensegment liegen Zellorganellen wie Zellkern, Mitochondrium und Endoplasmatisches Retikulum. Es endet mit der Präsynapse. Das Außensegment ist mit flachen Membranscheiben, den Disks, angefüllt. Sie enthalten lichtempfindliche Farbstoffe, die Fotopigmente. Stäbchen und Zapfen unterscheiden sich in Form und Funktion der Außensegmente: Ein Stäbchen hat ein langes zylindrisches Außensegment mit vielen Disks. Das Außensegment eines Zapfens ist kürzer und zugespitzt. Es enthält weniger Disks und somit auch weniger Fotopigmente.

Innerhalb der Netzhaut befinden sich im Bereich des Gelben Flecks ausschließlich Zapfen, zur Peripherie hin verschiebt sich das Verhältnis zunehmend zugunsten der Stäbchen.

b) Begründen Sie die unterschiedlichen Krankheitssymptome bei Achromatopsie. F/II

Als Ursache der Farbenblindheit gilt das Fehlen funktionsfähiger Zapfen. Damit erklären sich auch die anderen genannten Symptome.

Lichtempfindlichkeit: An Achromatopsie leidende Personen können nur mithilfe der Stäbchen sehen. Diese Sinneszellen sind deutlich lichtempfindlicher als die Zapfen.

Augenzittern: Der Gelbe Fleck ist besonders dicht mit Sehzellen besetzt. Dabei handelt es sich jedoch überwiegend um Zapfen, die bei Achromatopsie-Erkrankten funktionsuntüchtig sind. Durch ständige Augenbewegungen erreichen erkrankte Personen, dass das Netzhautbild neben dem Gelben Fleck auf die noch funktionsfähigen Stäbchen fällt.

Schwierigkeiten beim Lesen: Im Gegensatz zu den Zapfen sind Stäbchen gruppenverschaltet, d. h. die Erregung mehrerer tausend Stäbchen wird auf eine Ganglienzelle übertragen. Dadurch ist die Auflösung in der stäbchenbesetzten Peripherie des Auges geringer als im zapfenbesetzten Gelben Fleck. Durch den Ausfall der Zapfen haben Personen, die an Achromatopsie leiden, eine stark eingeschränkte Sehschärfe, und das Lesen fällt ihnen schwer.

2 Vererbung

a) Ermitteln Sie die Art der Vererbung. E/II

Dem Stammbaum ist zu entnehmen, dass nicht betroffene Personen (z. B. Nr. 1 und 2) Kinder zeugen, die an Achromatopsie leiden (z. B. Nr. 5). Achromatopsie wird folglich rezessiv vererbt. Läge eine X-chromosomal rezessive Art der Vererbung vor, so müsste der Mann Nr. 1 den Genotyp X^AY und die Frau Nr. 2 den Genotyp X^AX^a aufweisen. Dann könnten sie aber nicht das erkrankte Mädchen Nr. 2 zeugen, denn dieses müsste den Genotyp X^aX^a aufweisen. Achromatopsie wird folglich autosomal-rezessiv vererbt.

b) Ordnen Sie den Phänotypen alle sicheren Genotypen zu. E/II

A= dominantes Allel nicht betroffener Personen;
a = rezessives Allel für Achromatopsie
Nr. 1: Aa; Nr. 2: Aa
Nr. 3: AA, Nr. 4: Aa, Nr. 5: aa, Nr. 6: AA
Nr. 7: AA/Aa, Nr. 8: Aa, Nr. 9: Aa
Nr. 10: aa, Nr. 11: AA/Aa, Nr. 12: AA/Aa

3 Molekulare Ursache

a) Analysieren Sie die genetische Ursache der Achromatopsie anhand der Tabelle und erklären Sie mögliche Folgen für den Natrium-Ionenkanal. E/II

Normal-Allel:

5' ... TTC TCC AGT ... 3'	nichtcodogener DNA-Strang
5' ... UUC UCC AGU ... 3'	mRNA
Phe **Ser** Ser	Aminosäuren

Achromatopsie-Allel:

5' ... TTC TTC AGT ... 3'	nichtcodogener DNA-Strang
5' ... UUC UUC AGU... 3'	mRNA
Phe **Phe** Ser	Aminosäuren

Als Folge der Mutation wurde die Aminosäure Serin gegen die Aminosäure Phenylalanin ausgetauscht. Der Austausch ist vermutlich dafür verantwortlich, dass sich die Tertiärstruktur des Kanalproteins verändert und der Na^+-Kanal funktionsuntüchtig wird.

b) Erklären Sie die Funktion der cGMP-abhängigen Natrium-Ionenkanäle bei der Fototransduktion. F/II

Im Dunkeln liegt das Stäbchenpigment Rhodopsin in inaktiviertem Zustand vor. Der sekundäre Botenstoff cGMP ist an die Natrium-Ionenkanäle der Stäbchen gebunden. Die Kanäle werden durch das cGMP offen gehalten, wodurch die Stäbchenmembran depolarisiert ist und ständig inhibitorische Neurotransmitter freisetzt.
Durch Lichteinwirkung verändern sich die Retinal-Moleküle des Pigments Rhodopsin. Die Konformationsänderung aktiviert ein in der Diskmembran liegendes G-Protein (Transducin). Dieses G-Protein bewirkt die Hydrolyse des Botenstoffes cGMP. Die hydrolysierte Form bindet nicht mehr an die Natrium-Ionenkanäle. Die Kanäle schließen sich, d.h. die Permeabilität für Natrium-Ionen nimmt ab. Es kommt zur Hyperpolarisation der Lichtsinneszelle und zur Signaltransduktion.

c) Auf Chromosom Nr. 2 liegt ein weiteres für Achromatopsie verantwortliches Gen.
Erstellen Sie eine Hypothese zu den Auswirkungen dieses Gendefekts. E/II

Entsprechend der Ein-Gen-ein-Polypeptid-Hypothese codiert das Achromatopsie-Gen auf Chromosom Nr. 8 für die β-Untereinheit des Na^+-Kanals. Das Gen für die α-Untereinheit liegt auf Chromosom Nr. 2. Beide Gene sind zusammen verantwortlich für die Bildung der Na^+-Kanäle.

4 Evolution

a) Ermitteln Sie die Häufigkeit des Achromatopsie-Allels auf Pingelap und in Europa. E/II

Allelhäufigkeit auf Pingelap:
$q^2 = 10\% = 0{,}1$ also ist $q = \sqrt{0{,}1} = 0{,}316$
Allelhäufigkeit in Europa und den USA:
$q^2 = 1: 30\,000 = 0{,}00003$ also ist $q = \sqrt{0{,}00003} = 0{,}0057$

b) Erklären Sie die ungewöhnlich hohe Häufigkeit, mit der Achromatopsie auf Pingelap auftritt, unter evolutionsbiologischen Gesichtspunkten. F/II

Der hohe Anteil des Achromatopsie-Allels in der Bevölkerung von Pingelap ist auf Gendrift und hier im speziellen auf den sogenannten Flaschenhalseffekt zurückzuführen. Dieses Phänomen ist vor allem bei kleinen Populationen von großer Bedeutung, indem es die Häufigkeit der Allele im Genpool stark beeinflusst. Die Population des Pingelap-Atolls wurde durch den Wirbelsturm stark dezimiert. Unter den wenigen Überlebenden, die die neue Gründerpopulation bildeten, befand sich zumindest eine Person, die das Achromatopsie-Allel trug. Aufgrund der geringen Größe der Ausgangspopulation und der isolierten Lage des Pingelap-Atolls wurden viele Verwandtenehen geschlossen. Möglicherweise hatte der einzige Träger des Achromatopsie-Allels auch besonders viele Nachkommen und andere Einwohner wiederum keine oder weniger. Durch unterschiedliche Reproduktionsraten bei den Überlebenden und ihren Nachkommen sowie Inzucht stieg der Anteil des Allels innerhalb der Bevölkerung von Pingelap schließlich auf zehn Prozent an.

Bildquellen

| A1PIX - Your Photo Today, Ottobrunn: 54. | allOver - galérie photo, Plourivo: 140. | ANDIA, Pacé: Castelli 104. | Arco Images GmbH, Lünen: NPL 174. | Bayer AG, Leverkusen: Gelderblom 104. | Biosphoto, Berlin: BIOS/Ruoso Cyril 174. | Digital Vision Ltd., London: Titel (Orang Utan). | F1online, Frankfurt/M.: Glowimages RM 28; Visuals Unlimited 112. | Focus Photo- u. Presseagentur GmbH, Hamburg: eye of science/Meckes 54; Meckes/Ottawa 104. | Fotex Medien Agentur GmbH, Hamburg: Rex Interstock 140. | Getty Images, München: Dennis Kunkel Microscopy, Inc. 9, 9; Dennis Kunkel Microscopy, Inc./Visuals Unlimited 112; Reinhard Dirscherl/Visuals Unlimited 140. | juniors@wildlife Bildagentur GmbH, Hamburg: M. Lane 174. | mauritius images GmbH, Mittenwald: Hiroshi Higuchi 28; imagebroker 28; Phototake Titel (Nervenzellen), 1, 104. | medicalpicture GmbH, Köln: 104. | OKAPIA KG - Michael Grzimek & Co., Frankfurt/M.: Friedrich Saurer 54; NAS/James L. Amos 174; NAS/K. R. Porter 28; NAS/Omikron 112. | Picture-News, Frankfurt: Oliver Abraham 28. | Science Museum, Berlin: SSPL 54. | Science Photo Library, München: Dept. of Clinical Cytogenetics, Addenbrookes Hospital/SPL 54; SPL/COLIN CUTHBERT 9; SPL/Steve Gschmeissner 9; Wim van Egmond 9. | Spektrum der Wissenschaft Verlagsgesellschaft mbH, Heidelberg: 174. | stock.adobe.com, Dublin: danheighton 112. | Visum Foto GmbH, München: Fritz Poelking 140; Jan Braun 112. | Wadsworth Center, Albany/New York: 54. | Wandmacher, Ingo, Bad Schwartau: 104. | Zoonar.com, Hamburg: Stephan Tuengler 140.

Wir arbeiten sehr sorgfältig daran, für alle verwendeten Abbildungen die Rechteinhaberinnen und Rechteinhaber zu ermitteln. Sollte uns dies im Einzelfall nicht vollständig gelungen sein, werden berechtigte Ansprüche selbstverständlich im Rahmen der üblichen Vereinbarungen abgegolten.